普通高等教育大数据技术与应用系列教材

大数据原理与技术

刘甫迎　刘　焱　主编

谭宁波　孙毓方　杜　毅　谢　春　副主编

電子工業出版社

Publishing House of Electronics Industry

北京 · BEIJING

内 容 简 介

本书分为 5 篇，包括 11 章和 3 个附录。大数据基础篇包括第 1 章（绪论）；大数据存储篇包括第 2～3 章（HDFS 分布式文件系统、NoSQL 及其 HBase 分布式数据库系统）；大数据计算篇包括第 4～7 章（MapReduce 分布式计算、大数据的 Spark 内存计算、大数据的流计算、大数据的图计算）；大数据管理、查询分析及可视化篇包括第 8～10 章（Hadoop 的数据整合、集群管理与维护，大数据的查询分析技术，R 语言与可视化技术）；大数据发展及应用篇包括第 11 章（大数据应用——人工智能深度学习）。

本书体现了校际联盟、校企合作的建设成果，将理论与实践相结合，突出实践应用。本书配套的教学资源丰富，包括 PPT、教学大纲、实验指导书、习题、模拟考试试卷等，读者可以登录华信教育资源网（www.hxedu.com.cn），在注册后，免费下载。

本书可以作为应用型本科院校、高等职业院校计算机专业、大数据专业、人工智能专业的教材，也可以作为相关培训机构的教材，还可以作为软件开发和应用从业人员的参考书。

图书在版编目（CIP）数据

大数据原理与技术 / 刘甫迎，刘焱主编. —北京：电子工业出版社，2022.4

ISBN 978-7-121-43190-6

Ⅰ. ①大… Ⅱ. ①刘… ②刘… Ⅲ. ①数据处理－高等学校－教材 Ⅳ. ①TP274

中国版本图书馆 CIP 数据核字（2022）第 048612 号

责任编辑：薛华强　　　特约编辑：田学清
印　　刷：三河市鑫金马印装有限公司
装　　订：三河市鑫金马印装有限公司
出版发行：电子工业出版社
　　　　　北京市海淀区万寿路 173 信箱　　　邮编：100036
开　　本：787×1 092　1/16　印张：19　　字数：562 千字
版　　次：2022 年 4 月第 1 版
印　　次：2022 年 4 月第 1 次印刷
定　　价：59.80 元

凡所购买电子工业出版社图书有缺损问题，请向购买书店调换。若书店售缺，请与本社发行部联系，联系及邮购电话：（010）88254888，88258888。

质量投诉请发邮件至 zlts@phei.com.cn，盗版侵权举报请发邮件至 dbqq@phei.com.cn。

本书咨询联系方式：（010）88254569，xuehq@phei.com.cn，QQ1140210769。

前言

大数据是互联网发展的必然产物，其技术已被广泛应用于当今的人工智能、数字技术（DT）等领域。

本书的主要特点如下。

- 本书是集大数据原理、技术、开发、存储、管理、计算、分析、安全、发展及应用于一体的教程，全面介绍了大数据的关键技术，注重数据挖掘、高级分析及开源可视化统计工具的应用，在系统性和实用性两方面寻求平衡。
- 理论与实践相结合，突出实践。本书推荐使用 Hadoop 开源大数据平台，主要介绍其基于 Ambari 的集群安装与部署、操作与运维。此外，本书安排了大数据的存储（HDFS、HBase）技术实验，MapReduce 分布式计算、查询和分析（Hive、Pig）实验，数据整合与集群管理（Sqoop、HCatalog ZooKeeper）实验，大数据挖掘（Mahout）、高级分析及可视化技术（R 语言）实验等，培养学生的创新精神与实践能力，特别适合应用型本科院校和高等职业院校的学生学习。
- 本书介绍了其他大数据教材中较少出现的查询和分析（Hive、Pig）、整合及集群管理（Sqoop、ZooKeeper、Ambari）、可视化技术（R 语言）等内容。
- 紧跟前沿技术。除新版本的 Hadoop 和 Spark（可取代 MapReduce）外，在大数据发展及应用篇中介绍了人工智能深度学习技术、开源流计算工具 Flink 等。
- 校企合作、多校协作。本书的编写团队与中科院成都计算机应用研究所、中科院成都信息技术股份有限公司等机构开展合作，按照行业标准和企业标准组织本书内容。本书也是“全国部分理工类地方本科院校联盟”（G12）应用型课程教材建设项目之一。
- 强调以“以必需、够用为度”为原则进行讲解，压缩内容、降低难度，力求深入浅出。
- 本书配套的教学资源丰富，包括 PPT、教学大纲、实验指导书、习题、模拟考试试卷等，便于学生学习和教师教学。

本书由刘甫迎、刘焱担任主编，谭宁波、孙毓方、杜毅、谢春担任副主编。刘甫迎编写第 1 章和附录 A，刘焱编写第 2 章、第 3 章、第 5 章和第 7 章，谭宁波编写第 11 章、附录 B（B.11、B.12），孙毓方编写附录 B（除 B.11、B.12 外的其他部分），杜毅编写第 4 章、第 8 章和附录 C，谢春编写第 6 章、第 9 章、第 10 章，全书由刘甫迎教授和刘焱老师统稿。在编写和出版的过程中，对薛华强等编辑给予的帮助表示感谢！

由于作者水平有限，书中的疏漏和不妥之处在所难免，恳请各界专家和读者朋友不吝赐教、批评指正。

编　者

目录

第一篇　大数据基础篇

第二篇　大数据存储篇

第三篇 大数据计算篇

第五篇 大数据发展及应用篇

第一篇

大数据基础篇

第1章 绪　论

本章首先介绍三次信息化浪潮，即大数据的兴起、概念、影响；然后介绍大数据的 Hadoop 解决方案，最后介绍大数据各时期的热点与数据使用发展趋势。使读者对大数据的概念有基本的了解。

1.1 大数据概述

1.1.1 三次信息化浪潮、大数据的兴起与影响

1. 三次信息化浪潮

1）三次信息化浪潮的发展。

我们处于一个信息化的时代，根据 IBM 前首席执行官路易斯·郭士纳的观点，IT 领域每隔十五年就会迎来一次重大变革，时至今日已发生了三次信息革命浪潮，并且发生的时间越来越短，如表 1-1 所示。第一次信息化浪潮发生在 1980 年左右，以个人计算机的普及为标志；第二次信息化浪潮（上）发生在 1995 年左右，以互联网的出现为标志；第二次信息化浪潮（下）发生在 2007 年左右，是由移动互联网的出现引发的；在 2010 年左右，物联网、云计算和大数据掀起了第三次信息化浪潮。

表 1-1　三次信息化浪潮

信息化浪潮	发生时间	标　志	解决问题	代表企业
第一次信息化浪潮	1980 年左右	个人计算机	信息处理	Intel、AMD、IBM、苹果、微软、联想、戴尔、惠普等
第二次信息化浪潮（上）	1995 年左右	互联网	信息传输	雅虎、谷歌、百度、阿里巴巴、腾讯等
第二次信息化浪潮（下）	2007 年左右	移动互联网	移动信息	IBM、苹果、微软等
第三次信息化浪潮	2010 年左右	物联网、云计算和大数据	信息爆炸	涌现出一批新的市场标杆企业

每一次信息化浪潮都对人类社会产生了深远的影响。在互联网时代，中国诞生了以 BAT（百度、阿里巴巴、腾讯）为代表的巨头，在全球十大互联网公司中，中国占据四位，成为名副其实的互联网大国。移动互联网的出现，则促进了智能手机行业的蓬勃发展。

随着传感网、云计算（按需提供基于互联网的软件即服务、平台即服务、基础设施即服务）等技术的日益成熟，物联网在全球呈现出快速增长的趋势，与后来的大数据一起掀起第三次信息化浪潮，我们也进入了一个全新的万物互联的新时代。

很多人对物联网的概念不太了解，它到底是什么呢？顾名思义，物联网就是物物相连的互联网。互联网实现了人与人之间的信息交流，移动互联网提高了其效率，可见，物体并没有被纳入互联网。而我们生活的世界所能接触到的，并不只有人类，还有大量的物体，如窗户、空调、冰箱等。这些物体与我们的生活息息相关，但一直以来，人类与它们的交互都只是单向的，物体并不会主动回应。物联网的厉害之处就在这里，它将物体联入网络，实现了物体与物体、人类与物体之间的信息交互。

在之后的几年内，物联网设备连接数量已达数百亿台，与移动互联网的市场规模相比，物联网

的市场规模是其数十倍，能为全球带来数十万亿的经济价值，也被视作全球经济增长的新引擎。

随着物联网技术的发展，还会有更多 BAT 量级的公司出现，物联网对各行各业的颠覆，与互联网带来的影响一样，甚至影响更加广泛与深刻。对老百姓来说，物联网带来的影响也是不容忽视的，它使人们的生活更丰富多彩，因为懂我们的不只有人类，还有数量庞大的物体。这里有一款划时代的产品——手机玩伴，它集众多功能于一身，并且超越了智能家居。

2）第三次信息化浪潮的大数据与云计算、物联网的关系。

第三次信息化浪潮的物联网、云计算和大数据代表了 IT 领域最新的技术发展趋势，三者既有区别，又有联系。

物联网是大数据的重要来源，大数据技术为物联网数据分析提供了支持。云计算技术为物联网提供了存储海量数据的能力，物联网为云计算技术提供了广阔的应用空间。基于大数据的深度学习等使人类向人工智能时代迈进。

那么何为大数据的兴起、概念及特征？这是人们迫切需要了解的。

2．数据产生的三个阶段及大数据的兴起

在介绍了三次信息化浪潮后，下面介绍数据产生的三个阶段及大数据的兴起。大量数据的产生是计算机和网络通信技术广泛应用的必然结果，特别是互联网、云计算、移动互联网、物联网、社交网络等新一代信息技术的发展，对大量数据的产生起到了催化剂的作用，使数据产生了四个变化：一是数据的产生由企业内部向企业外部扩展；二是数据的产生从 Web 1.0 向 Web 2.0 扩展；三是数据的产生由互联网向移动互联网扩展；四是数据的产生由计算机—互联网向物联网扩展。这四个变化，让数据产生源头成倍增长，数据量也大幅度增加。如果将 Web 2.0 和智能手机移动设备产生数据合称为用户原创内容阶段，那么可以将这四个变化阶段分为运营式系统阶段、用户原创内容阶段、感知式系统阶段——数据产生的三个阶段，如图 1-1 所示。

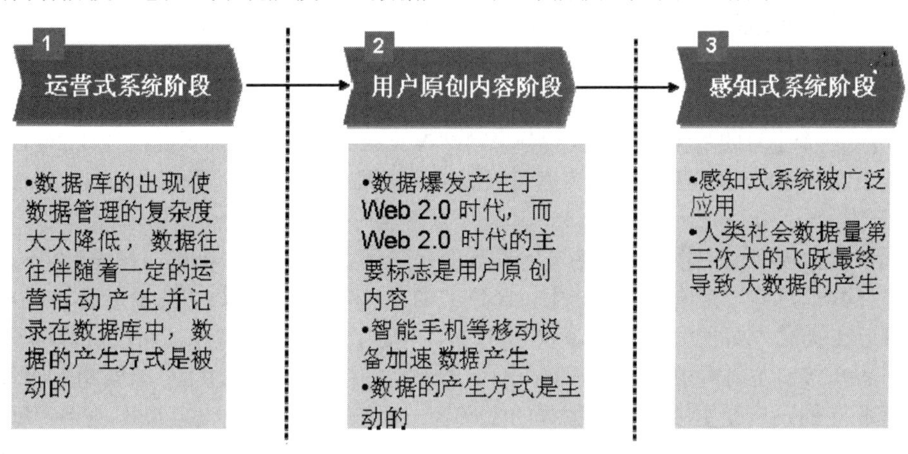

图 1-1 数据产生的三个阶段

1）数据的产生由企业内部向企业外部扩展，即向运营式系统阶段扩展。

企业内部的企业资源计划（ERP）、办公自动化（OA）业务、管理和决策系统所产生的数据主要存储于关系数据库中。内部数据是企业内最成熟且被熟知的数据，这些数据已经通过多年的企业资源计划、主数据管理、数据仓库、商业智能和其他相关应用积累，实现了内部数据的收集、集成、结构化和标准化处理，可以为企业决策提供分析报表和商业智能。

一些企业已经注意到内部交易数据的潜在价值。例如，利用一些非结构化数据的分析方法，挖掘在客户交易过程、业务处理流程和电子邮件中获得的内部日志等数据，用于增强企业的客户分析、绩效和文化等方面的洞察力。还有一些企业内部的数据量也很大，如电信运营商、石油勘探企业等，这些机构已经使用大数据很多年了。例如，一家全球电信公司每天从 120 个不同的系统中收集数十亿条详细呼叫记录，并且存储至少 9 个月；一家石油勘探公司分析几万亿字节的地质数据。对于这些公司，大数据虽然是一个新概念，但要做的事情却并不新鲜，他们早就在使用大数据，但由于没有合适的技术手段对这些大数据进行分析，因此这些大数据大部分被丢弃了。

对于所有的企业，信息化的应用环境在发生着变化，外部数据迅速扩展。企业应用和互联网应用、移动互联网应用的融合越来越快，企业需要通过互联网服务客户、联系外部供应商、沟通上下游的合作伙伴，并且在互联网中实现电子商务和电子采购的交易。企业需要开通微博、博客等社交网络进行营销、客户关怀和品牌建设。企业的产品被贴上了电子标签，在制造、供应链和物流的过程中进行跟踪和反馈。伴随着自带设备工作模式的兴起，企业员工自带设备办公（BYOD），个人数据进一步与企业数据融合，必将产生更多来自企业外部的数据。

企业内、外部数据的产生如表 1-2 所示。

表 1-2　企业内、外部数据的产生

	企业内部数据	企业外部数据
企业应用	ERP、CRM、MES、SCADA、OA、专业业务系统、传感器	电子商务、电子采购、知识管理、呼叫中心、企业微博、企业微信、RFID、传感器、BYOD
数据规模	TB 级	PB 级
数据存储	关系型数据库、数据仓库	各种格式的文档

2）数据的产生由 Web 1.0 向 Web 2.0、由互联网向移动互联网扩展，即向用户原创内容阶段扩展。

随着社交网络的发展，互联网进入了 Web 2.0 时代，每个人从数据的使用者，变成了数据的生产者，数据规模迅速扩大，每时每刻都在产生大量的新数据。根据林子雨的《大数据原理与应用》中的内容，全球每秒钟发送 290 万封电子邮件，每秒钟在电子商务公司亚马逊上产生 72.9 笔商品订单，每分钟有 20 个小时的视频上传到视频分享网站 YouTube，Google 每天需要处理 24PB 的数据，Twitter 每天发布 5000 万条消息，每个家庭每天的消费数据有 375MB，网民每个月在 Facebook 上花费 7000 亿分钟。

在中国，数据规模也十分巨大，淘宝网早已拥有 5 亿以上的注册会员，在线商品约 8.8 亿，每天交易数有数千万笔，其单日数据产生量超过 20TB。百度目前的数据总量接近 1000PB。存储网页数量接近 1 万亿，每天大约要处理 60 亿次搜索请求，几十 PB 数据。新浪微博每天有数十亿外部网页和 API 接口访问需求，服务器群在晚上高峰期每秒要接收超过 100 万条响应请求。

移动互联网的发展让更多人成为数据的生产者，据统计，全球移动互联网使用者每个月发送和接收的数据量高达 1.3EB。在中国，中国联通用户上网记录条数为 83 万条/秒，即一万多亿条/月，对应数据量为 300TB/月、3.6PB/年。

3）数据的产生从计算机—互联网向物联网扩展，即向感知式系统阶段扩展。

随着视频、传感器、智能设备和 RFID 等技术的增长，视频、音频、RFID、机器对机器会话（M2M）、物联网和传感器等会产生大量数据，其数据量更加巨大。根据 IDC 公布的数据，2005 年仅由 M2M 产生的数据占世界数据总量的 11%，到 2020 年，这个数值增加到 42%。仅移动设备的数据流量在 2015 年便达到每月 6.3EB 的规模。

3. 大数据的影响与挑战

大数据的兴起，对人类社会产生深刻的影响，大数据对科学研究、思维方式和社会发展都具有重要而深远的影响。

在科学研究方面，大数据使人类科学研究在经历了实验、理论、计算三种范式后，迎来了第四种范式——数据。

在思维方式方面，大数据具有“全样而非抽样、效率而非精确、相关而非因果”等三个显著特征，完全颠覆了传统的思维方式。

在社会发展方面，大数据决策逐渐成为一种新的决策方式，大数据应用有力地促进了信息技术与各行业的深度融合，大数据开发大大推动了新技术和新应用的不断涌现。

在就业市场方面，大数据的兴起使数据科学家成为热门职业。

在人才培养方面，大数据的兴起，在很大程度上改变了中国高校信息技术相关专业的现有教学和科研体制。

大数据的主要作用是服务，即面向人、机、物的服务。对机器来说，需要将关联的非结构化、半结构化、结构化数据分析出来，以便运用其有用的信息。人、机、物对数据的贡献和参与度非常高，人到物理世界提供的数据规模是从小到大的；在数据质量方面，人提供的数据质量是最高的。

大数据的战略意义不在于掌握庞大的数据信息，而在于对这些有意义的数据进行专业化处理。换言之，如果将大数据比作一种产业，那么这种产业实现盈利的关键在于提高对数据的“加工能力”，通过“加工”实现数据的“增值”。中国物联网校企联盟认为，物联网的发展离不开大数据，依靠大数据可以提供足够有利的资源。

随着云时代的来临，大数据（Big Data）吸引了越来越多人的关注。《著云台》的分析师团队认为，大数据通常用于形容一个公司创造的大量非结构化和半结构化数据。大数据分析常和云计算联系在一起。

经调研，大数据在中国的市场发展前景非常广阔。在行业方面，2012 年，大数据应用已经从电子商务/互联网、快消品等行业向金融、政府/公共事业、能源、交通等行业扩展；在应用场景方面，大数据已经从用户上网行为分析拓展到电力安全监控系统、舆情监测；在行业需求方面，未来大数据需求主要集中在金融行业中的数据模型分析、电子商务行业中的用户行为分析、政府部门中的城市监控、能源行业中的能源勘探等。

现在已经是大数据时代。我们的行为、位置，甚至生理变化都成了可被分析的应用数据，人类社会正向基于大数据的人工智能时代迈进。2012 年美国便投入巨资启动大数据研发，2015 年中国国务院颁发《促进大数据发展行动纲要》，将大数据技术提高到国家战略高度。中国需要大批大数据人才，这既是机遇，又是挑战，促进着人们对大数据技术的学习与研究。

1.1.2 大数据的概念及特征

1. 大数据的概念及特征（4V）

大数据是指无法在一定时间内用传统数据库工具对其进行抓取、管理和处理的数据集合，大数据处理的数据量通常在 PB 级以上。

大数据是规模非常巨大和复杂的数据，数据量达到 PB、EB 和 ZB 的级别，使用传统数据库管理工具对其进行处理（如获取、存储、检索、共享、分析和可视化）会面临很多问题。

大数据具有以下四个主要特征。

- Volume：数据量巨大。数据量大是大数据区别于传统数据的显著特征。一般关系型数据库处理的数据量为 TB 级，大数据的数据量通常为 PB 级或更高级。
- Variety：数据类型多。大数据的数据类型早已不是单一的文本形式或结构化数据库中的表，它包括订单、日志、BLOG、微博、音频、视频等复杂结构的数据。
- Velocity：数据流动快。速度是大数据区分于传统数据的重要特征。在海量数据面前，需要实时获取并分析所需信息。
- Value：数据潜在价值大。在研究和技术开发领域，上述三个特征已经足够表示大数据的特征。但在商业应用领域，该特征就显得非常关键。投入如此巨大的研究和技术开发，就是因为大家都洞察到了大数据潜在的巨大价值。如何通过强大的机器学习和高级分析更迅速地完成数据价值的“提纯”，挖掘出大数据的潜在价值，是目前在大数据应用背景下亟待解决的难题。

2. 大数据的量级

数据量的大小是用计算机存储容量的单位计算的，基本单位是字节，每一级按照千分位递进，如下所示。

1Byte(B)	相当于一个英文字母
1Kilobyte(KB)=1024B	相当于一则短篇故事的内容
1Megabyte(MB)=1024KB	相当于一则短篇小说的内容
1Gigabyte(GB)=1024MB	相当于贝多芬第五乐章交响曲的乐谱内容
1Terabyte(TB)=1024GB	相当于一家大型医院中所有 X 光图片的内容
1Petabyte(PB)=1024TB	相当于全美学术研究图书馆藏书内容的 50%
1Exabyte(EB)=1024PB	5EB 相当于至今世界人类所讲过的话语
1Zettebyte(ZB)=1024EB	如同全世界海滩上的沙子数量的总和
1Yottabyte(YB)=1024ZB	1024 个地球一样的星球上沙子数量的总和

目前，传统企业的数据量基本在 TB 级以上，一些大型企业达到 PB 级，谷歌、百度、新浪、腾讯、淘宝等企业的数据量在 PB 级以上。

摩尔定律是由英特尔创始人之一戈登·摩尔提出来的，其内容如下。当价格不变时，集成电路中可容纳的晶体管数量大约每隔 18 个月便会增加一倍，性能也会提升一倍。摩尔定律揭示了信息技术进步的速度。吉姆·格雷的新摩尔定律认为，每 18 个月全球新增的信息量是计算机有史以来全部信息量的总和，数据容量每 18 个月就翻一番。据 IDC 统计，全球在 2010 年正式进入 ZB 时代，到 2020 年，全球总共拥有 35ZB 的数据量，但是，在过去的 50 年，数据存储的成本大概每两年就能降一半，而存储密度却增加了 5000 万倍。因此，我们的世界正在成为一个数据的世界，我们正处于大数据时代，像水、空气、石油一样，数据正成为这个世界中的一种资源。

3. 大数据的数据类型

1）按照数据结构分类。

数据分为结构化数据、半结构化的非结构化数据和无结构的非结构化数据。结构化数据是存储于数据库中、可以用二维表结构表现的数据。与结构化数据相比，不方便用数据库二维表结构表现的数据称为非结构化数据，包括所有格式的办公文档、文本、图片、XML 文件、HTML 文件、各类报表、图像、音频、视频等信息。非结构化数据中包含半结构化的非结构化数据和无结构化的非结构化数据。

① 结构化数据。

结构化数据的特点是任何一列数据都不可以再细分，任何一列数据都有相同的数据类型。所有关系型数据库（如 Oracle、SQL Server、DB2、MySQL 等）中的数据都是结构化数据。关系型数据库中存储的结构化数据示例如表 1-3 所示。

表 1-3　关系型数据库中存储的结构化数据示例

客户号	客户姓名	交易额（元）	所购产品
200048901	张伟	1000.0	冰箱
200057903	李东	456.0	烤炉

② 半结构化数据。

半结构化数据是介于结构化数据和无结构的非结构化数据之间的数据，半结构化数据的格式较为规范，一般是纯文本数据，可以通过某种方式解析得到每项的数据。最常见的半结构化数据有日志数据，以及 XML、JSON 等格式的数据，每条记录可能会有预定义的规范，但每条记录包含的信息可能不尽相同，可能有不同的字段数，包含不同的字段名称或字段类型，或者包含嵌套格式。这类数据一般以纯文本的形式输出，管理维护较为方便，但在需要使用这些数据（如获取、查询或分析数据）时，可能需要先对这些数据格式进行相应的解析。

- XML 文档。

一个 XML 文档示例如下。

```
<?xml version="1.0"?>
<Order>
<Product xmlns="http://market">
<Title>The Joshua Tree</Title>
<Artist>U2<Artist>
</Product>
</Order>
```

- JSON 文档。

JSON（JavaScript Object Notation）是一种基于 JavaScript 的轻量级的数据交换格式，它以键/值对的形式输出数据。一个 JSON 文档示例如下。

```
{"people":[
    {"firstName":"Brett",lastName":"McLqnghlin","email":"aaaa"},
    {"firstName":"Jason",lastName":"Hunter","email":"bbbb"},
    {"firstName":"Elliotte",lastName":"Harold","email":"cccc"}
]}
```

- 日志文件。

日志文件是在计算机系统运行中计算机或传感器等生成的数据，主要用于记录业务或信息系统内执行的自动功能的详细信息。最常见的日志文件是 Web 日志文件，它根据预定义的字段顺序打出相应的值，示例如下。

```
2005-01-0316:44:57218.17.90.60GET/Default.aspx-08-218.17.90.60Mozilla/4.0+(compatible;+MSIE+6.0;
Windows+NT+5.2;+.NET+CLR+1.1.4322)2000
```

- 点击流。

客户对企业网站的每一次点击都会被企业网络服务器记录在日志中，由此产生了点击流数据，也是日志的一种。

③ 无结构的非结构化数据。

无结构的非结构化数据是指非纯文本类数据，没有标准格式，无法直接解析出相应的值。常见的非结构化数据有富文本文档、网页、多媒体（图像、声音、视频等）。这类数据不易收集管理，也无法直接查询和分析，所以对这类数据需要使用一些不同的处理方式。

2）按照产生数据的主体分类。

① 最里层：少量企业应用产生的数据，如关系型数据库中的数据。

② 次外层：大量人产生的数据，如微博（文字、图片、视频等）、微信（文字、音频、视频）、博客、评论、企业博客、企业微博、企业微信、工程师 CAD/CAM 数据、笔记、日志等。

③ 最外层：大量机器产生的数据，如应用服务器（Web 站点、游戏等）日志、传感器（天气、水、智能电网等）数据、图像和视频（车间监控的视频、交通摄像头监控的视频）、RFID、二维码或条形码扫描的数据。

3）按照数据作用方式分类。

按照数据作用方式，可以将数据分为交易数据和交互数据。交易数据是指电子商务和企业应用的数据，包括 ERP、企业对企业（B2B）、企业对个人（B2C）、个人对个人（C2C）、团购等系统应用的数据，这些数据存储于关系型数据库和数据仓库中，可以执行联机事务处理（OLTP）和联机分析处理（OLAP）。这些数据的规模一直在扩大，复杂性一直在提高。交互数据是指来自相互作用的社交网络的数据，包括社交媒体交互（人为生成交互）和机器交互（设备生成交互）的新型数据。两类数据的有效融合是大势所趋，大数据应用要有效集成这两类数据，并且在此基础上对这些数据进行处理和分析。

4．大数据的速度

大数据的速度是指数据创建、处理和分析的速度，它是由数据从客户端采集、装载并流动到处理器和存储设备、在处理器和存储设备中进行计算的速度决定的。

在当前的计算环境下，处理器和存储等计算技术不断进步，数据处理的速度越来越快，传统计算技术渐渐不能满足大容量和多种类的大数据处理速度的要求，在交互式的计算环境下，海量数据被实时创建，用户需要进行实时的信息反馈和数据分析，并且将这些数据应用于自身高效的业务流程和敏捷的决策过程中。大数据技术必须解决大容量、多种类数据高速地产生、获取、存储和分析过程中产生的问题。

- 解决大数据容量下的数据时延问题。数据时延是指从创建或获取数据到数据可以访问之间的时间差。大数据处理需要解决大容量数据处理的高时延问题，需要采用低时延的技术进行处理。例如，对 PB 级大数据进行一次复杂查询，传统结构化查询语言（SQL）技术可能需要几个小时，基于大数据技术平台希望将这个时延逐步降低到分钟级、秒级、毫秒级、完全实时，大数据正在做到这一点。
- 解决对时间敏感流程中实时数据的高速处理问题。对于对时间敏感的流程，如实时监控、实时欺诈监测和多渠道实时营销，必须对某些类型的数据进行实时分析，使其对业务产生价值，这涉及从数据的批处理、近线处理到在线实时流处理的演变。

5．大数据的潜在价值

大数据的价值是与大数据的容量和种类密切相关的。在一般情况下，数据容量越大、种类越多，信息量越大，获得的知识越多，能够发挥的潜在价值越高。但这依赖于大数据处理的手段和工具，否则可能会因为信息和知识密度低产生数据垃圾，使信息过剩，从而失去数据的利用价值。

研究表明，数据的价值会随着时间的流逝而降低。简单地看，数据的价值与时间是成反比的。因此，数据处理速度越快，数据价值越高。大数据的价值也与它所传播和共享的范围有关，使用大数据的用户越多，范围越广，大数据的价值越高。大数据价值的充分发挥，依赖于大数据的分析和挖掘技术，更好的分析工具和算法能够获得更准确的信息，更能发挥其价值。总之，大数据的价值可以用以下公式简单定义。

$$大数据价值V=\frac{大数据处理和分析算法和工具f(大数据v_1, 大数据种类v_2, 高速流动v_3)\times 大数据用户数}{大数据存在时间t}$$

1.1.3 大数据的计算模式

大数据的计算模式是指根据大数据的不同数据特征和计算特征，从多样性的大数据计算问题和需求中提炼并建立的各种高层抽象（Abstraction）和模型（Model）。传统的并行计算方法主要从体系结构和编程语言的层面定义了一些较底层的抽象和模型，但由于大数据处理问题具有很多高层的数据特征和计算特征，因此大数据处理需要更多地结合其数据特征和计算特性考虑更高层的计算模式。

MapReduce 计算模式的出现有力地推动了大数据技术和应用的发展，使其成为目前大数据处理最成功的主流大数据计算模式之一。然而，现实世界中的大数据处理问题复杂多样，很难有一种单一的计算模式能涵盖所有大数据计算需求。在研究和实际应用的过程中发现，MapReduce 主要适合用于进行大数据线下批处理，在面向低延迟和具有复杂数据关系和复杂计算的大数据问题时，有很大的不适应性，因此，近几年学术界和业界在不断研究并推出多种不同的大数据计算模式。

根据大数据处理多样性的需求，目前出现了多种典型和重要的大数据计算模式。为了与这些计算模式相适应，出现了很多对应的大数据计算系统和工具，如表 1-4 所示。

表 1-4 大数据计算模式及其典型系统

大数据计算模式	解决问题	典型系统
查询分析计算模式	大规模数据的存储管理和查询分析	HBase、Dremel、Hive、Cassandra、Impala 等
批处理计算模式	针对大规模数据的批处理	MapReduce、Spark 等
流计算模式	针对流数据的实时计算	Storm、S4、Flume、Streams、Puma、DStream、Super Mario、银河流数据处理平台等
迭代计算模式	针对大规模数据的迭代计算	HaLoop、iMapReduce、Twister、Spark 等
图计算模式	针对大规模图结构数据的处理	Pregel、Spark GraphX、Giraph、PowerGraph、Hama、GoldenOrb 等
内存计算模式	针对大规模数据的内存处理	Dremel、HANA、Redis 等

1. 查询分析计算模式与典型系统

由于行业数据规模的增长已大大超过了传统的关系型数据库的承载和处理能力，因此，目前需要尽快研究并提供面向大数据存储管理和查询分析的新的技术方法和系统，尤其要解决在数据规模极大时如何提供实时或准实时的数据查询分析能力，从而满足企业日常的管理需求。然而，大数据的查询分析处理面临很大的技术挑战，在数据量规模较大时，即使采用分布式数据存储管理和并行化计算方法，也难以达到关系型数据库处理中、小型规模数据时的秒级响应性能。

大数据查询分析计算模式的典型系统包括 Hadoop 下的 HBase 和 Hive、Facebook 公司的 Cassandra、Google 公司的 Dremel、Cloudera 公司的实时查询引擎 Impala。为了实现更高性能的数据查询分析，还出现了很多基于内存的分布式数据存储管理和查询系统，如 Apache Spark 下的数据仓库 Shark、SAP 公司的 HANA、开源的 Redis 等。

2. 批处理计算模式与典型系统

MapReduce 是最适合进行大数据批处理的计算模式之一，这是 MapReduce 设计之初的主要任务和目标。MapReduce 是一个单输入、两阶段（Map 和 Reduce）的数据处理过程。首先，MapReduce 对具有简单数据关系、易于划分的大规模数据采用“分而治之”的并行处理思想；然后将大量重复的数据处理过程总结成 Map 和 Reduce 两个抽象操作；最后，MapReduce 提供了一个统一的并行计算框架，将并行计算涉及的多个系统层细节都交给计算框架完成，大大简化了程序员进行并行化程序设计的负担。

MapReduce 的简单易用性使其成为目前大数据处理最成功的主流并行计算模式之一。在开源社区的努力下，开源的 Hadoop 系统目前已成为较成熟的大数据处理平台，并且发展成一个包括众多数据处理工具和环境的完整的生态系统。目前国内外的大部分 IT 企业都使用 Hadoop 平台进行企业内大数据的计算处理。此外，Spark 系统也具备进行批处理的能力。

3．流计算模式与典型系统

流计算是一种高实时性的计算模式，需要对一定时间内应用系统产生的新数据进行实时的计算处理，避免数据堆积和丢失。很多行业的大数据应用，如电信、电力、道路监控等行业应用及互联网行业的访问日志处理应用，都同时具有高流量的流式数据和大量积累的历史数据，因此在提供批处理计算模式的同时，系统还需要具备高实时性的流计算能力。流计算的一个特点是数据运动、运算不动，不同的运算节点常常绑定在不同的服务器上。

Facebook 公司的 Scribe 和 Apache 公司的 Flume 都提供了一定的流计算机制，用于构建日志数据处理流图。更通用的流计算系统是 Twitter 公司的 Storm、Yahoo 公司的 S4 及 Apache Spark Steaming。

4．迭代计算模式与典型系统

为了解决 Hadoop 的 MapReduce 难以支持迭代计算的问题，工业界和学术界对 Hadoop MapReduce 进行了大量改进研究。HaLoop 将迭代控制放到 MapReduce 作业执行的框架内部，并且通过循环敏感的调度器保证上次迭代的 Reduce 输出和本次迭代的 Map 输入数据在同一台物理机上，从而减少迭代过程中的数据传输开销；iMapReduce 在这个基础上保持了 Map 和 Reduce 任务的持久性，规避了启动和调度开销；而 Twister 在前两者的基础上进一步引入了可缓存的 Map 和 Reduce 对象，利用内存计算和 Pub/Sub 网络进行跨节点数据传输。

目前，具有快速、灵活迭代计算能力的典型系统是 Spark，其采用了基于内存的 RDD 数据集模型，实现了快速的迭代计算。

5．图计算模式与典型系统

社交网络、Web 链接关系图等都包含大量具有复杂关系的图数据，这些图数据规模很大，通常包含数十亿个顶点和上万亿条边。这样大的数据规模和复杂的数据关系，给图数据的存储管理和计算分析带来了很大的技术难题。MapReduce 不适合处理这种具有复杂数据关系的图数据，因此需要引入图计算模式。

首先要解决大规模图数据的存储管理问题，通常大规模的图数据也需要使用分布式存储方式。但是，由于图数据具有很强的数据关系，因此分布式存储就带来了一个重要的图划分问题（Graph Partitioning）。根据图数据问题本身的特点，可以使用“边切分”和“顶点切分”两种方式进行图划分。在有效的图划分策略下，大规模图数据得以分布存储于不同节点上，并且在每个节点上对本地子图进行并行化处理。与任务并行和数据并行的概念类似，由于图数据并行处理的特殊性，因此人们提出了一个新的概念——图并行（Graph Parallel）。事实上，图并行是数据并行的一种特殊形式，需要针对图数据处理的特征使用一些特殊的数据组织模型和计算方法。

目前已经出现了很多分布式图计算系统，其中较典型的系统包括 Google 公司的 Pregel（详见 7.3 节中的相关内容）、Facebook 公司对 Pregel 的开源实现 Giraph、Microsoft 公司的 Trinity、Spark GraphX、CMU 的 GraphLab 及由其衍生出来的图数据处理系统 PowerGraph。

6. 内存计算模式与典型系统

Hadoop MapReduce 为大数据处理提供了一个很好的平台。然而，MapReduce 最初是为大数据线下批处理设计的，随着数据规模的不断扩大，对于大部分需要高响应性能的大数据查询分析计算问题，现有的以 Hadoop 为代表的大数据处理平台在计算性能上往往难以满足要求。随着内存价格的不断下降及服务器可配置内存容量的不断提高，用内存计算模式进行高速的大数据处理已经成为大数据计算的一个重要发展趋势。例如，HANA 系统设计者在总结了很多实际的商业应用后发现，一个提供 50TB 总内存容量的计算集群能够满足大部分现有的商业系统对大数据的查询分析处理要求，如果一个服务器节点可配置 1～2TB 的内存，则需要 25～50 个服务器节点。目前 IntelXeonE-7 系列处理器最大可支持 1.5TB 的内存，因此，配置一个上述规模的内存计算集群是可以做到的。

网络计算结合了客户机/服务器模式的健壮性、Internet 面向全球的简易通用的数据访问方式和分布式对象的灵活性，提供了统一的跨平台开发环境，基于开放的和事实上的标准，将应用和数据的复杂性从桌面转移到智能化的网络和基于网络的服务器，给用户提供了对应用和信息的通用、快速的访问方式。网络计算结构（NCA）就是其具体实现方案。NCA 通过为客户机/服务器模式、Web 和分布式对象环境提供一个统一的、基于标准的结构，将企业和开发者与迅速发展的技术所带来的风险隔离开。NCA 具有与传统的基于大型机的系统相媲美的可靠性、集成性和弹性，为制订可扩展、可靠和安全的以网络为中心的解决方案提供了建立和购买软件组件的灵活性，保证了现有的计算投资；NCA 使开发者在面临采用使用什么技术可以更好地满足需求的问题时拥有了更大范围的选择余地，在市场情况发生改变时能轻松地重新计划核心系统。通过 NCA，现有的基于客户机/服务器模式的应用都能以最少的变化利用 Web 技术，并且一个新的 Web 应用可以无缝地集成和利用现有客户机/服务器模式系统，而不会造成整个信息系统的巨变。

1.1.4 大数据的关键技术

1. 分布式存储

Google 提出了 GFS，Hadoop（详见 1.2 节中的相关内容）开源实现了 GFS，称为 HDFS（详见第 2 章中的相关内容）；Google 又提出了 BigTable，Hadoop 开源实现了 BigTable，称为 HBase（详见第 3 章中的相关内容）。

HDFS 的核心概念是，一个大的文件会被拆分成很多个块，HDFS 采用抽象的块概念，具有支持大规模文件存储、简化系统设计、适合数据备份等优点。

HBase 在整个 Hadoop 体系中位于结构化存储层，其底层存储支撑为 HDFS，使用 MapReduce 框架对存储在其中的数据进行处理，使用 ZooKeeper 作为协同服务。

2. 分布式处理

分布式处理技术主要有 4 种：Hadoop、Spark、Flink、Beam。

1）Hadoop。

Hadoop 有两大核心：一个是它用于进行分布式存储的框架为 HDFS，另二个是它用于进行分布式计算的框架为 MapReduce。这是它的两大关键技术，当然还有其他相关技术，如 Hive（将 SQL 语句转成底层的 MapReduce 任务），构成了一个完整的生态系统。MapReduce 是一个计算框架，主要用于针对海量数据执行批量计算任务。

Hadoop 存在一些缺陷，严格来说，应该是 MapReduce 存在一些缺陷，MapReduce 分为 Map 和 Reduce 两部分，非常简单，但由于过于简单，因此很多方面不能进行表达，也就是说，其表达能力有限。由于 Hadoop 中的 MapReduce 是基于磁盘计算的，Map 和 Reduce 之间的交互是通过磁盘完成的，因此磁盘 I/O 开销非常大。此外，Hadoop 中的 MapReduce 延迟较高，Map 和 Reduce 之间存在一个任务衔接，因为 Map 和 Reduce 是分阶段的，只有在所有的 Map 任务完成后，Reduce 任务才能开启运行，所以存在一个任务等待衔接的开销。在多阶段迭代执行时，会严重影响 MapReduce 的性能。

2）Spark。

Spark 诞生于 2009 年，在 2015 年迅速崛起，底层是 Spark 的核心主页 Spark Core，它提供了相关的 API 和相关的数据抽象 RDD，Spark Core 可以完成 RDD 的各种操作、开发等，在这个基础上，Spark 提供了多种组件，用于满足企业中的不同应用需求。Spark 代替的是 Hadoop 中的 MapReduce，它是一个计算框架，它在 Hadoop 中的作用如图 1-2 所示。

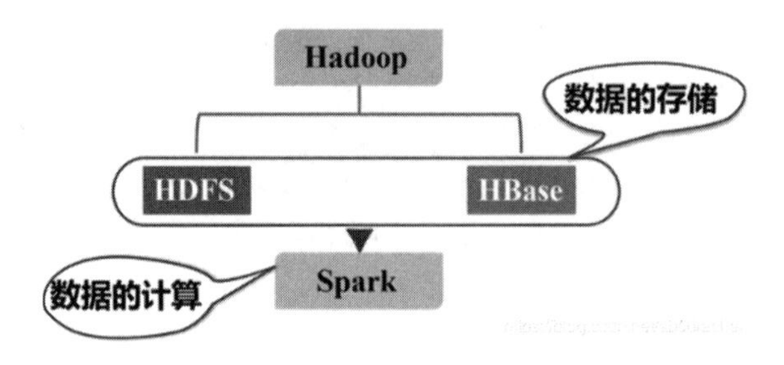

图 1-2　Spark 在 Hadoop 中的作用

Spark 继承了 MapReduce 的一些核心设计思想，并且对其进行了改进，因此 Spark 本质也属于 MapReduce。Spark 避免了 MapReduce 的一些缺陷：为了弥补表达有限的缺陷，Spark 不仅有 Map 和 Reduce 函数，还提供了更多比较灵活的数据操作类型，如 filter、sort、groupby 等，因此 Spark 编程模型更灵活，表达能力也更强。此外，MapReduce 是基于磁盘的分布式计算框架，会不断地读取磁盘、写入磁盘；而 Spark 提供了内存计算，可以高效地利用内存，很多数据交换都是在内存中完成的，因此可明显提高运行速度，尤其是在进行迭代时，MapReduce 进行迭代需要反复读/写磁盘，Spark 用内存读/写数据，不存在反复读/写磁盘的问题。Spark 主要基于 DAG（有向无环图）的任务调度执行机制，它可以进行相关优化，可以形成流水线，通过 DAG，可以避免数据反复落地，不用落地就可以将它的输出直接作为另一个输入，形成流水线，从而完成数据的高效处理。

Spark 有完整的架构（详见第 5 章中的相关内容），其中，Spark Streaming 是构建在 Spark 基础上的流式大数据处理框架。

Spark 可以用 Scala、Python、Java、R 语言进行开发，其中首选是 Scala 语言，因为 Spark 是用 Scala 语言开发的，所以用 Scala 开发的应用程序是最高效的应用程序。因此，将 Hadoop 与 Spark 结合是很好的大数据处理方案。

3）Flink。

Flink（详见 6.3 节中的相关内容）是由 Apache 软件基金会内的 Apache Flink 社区基于 Apache 许可证 2.0 开发的，该项目已有超过 100 位代码提交者和超过 460 位贡献者，在 2008 年已形成雏形，现在已经完善。Flink 与 Spark 一样，可以与 Hadoop 进行交互，它也是一个计算框架。用 Hadoop 存储数据，然后用 Flink 对存储的数据进行计算。

Spark 与 Flink 的区别如下。

- Flink 前面是用 Java 编写的，后面是用 Scala 编写的；Spark 是用 Scala 编写的。

- 在接口方面，Spark 提供了 Java、Python、R、Scala 语言的接口，Flink 也提供了相同的接口。
- 在计算模型方面，Flink 是真正能满足实时性要求的计算框架，Spark 是批处理的计算框架，而基于批处理的计算框架不能实现真正的实时响应（毫秒级）。Spark Streaming 之所以能进行流计算，是因为它将流切成若干段，在每段做一个批处理，用每段批处理模拟批处理，而每段批处理的最小单位是秒，实现不了毫秒级计算。而 Flink 模型在设计时，是真正面向流数据的，它将行作为计算单位，可以实现毫秒级计算，这一点与 Storm 类似。

Spark 与 Flink 的对比情况如表 1-5 所示。

表 1-5 Spark 与 Flink 的对比情况

	Spark	Flink
核心实现	Scala	Java
编程接口	Java、Python、Scala 和 R 语言	Datasets API 支持 Java 、Scala 和 Python。DataStream API 支持 Java 和 Scala
计算模型	Spark 是基于数据片集合（RDD）进行小批量处理，采用了微批处理模型	Flink 是一行一行处理，基于操作符的连续流模型。
优缺点	在流式处理方面，不可避免增加一些延时，Spark 则只能支持秒级计算。	Flink 的流计算跟 Storm 性能差不多，支持毫秒级计算。

4）Beam。

Beam 是一套完整的统一编程接口，如图 1-3 所示，它可以通过统一接口将程序运行到不同的平台上，这个统一接口是基于 Dataflow 框架的，它与其他框架不能完全兼容。

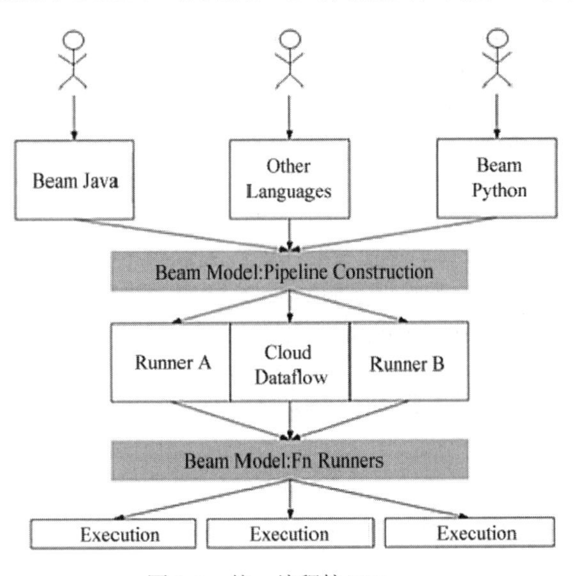

图 1-3 统一编程接口 Beam

1.2 大数据的 Hadoop 解决方案

1.2.1 Hadoop 的由来与发展

2003 年，在 Google 发表第一篇关于其云计算核心技术 GFS 的论文时，Apache 开源项目 Nutch 搜索引擎的开发者 Doug Cutting 等人面临着如何将其架构扩展到可以处理数十亿规模网页的难题。在了解了 GFS 系统后，他们认为这样的架构技术可以帮助他们解决在 Nutch 抓取网页和建立索引的过程中产生大量文件的问题，并且可以提高管理这些存储节点的效率。因此在参考 GFS 技术的基础上，他们在 2004 年编写了一个开放源码的类似系统——NDFS（Nutch Distributed File System，Nutch 分布式文件系统）。同样在 2004 年，Google 公开发表了阐述其另一核心技术 MapReduce 的论文，让业界第一次真切感受到了 MapReduce 编程模型在解决大型分布式并行计算问题时的巨大威力和实用性。Nutch 团队很快就将 MapReduce 技术应用于他们的项目，在 2005 年将 Nutch 的主要算法都移植到基于 MapReduce 和 NDFS 的框架下运行。

在完成了 MapReduce 和 NDFS 的开源实现后，2006 年，Nutch 项目的两名兼职开发人员为 Nutch 搭建了一个包含 20 个计算节点的平台，验证了这两个开源组件在解决搜索数百万网页问题时的有效性。Hadoop 项目的名称来源于创立者 Doug Cutting 儿子的一个玩具，一头黄色的大象，并没有什么实际的含义。Hadoop 的 Logo 如图 1-4 所示。

图 1-4　Hadoop 的 Logo

Hadoop 的目标是建立一个能够对大数据进行可靠的分布式处理的可扩展开源软件框架。Hadoop 面向的应用环境是大量低成本计算构成的分布式计算环境，因此它假设计算节点和存储节点会经常发生故障，并且为此设计了数据副本机制，用于保证能够在出现故障节点的情况下重新分配任务。同时，Hadoop 以并行的方式工作，通过并行处理加快处理速度，具有高效的处理能力。在设计之初，Hadoop 就为支持可能面对的 PB 级大数据环境进行了特殊设计，具有优秀的可扩展性。可靠、高效、可扩展这三大特性，加上 Hadoop 开源免费的特性，使 Hadoop 技术得到了迅猛发展，在 2008 年，Hadoop 成了 Apache 的顶级项目。

1.2.2　Hadoop 的特性、运行原理和生态环境

1. Hadoop 的特性

Hadoop 是进行面向互联网及其他来源的大数据分析和并行处理的模型。其创建之初的宗旨，是让使用者能够通过使用大量普通的服务器搭建相应的服务器集群，从而实现大数据的并行处理功能，其优先考虑的是数据扩展性和系统可用性。

简易、粗放、灵验，这就是 Hadoop。

- Hadoop 是一个简易的大数据分布式处理框架，可以使程序设计人员和数据分析人员在不了解分布式底层细节的情况下开发分布式程序。
- Hadoop 是一个粗放的数据处理工具。Hadoop 颠覆了数据获取和处理的传统理念，不再需要使用以前建立的索引对数据进行分类，通过相应的表链接将需要的数据匹配成我们需要的格式。

- Hadoop 是一个灵验的数据处理工具，可以充分利用集群的能力对数据进行处理。其核心是 MapReduce 数据处理，通过对数据进行输入、拆分与组合，可以有效地提高数据管理的安全性，并且可以很好地访问管理的数据。

Hadoop 由开源的 Java 程序编写，是由 Apache 基金会开发的完全免费的开源程序（Open Source）。Hadoop 开创性地使用了一种从最低层结构就与现有技术完全不同但是更加具有先进性的数据存储和处理技术。使用 Hadoop 无须掌握系统的低层细节，无须购买价格不菲的软硬件平台，可以无限制地在价格低廉的商用 PC 上搭建所需规模的评选数据分析平台。即使从只有一台商用 PC 的集群平台开始，也可以在后期任意扩充其内容。在有了 Hadoop 后，数据就不再被认为是过于庞大而不好处理或存储的了，从而解决之前无法解决的海量数据的分析问题，发现其中潜在的价值。

通过使用自带的数据格式和自定义的特定数据格式，Hadoop 基本上可以按照程序设计人员的要求处理任何数据，不论这个数据是什么类型的。

2．Hadoop 的运行原理及运行机制

Hadoop 的核心由 3 个子项目组成：Hadoop Common、HDFS 和 MapReduce。Hadoop Common 项目主要用于为 Hadoop 的整体架构提供基础支撑性功能，主要包括文件系统（File System）、远程过程调用协议（RPC）和数据串行化库（Serialization Libraries）。HDFS（Hadoop Distributed File System，Hadoop 分布式文件系统）由早期的 NDFS 演化而来，是一个分布式文件系统，具有低成本、高可靠性、高吞吐量的特点。MapReduce 是一个编程模型和软件框架，主要用于在大规模计算机集群中编写对大数据进行快速处理的并行化程序。在实际应用环境中，Hadoop Common 通常隐藏在幕后，为架构提供基础支持，而 HDFS 和 MapReduce 的逻辑组件相互配合完成用户提交的大数据处理请求。一个典型的 Hadoop 部署环境图及逻辑组件之间的交互如图 1-5 所示。。

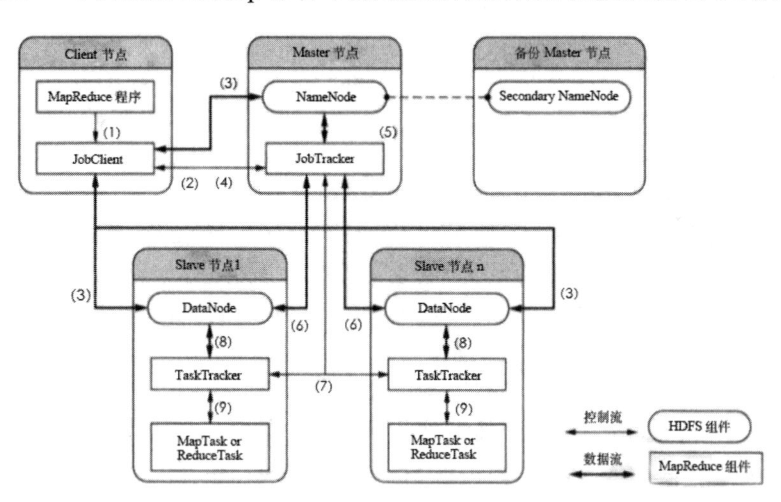

图 1-5　典型的 Hadoop 部署环境图及逻辑组件之间的交互

根据图 1-5 可知，Hadoop 的基本运行环境包含 HDFS 和 MapReduce 两类组件。

1）HDFS 组件。

① NameNode。

NameNode 是 HDFS 中的管理者，主要用于管理文件系统的命名空间，维护文件系统的文件树及所有文件和目录的元数据。这些元数据存储于 NameNode 维护的两个本地磁盘文件：命名空间镜像文件和编辑日志文件。同时，NameNode 中还存储了每个文件与数据块所在的 DataNode 的

对应关系，这些信息被用于其他功能组件查找所需文件资源的数据服务器。

② Secondary NameNode。

Hadoop 集群环境中只有一个 NameNode 节点，因此 NameNode 是 HDFS 系统的关键故障点。一旦 NameNode 发生故障，就会影响整个系统的运行。为了避免这样的问题出现，Hadoop 设计了 Secondary NameNode 节点，它一般在一台单独的物理计算机上运行，与 NameNode 保持通信，按照一定的时间间隔保存文件系统元数据的快照。当 NameNode 发生故障时，系统管理者可以通过手工配置的形式将保存的元数据快照恢复到重新启动的 NameNode 中，从而降低数据丢失的风险。

③ DataNode。

DataNode 是 HDFS 中存储数据的节点，HDFS 中的文件通常被分割为多个数据块，以冗余备份的形式存储于多个 DataNode 中。DataNode 定期向 NameNode 报告其存储的数据块列表，以备使用者通过直接访问 DataNode 获得相应的数据。

2）MapReduce 组件。

- JobClient。JobClient 是基于 MapReduce 接口库编写的客户端程序，主要负责提交 MapReduce 作业。
- JobTracker。JobTracker 是应用于 MapReduce 模块之间的控制协调者，主要负责协调 MapReduce 作业的执行。每个 Hadoop 集群中只有一个 JobTracker。
- TaskTracker。TaskTracker 主要负责执行由 JobTracker 分配的任务，每个 TaskTracker 都可以启动一个或多个 Map 或 Reduce 任务。TaskTracker 与 JobTracker 之间通过心跳（HeartBeat）机制保持通信，从而维护整个集群的运行状态。
- MapTask 和 ReduceTask。MapTask 和 ReduceTask 是由 TaskTracker 启动的程序，主要负责执行具体的 Map 任务和 Reduce 任务。

以上组件协同工作执行一个分布式并行数据技术任务的流程如下。

（1）MapReduce 程序启动一个 JobClient 实例，从而开启整个 MapReduce 作业（Job）。

（2）JobClient 通过 getNewJobId()接口向 JobTracker 发出请求，从而获得一个新的作业 ID。

（3）JobClient 根据作业请求指定的输入文件划分数据块，并且将完成作业需要的资源（包括 JAR 文件、配置文件、数据块）存储于 HDFS 中属于 JobTracker 的以作业 ID 命名的目录下，一些文件（如 JAR 文件）可能会以冗余备份的形式存储于多个节点中。

（4）在完成上述准备工作后，JobClient 通过调用 JobTracker 的 SubmitJob()接口提交此作业。

（5）JobTracker 将提交的作业放入一个作业队列中，等待进行作业调度，从而完成作业初始化工作。作业初始化工作主要用于创建一个代表此作业的运行对象，作业运行对象中封装了作业包含的任务和任务运行状态，用于跟踪后续相关任务的状态和执行进度。

（6）JobTracker 还需要从 HDFS 中取出 JobClient 中的输入数据，并且根据输入数据创建对应数量的 Map 任务，根据 JobConf 配置文件中定义的数量生成 Reduce 任务。

（7）在 TaskTracker 和 JobTracker 之间通过心跳机制维持通信，TaskTracker 发送的心跳消息中包含当前是否可执行新的任务的信息，根据这个信息，JobTracker 将 Map 任务和 Reduce 任务分配到空闲的 TaskTracker 中。

（8）被分配了任务的 TaskTracker 从 HDFS 中取出所需的文件，包括 JAR 文件和任务对应的数据文件，并且将其存储于本地磁盘，启动一个程序实例准备运行任务。

（9）TaskRunner 在一个新的 Java 虚拟机中根据任务类别创建出 MapTask 或 ReduceTask 进行运算。在新的 Java 虚拟机中运行 MapTask 和 ReduceTask 的原因是避免这些任务的运行异常影响 TaskTracker 的正常运行。MapTask 和 ReduceTask 会定时与 TaskRunner 通信报告进度，直到任务完成。

为了确保在 Hadoop 集群运行一个并行计算任务的基本流程完整、准确、高效地执行，Hadoop 还提供了任务调度、容错机制等多项技术框架和实现。

3．Hadoop 的生态环境

Hadoop 生态系统的特点如下：

- 源码开源（免费）。
- 社区活跃，参与者众多。
- 涉及分布式存储和计算的方方面面。
- 已得到企业界验证。

Hadoop 生态环境 2.0 时代如图 1-6 所示，其组成部分主要增加了 YARN（集群资源管理层）。其中有 HDFS（分布式文件系统）、MapReduce（分布式计算框架）和 HBase（分布式数据库系统）。ZooKeeper（分布式协调服务）是 Chubby 克隆版，主要用于解决分布式环境中的数据管理（统一命名、状态同步、集群管理、配置同步）问题。Hive（基于 MR 的数据仓库）定义了一种类 SQL 查询语言——HQL，可将其看作一个 HQL→MR 的语言翻译器，通常用于进行离线数据处理（采用 MapReduce）。Pig（作业流引擎）是构建在 Hadoop 之上的数据仓库，定义了一种数据流语言——Pig Latin，通常用于进行离线分析。Mahout（数据挖掘库）是基于 Hadoop 的机器学习和数据挖掘的分布式计算框架，实现了推荐（Recommendation）、聚类（Clustering）、分类（Classification）三大类算法。Sqoop（数据整合工具）是连接 Hadoop 与传统数据库（MySQL、DB2 等）之间的桥梁。Flume（数据收集工具）是一个分布式海量日志聚合系统，支持在系统中定制各类数据发送方，主要用于收集数据。Oozie（作业流调度）可以对 MapReduce Java、Streaming、HQL、Pig 等计算框架及其作业进行统一管理和调度。Ambari 是安装部署工具。

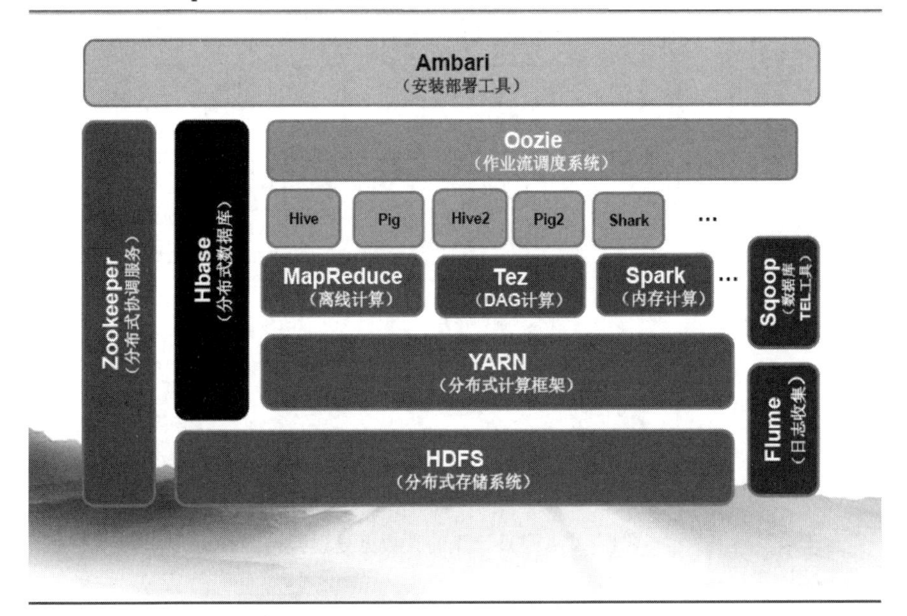

图 1-6　Hadoop 生态环境 2.0 时代

YARN 主要负责集群的计算等资源统一管理和调度，使多种计算框架可以运行在一个集群中，具有良好的扩展性、高可用性。Tez（DAG）是 Apache 最新开源的支持 DAG 作业的计算框架，它源于 MapReduce 框架，核心思想是将 Map 和 Reduce 两个操作进一步拆分，将 Map 拆分成 Input、Processor、Sort、Merge 和 Output，将 Reduce 拆分成 Input、Shuffle、Sort、Merge、Processor 和 Output 等，这些分解后的元操作可以灵活组合，产生新的操作，这些操作在经过一些控制程序组装后，可以形成一个大的 DAG（有向图）作业，可以替换 Hive、Pig 等。Tez 是基于 YARN 的，可以与原有的 MR 共存。至此，YARN 已经支持两种计算框架：Tez 和 MR。随着时间的推移，YARN 上会出现更多计算框架。

1.2.3 Hadoop 的企业级开发架构、技术与落地应用

1．基于云计算的大数据处理架构

随着 Hadoop 技术的逐渐流行，更多围绕 Hadoop 框架的拓展技术和工具逐渐出现，如前面讲到的 HBase、Pig、Hive 等。在利用基于 Hadoop 的云计算技术对大数据的一些经典实例进行研究后，梳理基于云计算的大数据处理架构，如图 1-7 所示。需要说明的是，提出该技术架构的目的不是要建立一个运用 Hadoop 的技术标准，而是将目前业界的最佳实践技术进行提炼和总结，从而形成一个具有实用价值的技术框架。因此该技术架构采用分层的技术架构形式，并且将目前主要被采用的具体技术映射到对应的层面，用于适应未来的技术发展。

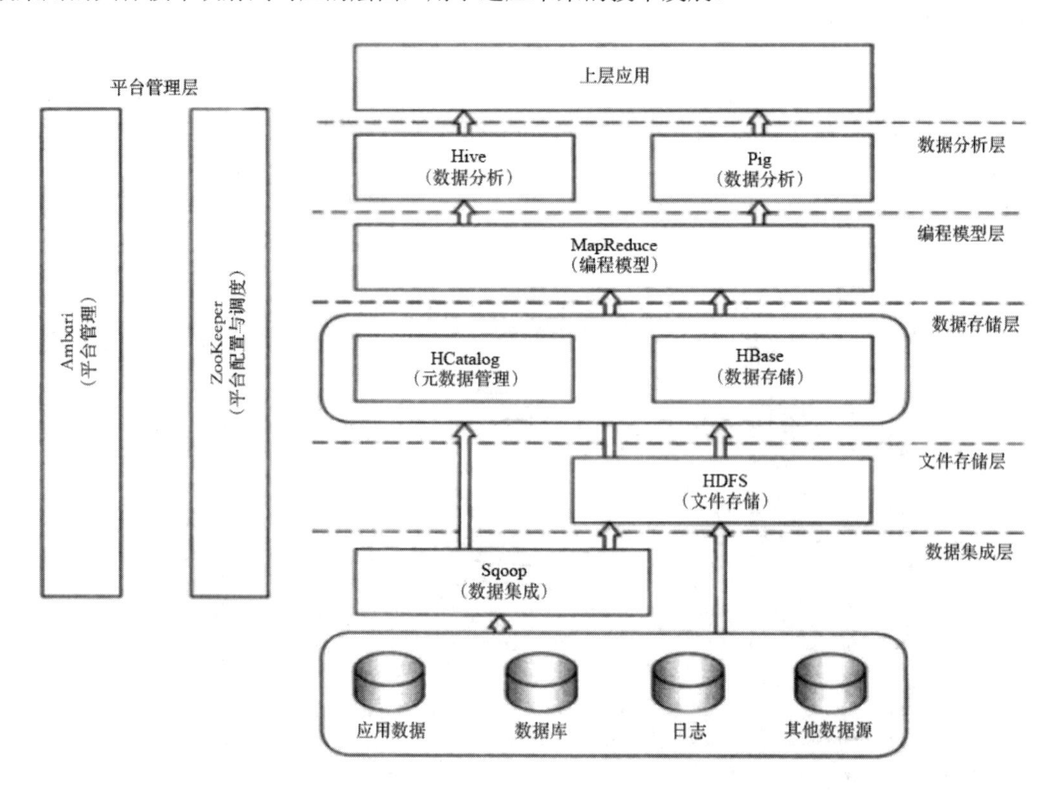

图 1-7　基于云计算的大数据处理架构

1）数据集成层。

数据集成层在数据架构的最下方，是系统需要处理的数据来源（如基于云平台），这些数据具有结构多样、类型多变的特点，既有结构化的数据，又有非结构化、半结构化的数据；既有文本格式的日志数据，又有富媒体格式的网页数据。数据集成层中的组件主要用于在外部数据源和文件存储层或数据存储层之间进行适配，从而实现双向的数据高效导入、导出功能。数据集成层组

件的典型实例是 Sqoop 工具。利用 Sqoop 工具，一方面可以将存储于关系型数据库中的数据导入 Hadoop 的 HDFS 等组件，便于 MapReduce 程序或 Hive 工具进行后续处理，甚至直接导入 HBase 中；另一方面可以支持将处理后的结果导出到关系型数据库中。

2）文件存储层。

文件存储层是利用分布式文件系统技术，将底层数量众多且分布在不同位置的通过网络连接的各种存储设备组织在一起，通过统一的接口向上层应用提供对象级文件访问服务能力。文件存储层为上层应用屏蔽了存储设备类型、型号、接口协议分布位置等技术细节，并且提供了数据备份、故障容忍、状态监测、安全机制等多种保障可靠的文件访问服务的管理性功能。同时，利用分布式并行技术，云计算大数据处理环境的文件存储层还支持对海量大文件进行高效的并行访问。在整体架构中，文件存储层向下与数据源和数据集成层连接，用于访问具体的存储资源，向上为编程模型层和数据存储层提供文件访问服务。HDFS 是文件存储层的一个典型组件。

3）数据存储层。

数据存储层的功能是提供分布式、可扩展的大量数据表的存储和管理能力。它强调的是在较低成本的条件下实现对大数据表的管理能力，可以支持在大规模数据量的情况下完成快速的数据读/写操作，随着数据量的快速增长，可以通过简单的硬件扩容实现存储能力的线性增长。Hadoop 已为数据存储层提供了两项技术基础，分别为 HBase 和 HCatalog。HBase 实现了面向列的分布式数据库存储系统；HCatalog 是一个数据表和存储管理组件，支持 Pig、Hive、MapReduce 等在两层应用间进行数据共享操作。

4）编程模型层。

编程模型层中的组件主要用于为大规模数据处理提供一个抽象的并行计算编程模型，以及为此模型提供可实施的编程环境和运行环境。编程模型层是整个处理架构的核心部分，它的运行效率决定了整个数据处理过程的效率。在基于云计算的大数据处理领域，MapReduce 编程模型占据重要地位，MapReduce 组件在整个架构中担当承上启下的关键角色。一方面，程序员可以使用 MapReduce 编程模型直接构建数据处理程序；另一方面，上层的拓展工具（如 Hive）可以利用 MapReduce 编程模型的计算能力进行数据访问和分析。

5）数据分析层。

数据分析层中的组件主要用于为数据分析人员提供一些高级的分析工具，从而提高他们的生产效率。Hadoop 体系中的 Pig 和 Hive 是这一类工具。Pig 提供了一个在 MapReduce 基础之上抽象出更高层次数据的处理能力，包括数据处理语言及其运行环境。Hive 可以将结构化的数据映射为一张数据表，为数据分析人员提供完整的 SQL 查询功能，并且将查询语言转换为 MapReduce 任务执行。

6）平台管理层。

平台管理层中的组件是确保整个数据处理平台平稳安全运行的保障。与其他系统中的管理组件相同，平台管理层中的组件提供了包括配置管理、运行监控、故障管理、性能优化、安全管理等在内的全套功能。

2. Hadoop 的关键技术

根据 Hadoop 的大数据处理架构可知，其关键技术是大数据的采集、存储管理、处理与分析、隐私与安全。

- 大数据的采集：利用 ETL（Extract-Transform-Load，主要用于描述将数据从来源端抽取、转换、加载至目的端的过程）工具将分布的异构数据源中的数据（如关系数据、平面文件数据等）抽取到临时中间层，然后对其进行清洗、转换、集成，最后将其加载到数据仓库或数据集市中，使其成为联机分析处理、数据挖掘的基础；或者将实时采集的数据作为流计算系统的输入，进行实时处理分析。

- 大数据的存储和管理：利用分布式文件系统、数据仓库、关系数据库、NoSQL、云数据库等，实现对海量结构化、半结构化和非结构化数据的存储和管理。
- 大数据的处理与分析：利用分布式并行编程模型和计算框架，结合机器学习和数据挖掘算法，对海量数据进行处理和分析；对分析结果进行可视化呈现，帮助人们更好地理解数据、分析数据。
- 大数据的隐私和安全：在从大数据中挖掘潜在的巨大商业价值和学术价值的同时，构建隐私数据保护体系和数据安全体系，从而有效保护个人隐私和数据安全。

3. Hadoop 的企业级落地应用

大数据产业是指一切与支撑大数据组织管理和价值发现相关的企业经济活动的集合，大数据在国内外各个领域中得到了广泛的应用，产生了许多大数据产业。下面以国内大数据产业的阿里巴巴集团为代表，介绍 Hadoop 的企业级落地应用。

阿里巴巴集团是中国最大的电子商务公司之一，旗下拥有包括阿里巴巴、淘宝、支付宝等多个电子商务领域领先的网站和业务。其中以淘宝和支付宝两个面向大众消费者的平台为人们所熟知。淘宝是目前中国最大的 C2C 电子商务平台，也是国内第一批采用 Hadoop 技术进行数据平台升级的网站之一。从 2008 年开始，淘宝就开始投入资源研究基于 Hadoop 的数据处理平台，并且将其应用于电子商务相关数据处理工作。淘宝数据处理平台使用的 Hadoop 集群（云梯）是全国最大的 Hadoop 集群之一，它支撑着淘宝的数据分析工作。淘宝数据处理平台的整体架构如图 1-8 所示。

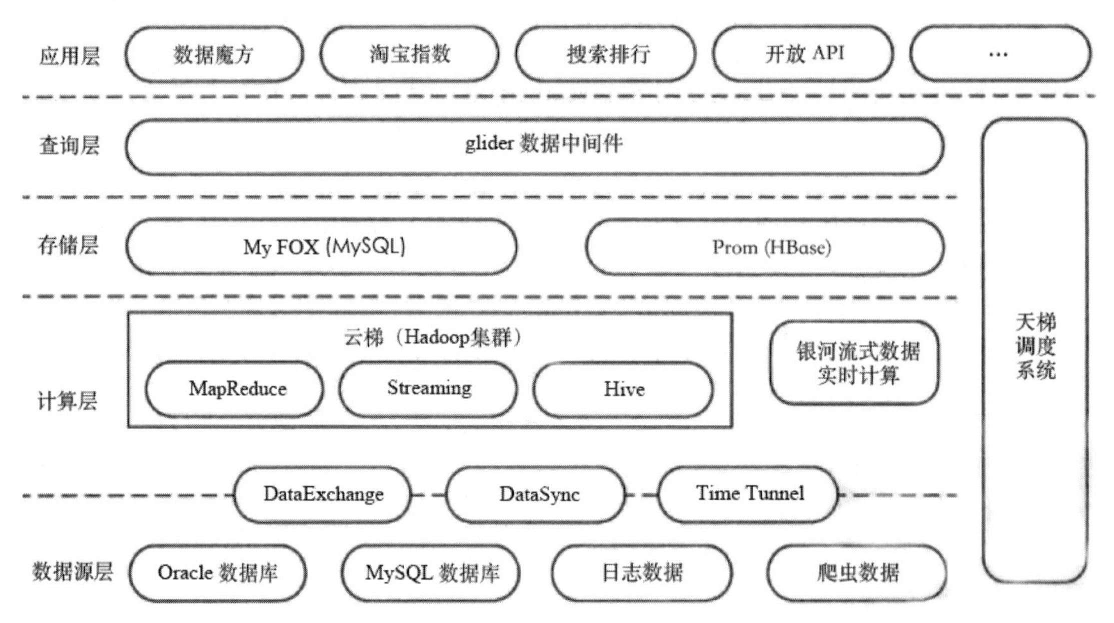

图 1-8 淘宝数据处理平台的整体架构

淘宝数据处理平台分为 5 层，自下而上依次为数据源层、计算层、存储层、查询层、应用层。在淘宝数据处理平台的实现过程中，为了解决可能遇到的问题，淘宝的技术团队在以下几方面对 Hadoop 相关组件进行了改进和优化。

- JobTracker 优化，包括实现自有的 YunTi 调度器、降低 Heartbeat 锁粒度、进行 JobHistory 页面分离、Log4j 的配置及使用优化等。
- NameNode 改进，包括用读/写锁替换同步锁，实现 RPC（Remote Procedure Call）Reader 多线程，引入新的对 RPC 远程过程调用加速作业的提交，提升重启速度，等等。
- 存储优化，包括采用增量存储表、压缩核心表、压缩历史数据、开发压缩算法等技术节省存储空间。
- 作业优化，包括避免 JobClient 和 TaskTracker 上传和下载相同文件，实现 Reduce 任务数量自适应机制，等等。

淘宝数据处理平台支持对超过 30 亿条店铺和商品浏览记录、10 亿数量级的在线商品数，以及每天上千万笔的成交、收藏和评价数据进行处理和分析，并且从这些数据中挖掘出具有更高商业价值的信息，进而帮助淘宝和入驻商家提高运营效果，辅助消费者完成购物决策。

支付宝国领先的第三方独立支付平台，为用户和商家提供可信任的第三方担保交易平台。支付宝拥有超过 7 亿注册用户，合作商家达到 45 万家，日交易订单达 3369 万笔，日交易额达 45 亿元。对于一个拥有如此庞大数据量的支付平台，其数据处理的可靠性和时效性是非常重要的。因此，支付宝利用 Hadoop 技术建立了数据处理平台，其组件结构和 Hadoop 关联技术如图 1-9 所示。

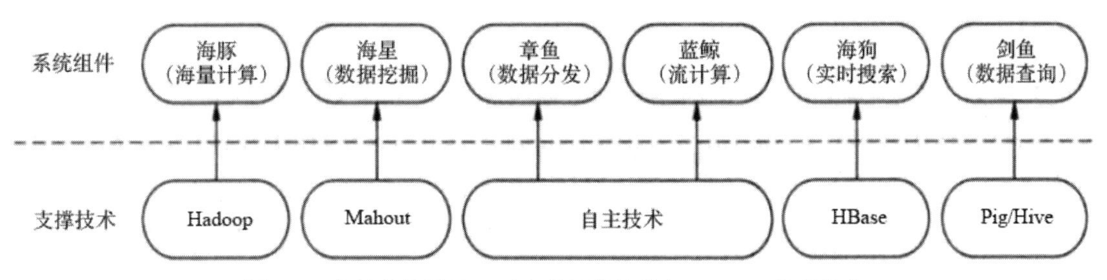

图 1-9 支付宝数据处理平台的组件结构和 Hadoop 关联技术

支付宝采用海洋生物为其数据处理平台的组件进行命名。

- 海豚是一个基于 Hadoop 海量存储的计算集群，可以提供一站式的计算和存储资源管理服务。
- 海星是一个基于 Mahout 技术的分布式数据挖掘系统。
- 章鱼是一个提供批量数据抽取和转载的数据分发中心。
- 蓝鲸是一个类似于 MapReduce 的流计算框架。
- 海狗是一个集成了 HBase 和 Solr 的支持千亿级别数据实时查询和检索的搜索平台。
- 剑鱼是基于 Hive 和 Pig 构建的，可以提供 Web 界面的海浪数据可视化查询服务。

1.3 大数据各时期的热点与数据使用发展趋势

对于大数据的热点，Spark 及基于大数据的人工智能深度学习技术分别会在第 5 章和第 11 章中详述，大数据的图计算详见第 7 章中的相关内容。本节主要介绍数据架构的演变、大数据（Hadoop 等）各时期的热点与数据使用发展趋势。

以 Hadoop 为代表的云计算技术为大数据时代的数据处理工作带来了极大的便利，使 PB 级甚至 ZB 级的数据分析成为现实。但是，在面对快速变化和急剧增长的数据分析需求时，还面临着一些亟待解决且具有挑战的技术难题。针对这些问题，以 Google 为代表的互联网公司陆续推出了更新的技术。随着这些技术的进一步完善和重要问题的逐步解决，基于云计算的大数据处理技术会步入更加广阔的新阶段。

1.3.1 数据架构各时期的演变

1. 传统的单体数据架构

传统的单体数据架构如图 1-10 所示，其最大的特点是集中式数据存储，通常将架构分为计算层和存储层。单体架构的初期效率很高，但是随着时间的推移，业务越来越多，系统变得越来越大，越来越难以维护和升级，数据库是唯一的准确数据源，每个应用都需要访问数据库获取对应的数据，如果数据库发生改变或出现问题，则会对整个业务系统产生影响。

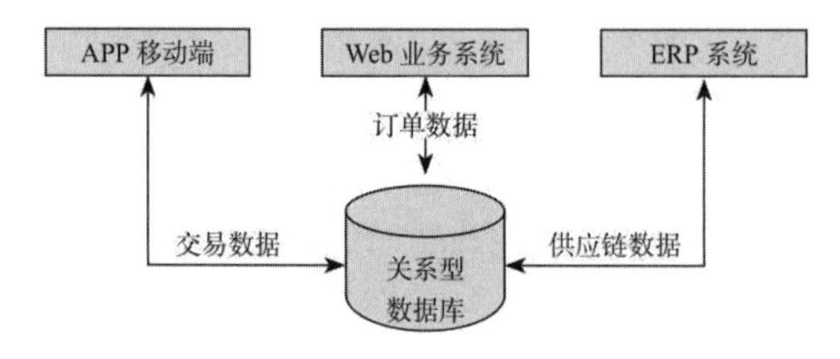

图 1-10 传统的单体数据架构

2. 微服务架构

随着微服务架构的出现，企业开始采用微服务架构作为企业业务系统的架构体系，如图 1-11 所示。微服务架构的核心思想是，一个应用是由多个小的、相互独立的微服务组成的，这些服务运行在自己的进程中，开发和发布都没有依赖。不同的服务可以依据不同的业务需求，在构建的不同技术架构上聚焦有限的业务功能。

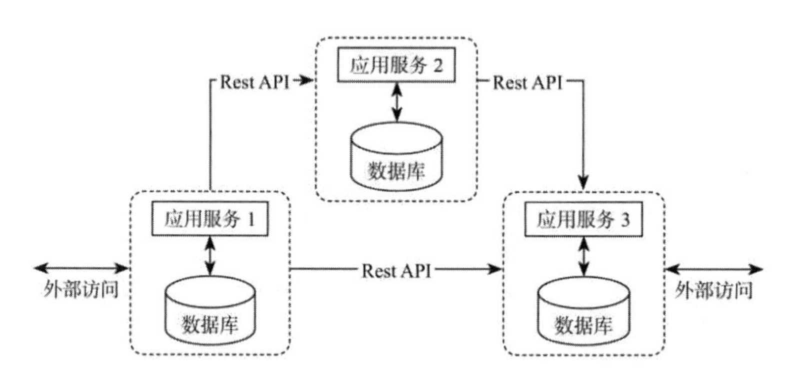

图 1-11 微服务架构

3. 大数据 Lambda 架构

在构建企业数据仓库的过程中，数据通常会周期性地从业务系统中同步到大数据平台，在完成一系列的 ETL 转换操作后，最终形成了数据集市等应用。但是对于一些对时间要求较高的应用，如实时报表统计，必须有非常低的延时展示统计结果，为此业界提出了一个大数据 Lambda 架构，用于处理不同类型的数据，如图 1-12 所示。

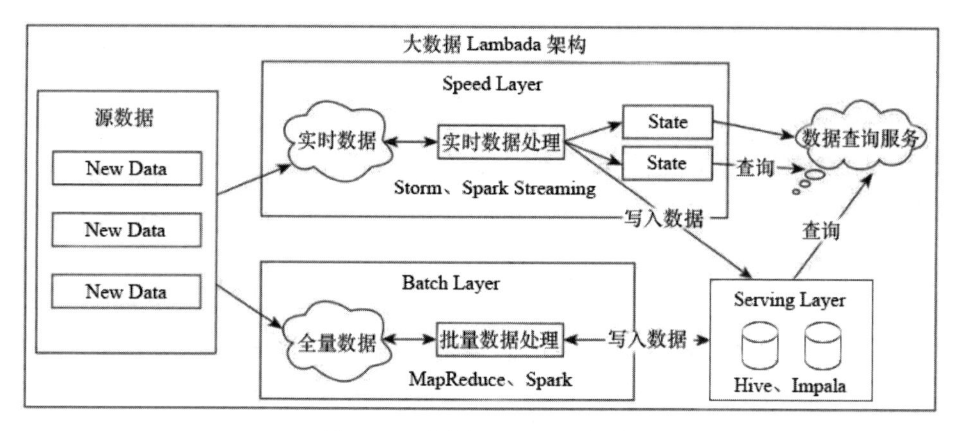

图 1-12 大数据 Lambada 架构

根据图 1-12 可以得出如下结论：大数据平台中包含批量计算的 Batch Layer 和实时计算的 Speed Layer。可以在一套平台中将批量计算和流计算（实时计算）整合在一起。例如，使用 Hadoop MapReduce 对批量数据进行处理，使用 Apache Storm 对实时数据进行处理。这种架构在一定程度上解决了不同计算类型的问题，但是框架太多会导致平台复杂度过高、运维成本过高等问题，并且在一个资源管理平台中管理不同类型的计算框架也是非常困难的事情。

为此，Apache Spark 提出了将数据切分成微批的处理模式，用于进行流式数据处理，从而能够在一套计算框架内完成批量计算和流计算。但由于 Spark 本身是基于批处理计算模式的，并不能完美且高效地处理原生的数据流，因此对流计算的支持相对较弱，可以说 Spark 的出现在一定程度上对 Hadoop 架构进行了一定的升级和优化。

4. 有状态的计算架构

数据产生的本质其实是一个个真实存在的事件，前面提到的不同架构其实都在一定程度上违背了这种本质，需要在一定时延的情况下对业务数据进行处理，从而得到基于业务数据统计的准确结果。实际上，由于流计算技术的局限性，因此在数据产生的过程中很难进行计算并直接产生统计结果，因为这不仅对系统有非常高的要求，还必须满足高性能、高吞吐、低延时等众多条件。

基于有状态的计算方法的最大优势是不需要将原始数据重新从外部存储中拿出来进行全量计算，因为这种计算方式的代价可能是非常高的。有状态计算架构如图 1-13 所示。

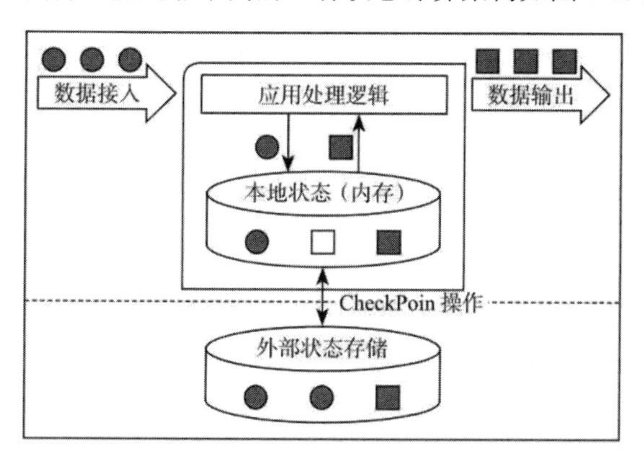

图 1-13 有状态的计算架构

Flink 通过实现 Google Dataflow 流计算模型，实现了高性能、高吞吐、低延迟的兼具实时计算和流计算的计算框架。同时，Flink 支持高度容错的状态管理，防止状态在计算过程中因为系统异常而丢失。由于 Flink 周期性地通过分布式快照技术 Checkpoints 实现状态的持久化维护，因此即使在系统停机或异常的情况下，也能计算出正确的结果。

Flink 创造性地统一了流处理和批处理，在作为流处理看待时，输入数据流是无界的。批处理作为一种特殊的流处理，它的输入数据流被定义为有界的。Flink 的具体特点、设计思想、框架设计和实例等，详见 6.3 节中的相关内容。

1.3.2 Hadoop 的 YARN 计算框架

在过去几年，Hadoop 的 MapReduce 计算模型以其简单、易用、性价比高和可扩展性好的特点征服了大量需要进行大数据处理的用户。但与此同时，使用 MapReduce 的场景越来越多，MapReduce 计算任务也不再限于设计之初的批量处理数据。这些需求的变化，使 MapReduce 计算框架的一些固有弊端逐渐显现出来，并且这些问题严重制约了 Hadoop 技术的进一步提升，如果在原有的 MapReduce 框架代码上进行修补，那么其实现难度很高，并且预计效果很难令人满意。基于这些原因，Hadoop 开源项目的开发者提出并实现了一个计算框架 YARN，为了便于市场和用户理解和接受，这个计算框架又被称为 MapReduce v2。

YARN 的设计目标是满足以下需求。

- 高可靠性，用于解决 JobTracker 可靠性不足的问题。
- 高可用性，用于避免 JobTracker 继续成为单点故障。
- 更好的可扩展性，能适应 10 000 个节点、200 000 个内核的集群环境。
- 向后兼容，确保基于原有 MapReduce 计算框架编写的程序无须修改即可运行。
- 平滑演进，可以由用户自主选择需要升级的组件。
- 可预测的作业时延，这是很多有时延要求的用户的需求。
- 提高集群资源利用率。

YARN 的核心改进思路是拆分原 MapReduce 计算框架中 JobTracker 的两个主要功能，即将 JobTracker 的资源管理和作业调度两个功能拆分到独立的进程中。YARN 的架构如图 1-14 所示。

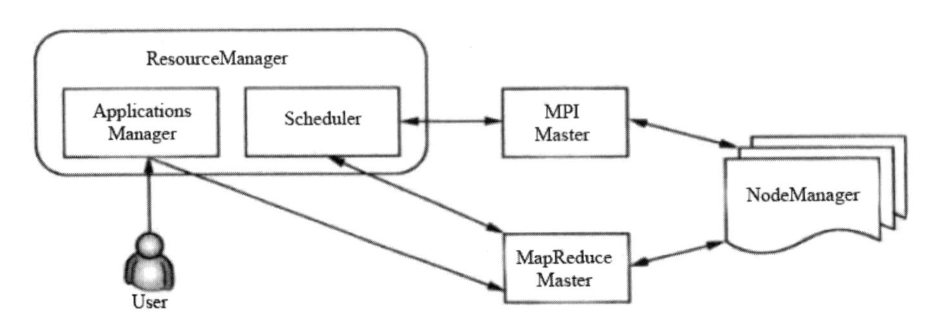

图 1-14　YARN 的架构

在原来的 MapReduce 计算框架中，JobTracker 的两个功能被拆分为两个独立的组件，一个是负责全局资源管理的资源管理器（ResourceManager），另一个是与每个应用（MapReduce 作业或 DAG 作业）有关的应用控制点（ApplicationMaster），在每个计算节点上还有一个节点管理器（NodeManager）。资源管理器和节点管理器构成了 YARN 计算框架的基础部分，而与应用有关的应用控制器会作为框架库存在，它的作用是与资源管理器协商资源分配规则，并且与节点管理器共同执行和监控计算任务。资源管理器由两个基本组件构成：应用管理器（Applications

Manager）和调度器（Scheduler）。调度器的作用是根据系统容量、资源队列情况等条件，将系统中的资源分配给各个应用。

1.3.3 大数据的实时交互式分析

数据挖掘的核心是从数据中获取有价值的信息，主要利用人工智能、机器学习、统计学等基础技术，辅以工具实现数据的自动化分析，做出归纳性推理，从中挖掘出供抽象或精炼的高层次知识，帮助管理者提高决策速度和质量。有很长一段时间，数据挖掘的研究工作主要集中在如何研究新的算法或改善已有算法，从而实现高速度的运算及提高挖掘过程的自动化和准确性。但随着数据复杂度日益提高，数据类型日益丰富，传统的数据挖掘技术也面临着一些新的问题。

针对这些问题，很多研究者从不同角度提出了一些解决方案，目前最受关注的是 Google 自主研发并已用于实践的大数据实时交互式分析平台 Dremel，以及参考 Dremel 开源实现的 Impala，它们的核心是结合 MapReduce 的并行计算模式、面向列的数据模型和树形执行模式，在数据行数达到万亿数量级的规模下实现秒级的实时交互式分析。

Google 的 Dremel 是一个用于分析只读嵌套型数据的可扩展交互式动态（Ad-hoc）查询系统，其作用是在秒级时间范围内完成万亿行级别的大数据聚合查询，并且扩展到上万的 CPU 和处理 PB 级数据的环境中。完成如此高难度的任务，Dremel 主要依靠两个核心机制：多层执行树和列状数据结构。Dremel 的系统架构如图 1-15 所示。

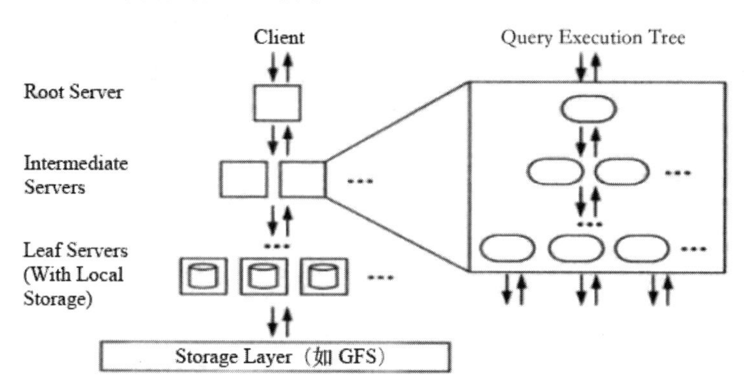

图 1-15 Dremel 的系统架构

需要注意的是，Google 设计 Dremel 的目的并不是代替 MapReduce，Dremel 与 MapReduce 之间是协作互补的关系。Dremel 经常与 MapReduce 协同使用，用于分析 MapReduce 产生的最大输出数据，或者创建大规模计算的原型系统。

1.3.4 数据使用发展趋势

企业喜欢将技术的层次定义为“即服务”模式，从云供应商提供的基础架构到完整的 SaaS 应用程序都是。但是，在数据方面，企业仍然采用 IT 存储和 IT 控制模式运行，数据用户正在等待他们的“即服务”模式到来。

随着开源技术、方法论和云服务的广泛应用，更多企业开始运用“数据即服务”模式，这个模式使企业的数据科学家、数据使用者和数据工程师更具创造力。

1. 趋势 1：Apache Arrow 和 Arrow Flight 的崛起

在过去的几年中，出现了一种名为 Apache Arrow 的内存分析新标准，如图 1-16 所示。

Apache Arrow 不是应用程序或进程，它是一个开源项目，它定义了用于处理数据的内存列存储格式及对应的低级别操作库，如针对特定运行对环境进行高度优化的 Sorts、Filters、Projections 操作，这些操作的资源利用率更高、更快。

Apache Arrow 可以应用于许多类型的应用程序，包括 SQL 引擎（如 Dremio 的 Sabot）、数据框架（如 Python pandas）、分布式处理（如 Spark）、数据库（如 InfluxDB）、机器学习环境（如 RAPIDS）和一些可视化系统。Apache Arrow 的应用率急剧上升，在 2019 年前 6 个月，仅 Python 社区每月的下载量就超过了 100 万次。其原因很明显：数据分析程序的开发人员希望最大限度地提高系统效率，从而改善用户体验，并且降低在云环境中运行这些系统的成本。通过将多种类型的应用程序转换为 Arrow-based 架构，开发人员通常可以获得约 100 倍的速度和效率提升。

Apache Arrow 的 Columnar In-Memory 如图 1-17 所示。

图 1-16　Apache Arrow

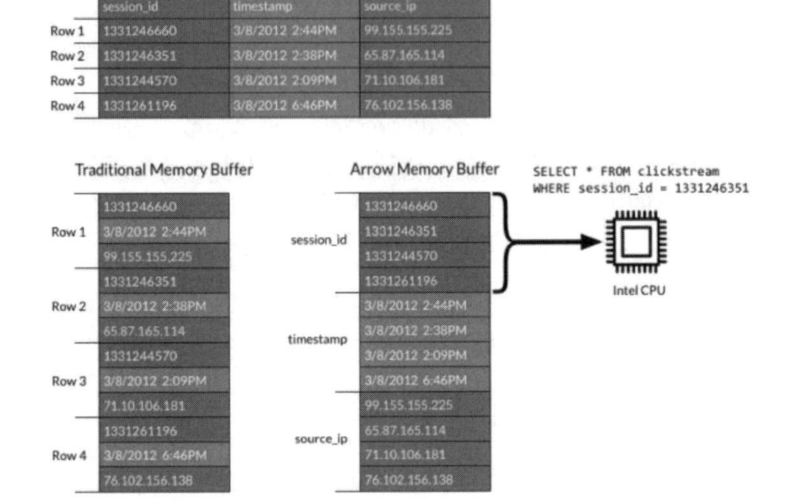

图 1-17　Apache Arrow 的 Columnar In-Memory

近年来，Arrow 广泛应用于各种应用程序（包括机器学习、数据科学、统计包和商业智能）中，这些应用程序使用 Arrow 驱动，不仅可以提高运行速度和工作效率，还可以在多个使用 Arrow 的系统间自由地进行数据交换。当两个系统都使 Arrow 驱动时，可以在不对数据进行序列化和反序列化的情况下进行数据交换，并且避免不必要的复制，从而释放 CPU、GPU 和内存资源，用于执行更重要的工作。

Arrow Flight 是应用程序与 Arrow 交互的新方式。可以将 Arrow Flight 视为 ODBC/JDBC 的替代方案，用于进行内存分析。现在已经建立了一种在内存中表示数据的方法，Arrow Flight 主要用于定义一种在系统之间交换数据的标准化方法。例如，对于与 Dremio 交互的客户端应用程序，可以将数据去序列化为通用结构，当 Tableau 通过 ODBC 查询 Dremio 时，在序列化到 ODBC 期望的基于单元格的协议之前，可以处理查询并将结果作为 Arrow 缓冲区流式传输到 ODBC 客户端。如果 Arrow Flight 普遍可用，那么实现 Arrow 的应用程序可以直接使用 Arrow 缓冲区。在内部测试中，可以观察到，与 ODBC/JDBC 接口相比，这种方法的效率提高了 10～100 倍。

2. 趋势 2：数据即服务

我们已进入 AWS（Amazon Web Services，亚马逊的网络服务）时代多年了，它始于按时按需的基础设施即服务（Infrastructure as a Service，IaaS）。目前，已发展到数据即服务（Data as a Server，DaaS），包括云服务技术上层完整的应用程序和组件。现在，企业希望为数据提供相同的

“按需”体验，即时满足个人用户的特定需求，具有出色的性能、易用性，以及用户惯用工具的兼容性，并且无须等待IT团队数月的开发。

数据即服务包括以下几个功能。

- 数据目录（Data Catalog）：全面的数据资产清单，数据使用者可以轻松地跨系统和来源查找数据，并且按对业务有意义的方式描述数据。
- 数据管理（Data Curation）：用于过滤、整合和转换数据。将可重用数据集添加到数据目录中以供其他用户使用。某些部署可以使用虚拟数据集实现数据管理，将数据副本数量降到最少。
- 数据血缘（Data Lineage）：用于在从不同系统访问数据集并创建新数据集时，跟踪数据集的出处和血缘。
- 数据加速（Data Acceleration）：用于让用户可以快速、交互式地访问大型数据集。如果查询需要几分钟才能完成，那么用户无法有效地执行其工作。
- 数据虚拟化（Data Virtualization）：企业数据存储于许多不同的系统中，包括数据仓库、数据湖和操作系统。它提供了一种统一的原位访问数据的方法，用户无须将所有数据复制到新的孤岛中。
- SQL执行（SQL Execution）：SQL仍然是数据分析的事实标准。每个BI工具和数据科学平台都支持SQL作为从不同来源访问数据的主要方法。数据即服务提供SQL作为这些工具和系统的接口。

企业现在通过组合这些功能性能力来构建数据即服务，用于提高数据使用者的生产力。使用开源项目、开放标准和云服务，企业可以在关键业务线上向数据使用者提供第一次数据即服务迭代。

3．趋势3：云数据湖

数据湖概念的诞生，源自企业面临的一些挑战，如数据应该以何种方式处理和存储。企业对种类庞杂的应用程序的管理都经历了一个比较自然的演化周期。

最开始的时候，每个应用程序会产生、存储大量数据，而这些数据并不能被其他应用程序使用，这种状况导致数据孤岛的产生。随后数据集市应运而生，应用程序产生的数据存储于一个集中式的数据仓库中，可根据需要导出相关数据传输给企业内需要该数据的部门或个人。然而数据集市只解决了部分问题，数据管理、数据所有权与访问控制等问题仍亟须解决。

为了解决前面提及的各种问题，企业迫切希望搭建自己的数据湖。数据湖不但能存储传统类型的数据，而且能存储其他类型的数据，并且能对这些数据进行进一步的处理与分析，从而产生最终输出数据供各类程序消费。云数据湖是在云中存储企业各种原始数据的大型仓库，其中的数据可供处理、分析及传输。

数据湖从企业的多个数据源获取原始数据，并且针对不同的目的，同一份原始数据可能有多种满足特定内部模型格式的数据副本。因此，数据湖中被处理的数据可能是任意类型的信息数据。

云数据湖会整合云数据仓库和云数据科学环境，将其作为基础的通用平台。随着企业将数据分析工作迁移到云端，云数据湖会被作为基础设施进行如下工作。

- 数据首先会以原始形式存在，包括旧应用程序和流式数据（Stream Data）。
- 根据不同需求对数据进行转换、丰富和整合。
- 数据用于数据科学场景。
- 数据被加载到云数据仓库中。

企业正在利用多种技术（如 AWS 的 S3、Azure 的 ADLS 和用于存储数据的 Google 云存储）构建云数据湖。企业会使用多种工具（包括 Spark、Hive、AWS Glue、Azure Data Factory 和 Google Cloud Dataflow）对数据进行处理。对将数据分析工作迁移到云端的企业而言，云数据湖会成为基础系统。

企业对云数据湖寄予厚望，希望它能帮助用户快速获取有用信息，并且将这些信息用于进行数据分析和机器学习，从而获得与企业运行相关的洞察力。

4．趋势 4：量子计算+人工智能时代

2020 年 5 月，Google 公司用一台 54 量子比特的量子计算机，完成了传统架构计算机无法完成的任务。在世界最牛的超级计算机需要计算 1 万年的实验中，量子计算机只用了 200 秒就完成了计算工作。要破解现在常用的 RSA 密码系统，用当前最大、最好的超级计算机需要花 60 万年，但用一个有一定存储功能的量子计算机，用不了 3 小时。按照 Google 的说法，在量子计算机面前，Google 原来那些轰动全球的计算机识别猫、AlphaGo 战胜李世石等成就都算不得什么了。量子计算领域划时代的突破出现，标志着量子计算正在走向实用化：以前看起来遥不可及的量子计算机，一下子就逼近到人类的身边。这一切，已登上了《自然》杂志 150 周年版的封面。

量子计算+人工智能时代带来的影响超出人们的想象。正如毕达哥拉斯学派所言：万物皆数，数是宇宙万物的本原。当强大的量子计算机破解出万物背后深藏的底层密码时，各种事物的运行规律将豁然展现在人类面前，人类将因此掌握以前做梦也不敢想象的知识和能力。

社会运行产生的各种大数据，本来茫然如烟霞，无法梳理和分析。随着量子计算机和人工智能的到来，各种社会现象背后的数学逻辑，各种经济大数据背后蕴藏的概率，都将被破译出来，大数据将成为非常重要的资源。

生命科学家认为，每个生物体都是一套生化算法，无论是基因生长组成的器官，还是各种感觉、情感，都是由各种进化而成的算法处理的。随着量子计算机的产生，这些算法将被破解，人体内的基因将可以被重新编程，从而帮助人类远离疾病和衰老。

未来已来。一个量子计算+人工智能的时代对人类社会来说是一场革命，其最大的特征是，它不会改变我们所做的事，它改变的是我们自己！如果说前几次技术革命是人的手、脚等身体器官的延伸和替代，那么这次量子计算+人工智能+基因科学将成为人类自身的替代。它对人类家庭乃至整个社会的冲击，将前所未有！

大数据、云计算、智能技术的快速发展，给互联网产业带来了深刻的变革，也对计算模式提出了新的要求。随着万物联网的趋势不断加深，智能手机、智能眼镜等高端设备的数量不断增加，使数据的增长速度远远超过了网络带宽的增速；同时，增强现实、无人驾驶等众多新应用的出现对降低延迟提出了更高的要求。边缘计算将网络边缘上的计算、存储资源与网络组成统一的平台，用于为用户提供服务，使数据在源头附近就能得到及时、有效的处理。与云计算要将所有数据传输到数据中心不同，这种使数据在源头附近处理的模式绕过了网络带宽与延迟的瓶颈，引起了广泛的关注，被誉为下一次信息技术的变革。

边缘计算中的边缘指的是网络边缘上的计算和存储资源，这里的网络边缘与数据中心相对，无论是从地理距离还是网络距离上来看都更贴近用户。边缘计算利用这些存储资源在网络边缘为用户提供服务的技术，使应用可以在数据源附近处理数据。如果从仿生的角度来理解边缘计算，那么我们可以做这样的类比：云计算相当于人的大脑，边缘计算相当于人的神经末端。当针刺到手时，我们下意识地收手，然后大脑才会意识到针刺到了手，因为将手收回的过程是由神经末端直接处理的非条件反射。这种非条件反射可以加快人的反应速度，避免受到更大的伤害，同时让大脑专注于处理高级问题。未来是万物联网的时代，2020 年已有 500 亿的设备接入互联网，未来将有更多的设备接入互联网，而边缘计算就是让设备拥有自己的“大脑”。可以联想一下一种非常神奇的生物——章鱼，作为无脊椎动物中智商最高的动物，章鱼拥有巨量的神经元，但有 60%分布在章鱼的八条腿（腕足）上，脑部却只有 40%，因此章鱼在逃跑、捕猎时异常迅速，八条腿从不缠绕打结，这得益于章鱼类似于分布式计算的“多个小脑+一个大脑”。

与云计算相比，边缘计算可以更好地支持移动计算与物联网应用，具有以下 3 个明显的优点。

- 可以极大地缓解网络带宽与数据中心压力。随着物联网的发展，2020 年全球的设备产生了 600ZB 的数据，但其中只有 10%是关键数据，其余 90% 都是临时数据无须长期存储。边缘计算可以充分利用这个特点，在网络边缘处理大量临时数据，从而减轻网络带宽与数据中心的压力。
- 可以增强响应的实时性。在万物互联的场景中，应用对实时性的要求极高。在传统云计算模型中，应用先将数据传送到云计算中心，再请求数据处理结果，提高了系统延迟。以无人驾驶汽车应用为例，高速行驶的汽车需要毫秒级的反应时间，如果因为网络问题提高系统延迟，则会造成严重的后果。边缘计算在靠近数据生产者处进行数据处理，不需要通过网络请求云计算中心的响应，大大降低了系统延迟。千兆无线技术的普及为网络传输速度提供了保证，这些都使边缘服务比云服务有更强的响应能力。
- 可以保护隐私数据，提升数据安全性。在云计算模式下，所有的数据与应用都在数据中心，用户很难对数据的访问与使用进行细粒度的控制，还增加了泄露用户隐私数据的风险。为此，边缘计算模型为这类敏感数据提供了较好的隐私保护机制，一方面，用户的源数据在上传至云数据中心之前，会首先利用近数据端的边缘节点直接对数据源进行处理，从而对一些敏感数据进行保护与隔离；另一方面，在边缘节点与云数据之间建立功能接口，即边缘节点仅接收来自云计算中心的请求，并且将处理的结果反馈给云计算中心。

边缘计算并不能代替云计算，它是对云计算的补充，很多需要全局数据支持的服务依然离不开云计算。例如，在电子商务应用中，用户对自己购物车的操作可以在边缘节点上进行，用于达到最快的响应时间，而商品推荐等服务更适合在云端进行，因为它需要全局数据的支持。

习　　题

1. 何为大数据的兴起与影响？
2. 何为大数据的概念及特征？
3. 简述大数据的计算模式和大数据的关键技术。
4. 简述 Hadoop 的由来与发展。
5. 简述 Hadoop 的特性、运行原理和生态环境。
6. 何为 Hadoop 的企业级开发架构、技术与落地应用？
7. 简述数据架构各时期的演变。
8. 简述大数据的 YARN 计算框架、大数据的实时交互式分析（Dremel 及 Impala）。
9. 何为 Arrow、数据即服务、云数据湖、量子计算、边缘计算？
10. 尝试进行 Hadoop 的安装与运行。

第二篇

大数据存储篇

第 2 章　HDFS 分布式文件系统

使用 HDFS 可以有效解决大数据时代的大规模数据存储问题。HDFS 开源实现了 GFS，可以利用由廉价硬件构成的计算机集群实现海量数据的分布式存储。本章主要介绍 HDFS 及其设计思路和架构、HDFS Shell 的基本操作、HDFS 的命令行操作，为后面介绍大数据的 MapReduce 分布式计算做准备。

2.1　HDFS 及其设计思路和架构

2.1.1　HDFS 及其设计思路

传统的文件处理一般在专门的服务器或个人工作站中进行，虽然可以对部分大规模文件数据进行存储，但是对其进行处理却是一个难以解决的问题，通常涉及很多方面。例如，对若干图像资料进行处理，很多图像资料本身就是大型文件，而在读取时需要耗费大量的资源，并且在处理时要求有较高效的 CPU、较高容量的内存、要求较高的硬盘存储值。如果有一项处理不当，就有可能成为计算效率的短板。在使用专门配置的服务器作为存储和计算设备时，对设备的稳定性要求非常高，因为单独的某一件硬件设备就是存储的全部资源，如果长久使用，那么无法保证能够一直平稳、安全地运行下去。

HDFS 继承了一部分传统文件系统的优点，如对性能的压榨、高可扩展性、高稳定性等，但是在传统优点基础上，HDFS 还尝试使用了一些从未有过的探索，使用一种具有开创性的设计思路。

1．HDFS 的特点

HDFS 具有兼容廉价硬件设备、流数据读/写、大数据集、简单的文件模型、强大的跨平台兼容性等特点。HDFS 也有自身的局限性。例如，不适用于低延迟数据访问，无法高效存储大量小文件，不支持多用户写入及任意修改文件，等等。

HDFS 的核心概念是将一个大文件拆分成多个块。HDFS 采用抽象的块概念，具有支持大规模文件存储、简化系统设计、适合数据备份等优点。HDFS 采用了主/从（Master/Slave）结构模型，一个 HDFS 集群包括一个 NameNode 和若干个 DataNode。NameNode 主要负责管理分布式文件系统的命名空间；DataNode 是 HDFS 的工作节点，主要负责数据的存储和读取。HDFS 采用了冗余数据存储模式，增强了数据可靠性，加快了数据传输速度。HDFS 还采用了相应的数据存储、数据读取和数据复制策略，用于提升系统的整体读/写响应性能。HDFS 将硬件出错看作一种常态，设计了错误恢复机制。

2．HDFS 的设计思路

HDFS 是运行在大量普通商用机集群上的一整套文件存储系统。这里的商用机是指一般性质的商用机，不包括专门为某些特定服务定制的服务器。使用大量的普通商用机，不购置特定的服务器，可以为企业节省商用成本，还可以节省一大笔后期维护费用。需要注意的是，对于普通商用机，单独使用出现问题的概率不高，但如果将其组成集群并进行集群服务，那么出现问题的概率很高。因此 HDFS 在设计之初就根据需求设计出进行硬件错误处理的方法，如持续硬件监控、灾难恢复、错误预处理、数据备份等。通过这些处理方法，大大降低了硬件之间的耦合关系，给大规模集群的配置创造了一个更加友好和便于操作的环境。

注意：这里所说的商用机，通常是指普通的商用服务器，而非个人 PC，虽然个人 PC 在一定程度上也能够作为节点接入 Hadoop 进行数据存储和处理，但是其在稳定性、硬盘健壮性等方面比商用服务器差得多。不推荐使用高性能商用服务器，通俗地讲，就是不推荐使用单价在十万美元以上的服务器。

对于 HDFS 存储的对象，即 HDFS 存储的数据，HDFS 开创性地设计了一套文件存储方式。HDFS 天生是为大规模数据存储与计算服务的，对于大规模数据的处理问题，目前还没有比较稳妥的解决方案。HDFS 会将要存储的大文件分割到特定的存储块（Block）中进行存储，并且使用本地设置的任务节点进行预处理，从而满足对大文件存储与计算的需求。在实际工作中，除了某些尺寸较大的文件要求进行存储及计算，还会产生并存储大量的小尺寸文件。对于小尺寸文件，HDFS 没有要求使用者对其进行特殊处理，也就是说，可以通过普通的编程与压缩方式进行处理。

在文件生成完毕后，文件操作通常是读取而非修改。HDFS 对普通文件的读取操作主要分为两种：大规模的持续性读取操作与小型化随机读取操作。针对这两种读取操作，HFDS 分别采取了不同的应对策略。对于大规模的持续性读取操作，HDFS 会在存储时进行优化，也就是说，在文件进入 HDFS 系统时，对较大体积的文件采用集中式存储的方式，使以后的读取操作能够在一个连续的存储区域进行，从而节省寻址及复制时间。对于小型化随机读取操作，HDFS 通常会将其合并，并且对读取顺序进行排序，在一定程度上实现按序读取，从而提高读取效率。

为了保证协调性，HDFS 使用多种设计提高 HDFS 的系统灵活性。例如，使用多个文件 API 与应用程序协同性工作模式，可以放松对一致性模型的要求。此外，引入写入锁的机制，保证多个写入操作的原子性（写入的数据与其他进程写入的数据不交错），从而保证多个用户在对同一个文件进行读/写操作时能够获得正确的写入行为。

2.1.2　HDFS 的架构与基本存储单元

1. HDFS 的架构

一个 HDFS 基本集群包括两部分，分别为 NameNode 与 DataNode，用于将管理与工作分离。在通常情况下，一个集群中有一个 NameNode 与若干个 DataNode。NameNode 是一个集群的主服务器，主要用于对 HDFS 中的所有文件及数据进行维护，不断读取记录集群中 DataNode 的主机情况与工作状态，并且通过写入镜像日志文件的方式进行存储。DataNode 主要用于在 HDFS 集群中执行具体任务，是整个集群的工作节点。文件被分成若干个相同大小的数据块，分别存储于若干个 DataNode 中，DataNode 定时向集群中的 NameNode 发送自己的运行状态与存储内容，并且根据 NameNode 发送的指令进行工作。

注意：NameNode 和 DataNode 可以工作在一台机器上，但是这种工作方式极大地限制了 HDFS 的性能。

NameNode 主要负责接收从客户端发送过来的信息，然后将文件存储信息的位置发送给提交请求的客户端，由客户端直接与 DataNode 进行联系，进行部分文件的运算与操作，如图 2-1 所示。

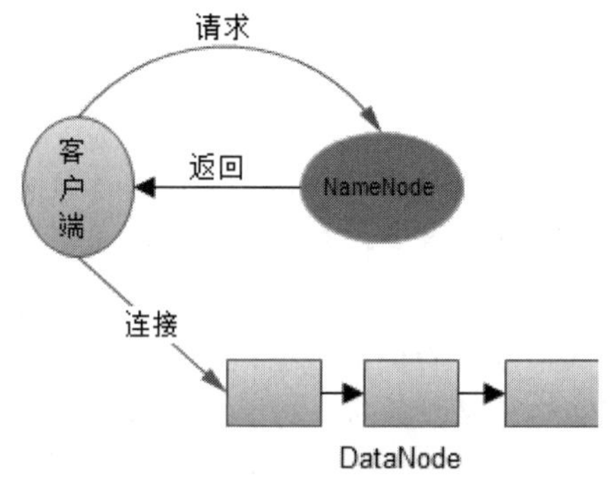

图 2-1　HDFS 存储实现

2．HDFS 的基本存储单元

HDFS 使用 Block（分块）对存储的文件进行操作。对于传统磁盘存储，磁盘都有默认的存储单元，通常使用的是数据定义中的最小存储单元。Block 是 HDFS 的基本存储单元，默认大小是 64MB，远远大于一般系统文件的默认存储大小，其优点如下。

- 使用较大的存储块，即使将存储文件分割存储于不同的存储介质中，也可以大大减少用户与节点之间的通信需求。客户与数据存储端可能分散在不同位置，彼此之间通过通信协议进行交流，较大的存储区域可以降低用户获取数据存储位置的频率，并且较大的存储块可以方便用户进行更多次的连续读/写操作。
- 采用较大尺寸的存储块可以方便 HDFS 将更多的基本信息存储于节点内存中，这些基本信息包括文件名、存储位置等。将这些文件基本信息存储于节点内存中可以更好地保证 NameNode 与 DataNode 之间的通信质量。

使用 Block 对文件进行存储，大大提高了文件的灾难生存与恢复能力。HDFS 会对已经存储的 Block 进行多副本备份，将每个 Block 至少复制到 3 个互相独立的硬件中。这样做的好处是确保在发生硬件故障时，能够迅速地从其他硬件中读取相应的文件数据。具体复制到多少个独立硬件中是可以设置的。

NameNode 与 DataNode 在设计之初便可以运行在采用 Windows 操作系统和 Linux 操作系统的普通商用机上，由于 HDFS 采用 Java 开发环境，因此借助 Java 的平台无关性特点，可以将 HDFS 部署和运行在不同环境中。

注意：HDFS 的使用简单、便捷，对普通用户来说，通过使用特定的 API 接口可以对 HDFS 中的文件进行操作。API 接口支持一些常用的操作，如创建新文件、删除文件、打开文件、关闭文件、对文件进行读/写操作等，这些操作以 Java 库文件的方式定义，用户可以很方便地使用它们。

2.1.3　HDFS 的存/取流程

1．HDFS 的数据存储位置与复制详解

典型的 HDFS 集群是数百台服务器同时部署在同一个集群中，并且可以同时被来自相同地点或不同地点的多个客户机进行访问。使用 HDFS 存储数据的目的有两个：大幅提高数据可靠性与可用性，高效利用网络带宽资源。为了实现这两个目的，仅仅在多台机器上进行单一存储并不能预防硬件设备失误带来的损失。因此采用多副本复制存储的方法，在多个节点之间重复分布存储数据副本，即使有一个存储所需数据的硬件设备损坏，也能够安全地获取所需数据，并且可以更高程度地使用资源和利用带宽。对于节点的选择，需要进行专门的研究与设计。

NameNode 要如何选择具体的 DataNode 来存储数据，才能够充分利用现有带宽呢？首先需要做出节点和带宽在 HDFS 中的定义。

在通过宽带网络进行的数据交换与处理过程中，使用数据传输速度作为衡量节点之间距离的限制因素是可行的。但如果使用带宽或传输速率作为衡量标准的话，那么在实际工作中很难获得一个准确的测量。因为影响因素非常多，网络的稳定性、其他数据的传输带宽占用、交换机的负载等，都能够对某个时间点的带宽起决定性的作用。因此不能简单地使用传输速度作为节点之间距离的衡量标准。

为了解决通过测量带宽不能够获得一个长期、准确、稳定的传输速率的问题，HDFS 采用了一个简单的方法对带宽进行衡量。假设客户端（数据的调用端）为数据的获取点，那么可以根据数据存储的不同位置计算客户端（当数据的调用端为数据的获取点时）与存储数据之间的距离值，具体如下。

- 同一个节点上的存储数据。
- 同一个机架上不同节点上的存储数据。
- 同一个数据中心不同机架上的存储数据。
- 不同数据中心的节点。

在以上 4 个位置存储的数据，其距离值依次递增。假设数据中心某个客户端（Client）需要获取相关数据（Data），那么可以认为：

- Client 距离同一个节点上不同存储数据 Data 的距离为 0。
- Client 距离同一个机架上不同节点上的存储数据 Data 的距离为 3。
- Client 距离同一个数据中心不同机架上的存储数据 Data 的距离为 6。
- Client 距离不同数据中心的节点上的存储数据 Data 的距离为 9。

可以看到，HDFS 根据客户端与数据的相对位置获取距离值，因此可以较为方便地获取数据存储与获取方之间的关系，从而获得更快捷的数据输入。

在确定数据距离后，HDFS 中的 NameNode 即可根据定义的距离对数据进行读取、切割，然后将其存入最近的节点。此外，为了维护数据的稳定性与预防灾难，需要将数据进行副本的备份操作。

注意：对于副本的复制操作，可以自行设置副本数量，如果数据庞大且安全性不是那么重要，则可以减少复制的副本数量，或者关闭复制功能，采用硬盘 Raid 模式。

对于副本存储的位置，也需要进行考虑和评价。这种操作也要对带宽及传输速率进行衡量，衡量的依据就是上文定义的距离值。如果要求最高的网络速度，那么将所有数据都存储于同一个节点上最为合适，但是此种存储方法非常危险，由于无法正确估量和测试硬件的稳定状态，因此一旦灾难发生，就可能造成数据丢失。换另一种极端的考虑方法，因为不同数据中心的不同节点同时出现故障的可能性是非常低的，所以可将数据存储于不同 DataNode 中，但是由于客户端有可能需要对多个节点中的数据进行复制操作，因此这种存储方法在数据传输速率上会大打折扣。

HDFS 数据存储策略采用的是同节点与同机架并行的存储方式。在运行客户端的当前节点上存储第一个副本，第二个副本存储于与第一个副本不同的机架上的节点上，第三个副本放置的位置与第二个副本在同一个机架上而非同一个节点，如图 2-2 所示。

2. HDFS 的数据输入过程分析

在 HDFS 中，数据之间的交互是通过宽带网络进行的。具体的交互程序分为输入过程程序与输出过程程序。HDFS 的数据输入过程如图 2-3 所示。

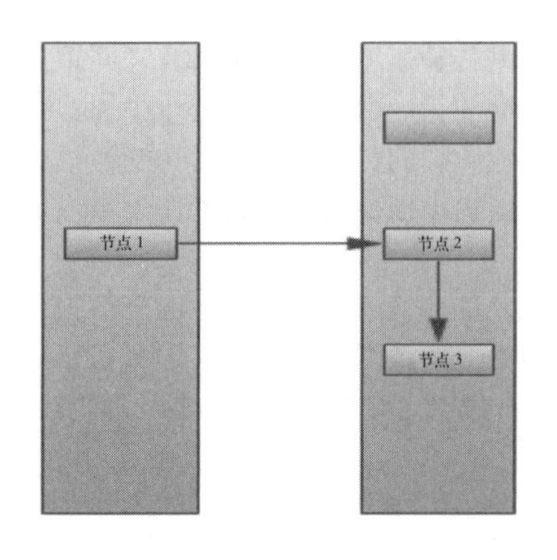

图 2-2　同节点与同机架并行的存储方式示例

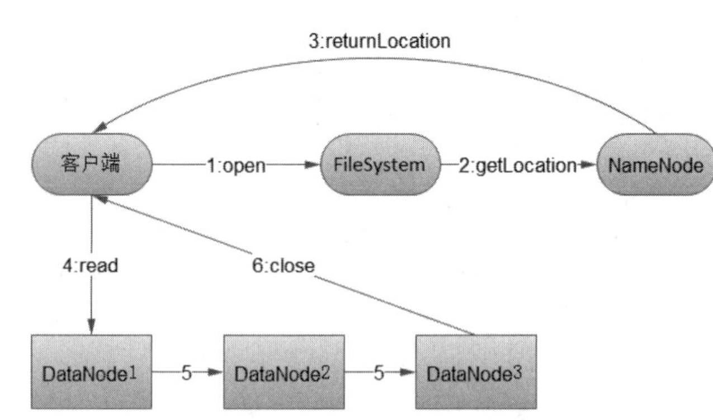

图 2-3　HDFS 的数据输入过程

HDFS 的数据输入过程具体如下。

（1）客户端或用户通过调用 FileSystem 对象的 open()方法打开需要读取的文件，这对 HDFS 来说是一个常见的分布式文件系统的读取实例。

（2）FileSystem 通过远程协议调用 NameNode 确定文件的前几个 Block 的位置。对于每一个 Block，NameNode 会返回一个含有相应 Block 复制的元数据，即文件基本信息；然后 DataNode 按照上文定义的距离值进行排序，如果客户端本身就是一个 DataNode，那么优先从本地 DataNode 中读取数据。在完成以上工作后，会返回一个 FSDataInputStream 给客户端，让其从 FSDataInputStream 中读取数据。接下来，FSDataInputStream 会包装一个 DFSInputStream，用于管理 DataNode 和 NameNode 的 I/O。

（3）NameNode 向客户端返回一个包含数据信息的地址，客户端根据该地址创建一个 FSDataInputStream，开始对数据进行读取。

（4）FSDataInputStream 根据存储的前几个 Block 的 DataNode 地址，连接到最近的 DataNode，对数据从头进行读取。客户端反复调用 read 方法，以流式方式从 DataNode 中读取数据。

（5）当读到 Block 的末尾时，FSDataInputStream 会关闭与当前 DataNode 的连接，然后查找能够读取下一个 Block 的最优 DataNode。这些操作对客户端是透明的，客户端感觉到的是连续的流，也就是说，在读取时就开始查找下一个块所在的地址。

（6）在数据读取完成后，调用 close 方法，关闭 FSDataInputStream。

以上就是客户端从 HDFS 对数据进行输入（读取）的整个流程。

对于错误处理，在数据读取期间，当客户端与 DataNode 通信时，如果发生错误，那么客户端会尝试读取下一个含有发生错误的 DataNode 中的 Block 副本的 DataNode。客户端会记住发生错误的 DataNode，在读取以后的块时，它就不会再尝试连接这个 DataNode 了。客户端也验证从 DataNode 传递过来的数据的 checksum。如果错误的 Block 被发现，那么它会尝试在从另一个 DataNode 读取数据前报告给 NameNode。

这个设计的一个重要方面是客户端可以通过 DataNode 直接接收数据，并且客户端被 NameNode 导向包含每块数据的最佳 DataNode。这种设计可以使 HDFS 自由扩展，从而适应大量的客户端，因为数据传输线路会通过集群中的所有 DataNode，所以 NameNode 只需提供相应块的位置查询服务（NameNode 将块的位置信息存储于内存中，这样效率非常高），NameNode 无须提供数据服务，因为数据服务随着客户端的增加很快就会因容不下而成为 NameNode 直接存储数据的瓶颈。

注意： NameNode 中存储的是元数据，也就是将数据类型、大小、格式以对象的形式存储于 NameNode 内存中，用于加快读取速度。

3．HDFS 的数据输出过程分析

HDFS 的数据输出过程如图 2-4 所示。

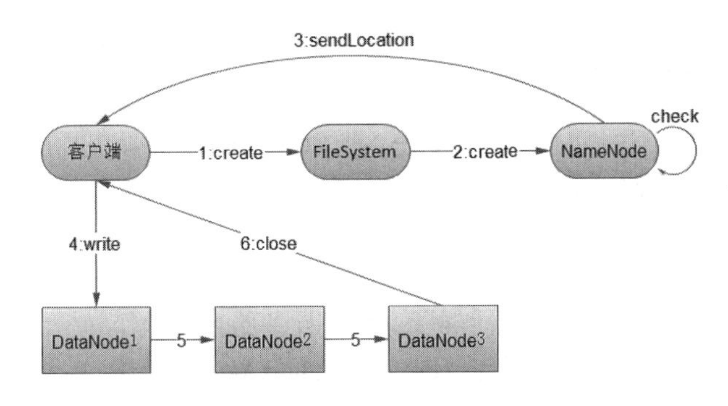

图 2-4　HDFS 的数据输出过程

HDFS 的数据输出过程具体如下。

（1）客户端通过调用 FileSystem 的 create()方法请求创建文件。

（2）FileSystem 通过对 NameNode 发出远程请求，在 NameNode 中创建一个新的文件，但此时并不关联任何块。NameNode 会进行很多检查，用于保证不存在要创建的文件已经存储于文件系统中的情况，同时检查是否有创建文件的相应权限。如果这些检查都完成了，那么 NameNode 会记录下这个新文件的相关信息。FileSystem 会返回一个 FSDataOutputStream 给客户端，用于写入数据。与数据读取操作一样，FSDataOutputStream 会包装一个 DFSOutputStream，用于和 DataNode 及 NameNode 通信。一旦文件创建失败，客户端会收到一个 IOException，表示文件创建失败，并且停止后续任务。

（3）客户端开始写入数据。FSDataOutputStream 将要写入的数据分成包的形式，将其写入中间队列。其中的数据由 DataStreamer 读取。DataStreamer 的职责是让 NameNode 分配新的块——找出合适的 DataNode，用于存储作为备份而复制的数据。这些 DataNode 组成一个流水线，假设这个流水线是个三级流水线，那么里面会含有三个 DataNode。DataStreamer 首先将数据写入流水线中的第一个节点，然后，第一个节点将数据包传送并写入第二个节点，最后，第二个节点将数据包传送并写入第三个节点。

（4）FSDataOutputStream 维护了一个内部关于 packets 的队列，该队列中存储着等待被 DataNode 确认的 packets 的信息。这个队列称为等待队列。一个 packet 只有在被流水线中的所有节点都确认无误后，其中的信息才会被移出本队。

（5）在完成数据写入操作后，客户端调用 FSDataOutputStream 的 close()方法，在通知 NameNode 完成写入操作前，这个方法会“冲净”残留的 packets，并且等待确认信息（acknowledgement）。NameNode 已经知道文件由哪些块组成（通过 DataStream 询问数据块的分配），所以在返回成功前，只需等待数据块进行最小值复制。

在写入数据时，DataNode 发生错误的处理过程如下。在发现错误后，首先关闭流水线，然后将没有被确认的数据放到数据队列的开头，当前的块被赋予一个新的标识，并且将该信息发送给 NameNode，以便在损坏的 DataNode 恢复后删除这个没有被完成的块，再从流水线中移除损坏的 DataNode，最后将这个块中剩余的数据写入剩余的两个节点。如果 NameNode 注意到这

个块中的信息还没有被复制完成，就会在其他 DataNode 中安排复制。接下来的 Block 写入操作就和往常一样了。

注意：在写入数据时可能会有多个节点出现故障，但是只要默认的节点（dfs.replication.min）被写入了，这个操作就会完成，因为数据块会在集群之间复制，直到复制完定义好的次数（dfs.replication，默认为 3 份）。

2.2 HDFS Shell 的基本操作

因为 HDFS 是存/取数据的分布式文件系统，所以对 HDFS 的操作是文件系统的基本操作。例如，文件的创建、修改、删除、修改权限等操作，文件夹的创建、删除、重命名等操作。对 HDFS 的操作命令类似于 Linux 的 Shell 对文件的操作命令，如 ls、mkdir、rm 等。

文件系统是操作系统的一个重要组成部分，通过对操作系统管理的存储空间进行抽象，向用户提供统一的、对象化的访问接口，从而屏蔽对物理设备的直接操作和资源管理。

在执行 HDFS 操作时，一定要确定 Hadoop 是正常运行的，使用 jps 命令确保能看到各个 Hadoop 进程。

为了符合用户的操作习惯，HDFS 提供了一系列的命令行接口。需要注意的是，所有命令行命令都是由 Hadoop 脚本引发的，如果未按指定要求运行，如缺少指定参数，则会自动在屏幕上打印所有的命令描述。

1. HDFS 的通用命令行操作

HDFS 内置了一套对整体环境进行处理的命令行操作，篇幅有限，这里只列出 4 个常用的命令行操作，并且注明相应的使用方法和示例。

1）archive。

使用方法：

```
hadoop archive–archibeName NAME <src>* <dest>
```

说明：创建一个 Hadoop 档案文件。

示例代码如下：

```
hadoop archive–archibeName sample.txt /user/file.txt /user/sample.txt
```

2）distcp。

使用方法：

```
hadoop distcp<src1> <src2>
```

说明：在相同的文件系统中并行地复制文件。

示例代码如下：

```
hadoop distcp hdfs://host/user/file1 hdfs://host/user/file2
```

3）fs。

使用方法：

```
hadoop fs [COMMAND_OPTIONS]
```

说明：运行一个常规文件的基本命令。

示例：参考 HDFS 文件的 18 个基本命令行操作中的相关示例。

4）jar。

使用方法：

```
hadoop jar <jar> [mainClass] args
```

说明：运行一个内含 Hadoop 运行代码的 JAR 文件。

示例代码如下：

```
hadoop jar Sample.jar mainMethod args
```

2. HDFS 文件的 18 个基本命令行操作

对 HDFS 来说，fs 命令是启动命令行命令，该命令主要用于提供一系列子命令，一般形式如下：

```
hadoop fs -cmd <args>
```

例如，如果要获取帮助文件，则可以执行以下命令行命令。

```
$ hadoop fs -help
```

HDFS 文件的基本命令行操作如下。

1）-cat。

使用方法：

```
hadoop fs -cat URI
```

说明：将指定路径下的文件输出到屏幕上。

示例代码如下：

```
hadoop fs -cat hdfs://host1:port1/file
hadoop fs -cat file:///file3
```

2）-copyFromLocal。

使用方法：

```
hadoop fs -copyFromLocal <localsrc>URI
```

说明：将本地文件复制到 HDFS 中。

3）copyToLocal。

使用方法：

```
hadoop fs -copyToLocal <localsrc>URI
```

说明：将一个文件从 HDFS 中复制到本地文件系统中。

4）-cp。

使用方法：

```
hadoop fs -cp URI
```

说明：将文件从源路径下复制到目标路径下。这个命令可以复制多个源路径下的文件，但是目标路径必须是一个。

示例代码如下：

```
hadoop fs -cp /user/file /uesr/files
hadoop fs -cp /user/file1 /user/files/user/dir
```

5）-du。

使用方法：

```
hadoop fs -du URI
```

说明：显示目录中所有文件的大小，或者显示指定文件的大小。

示例代码如下：

```
hadoop fs -du /user/dir1
hadoop fs -du hdfs://host:port/user/file
```

6）-dus。

使用方法：

```
hadoop fs -dus <ars>
```

说明：显示目标文件的大小。

7）-expunge。

使用方法：

```
hadoop fs -expunge
```

说明：清空回收站。

8）-get。

使用方法：

```
hadoop fs -get <localdst>
```

说明：将文件复制到本地文件系统中。

示例代码如下：

```
hadoop fs -get /user/file localfile
hadoop fs -get hdfs://host:port/file localfile
```

9）-ls。

使用方法：

```
hadoop fs -ls <arg>
```

说明：浏览本地文件，并且按以下格式返回文件信息。

```
文件名<副本数>文件大小 修改日期 权限 用户 ID/组 ID
```

如果浏览的是一个目录，则返回其子文件的列表，信息如下。

```
目录名<dir> 修改日期 修改时间 权限 用户 ID/组 ID
```

示例代码如下：

```
hadoop fs -ls /user/file
hadoop fs -ls hdfs://host:port/user/dir
```

10）-lsr。

使用方法：

```
hadoop fs -lsr
```

说明：递归地查阅文件内容。

11）-mkdir。

使用方法：

```
hadoop fs -mkdir<path>
```

说明：创建对应的文件目录，并且直接创建相应的父目录。

示例代码如下：

```
hadoop fs -mkdir /user/dir1/dir2/dir3/file
hadoop fs -mkdir hdfs://host:port/user/dir
```

12）-mv。

使用方法：

```
hadoop fs -mv URI <dest>
```

说明：将源文件移动到目标路径下，目标路径可以有多个，不允许在不同文件系统之间移动。

示例代码如下：

```
hadoop fs -mv /user/file1 /user/file2
hadoop fs -mv hdfs://host:port/file1 hdfs://host:prot/file2
```

13）-put。

使用方法：

```
hadoop fs -put<localsrc> <dst>
```

说明：从本地文件系统中复制一个或多个源路径到目标文件系统中。

示例代码如下：

```
hadoop fs -put localfile /user/file
hadoop fs -put localfile hdfs://host:port/user/file
```

14）-rm。

使用方法：

```
hadoop fs -rm URI
```

说明：删除指定的文件，并且要求目录和文件非空。

示例代码如下：

```
hadoop fs -rm hdfs://host:port/file
```

15）-rmr。

使用方法：

```
hadoop fs -rmr URI
```

说明：递归地删除指定文件中的空目录。

16）-setrep。

使用方法：

```
hadoop fs -setrep [-R] <path>
```

说明：修改复制的副本份数。如果有“-R”，则会修改子目录文件的性质。Hadoop 的备份系数是指每个 block 在 Hadoop 集群中的份数，备份系数越高，冗余性越好，占用存储空间越大。备份系数在 hdfs-site.xml 中定义，默认值为 3。

示例代码如下：

```
hadoop fs -setrep -w 3 -R /user/file
```

17）-test。

使用方法：

```
hadoop fs -test -[e/z/d] URI
```

说明：使用 e/z/d 对文件进行检查。

- -e：检查文件是否存在，如果存在，则返回 0。
- -z：检查文件是否为 0 字节，如果是，则返回 0。
- -d：检查路径是否为目录，如果是，则返回 1，否则返回 0。

18）-text。

使用方法：

```
hadoop fs -text <src>
```

说明：将源文件输出为文本格式，运行的格式是 zip 及 Text 类。

以上是 HDFS 文件的基本命令行操作，与一般命令操作类似。例如，将某个文件从本地文件系统中复制到 HDFS 中，可以执行以下命令。

```
$ hadoop fs -copyFromLocal /user/localFile.txt sample.txt
```

在上述代码中，通过调用 fs 命令执行脚本命令-copyFromLocal，将本地文件 localFile.txt 复制到运行在 localhost 上的 HDFS 中。

提示：细心的读者可能注意到了，这里使用的命令行命令与前面介绍的命令行命令有所不同，文件的具体上传路径不是绝对路径，而是相对路径，绝对路径前的地址已经在我们搭建 HDFS 系统时通过 core-site.xml 指定了，因此这里使用相对路径即可。

2.3　HDFS 的命令行操作

2.3.1　HDFS 文件访问权限

对于传统的文件读/写与访问操作，设置文件的权限是非常重要的，操作系统可以根据用户级别区分可以执行的操作。HDFS 文件访问权限的设置主要基于传统的文件权限设置，目前分为以下 4 类。

- 只读权限-r：基本的文件权限设置，应用于所有可进入系统的用户，任意一个用户在读取文件或列出目录时只需只读权限。
- 写入权限-w：用户在使用命令行命令或 API 接口对文件或文件目录进行生成、删除等操作时需要写入权限。
- 读/写权限-rw：同时具备上述两种权限的一种更加高级的权限设置。
- 执行权限-x：一种特殊的权限设置，HDFS 中目前没有可执行文件，因此一般不对此进行设置，但是可用于对某个目录进行权限设置，从而对用户加以区分。

相信读者在阅读到此时已经运行了部分命令行命令，其中最常用的是-ls 命令，该命令主要用于浏览整个文件目录，运行结果如图 2-5 所示。

```
-rw-r--r--   3 xiaohua-pc\xiaohua supergroup         87 2013-04-10 16:10 /user/xiaohua-pc/xiaohua/a.txt
-rw-r--r--   1 xiaohua-pc\xiaohua supergroup         11 2013-04-11 15:00 /user/xiaohua-pc/xiaohua/sample.txt
```

图 2-5　-ls 命令的运行结果

在-ls 命令的运行结果中，首先是对文件权限的说明，其次的数字代表副本保存的数目，后面部分是显示文件的所属用户及其组别，最后是文件大小、时间等。

大部分 HDFS 用户使用的是远程访问。任何具有读/写权限的用户都可以使用自定义用户名创建一个用户，用于对文件进行访问，并且可以将文件的权限分享给同组别的用户使用。因此在图 2-5 中，对文件所属用户及其组别做了说明。

提示：在图 2-5 中，用户名后有一个 super-user，表示当前用户是 super-user。在使用 NameNode 登录用户创建的文件时，super-user 可以不受文件权限限制地访问任意 HDFS 文件系统中的任意文件。

2.3.2　通过 Web 浏览 HDFS 文件

HDFS 除了能以命令行命令的形式浏览文件，还能通过 HTTP 协议创建一种支持通过浏览器访问的只读接口，提供对文件目录和数据进行检索的服务。通过访问 HTTP 地址中某个特定端口（默认为 50070），可以很容易地获得直观的数据，如图 2-6 所示。

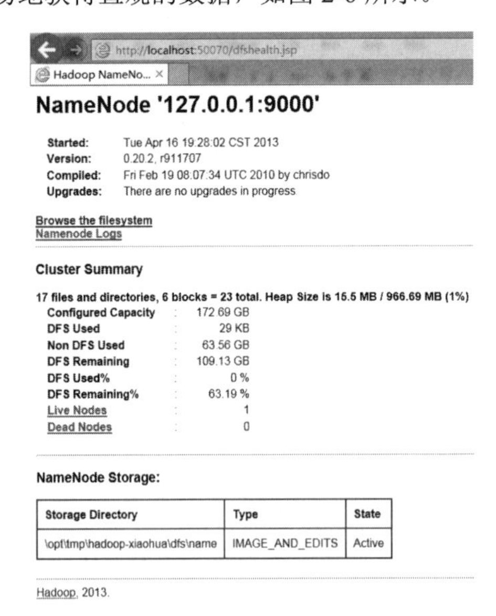

图 2-6　Web 页面视图

- NameNode 部分提供了 NameNode 的链接地址、访问日期、版本号、编译版本及升级版本信息等基本数据。
- Cluster Summary 部分提供了当前 DataNode 的环境信息，如当前 DataNode 的文件存储信息、Block 数目、硬盘使用容量、HDFS 使用的容量等数据。
- NameNode Storage 部分提供了当前 DataNode 在 NameNode 中存储的节点信息。最后的 State 表示当前 DataNode 为活动节点，可正常提供服务。
- Web 页面通过链接提供了一些详细支持。例如，单击“Browse the filesystem”超链接，打开文件存储目录，如图 2-7 所示；单击“Namenode Logs”超链接，会展示 NameNode 的 logs 信息，如图 2-8 所示。

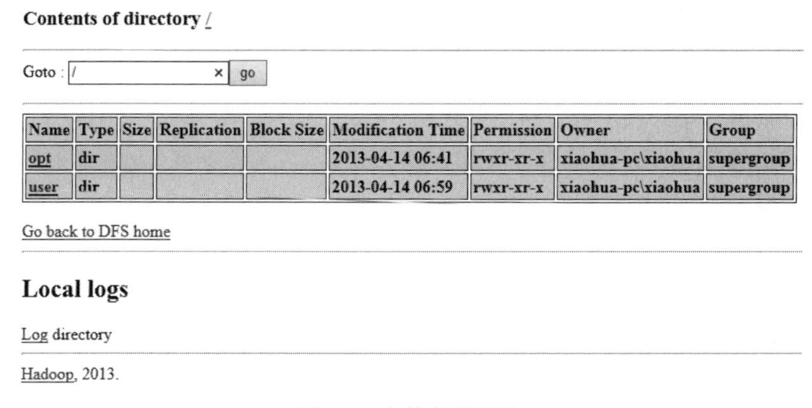

Contents of directory /

Goto : / go

Name	Type	Size	Replication	Block Size	Modification Time	Permission	Owner	Group
opt	dir				2013-04-14 06:41	rwxr-xr-x	xiaohua-pc\xiaohua	supergroup
user	dir				2013-04-14 06:59	rwxr-xr-x	xiaohua-pc\xiaohua	supergroup

Go back to DFS home

Local logs

Log directory

Hadoop, 2013.

图 2-7　文件存储目录

Directory: /logs/

hadoop-xiaohua-datanode-xiaohua-PC.log	4426 bytes	2013-4-16 20:54:43
hadoop-xiaohua-datanode-xiaohua-PC.log.2013-04-13	38043 bytes	2013-4-13 23:37:34
hadoop-xiaohua-datanode-xiaohua-PC.log.2013-04-14	11494 bytes	2013-4-14 9:27:03
hadoop-xiaohua-datanode-xiaohua-PC.out	0 bytes	2013-4-16 19:28:05
hadoop-xiaohua-datanode-xiaohua-PC.out.1	0 bytes	2013-4-14 6:40:59
hadoop-xiaohua-datanode-xiaohua-PC.out.2	0 bytes	2013-4-13 21:21:04
hadoop-xiaohua-datanode-xiaohua-PC.out.3	0 bytes	2013-4-13 14:18:52
hadoop-xiaohua-datanode-xiaohua-PC.out.4	0 bytes	2013-4-13 12:52:34
hadoop-xiaohua-datanode-xiaohua-PC.out.5	0 bytes	2013-4-13 12:46:00
hadoop-xiaohua-jobtracker-xiaohua-PC.log	8698 bytes	2013-4-16 19:28:47
hadoop-xiaohua-jobtracker-xiaohua-PC.log.2013-04-13	29551 bytes	2013-4-13 21:21:45
hadoop-xiaohua-jobtracker-xiaohua-PC.log.2013-04-14	8585 bytes	2013-4-14 6:41:38
hadoop-xiaohua-jobtracker-xiaohua-PC.out	0 bytes	2013-4-16 19:28:19
hadoop-xiaohua-jobtracker-xiaohua-PC.out.1	0 bytes	2013-4-14 6:41:12
hadoop-xiaohua-jobtracker-xiaohua-PC.out.2	0 bytes	2013-4-13 21:21:18
hadoop-xiaohua-jobtracker-xiaohua-PC.out.3	0 bytes	2013-4-13 14:19:05
hadoop-xiaohua-jobtracker-xiaohua-PC.out.4	0 bytes	2013-4-13 12:52:46
hadoop-xiaohua-jobtracker-xiaohua-PC.out.5	0 bytes	2013-4-13 12:46:11
hadoop-xiaohua-namenode-xiaohua-PC.log	14194 bytes	2013-4-16 20:56:01
hadoop-xiaohua-namenode-xiaohua-PC.log.2013-04-13	94775 bytes	2013-4-13 23:37:29
hadoop-xiaohua-namenode-xiaohua-PC.log.2013-04-14	24723 bytes	2013-4-14 9:26:57
hadoop-xiaohua-namenode-xiaohua-PC.out	359 bytes	2013-4-16 19:27:58

图 2-8　NameNode 的 logs 信息

2.3.3 HDFS 的接口（API）使用

HDFS 是构建在 Java 体系上的运作框架，那么能不能像其他 Java 服务框架一样，使用 Java 提供的 API 控制 HDFS 对文件进行读/写操作，从而为 Java 其他服务提供链接与支持（例如，使用 JSP 搭建 B/S 服务系统，进行“云存储”及运行相应的“云计算”）？答案当然是可以，HDFS 的文件解释器与执行器本身就是一个运行良好的 Java 应用，主要用于对 Java 代码进行编译，从而生成可执行的字节码文件。根据 Java 字节码的执行原理，可以使用其他语言对 HDFS 进行操作，能在底层生成相应的字节码文件即可。

1．使用 FileSystem API 操作 HDFS 中内容

在 2.2 节，HDFS 提供了大量命令行命令，用于对 HDFS 中的数据进行操作。例如，基本的数据读取命令，常用的增、删、改、查命令，等等。此外，Hadoop 提供了一整套 FileSystem API，用于对 HDFS 中的数据进行操作。

FileSystem 类位于 Hadoop 框架的 org.apache.hadoop.fs 包中，是关于 Hadoop 文件系统使用 Java 代码实现的相关操作类，主要用于进行创建文件系统、创建文件等基本操作。获取指定对象的文件系统代码如下：

```
Configuration conf = new Configuration();                //获取环境变量
FileSystem fs= FileSystem.get(conf);                     //生成文件系统
```

FileSystem 类提供了相应的方法对文件进行操作，源码如下：

```
public abstract URI getUri();                            //获取能够唯一标识 FileSystem 的 URI
//根据指定的 Path f，打开一个文件的输入流 FSDataInputStream
public abstract FSDataInputStream open(Path f, int bufferSize) throws IOException;
//为写入进程打开一个 FSDataOutputStream
public abstract FSDataOutputStream create(Path f,FsPermission permission,boolean overwrite,int bufferSize,
short replication,long BlockSize,Progressable progress) throws IOException;
//向一个已经存在的文件中执行追加操作
public abstract FSDataOutputStream append(Path f, int bufferSize, Progressable progress) throws IOException;
public abstract boolean rename(Path src, Path dst) throws IOException;                 //重命名为“dst”
public abstract boolean delete(Path f) throws IOException;                             //删除文件
public abstract boolean delete(Path f, boolean recursive) throws IOException;          //删除目录
public abstract FileStatus[] listStatus(Path f) throws IOException;                    //列出该目录中的文件
public abstract void setWorkingDirectory(Path new_dir);                                //设置当前工作目录
public abstract Path getWorkingDirectory();                                            //获取当前工作目录
public abstract boolean mkdirs(Path f, FsPermission permission) throws IOException;    //创建一个目录 f
public abstract FileStatus getFileStatus(Path f) throws IOException;                   //获取相应的信息实例
```

上述方法是标准的文件系统应该具备的基本方法。程序设计人员可以根据具体情况搭建所需的应用程序框架。在这个文件系统的实现中，对某些操作的实现细节可能因为文件系统的特点而有所差别，因此，可以灵活设计所需的文件系统。

2．使用 FileSystem API 读取数据

在介绍 HDFS 提供的 FileSystem API 前，有一个概念需要读者理解。在学习 Java I/O 的过程中，使用 File 类库为文件的读/写建立路径。HDFS 也需要使用自带的类库建立相关路径。通常使用 Path 类定义需要的路径，具体代码如下。

```
Path path = new Path("sample.txt");
```

下面先来看一个例子。

【例 2-1】使用 FileSystem API 读取数据，代码如下：

```
Public class ReadSample {
```

```
    Public static void main(String[] args) throws Exception {
        Path path = new Path("sample.txt");                        //获取文件路径
        Configuration conf = new Configuration();                  //获取环境变量
        FileSystem fs = FileSystem.get(conf);                      //获取文件系统
        FSDataInputStream fsin= fs.open(path);                     //建立输入流
        byte[] buff = new byte[128];                               //建立缓存数组
        intlength = 0;                                             //辅助长度，初始值为 0
        while( (length = fsin.read(buff, 0, 128)) != -1 ){         //将数据读入缓存数组
            System.out.println(new String(buff,0,length));         //打印数据
        }
    }
}
```

这是一个从指定的 HDFS 中读取数据的程序，在将程序上传到集群中后，可以使用命令行命令运行该程序，代码如下。

```
$ hadoop jar ReadSample.jar ReadSample
```

分析该程序。任何文件系统都是与当前环境变量紧密联系在一起的。对当前 HDFS 来说，在创建当前文件系统实例前，有必要获取当前的环境变量，代码如下：

```
Configuration conf = new Configuration();
```

Configuration 类为用户提供了当前环境变量的一个实例，其中封装了当前搭载环境的配置，误配置由 core-site.xml 配置文件设置，一般返回默认的本地系统文件。

HDFS 中的 FileSystem 类提供了一套加载当前环境并建立读/写路径的 API，代码如下：

```
public static FileSystem get(Configuration conf) throws IOException
…
public static FileSystem get(URI uri, Configuration conf) throws IOException
```

根据方法名可知，上述代码中的方法为重载方法，使用传入的环境变量可以获取相应的 HDFS 文件系统。第 1 个方法使用默认的 URI 地址获取当前对象中环境变量加载的文件系统，第 2 个方法使用传入的 URI 获取路径指定的文件系统。

在第 6 行代码中，使用 fs.open(Path path)方法打开数据的输入流，open(Path path)方法的源码如下：

```
public FSDataInputStream open(Path path) throws IOException {        //打开输入流
    return open(path, getConf().getInt("io.file.buffer.size", 4096));  //调用标准输入流创建方法
}
```

根据代码分析可知，open(Path path)方法可以根据传入的 path 参数获取环境变量，并且读取设置的缓冲区大小（如果未设置缓冲区大小，则以默认值 4096 设置缓冲区大小），然后返回一个 FSDataInputStream 对象。在对 FSDataInputStream 对象进行分析前，读者可以将第 6 行代码替换为以下代码。

```
InputStream fis = fs.open(inPath);
```

程序依旧可以正常运行。InputStream 类实际上是一个标准的 I/O 类，主要用于提供一个标准输入流。FSDataInputStream 类继承自 DataInputStream 类，而 FSDataInputStream 类在继承 DataInputStream 类后又实现了两个接口，一个是 HDFS 提供的使用输入流的接口，另一个是 PositionedReadable 接口（因篇幅原因，省略了源程序）。

PositionedReadable 接口通过实现 read()方法及多个重载的 readFully()方法为文件从指定偏移处读取数据至内存中。

read(byte[] buffer, long position, int length)方法中的参数说明如下。

- position 是 long 型数据，表示数据偏移量，主要用于指定数据读取操作的开始位置。

- buffer 是设定的缓存 byte 数组，主要用于存储读取的数据，默认值为 4096。offset 是从指定缓存数组开始计算的偏移量。
- length 是每次读取的长度。

由此可知，read()方法主要用于从所需读取文件指定的 position 处读取长度为 length 字节的数据至指定的 buffer 数组中。

Seekable 接口提供了 seek(long desired)方法，用于对数据进行重定位。使用 seek(long desired)方法可以定位到文件中的任意一个绝对位置，如使用 seek(0)定位到文件的开始位置。

3. 使用 FileSystem API 写入数据

FileSystem API 不仅可以设置对文件的读取功能，还可以设置对文件的写入功能。下面来看一个例子。

【例 2-2】 使用 FileSystem API 写入数据，代码如下：

```
public FSDataOutputStream create(Path f) throws IOException {      //使用 create(Path f)方法创建一个输出流
return create(f, true);                                  //调用重载的 create(Path f, boolean overwrite)方法
}
...
public FSDataOutputStream create(Path f, boolean overwrite)  //重载的 create(Path f, boolean overwrite)方法
throws IOException {
return create(f, overwrite,                              //创建文件输入流
getConf().getInt("io.file.buffer.size", 4096),           //使用默认缓存
getDefaultReplication(),                                 //使用默认复制数
getDefaultBlockSize());                                  //使用默认 Block 尺寸
}
```

使用 create(Path f)方法可以打开一条用于创建文件输出流的通道。

FSDataOutputStream 类中的 create()方法具有多个重载方法，用于对是否复写已有文件、文件的缓存、保存时复制的副本数量、文件块大小等进行明确的规定，如果没有指定参数值，则以默认值取代。

create()方法的返回值是一个 FSDataOutputStream 对象，FSDataOutputStream 类是继承自 OutputStream 类的子类，主要用于为 FileSystem 类提供文件的输出流。然后可以使用 OutputStream 类中的 write()方法对字节数组进行写操作。

Progressable 接口中只有一个 progress()方法，每次在 64KB 的文件写入特定的输入流后，都会调用一次 progress()方法。

注意： FSDataOutputStream 类与 FSDataInputStream 类相似，也有 getPos()方法，返回是文件已以读取的长度。但是不同之处在于，FSDataOutputStream 类不能使用 seek()方法对文件重新定位，请读者自行运行查看。

习　　题

一、判断题（正确的打√，错误的打×）

1．Block 是 HDFS 的基本存储单元，默认大小是 64MB。（　　）

2．HDFS 的基本集群包括两大部分，即一个 DataNode 与若干个 NameNode，其作用是将管理与工作进行分离。（　　）

二、简答题

1．简述 HDFS 的设计思路。
2．简述 HDFS 的架构与基本存储单元。
3．HDFS 的数据存储目标是什么？
4．简述 HDFS 对数据进行读取的流程。
5．HDFS 中的访问权限，目前分为哪几类？
6．进行 HDFS Shell 的基本操作实践。
7．尝试通过 Web 浏览 HDFS 文件。
8．如何使用 HDFS 中的接口（API）？

第 3 章　NoSQL 及其 HBase 分布式数据库系统

高效率的数据处理需要高效率的数据组织结构及管理方式。在过去的时光里，传统的关系型数据库可以很好地适应以银行交易为代表的事务型业务环境。当人们迈入需要面对非结构化数据构成的数据洪流的全新时代时，传统的关系型数据库已经不能满足需求了。在这样的背景下，以HBase 为代表的新型 NoSQL 成为大数据处理领域的新秀。本章主要介绍 HBase 的原理、实践与设计的相关内容。

3.1　大数据环境中的 NoSQL

3.1.1　NoSQL 应运而生

1．大数据环境对传统关系型数据库的挑战

随着近几年互联网技术及应用的发展，尤其是以 Facebook、Twitter 等 Web 2.0 网站的快速发展，数据处理需要面对的数据量、数据特征及处理需求都发生了很大的变化。这些变化，给之前在数据库领域占据统治地位的传统关系型数据库带来了极大挑战，主要体现在以下几方面。

- 无法适应多变的数据结构。现代网络中存在大量的半结构化、非结构化数据，如电子邮件、Web 页面、音频、视频等。为存储结构化数据而设计的关系型数据库很难对这些不断变化的数据进行高效的处理。
- 无法处理高并发的写操作。大部分新型网站需要根据用户的个性化特征实时生成动态页面，用于显示数据（如好友动态），同时用户在网站上的大量操作会作为行为数据存入数据库中并为他人所见（如个人动态）。这与以读操作为主的（可通过数据缓存改善）传统静态页面网站有很大区别，而在大数据环境中，高并发写操作恰恰是关系型数据库不擅长的。
- 无法应对业务量和业务类型的快速变化。在现代网络环境中，一个线上业务可能会在短时间内出现业务量和业务类型的快速变化。例如，用户量可能在短短一个月内由百万级上升为千万级，已上线的业务功能也可能需要快速增加（如 Facebook 频繁推出的新功能）。这些变化都要求数据库能在底层硬件和数据结构设计上提供极强的可扩展性，这也是关系型数据库的弱点之一。

2．NoSQL 的改进与兴起

在这样的大环境中，数据库领域兴起了一股新的技术流派——NoSQL。需要注意的是，NoSQL 并没有摒弃传统关系型数据库及 SQL，其含义是 Not only SQL，即超越传统的关系型数据库。NoSQL 的主要思路是在阻碍关系型数据库适应新需求的两个主要方面进行改进。

- 放松对事务一致性的要求。传统关系型数据库的读/写操作都是以事务为基础的，其具有四个基本特性 ACID（Atomicity——原子性，Consistency——一致性，Isolation——隔离性，Durability——持久性）。在这四个特性中，一致性是核心，其他三个特性都是围绕一致性构建的。一致性最典型的表现是，在向一张表中写入一条记录后，对该表的查询操作是一定可以获得这条记录的。为了满足这种一致性要求，关系型数据库付出了很大的性能代价。这种一致性在很多要求严格的场景中是必须具备的，如银行交易系统。但是在 NoSQL 针

对的应用场景中，一致性的要求并没有那么高。例如，一个用户的动态被他的好友晚些看到，并不会有什么致命性的影响。而放松一致性要求，能大幅提升 NoSQL 的性能和架构灵活性。

- 改变固定的表结构。关系型数据库采用严格的面向行的表结构对数据进行存储，这种存储方式适用于以结构化数据为主的情况，但在业务需求的变化要求数据结构和系统架构发生变化时，就会面临问题。因此 NoSQL 没有沿用面向行的表结构，而是采用新的形式，如 Key-Value 数据库（Cassandra、Dynamo 等）、列族数据库（Big Table 等），后面将要讲解的 HBase 就是列族数据库的一种。

3. 以 HBase 为代表的新型 NoSQL 前景

基于以上关键思想，结合全新的分布式架构设计，以 BigTable、HBase 为代表的新型 NoSQL 很好地满足了现代大数据处理环境的特定需求，包括处理 PB 甚至 ZB 级的大数据，在低成本计算机构建的集群环境中运行，在大尺度的表容量环境中进行高性能读/写操作。虽然 NoSQL 发展时间并不长，在一些方面存在一些缺陷，并不能完全取代传统的关系型数据库，但它们已经成为大数据处理领域的主要支撑技术，并且在开源思想的指引下快速地自我进化，因此必须接受并适应这种变化。

3.1.2　NoSQL 的类型

1. NoSQL 的分类

NoSQL 虽然数量众多，但是，归结起来，典型的 NoSQL 通常包括键/值数据库、列族数据库、文档数据库和图形数据库，如图 3-1 所示。

- 键/值（Key-Value）数据库。这类数据库通常会使用一个哈希表，这个哈希表中有一个特定的键和一个指向特定数据的指针。Key/Value 模型的优势在于简单、易部署。但是如果 DBA 只对部分值进行查询或更新，Key/Value 模型就显得效率低下了。常用的键/值数据库有 Tokyo Cabinet、Redis、Voldemort、Oracle BDB。
- 列族数据库。这类数据库通常用于存储分布式存储的海量数据。键仍然存在，但是它们的特点是指向了多个列。这些列是由列家族安排的。常用的列族数据库有 Cassandra、HBase、Riak。
- 文档型数据库。文档型数据库的灵感来自 Lotus Notes 办公软件，而且它与键/值数据库类似。文档型数据库中的数据模型是版本化的文档，半结构化的文档以特定的格式存储，如以 JSON 格式存储。文档型数据库可以看作是键/值数据库的升级版，允许嵌套键/值对。文档型数据库比键/值数据库的查询效率高。常用的文档型数据库有 CouchDB、MongoDB。国内也有文档型数据库 SequoiaDB，已经开源。
- 图形（Graph）数据库。图形结构的数据库与行列及刚性结构的 SQL 数据库不同，它使用灵活的图形模型，并且能够扩展到多台服务器上。NoSQL 没有标准的查询语言（SQL），因此进行数据库查询需要先制定数据模型。许多 NoSQL 都有 REST 式的数据接口或查询 API。常用的图形数据库有 Neo4J、InfoGrid、InfiniteGraph。

Key_1	Value_1
Key_2	Value_2
Key_3	Value_1
Key_4	Value_3
Key_5	Value_2
Key_6	Value_1
Key_7	Value_4
Key_8	Value_3

键值数据库

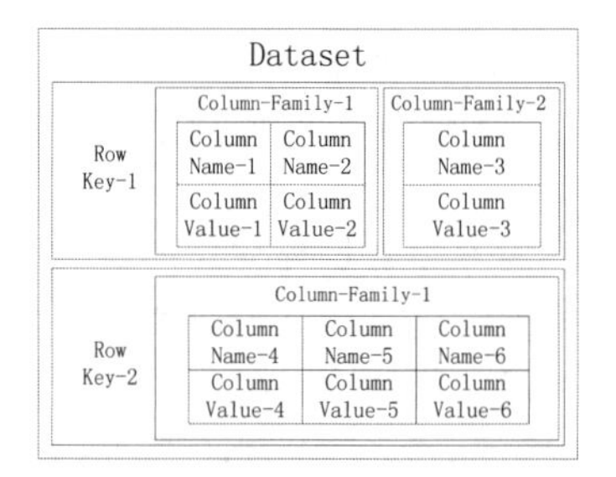

列族数据库

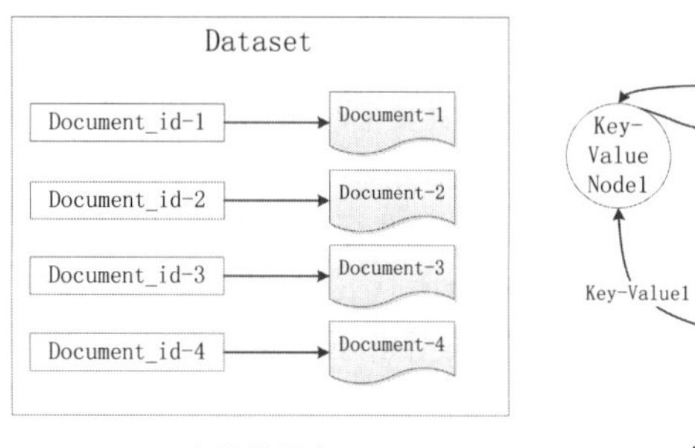

文档数据库　　　　图形数据库

图 3-1　NoSQL 的分类

综上所述，NoSQL 在以下几种情况下比较适用。

- 数据模型比较简单。
- 需要灵活性更强的 IT 系统。
- 对数据库性能要求较高。
- 不需要较高的数据一致性。
- 对于指定 Key，比较容易映射复杂值的环境。
- NoSQL 的四大分类如表 3-1 所示。

表 3-1　NoSQL 的四大分类

分　类	举　例	典型应用场景	数据模型	优　点	缺　点
键/值（Key-Value）数据库	Tokyo Cabinet、Redis、Voldemort、Oracle BDB	内容缓存，主要用于处理大量数据的高访问负载问题，也会应用于一些日志系统等	Key 指向 Value 的键/值对，通常用哈希表实现	查找速度快	数据无结构化，通常只被当作字符串或二进制数据
列族数据库	Cassandra、HBase、Riak	分布式的文件系统	以列族式存储，将同一列数据存储在一起	查找速度快，可扩展性强，更容易进行分布式扩展	功能相对局限
文档型数据库	CouchDB、MongoDB	Web 应用（与键/值数据库类似，Value 是结构化数据，不同的是，数据库能够了解 Value 中的内容）	Key-Value 表示键/值对，Value 为结构化数据	数据结构要求不严格，表结构可变，不需要像关系型数据库一样需要预先定义表结构	查询性能不高，而且缺乏统一的查询语法
图形（Graph）数据库	Neo4J、InfoGrid、InfiniteGraph	社交网络、推荐系统等。主要用于构建关系图谱	图结构	利用图结构相关算法，如最短路径寻址、*N* 度关系查找等	整图计算才需要获得信息，不适合做分布式的集群方案

2．共同特征

NoSQL 并没有明确的范围和定义，但是其普遍存在以下共同特征。

- 不需要预定义模式：不需要事先定义数据模式和表结构。每条记录都可能有不同的属性和格式。当插入数据时，并不需要预先定义它们的模式。
- 无共享架构：相对于存储所有数据的存储区域网络中的全共享架构，NoSQL 通常会在将数据划分后分别存储于各本地服务器上。因为从本地磁盘读取数据的性能通常优于通过网络传输读取数据的性能，所以可以提高系统的性能。
- 弹性、可扩展性：可以在系统运行时动态增加或删除节点。不需要停机维护，数据可以自动迁移。
- 分区：NoSQL 会将数据进行分区，并且将其分散在多个节点上。通常在分区的同时进行复制操作，这样既能提高并行性能，又能保证没有单点失效的问题。
- 异步复制：和 RAID 存储系统不同的是，NoSQL 中的复制操作通常基于日志的异步复制操作。这样，数据可以尽快地写入一个节点，而不会因网络传输导致写入迟延。缺点是并不总能保证一致性，这样的方式在出现故障时，可能会丢失少量的数据。
- BASE：与关系型数据库需要保证 ACID 特性不同，NoSQL 保证的是 BASE 特性。BASE 是最终一致性和软事务。

NoSQL 并没有一个统一的架构，两种 NoSQL 之间的不同之处远远多于两种关系型数据库之间的不同之处。NoSQL 各有所长，成功的 NoSQL 必然特别适用于某些场景或某些应用，在这些场景中的性能会远远胜过关系型数据库和其他 NoSQL 的性能。

3．特性挑战

尽管大部分 NoSQL 系统都已被部署于实际应用中，但归纳其研究现状，可以发现，随着云计算、互联网等技术的发展，大数据广泛存在，同时呈现出了许多云环境中的新型应用，如社交网络网、移动服务、协作编辑等。这些新型应用对海量数据管理系统或云数据管理系统也提出了新的需求，如事务支持、系统弹性等。在云计算时代，海量数据管理系统的设计目标为可扩展性、弹性、容错性、自管理性和强一致性。目前，已有系统通过支持可随意增加、删除节点满足可扩展性；通过副本策略保证系统的容错性；基于监测的状态消息协调保证系统的自管理性。弹性的目标是满足 Pay-per-use 模型，从而提高系统资源的利用率。该特性是已有典型 NoSQL 系统所不完善的，但却是云数据系统应具有的典型特点；强一致性主要是新应用的需求。

3.1.3　NoSQL 的三大基石

CAP、BASE 和最终一致性（Eventual Consistency）是 NoSQL 的三大基石，五分钟法则是内存数据存储的理论依据。

1．BASE

在一般情况下，在构建 NoSQL 时，为了高可用性和实现海量数据存储，可以不实现强一致性，而实现弱一致性或最终一致性。无论是在关系型数据库中，还是在 NoSQL 中，都是通过事务实现一致性的。下面讨论关系型数据库事物与 NoSQL 事务在一致性方面的差异。

关系型数据库事务的四个基本特性是 ACID，即原子性（Atomicity）、一致性（Consistency）、隔离性（Isolation）、持久性（Durability）。

NoSQL 事务的特性是 BASE，即基本可用（Basically Available）、软状态/柔性事务（Soft-state，可以理解为无连接的，而 Hard state 可以理解为面向连接的）、最终一致性（Eventual Consistency）。BASE 模型与 ACID 模型不同，它会牺牲强一致性，从而获得可用性或可靠性，即基本可用（Basically Available）；支持分区失败（使用 e.g.sharding 划分数据库），软状态/柔性事务（Soft-state）使状态可以有一段时间不同步/异步；最终数据是一致的即可，没必要时时一致，即最终一致性（Eventually Consistent）。BASE 思想的主要实现有按功能划分数据库、使用 e.g.sharding 划分数据块等。BASE 思想主要强调基本可用性，如果需要高可用性，即纯粹的高性能，就要牺牲一致性或分区容错性，BASE 思想的方案在性能上还是有潜力可挖的。

前面说过，NoSQL 的出现是为了解决高并发、海量数据、强可用性等问题的，因此一般采用分布式系统。下面介绍分布式系统的特性，即 CAP，这也是 NoSQL 的特性。

2. CAP 理论

在 CAP 理论中，C（Consistency）表示一致性，是指任意一个读操作总是能够读取之前完成的写操作的结果（在分布式环境中，多点的数据是一致的）；A（Availability）表示可用性，是指快速获取数据，可以在确定的时间内返回操作结果；P（Tolerance of Network Partition）表示分区容错性，是指当出现网络分区的情况时（系统中的一部分节点无法和其他节点进行通信），分离的系统能够正常运行。

Eric Brewer 教授提出了 CAP 理论，后来 Seth Gilbert 和 Nancy lynch 证明了 CAP 理论的正确性。CAP 理论告诉我们，一个分布式系统不可能同时满足一致性、可用性和分区容错性这三个需求，最多只能同时满足两个，鱼和熊掌不可兼得，如图 3-2 所示。如果关注的是一致性，那么需要处理系统不可用导致的写操作失败的情况；如果关注的是可用性，那么应该知道系统的 read 操作可能不可以精确地读取 write 操作写入的最新值。系统的关注点不同，采用的策略就不同。只有真正理解系统的需求，才有可能利用好 CAP 理论。

架构设计师一般从以下两个方向利用 CAP 理论。

- Key-Value 存储，如 Amaze Dynamo，可以根据 CAP 理论灵活选择不同倾向的数据库产品。
- 领域模型+分布式缓存+存储（Qi4j 和 NoSQL 运行），可将 CAP 理论与自身项目相结合，从而制订灵活的分布式方案，难度高。对于大型网站，可用性与分区容错性的优先级要高于一致性，在一般情况下，会尽量满足系统对可用性和分区容错性的需求，然后通过其他手段保证系统对一致性的商务需求。架构设计师不要将精力浪费在如何设计满足三者的完美分布式系统上，应该根据实际情况进行取舍。

不同数据对一致性的要求是不同的。例如，用户评论对一致性是不敏感的，可以容忍相对较长时间的不一致，这种不一致并不会影响用户体验；而产品价格数据对一致性是非常敏感的，通常不能容忍超过 10 秒的价格不一致。

有人可能会问，可用性与分区容错性是不是一个意思（既然分区都可以容错了，不就是可用吗）？其实这里的可用性是指调用不会被阻塞。

市场上的 NoSQL 以 CAP 理论为指导，根据 CAP 理论，不同的产品有不同的设计原则，如图 3-3 所示，大部分产品选择实现 CAP 理论中的两点（如 CA、CP、AP），未实现的就是该产品的缺陷部分。在处理 CAP 问题时，有以下几种明显的选择。

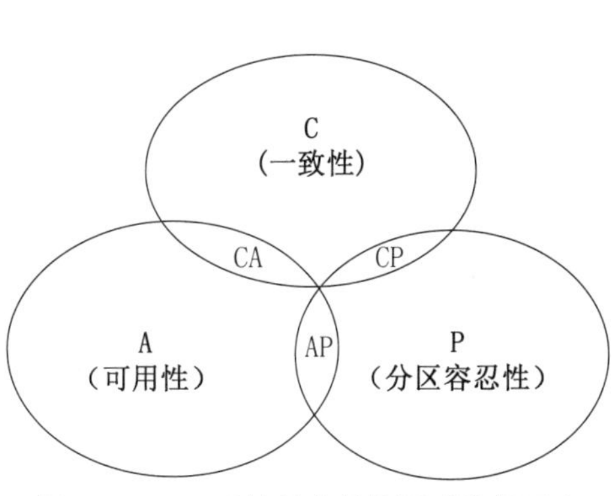

图 3-2　CAP 理论最多只能同时满足两个

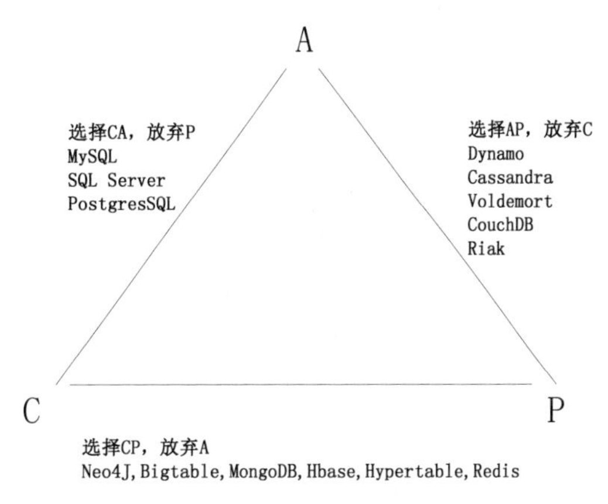

图 3-3　不同产品的设计原则

- CA：强调一致性（C）和可用性（A），放弃分区容错性（P）。最简单的实现方法是将所有与事务相关的内容都放到同一台机器上。很显然，这种做法会严重影响系统的可扩展性。传统的关系型数据库（如 MySQL、SQL Server 和 PostgreSQL）都采用这种设计原则，因此其扩展性较差。
- CP：强调一致性（C）和分区容错性（P），放弃可用性（A）。当出现网络分区的情况时，受影响的服务需要等待数据一致，因此在等待期间无法对外提供服务。
- AP：强调可用性（A）和分区容错性（P），放弃一致性（C）。允许系统返回不一致的数据。

3. 最终一致性（Eventual Consistency）

何为最终一致性？简而言之：过程松，结果紧，最终结果必须保持一致。

从客户端的角度考虑数据一致性模型，假设有如下场景。

- 存储系统：其本质是大规模且高度分布的系统，其创建目的是保证耐用性和可用性。
- 进程 A：对存储系统进行读/写操作。
- 进程 B 和 C：这两个进程完全独立于进程 A，也会对存储系统进行读/写操作。

客户端一致性必须处理一个观察者（此场景中为进程 A、B 或 C）如何及何时观测到存储系统中的一个数据对象被更新。

根据以上场景可以得到以下三种一致性模型。

- 强一致性：在更新完成后，（进程 A、B 或 C 进行的）任何后续访问都会返回更新过的值。
- 弱一致性：在系统中的某个数据被更新后，后续对该数据的读取操作得到的可能是更新后的值，也可能是更改前的值。但在经过不一致时间窗口后，后续对该数据的读取操作得到的都是更新后的值。从更新到保证任意一个观察者观测到更新值的时刻之间的时间称为不一致时间窗口。
- 最终一致性：这是弱一致性的一种特殊形式；存储系统保证如果对象最近没有更新数据，那么最终所有访问都会返回最后更新的值。如果没有发生故障，则可以根据通信延迟、系统负载、复制方案涉及的副本数量等因素确定不一致时间窗口的最大值。

客户端一致性模型的变体有以下几种。

- 因果一致性（Causal Consistency）：如果进程 A 通知进程 B 它已更新了一个数据项，那么进程 B 的后续访问会返回更新后的值，并且进程 B 在获得更新值运算后的一次写入结果会取代在获得更新值运算前的一次写入结果。与进程 A 无因果关系的进程 C 的访问遵守一般的最终一致性规则。

- “读己之所写”一致性（Read-Your-Writes Consistency）：这是一个重要的模型。在进程 A 更新了一个数据项后，它访问的都是更新过的值，绝不会访问到旧值。这是因果一致性模型的一个特例。
- 会话一致性（Session Consistency）：这是上一个模型的实用版本，它将访问存储系统的进程放到会话的上下文中。只要会话存在，系统就会保证“读己之所写”一致性，并且保证不会延续到新的会话。
- 单调读一致性（Monotonic Read Consistency）：如果进程已经访问到数据对象的某个值，那么任何后续访问都不会返回在那个值之前的值。
- 单调写一致性（Monotonic Write Consistency）：系统保证来自同一个进程的写操作按顺序执行。如果系统不能保证这种程度的一致性，就非常难以编程了。

4．I/O 五分钟法则

1987 年，Jim Gray 与 Gianfranco Putzolu 发表了 I/O 的五分钟法则，简而言之，如果一条记录频繁被访问，就应该将其存储于内存中，否则应该将其存储于硬盘中，并且按需要访问。这个临界点就是五分钟。看上去像一条经验性的法则，实际上五分钟的评估标准是根据投入成本判断的。根据当时的硬件发展水平，在内存中保持 1KB 的数据成本相当于在硬盘中存储 400 秒的开销（接近五分钟）。这个法则在 1997 年左右进行过一次回顾，证实了五分钟法则依然有效（硬盘、内存实际上没有质的发展变化），而这次回顾针对的是 SSD 这个“新的旧硬件”可能带来的影响。

随着闪存时代的来临，在传统的硬盘和 RAM 内存之间出现了填补其鸿沟的闪存，I/O 的五分钟法则一分为二：将 SSD（Solid State Drive，固态驱动器，如存储闪存）当成较慢的内存（扩展缓冲池，Extended Buffer Pool）使用，还是当成较快的硬盘（扩展磁盘，Extended Disk）使用。小内存页在内存和闪存之间的移动，大内存页在闪存和磁盘之间的移动。在五分钟法则首次提出的 20 年后，在闪存时代，上述两种移动都保持了这个法则，五分钟法则依然有效，只不过适合更大的内存页（适合 64KB 的页，页大小的变化恰恰体现了计算机硬件工艺等的发展）。

对于文件系统，操作系统倾向于将 SSD 当作瞬时内存（cache）使用；对于数据库，操作系统倾向于将 SSD 当作一致性存储使用。

3.2 HBase 的设计思路与架构

3.2.1 HBase 的系统架构与组件

HBase 在 Hadoop 体系中位于结构化存储层，其底层存储支撑为 HDFS 文件系统，使用 MapReduce 框架对存储于其中的数据进行处理，利用 ZooKeeper 作为协同服务。HBase 的系统架构如图 3-4 所示。HBase 中主要包括以下关键组件。

1．HBase Client

HBase Client 是 HBase 功能的使用者，利用 RPC（Remote Procedure Call，远程过程调用）机制，它与 HMaster 进行管理类操作，与 HRegionServer 进行数据读/写操作。

2．ZooKeeper

ZooKeeper 是 HBase 系统架构中的协同管理节点，主要用于提供分布式协作、分布式同步、配置管理等功能。ZooKeeper 中存储了 HMaster 的地址和 HRegionServer 的状态信息，通过设置这些数据协调整个 HBase 集群的运行。

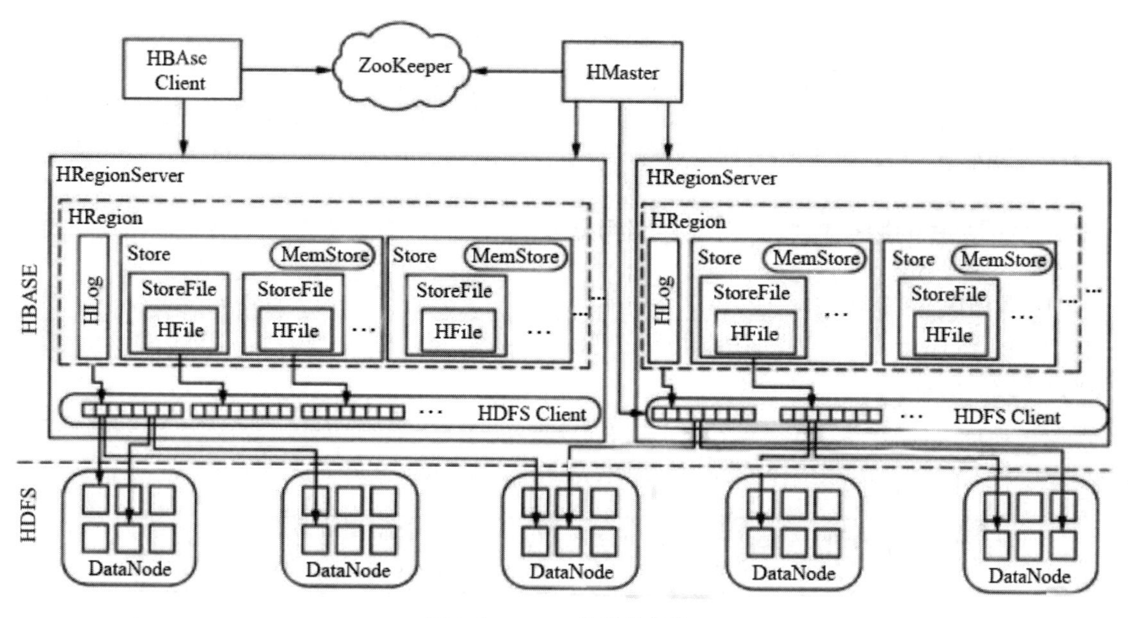

图 3-4　HBase 的系统架构

3. HMaster

HMaster 是 HBase 系统架构中的控制节点，主要用于管理用户对数据表的增加、删除、修改、查询操作，调整 HRegionServer 的负载均衡和 Region 分布，并且确保在某个 HRegionServer 失效后，将此节点上 Region 迁移。在一个 HBase 环境中可以启动多个 HMaster，用于避免单独故障。ZooKeeper 中有一个 Master Election 机制，在任何时候都只有一个 HMaster 起作用。

4. HRegionServer

HRegionServer 是 HBase 系统架构中的核心组件，主要用于处理用户的数据读/写请求，并且进行相应的 HDFS 文件读/写操作。HRegionServer 中包括以下要素。

- HRegion。HRegion 是 HRegionServer 中管理的数据对象，每个 HRegion 都对应数据表（Table）中的一个分区（Region），对于数据表与分区之间的关系，本书将在后面详细说明。HRegion 是由多个 Store 和它们公用的 HLog 构成的。
- Store。Store 是 HBase 存储的核心对象，它由两部分构成，一部分是 MemStore，也就是以内存形式存储数据的对象；另一部分是 StoreFile，也就是以 HDFS 文件形式存储数据的对象。MemStore 和 StoreFile 相互配合，可以完成高效的数据读/写工作。
- MemStore。MemStore 是一个在内存中排序后的缓存，主要用于存储用户进行的操作及相应数据，在 MemStore 空间满了后，操作和数据会被存入文件系统（StoreFile）。数据的增加、删除、修改操作都是在 StoreFile 的后续操作中进行的，因此用户的写操作只需要对内存单元进行访问，就可以解决前面提到的高并发写操作难题，从而实现 HBase 的高性能。
- StoreFile。StoreFile 主要负责数据的文件形式管理工作，其内部封装了以 Key-Value 形式管理数据的 Hadoop 二进制文件 HFile。HBase 中数据的增加、删除、修改操作都是在对 StoreFile 进行处理的过程中完成的。
- HLog。HLog 是为保证分布式环境中的系统可靠性而设计的对象。当某个 HRegionServer 节点发生故障时，存储于 MemStore 中的内存数据会丢失。为了避免数据丢失，HLog 实现了一个 WAL（Write Ahead Log）机制，主要用于存储写入 MemStore 的数据镜像，然后将其持久化存储于文件系统中，并且会定期更新此文件。当 HRegionServer 出现故障时，HMaster 可以利用 HLog 文件在其他 HRegionServer 节点恢复数据。

本节简要介绍了 HBase 的系统架构与组件，在后面的内容中，将在此基础上讨论 HBase 关键技术的实现细节，使读者深入理解其完整过程。

3.2.2 HBase 的数据模型、物理存储与查找

1. 数据模型

下面通过 HBase 存储数据的逻辑视图了解 HBase 的数据模型。HBase 中存储的网站页面数据示例如图 3-5 所示。

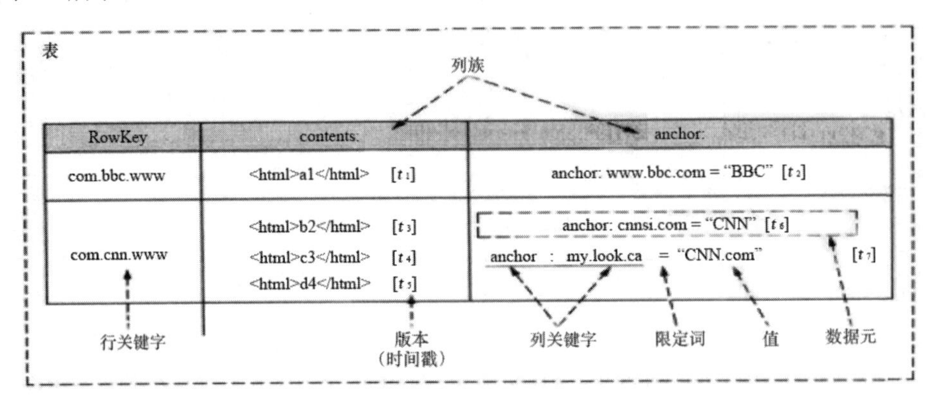

图 3-5 HBase 中存储的网站页面数据示例

HBase 中存储的数据被建模为多维映射，其中的一个值可以通过 4 个关键字进行索引，用公式表示如下：

```
value = Map(TableName, RowKey, ColumnKey, Version)
```

其中：

- TableName（表名）是一个字符串，是数据表的标识。
- RowKey（行关键字）可以是最大长度为 64KB 的任意字符串，是用于检索记录的主键。数据是按照 RowKey 的字典顺序进行存储的，因此在设计 RowKey 时，利用此特性，尽量将需要一起读取的行存储在一起。在将域名倒序排列后作为 RowKey，这样与域名相关的网页都会存储在一起。
- ColumnKey（列关键字）是由列族（Column Family）和限定词（Qualifier）构成的。列族是 HBase 中的重要概念，因为数据是以列族为依据进行存储的，所以在定义表结构时，列族需要提前定义好，但列的限定词不需要，它可以在使用时生成，并且可以为空。
- Version（版本）的存在是为了适应相同数据在不同时间的变化，尤其是互联网上的网页数据，在 URL 相同时，可能会在多个时间存在多个版本（典型的例子是新浪新闻的首页）。因此 HBase 的版本使用时间戳表示。在存储时，不同版本的相同数据按时间倒序排序，即最新的数据在最前面。
- 在 HBase 中，数据元（Cell）的格式为<RowKey, ColumnKey, Version>，数据元中的数据以二进制形式存储，由使用者进行格式转换。

在理解了上述几个关键概念后，可以将图 3-5 中的网站页面数据示例转换为 HBase 的逻辑视图表，如表 3-2 所示。

表 3-2　HBase 的逻辑视图表

行关键字	版　本	列族：contents	列族：anchor
com.bbc.www	t_2	—	anchor:www.bbc.com="BBC"
com.bbc.www	t_1	<html>a1</html/>	—
com.cnn.www	t_7	—	anchor:cnnsi.com="CNN"
com.cnn.www	t_6	—	anchor:my.look.ca="CNN.com"
com.cnn.www	t_5	<html>d4</html>	—
com.cnn.www	t_4	<html>c3</html>	—
com.cnn.www	t_3	<html>b2</html>	—

虽然 HBase 的逻辑视图表可以采用与传统关系型数据库类似的数据表的形式表达，但实际上这些数据在进行物理存储时是以列族为单位进行存储的，HBase 的逻辑视图到物理视图的映射如图 3-6 所示。

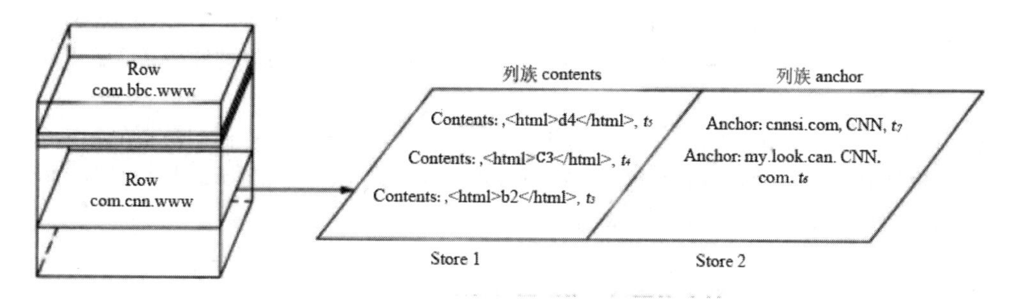

图 3-6　Hbase 的逻辑视图到物理视图的映射

根据图 3-6 可知，如果将 HBase 逻辑视图表中的一行数据看作一个面，那么这个面是由若干个 Store 构成的，每个 Store 中都存储着同一个列族中的数据。经过这样的映射，表 3-2 中的 com.cnn.www 行对应的数据会转换为两个物理视图表，如表 3-3 和表 3-4 所示。

表 3-3　HBase 的物理视图表 1——列族 contents

行关键字	版　本	列族：contents
com.cnn.www	t_5	<html>d4</html>
com.cnn.www	t_4	<html>c3</html>
com.cnn.www	t_3	<html>b2</html>

表 3-4　HBase 物理视图表 2——列族 anchor

行关键字	版　本	列族：anchor
com.cnn.www	t_7	anchor:cnnsi.com="CNN"
com.cnn.www	t_6	anchor:my.look.ca="CNN.com"

2．物理存储

在理解了 HBase 的逻辑视图和物理视图后，下面看一下 HBase 中的数据是如何逐步分解并存储到 HDFS 物理文件中的。

（1）从 Table 到 HRegion。HBase 数据表中的数据第一步会被分解为 HRegion 单元并存储于 HRegionServer 中，如图 3-7 所示。一个数据表中的数据在行上按 RowKey 排序后，被分解为多个 HRegion 进程并存储。对数据表进行分解是为了适应大表存储的情况。每个数据表一开始只有一个 HRegion，随着数据的不断增加，HRegion 会越来越大，当 HRegion 的大小超过指定阈值时，这个 HRegion 会被均等地分解为两个 HRegion。这个过程会不断重复，HRegion 的数量也会逐渐增加。

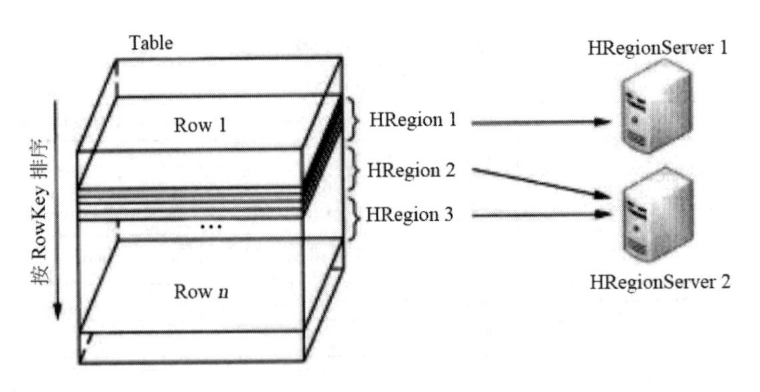

图 3-7　从 Table 到 HRegion 的存储图

HRegion 存储于 HRegionServer 中。HRegion 是 HBase 中的数据进行分布式存储的最小单元，多个 HRegion 可以存储于一个 HRegionServer 中（如图 3-7 中的 HRegion 2 和 HRegion 3），但一个 HRegion 不可以被分解存储于多个 HRegionServer 中。这种存储方式很好地实现了数据管理的负载均衡。

（2）从 HRegion 到 Store。HRegion 是 HBase 中的数据进行分布式存储的最小单元，但并不是 HBase 中的数据进行物理存储的最小单元。HRegion 会被分解为若干个 Store 进行存储，每个 Store 中都存储着一个列族中的数据，如图 3-8 所示。

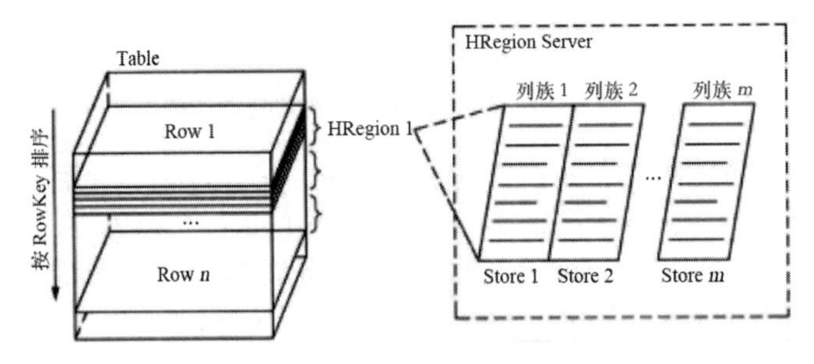

图 3-8　从 HRegion 到 Store 的存储图

（3）从 Store 到 HFile。Store 由两部分组成，分别为 MemStore 和 StoreFile。从 Store 到 HFile 的存储图如图 3-9 所示。MemStore 是 HRegionServer 中的一段内存空间。数据库操作写入的数据会先存入 MemStore，在 MemStore 满了后会转存到 StoreFile 中。HRegionServer 借用了 HDFS DataNode 的功能，StoreFile 实际上是 HDFS 中的一个 HFile。

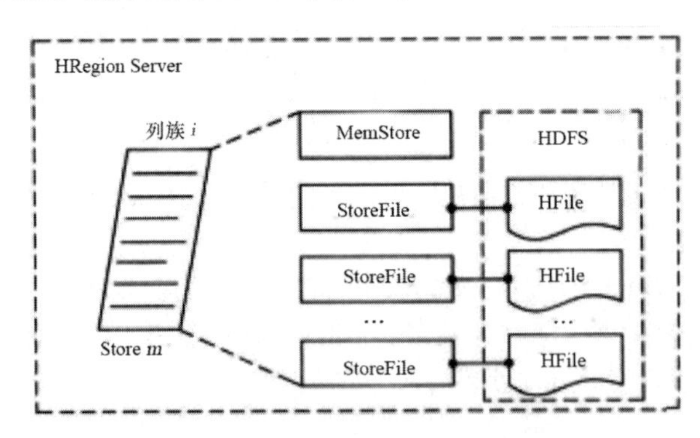

图 3-9　从 Store 到 HFile 的存储图

3. RegionServer 的查找

根据前面的描述可知，HBase 中的数据是以 HFile 的形式存储于 RegionServer 中的，因此对 HBase 数据表进行读/写的关键步骤是如何根据表名和行关键字找到所在的 RegionServer。为了了解这个步骤，首先来看 HBase 中的两个关键表：-ROOT-表和.META.表。

- -ROOT-表。顾名思义，-ROOT-表是 HBase 中的根数据表，它存储了.META.表（元数据表）的 HRegionServer 信息。-ROOT-表存储于 ZooKeeper 中，HBase 客户端在第一次读取或写入数据时，要先访问 ZooKeeper，从而获取-ROOT-表的位置并将其存入缓存，进而获取-ROOT-表。-ROOT-表的结构如表 3-5 所示。

表 3-5　-ROOT-表的结构

行关键字	列　1	列　2
.META. Region Key	info:regioninfo	info:server

其中，行关键字是每个.META.表的 Region 的索引，info:regioninfo 记录了该 Region 的一些必要信息，info:server 记录了该 Region 所在的 RegionServer 的地址和端口。为了保证寻址性能，-ROOT-表所在的 Region 不会被拆分，永远只有一个，用于保证最多通过 3 次查找就能找到任意存储数据的 RegionServer。

- .META.表。.META.表中存储了所有表中的元数据信息，支持根据表名和行关键字（或关键字的范围）查找对应的 RegionServer。.META.表的结构如表 3-6 所示。

表 3-6　.META.表的结构

行关键字	列　1	列　2	列　3
<table, region start key, region id>	info:regioninfo	info:server	info:serverstartcode

其中，行关键字为表名、该 Region 起始关键字和 Region 的 id，info:regioninfo 记录了该 Region 的一些必要信息，info:server 记录了该 Region 所在的 RegionServer 的地址和端口，info.serverstartcode 记录了该 RegionServer 持有对应 RegionServer 信息的进程启动时间。为了提高访问速度，会将.META.表全部加载到内存中。

结合前面的内容，我们可以得出由 ZooKeeper 开始，扩展到所有表的 RegionServer 的过程，如图 3-10 所示。

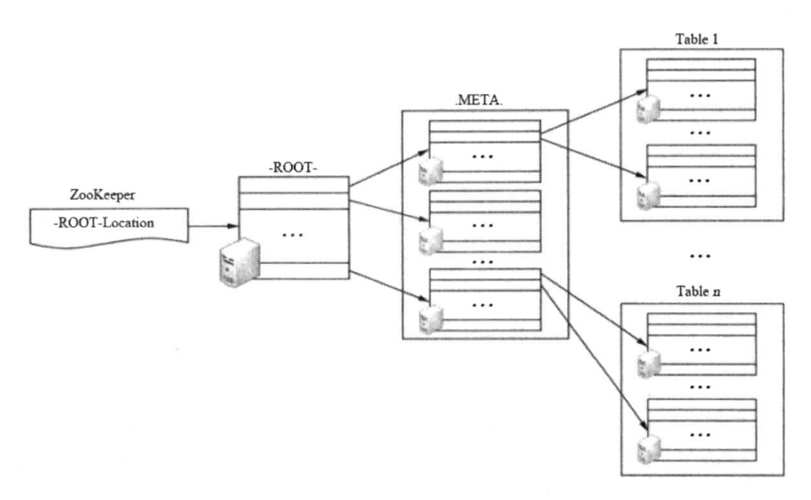

图 3-10　RegionServer 的定位图

3.2.3 HBase 的数据读/写流程

本节，我们结合一个经典的 HBase 部署场景介绍对 HBase 进行数据管理的流程。一个常用的 HBase 集群如图 3-11 所示。其中的 MasterServer 是控制节点，它部署了 HBase 中的 HMaster 组件及 HDFS 中的 NameNode 组件，并且在需要运行 MapReduce 作业时，在 MasterServer 上启动 JobTracker。RegionServer R、Ml、M2 是存储-ROOT-表和.META.表的服务器，用户数据表存储于 RegionServer U1 至 Un 中，这些 RegionServer 都部署了 HDFS 的 DataNode 组件，用于提高数据访问效率，并且用户数据表的 RegionServer 还会实现运行 MapReduce 作业时的 TaskTracker 工作。

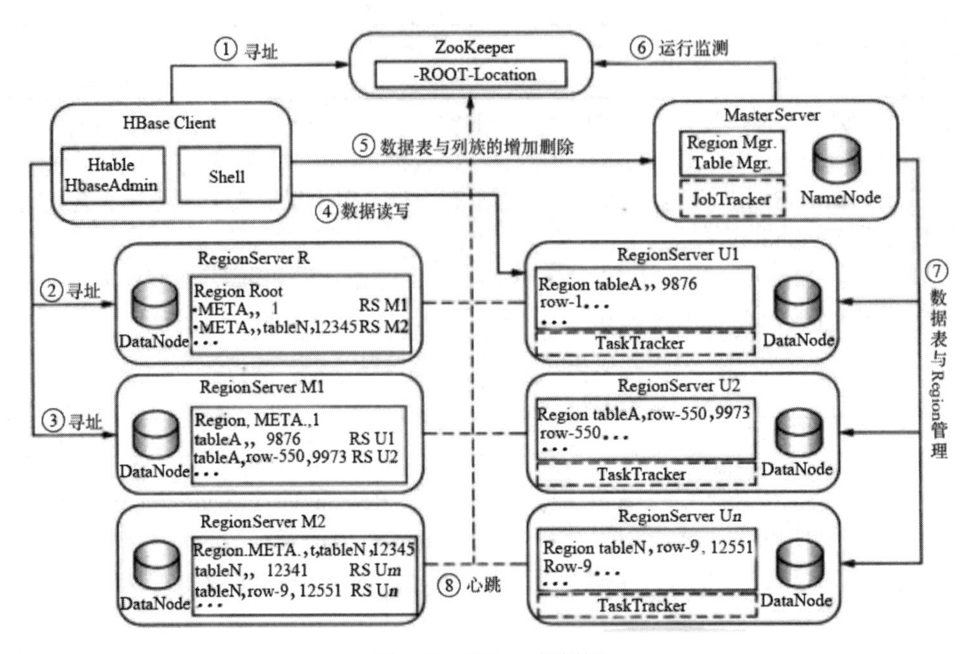

图 3-11 HBase 部署图

1. 读数据操作

假设 HBase Client 要读取 tableA 中的第一行数据，并且是首次读取，那么 Client 会先从 Zookeeper 中获取存储-ROOT-表的 RegionServer R（步骤①）；在 RegionServer R 中，以表名为索引找到.META.表所在的 RegionServer Ml（步骤②）；.META.服务器（存储.META.表的服务器 RegionServer M1、RegionServer M2）中以 B+树的形式存储了以表名与行关键字为索引的用户表的 RegionServer 信息，Client 根据表名和行关键字找到对应的 RegionServer U1（步骤③）；Client 使用接口直接从 RegionServer U1 中读取数据（步骤④）。

实际上，在 RegionServer 中查找并读取一行或几行数据并不容易。RegionServer 中的数据可能存储于 MemStore 或 StoreFile 中，因此，除了需要根据行关键字找到对应的 HRegion，还需要根据行关键字找到对应的 MemStore 或 StoreFile。如果要读取的数据存储于 MemStore 中，则可以直接将其读出并返回给 Client；如果数据存储于 StoreFile 中，那么 RegionServer 中的 HDFS 客户端组件需要从 HDFS 文件系统中获取数据。在实际应用中，为了减少网络时延带来的性能损失，通常将 HDFS DataNode 与 RegionServer 部署在一起，利用 HDFS 的位置感知特性，将某个 RegionServer 中存储的表和行相关的数据存储于本机 DataNode 中，从而提高读/写效率。

2．写数据操作

如果 Client 第一次进行写操作，那么在经历步骤①、②、③后，即可找到对应的 RegionServer，如果不是第一次进行写操作，则可以从缓存中直接获取地址。在 Client 向 RegionServer 发出写入请求后（步骤④），RegionServer 会将请求匹配到对应的 HRegion 上。在进行真正的数据写入操作前，要根据用户设置的标志位决定是否写入 HLog。HLog 的作用是避免在 RegionServer 出现故障时丢失数据。

在完成日志记录操作后，数据会被存储于 MemStore 中，在数据写入操作完成后，Client 的本次写操作就完成了，剩下的数据文件持久化工作由 RegionServer 完成。RegionServer 会判断 MemStore 是否已满，如果已满，则会触发一个将缓存写入磁盘的请求，由专门的服务器线程完成。存储写入数据的文件是 StoreFile，由于写入数据操作是以追加的形式进行的，因此 StoreFile 会不断增大，直到超过一定大小，从而触发合并操作。在合并多个 StoreFile 时，会删除无效的数据。

3．表结构操作

HBase 中的表结构是由 MasterServer 负责维护的。表结构操作包括增加、删除表，增加、删除列族，等等。Client 可以通过 Shell 指令或 API 接口向 MasterServer 发出请求（步骤⑤）。在创建表时，在默认情况下会在空间可用的 RegionServer 上新增 1 个 Region（步骤⑥），并且更新.META.表，所有后续的写入操作都会将数据存储于该 Region 中，直到 Region 的大小达到一定程度并分裂为两个 Region，并且不断重复这个过程。HBase 数据表中的列族也是可以动态添加的，MasterServer 会根据用户请求，查找到可用的 RegionServer，并且在相应的 RegionServer 上为新的列族创建 StoreFile（步骤⑦）。

4．RegionServer 状态维护

RegionServer 在启动时，会在 ZooKeeper 上 Server 列表的目录下创建代表自己的文件，并且取得该文件的独占锁，然后通过心跳消息与 ZooKeeper 保持会话（步骤⑧）。MasterServer 会通过订阅方式收到 ZooKeeper 发来的 Server 列表目录下的文件新增或删除消息（步骤⑥），用于了解 RegionServer 的数量状况。当因为节点故障或网络故障导致某个 RegionServer 与 ZooKeeper 之间的会话断开时，ZooKeeper 会释放对应文件的独占锁，这个操作会被 MasterServer 通过轮询发现，如果发现 RegionServer 出现了问题，则会进行随后的 Region 再分配和数据恢复操作。

5．MasterServer 状态维护

MasterServer 主要用于维护表结构和 Region 中的元数据，并不直接参与数据的读/写操作，因此 MasterServer 的状态主要影响表结构、Region 分配与合并、负载均衡等。同时，MasterServer 维护的数据，如 Region 分布、表结构信息都是从其他节点中复制来的，因此，为了提高 HBase 的可用性，Hadoop 设计了利用 ZooKeeper 进行 MasterServer 热备份的 Leader Election 机制。当正在运行的 MasterServer 因为故障断开与 ZooKeeper 之间的心跳会话时，可以基于 Leader Election 机制从其他备用 MasterServer 中快速选择一个新的 MasterServer，从而恢复 HBase 集群的正常服务。

3.3　HBase 的操作与数据管理

3.3.1　HBase 的 Shell 操作

HBase 支持多种数据管理方式。例如，使用简单的 Shell 命令行工具，使用适合编程进行数据批处理的 Java API，使用非 Java 语言访问的 Thrift、REST、Avro 方式。

1．Shell 基本操作

1）HBase 的 Shell 工具。

HBase 的 Shell 工具提供了使用行命令管理数据的方式。使用 Shell 工具可以连接到本地或远程的 HBase 服务器，从而操纵数据。Shell 工具是基于 JRuby 实现的，JRuby 是一个 100%的 Ruby 编程语言的纯 Java 实现，支持在一个 Ruby 程序中定义 Java 类并与之交互。HBase 的 Shell 工具采用 Interactive Ruby Shell 运行环境，主要用于支持 Ruby 命令和脚本的输入。

使用以下命令行命令可以启动 HBase 的 Shell 工具。

```
$ $HBASE_HOME/bin/hbase shell
```

在 Shell 工具的使用过程中，随时可以使用 help 命令获取帮助。Shell 工具提供了 5 类命令进行数据管理，在具体讨论这些命令之前，先了解在使用 HBase Shell 命令时的 4 个通用输入规则。

2）4 个通用输入规则。

- 名称参数输入规则。在输入 HBase Shell 命令需要的表名或列名参数时，需要用英文单引号或英文双引号将名称参数引起来。
- 数值输入规则。HBase Shell 支持以十六进制或八进制格式输入和输出二进制数，在以此方式输入数值时，需要用双引号将该数值引起来。
- 参数分割规则。在 HBase Shell 中输入多个参数时，需要以英文逗号分隔。
- Key-Value 输入规则。在需要输入 Key-Value 形式的参数时，需要采用 Ruby 哈希值输入格式：{‘key1’=>‘value1’,‘key2’=>‘value2’,... }。Key 和 Value 都需要用单引号引起来。只有当使用 HBase Shell 中预定义的常量参数（如 NAME、VERSIONS、COMPRESSION）时，才不需要用单引号引起来。

2．HBase Shell 提供的 5 类命令

HBase Shell 提供了 5 类命令：表管理、数据管理、工具、复制和其他。

1）表管理。

表管理类命令主要用于进行创建、删除和修改表的相关操作，如表 3-7 所示。

表 3-7　表管理类命令

命　令	功　能	示　例
alter	修改表的结构	alter'table',{NAME=>'col_f',METHOD=>'delete'
create	创建一个新表	create'table','col_f1'，'col_f2','col_f3'
describe	显示表结构	describe'table'
disable	将表设置为不可用状态	disable'table'
drop	删除表	drop'table'
enable	将表设置为启用状态	enable'table'
exists	检查表是否存在	exists'table'
is_disabled	检查表是否不可用	is_disabled'table'
is_enabled	检查表是否可用	is_enabled'table'
list	以列表的形式显示所有表	list

2）数据管理。

数据管理类命令主要用于对表中的数据进行操作，如表 3-8 所示。

表 3-8　数据管理类命令

命　令	功　能	示　例
count	计算表的行数	count 'table'
delete	删除一个数据元	delete 'table','row1','col1'
	删除指定时间戳的数据元	delete 'table','row1', 'col1','time_stamp'
deleteall	删除指定行中的全部数据	deleteall'table','row1'
	删除指定行、列中的数据	deleteall'table','rowl','col1'
	删除指定行、列中的数据，或者删除指定时间戳的数据元	deleteall'table', 'rowl', 'col1', 'time_stamp'
get	检索指定行中的全部数据	get 'table','row 1'
	检索指定行、列中的数据	get 'table','row 1'{COLUMN=>'coll'}
	检索指定行、列中的数据，或者检索指定时间戳的数据元	get 'table','rowl',{COLUMN=>'coll',TIMESTAMP =>tsl}
get_counter	获得一个计数器的值	get_counter 'table','rowl','coll'
incr	将一个计数器的值加 1	incr 'table','row 1','coll'
put	向一个数据元中存入数据	put 'table','rowl', 'coll', 'value'
scan	扫描全表	scan 'table'
	扫描指定列	scan 'table',['coll','col2']
	扫描指定行、列	scan 'table',['coll','col2'],{LIMIT=>5, STARTROW =>'xyz'}
truncate	清空一个表	truncate 'table'

3）工具。

工具类命令主要用于管理和优化数据存储方式，如表 3-9 所示。

表 3-9　工具类命令

命　令	功　能
assign	部署 Region
balance_switch	打开/关闭负载均衡
balancer	开始负载均衡
close_region	关闭某个 RegionServer 上的 Region
compact	压缩 Region 或表
flush	强制将内存数据写入磁盘
major_compact	将 Region 或表执行 Major Compact
move	将 Region 移动到指定 RegionServer 中
split	对 Region 或表执行分割操作
unassign	取消对 Region 的部署
zk_dump	显示 ZooKeeper 中的 HBase 信息

4）复制。

复制类命令主要用于进行将数据备份到多个节点的相关操作，如表 3-10 所示。

表 3-10　复制类命令

命　令	功　能
add_peer	增加一个数据备份（在备份节点上执行）
disable_peer	禁用一个数据备份
enable_peer	启用一个数据备份

续表

命　令	功　能
remove_peer	删除一个数据备份
start_replication	启动备份
stop_replication	停止备份

5）其他。

其他类命令主要有两条，分别为 Status 命令和 Version 命令，分别用于查看 HBase 集群的状态和版本信息，如表 3-11 所示。

表 3-11　其他类命令

命　令	功　能
status	查看 HBase 集群的状态，有 simple、summary、detailed 共 3 个选项
version	查看 HBase 集群的版本信息

3.3.2　Java API 与非 Java 访问

1. Java API

HBase 与其他 Hadoop 组件一样，也是使用 Java 编写的，因此提供了丰富的 Java API，用于管理 HBase 中的数据。使用这些 Java API 编写自己的管理程序，可以实现比 Shell 更加丰富的功能。

1）表管理 API。

通过 HBase 的 Java API 对数据表进行管理，需要使用 3 个重要类，分别为 HBaseAdmin、HTableDescriptor 和 HColumnDescriptor。HBaseAdmin 类封装了对数据表结构进行操作的接口，HTableDescriptor 类封装了数据表的相关属性和操作接口，HColumnDescriptor 封装了列的相关数据和操作接口。

2）数据管理 AP。

通过 HBase 的 Java API 对数据的增加、读取、修改和删除（Create、Read、Update、Delete，CRUD）操作。主要使用 HTable 类及对应的 3 个方法类（Put 类、Get 类和 Delete 类）。在进行 CRUD 操作时，HBase 支持单次及批量操作方式，并且可以在操作的同时进行表格式的验证。

2. 非 Java 语言访问

除了 Shell 工具和 Java API，HBase 还支持以代理的形式使用非 Java 语言编写管理数据的应用。代理服务器会将 Java API 的功能进行封装，以其他应用可使用的接口向外提供数据管理功能。HBase 提供了 3 类代理服务器，分别 REST、Thrift 和 Avro。RESTServer 主要用于支持 HTTP 接口，ThriftServer 和 AvroServer 主要用于支持 RPC 接口。这 3 类代理服务器的实现和部署参考架构如图 3-12 所示。

HBase 的非 Java API 代理服务器可以与 RegionServer 部署在一台独立的服务器上。在图 3-12 的中部，3 类代理服务器与 RegionServer 部署在一起，上方的客户端可以通过对应的接口访问相应的代理服务器，代理服务器在将收到的请求进行转换后，以内嵌的 Java API 功能与 RegionServer 交互，从而完成数据操作。在图 3-12 的下方，一个 ThriftServer 与 ThriftClient 运行在一台单独的服务器上，ThriftServer 使用 Java API 与远端 RegionServer 进行交互。这种方式可以提高第三方终端与代理服务器之间的通信效率，因为在终端与代理服务器之间的通信为同一台服务器上的本地通信。

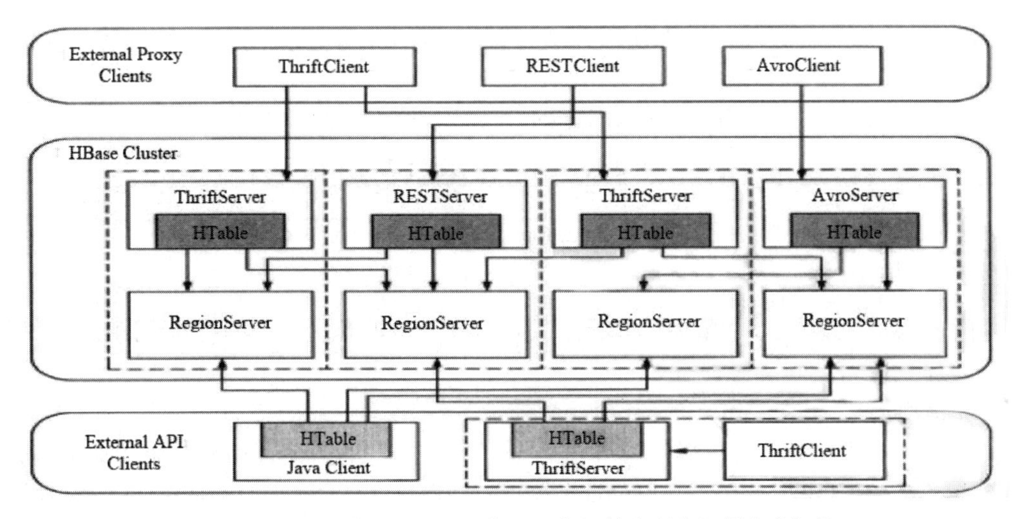

图 3-12　HBase 的非 Java API 代理服务器的实现和部署参考架构

3.3.3　HBase 的编程实例

下面通过一个实例，介绍 Client 寻找 RegionServer 的过程，首先构建-ROOT-表和.META.表。

假设 HBase 中只有两个用户表，分别为 Table1 表和 Table2 表。Table1 表非常大，被划分成了很多 Region，因此其.META.表中有很多条记录这些 Region 的 Row。而 Table2 表很小，只被划分成了两个 Region，因此其.META.表中只有两条用于记录这些 Region 的 Row。.META.表的 Row 结构如表 3-12 所示。

表 3-12　.META.表的 Row 结构

RowKey	info			historian
	Regioninfo	Server	Server Startcode	—
Table1,RK0,12345678	—	RS1	—	—
Table1,RK10000,12345687 Table1,RK20000,12345678	—	RS2 RS3	—	—
…	…	…	…	…
Table2,RK0,12345678	—	RS1	—	—
Table2,RK30000,12348765	—	RS2	—	—

假设要从 Table2 表中查寻一条 RowKey 是 RK10000 的记录，那么应该遵循以下步骤。

（1）从.META.表中查询哪个 Region 包含这条记录。

（2）获取管理这个 Region 的 RegionServer 地址。

（3）连接这个 RegionServer，查询这条记录。

在步骤（1）中，.META.表也是一个普通的表，因此需要知道哪个 RegionServer 管理.META.表，怎么办？有一个方法，将管理.META.表的 RegionServer 的地址放到 ZooKeeper 上，即可知道哪个 RegionServer 管理.META.表了。

还有一个新问题，Table1 表很大，它的 Region 很多，.META.表为了存储这些 Region 信息，花费了大量的空间，可能其自身也需要划分成多个 Region，也就是说，可能有多个 RegionServer 管理.META.表，怎么办？在 ZooKeeper 中存储所有管理.META.表的 RegionServer 地址，让 Client 自己去遍历？HBase 并不是这么做的。

HBase 的做法是用另一个表记录.META.表中的 Region 信息，就和使用.META.表记录用户表中的 Region 信息一样，这个表就是-ROOT-表。这也解释了为什么-ROOT-表和.META.表拥有相同的表结构，因为他们的原理是一样的。

假设.META.表被分成了两个 Region，-ROOT-表的行结构如表 3-13 所示。

表 3-13 -ROOT-表的行结构

RowKey	info			historian
	Regioninfo	Server	Server Startcode	—
.META.,Table1,0,12345678, 12657843	—	RS1	—	—
.META.,Table2,30000,1234876512438675	—	RS2	—	—

Client 需要先访问-ROOT-表，因此需要知道管理-ROOT-表的 RegionServer 的地址，这个地址存储于 ZooKeeper 中，默认路径如下：

```
/hbase/root-region-server
```

如果-ROOT-表太大了，要被分成多个 Region，那么该怎么办？HBase 认为-ROOT-表不会大到那个程度，因此-ROOT-表只有一个 Region，这个 Region 的信息存储于 HBase 中。

下面查询 Table2 表中 RowKey 是 RK10000 的记录，整个路由过程的主要代码在 org.apache.hadoop.hbase.client.HConnectionManager.TableServers 中，具体如下：

```
1.  private HRegionLocation locateRegion(final byte[] tableName,
2.      final byte[] row, boolean useCache) throws IOException {
3.    if (tableName == null || tableName.length == 0) {
4.      throw new IllegalArgumentException("table name cannot be null or zero length");
5.    }
6.    if (Bytes.equals(tableName, ROOT_TABLE_NAME)) {
7.      synchronized (rootRegionLock) {
8.        // This block guards against two threads trying to find the root
9.        // region at the same time. One will go do the find while the
10.       // second waits. The second thread will not do find.
11.       if (!useCache || rootRegionLocation == null) {
12.         this.rootRegionLocation = locateRootRegion();
13.       }
14.       return this.rootRegionLocation;
15.     }
16.   } else if (Bytes.equals(tableName, META_TABLE_NAME)) {
17.     return locateRegionInMeta(ROOT_TABLE_NAME, tableName, row, useCache, metaRegionLock);
18.   } else {
19.     // Region not in the cache – have to go to the meta RS
20.     return locateRegionInMeta(META_TABLE_NAME, tableName, row, useCache, userRegionLock);
21.   }
22. }
```

递归调用的过程如下。

（1）获取 Table2 表中 RowKey 为 RK10000 的 RegionServe。

（2）获取.META.表中 RowKey 为 Table2,RK10000, 99999999999999 的 RegionServer。

（3）获取-ROOT-,RowKey 为.META.,Table2,RK10000,99999999999999,99999999999999 的 RegionServer。

（4）获取管理-ROOT-表的 RegionServer。

（5）从 ZooKeeper 中获取管理-ROOT-表的 RegionServer。

（6）在-ROOT-表中查询 RowKey 最接近（小于）.META.,Table2, RK10000,99999999999999, 99999999999999 的一条 Row，并且得到管理.META.表的 RegionServer。

（7）在.META.表中查询 RowKey 最接近（小于）Table2,RK10000, 99999999999999 的一条 Row，并且得到管理 Table2 表的 RegionServer。

（8）在 Table2 表中查询 RowKey 为 RK10000 的 Row。

至此，Client 完成了查询 Table2 表中 RowKey 是 RK10000 的记录的路由过程，在这个过程中使用了添加“99999999999999”后缀并查找最接近（小于）RowKey 的方法。

注意：

- 整个路由过程并没有涉及 MasterServer，也就是说，HBase 的日常数据操作并不涉及 MasterServer，不会造成 MasterServer 的负担。
- Client 不必在进行每次数据操作时都进行整个路由过程，很多数据都会被 Cache 起来。

3.4 从 RDBMS 到 HBase

作为新兴的列族数据库代表，HBase 经常会被拿来与传统的 RDBMS（关系型数据库管理系统）进行比较。虽然 HBase 的设计目标、实现机制和运行结果与 RDBMS 都不尽相同，但由于 HBase 和 RDBMS 在很多场景中可以互相替代，用于满足某些特定的数据库存储需求，因此这样的比较是不可避免的。

1. 比较 HBase 和 RDBMS

HBase 是一个分布式列族数据库系统，底层物理存储使用的是 HDFS，其设计目标是满足有海量行数（10 亿数量级）、大量列数（百万级）及数据结构不固定的特殊数据的存储需求，并且可以运行于大量低成本构建的硬件平台上，针对的应用环境是对事务一致性没有严格要求的领域。而 RDBMS 是一个采用面向行数据存储、使用固定数据结构的数据库系统，并且要采用一系列机制保证满足事务一致性要求的 ACID 特性。HBase 和 RDBMS 之间的设计目标差异导致它们在实现机制和使用场景上也存在较大差异，可以从以下几个角度对二者进行比较。

1）硬件需求。

RDBMS 以行的方式组织数据，因此在进行检索查询时，即使只需要少量列的数据，也需要在读取整行数据后进行过滤。因此 RDBMS 是一个典型的 I/O 瓶颈系统，在数据量很大时需要使用大量昂贵的高性能磁盘阵列才能满足速度需求。因此，使用 RDBMS 技术构建大数据处理平台的成本十分高昂。而 HBase 作为典型的列族数据库，以列属性为单元连续存储数据，使其对同一个属性的数据访问更加集中，可以有效地减少数据 I/O，提高存/取速度。这在其针对的存在大量列属性的应用环境中，拥有比 RDBMS 高得多的运行效率。在设计之初，HBase 就考虑了整个系统的实现成本。通过充分利用底层 HDFS 的基础能力，HBase 可以运行于由大量低成本计算机构成的集群之上，并且保持高并发、高吞吐的性能。

2）可扩展性。

一个优秀的数据库系统应当能随着数据的增长保持持续的可扩展性。RDBMS 的可扩展性通常依靠以下方式实现。

- 通过分布式缓存技术（如 Memcached）实现高性能的分布式内存对象缓存，通过缓存数据和对象降低数据库的读取速度，从而提高性能。
- 通过应用扩展或外部工具实现数据的分区存储，从而提高大数据环境中的读/写性能。
- 通过内置或扩展的读复制或读/写复制机制，实现高并发环境中的高速读/写能力。

RDBMS 虽然可以通过以上技术实现一定的扩展能力，但是其本身的技术架构并不支持通过简单地增加节点实现系统的扩展。HBase 在设计之初就考虑了在大数据环境中的可扩展能力及基于 HDFS 的分布式并行处理能力，HBase 可以通过简单地增加 RegionServer 实现接近于线性的可扩展能力。并且，无论是在低并发情况下，还是高并发情况下，HBase 都可以达到相近的高性能处理能力。

3）可靠性。

RDBMS 中的存储节点在发生故障时通常意味着灾难性的数据丢失或系统停机。虽然 RDBMS 可以通过主从复制机制实现一定程度的高可靠性，也可以采用数据库节点的热备机制提高系统的容错性，但这通常需要成倍的硬件成本。HBase 将数据存储于 HDFS 中，通过内建的复制机制确保数据的安全性，同时也支持以节点备份的形式进一步提高系统的可靠性。

4）使用难度。

RDBMS 已经历了多年的实际应用，无论是普通的 SQL 使用者还是资深的应用开发者，都已具有广泛的基础。同时，面向行模式的数据库设计也易于接受和理解，因此基于 RDBMS 的应用开发难度较低。HBase 及其配套的 MapReduce 开发模式还处于推广初期，掌握这项技能的使用者和开发者相对较少，因此基于 HBase 的应用开发难度相对较高。但随着 Hadoop 技术的发展及辅助工具的增加，HBase 在大数据管理上的先天优势和灵活的架构将有助于 HBase 的快速普及。

5）成熟度。

RDBMS 的成熟度显然要高于 HBase，因此在大部分数据规模并不是大到 RDBMS 无法应付的情况下，RDBMS 的成熟度更加令使用者放心。在大部分情况下，RDBMS 系统运行更加稳定，功能及工具更加丰富，优化技术也更加成熟；而 HBase 仍处于持续发展和更新的阶段，在一些关键功能（如多表联合、二级索引等）和优化支持上还存在不足。

6）处理特性。

RDBMS 适合对数据进行实时分析处理，而 HBase 适合在大数据情况下进行非实时的批量数据处理。

综上所述，在大部分小规模数据管理应用场景中，采用简单、成熟的 RDBMS 更加合适，使用者和开发者可以从多样化的商用版本或开源版本 RDBMS 产品中选择合适的产品，并且利用丰富的先验知识和辅助工具降低使用和开发的难度。只有当潜在的需求达到要管理数亿行的数据量或数据结构的设计要适应多变的业务需求时，才需要考虑使用 HBase，利用 HBase 的大数据扩展性和高吞吐量构建大数据处理应用。

HBase 面向列的数据模式及实现方式与 RDBMS 面向行的数据模式及实现方式存在较大的差异性，对已经熟悉 RDBMS 的开发者而言，迁移到 HBase 进行数据设计及管理并不是一件容易的工作。

2. 行到列与主键到行关键字

可以将传统的 RDBMS 数据表设计理解为将数据进行实体（Entity）、属性（Attribute）和实体间关系（Relationship）3 个维度的建模过程。

3. 联合查询（Join）与去范例化（Denormalization）

联合查询是数据库系统的基本功能之一，也是实际环境中的常用功能。在 HBase 的分布式数据库系统中，由于数据以列的形式分散存储于多个服务器中，因此多表联合查询是非常困难的。为了实现在 HBase 环境中的多表联合查询，一种简单而有效的方式就是通过去范例化（Denormalization）的形式，改进数据表的设计，增加冗余数据，从而支持多表联合查询。简单来说，就是利用 HBase 的列族灵活性，将多个逻辑表转化为一个物理表进行处理。

注意：去范例化实现方式并不是唯一的多表联合查询实现机制，行关键字组合索引、基于列的嵌套表等相关技术也可以实现多表联合查询功能。开发者可以选择合适的方法，利用 HBase 的灵活性实现多表联合查询功能。

3.5　为应用程序选择合适的 Hadoop 数据存储机制

选择合适的数据存储机制是 Hadoop 应用程序设计中最重要的部分之一。要正确地做到这一点，必须了解哪些应用会访问数据，以及它们的访问模式是什么。例如，如果数据由某个 MapReduce 实现独占访问功能，那么 HDFS 可能是最好的选择——我们需要按顺序访问数据，并且数据本地性在整体性能中起着重要的作用。HDFS 可以很好地支持这些特性。

一旦确定了数据存储机制，接下来的任务就是选择实际的文件格式。在通常情况下，Sequence File 是最好的选择，因为它的语义非常适合 MapReduce 处理，允许灵活地扩展数据模型，并且支持值的独立压缩（在值的数据类型较复杂的情况下尤其重要）。在需要与有特定数据格式要求的其他应用程序集成时，也可以使用其他文件类型。此外，在使用自定义格式（尤其是二进制格式）读取、分裂和写入数据时，可能会提高复杂度。

当然，决策过程并没有到此结束，还需要考虑计算类型。如果所有计算要使用全部数据，就没有要额外考虑的因素了。但这种情况非常少见。在通常情况下，特定的计算仅使用数据的一个子集，因此需要利用数据分区避免不必要的数据读取操作。实际的数据分区结构依赖于应用程序的数据使用模式。例如，对于空间应用，常用的数据分区结构是基于块的分区；对于日志处理，常用的数据分区结构是两级分区——根据时间（天）和服务器，这两个级别可能顺序不同，具体取决于计算需求。要创建合适的数据分区结构，通用方法是评估数据计算的需求。

在没有新数据产生的情况下，这种选择数据存储机制的方法很有效。在数据需要根据计算结果进行更新时，需要考虑不同的设计方案。Hadoop 提供的唯一可更新的数据存储机制是 HBase。因此，如果 MapReduce 计算要更新（而非创建）数据，那么 HBase 通常是数据存储机制的最好选择。

在做决定时，务必慎重考虑数据的大小。在数据（列值）过大的情况下，HBase 不是最好的选择，通常使用 HBase/HDFS 组合，HDFS 用于存储实际数据，HBase 用于存储其索引。在这种情况下，应用程序在一个新的 HDFS 文件中写入结果，同时更新基于 HBase 的元数据（索引）。这种实现通常需要自定义数据合并（类似于之前描述的 HBase 合并）。

在将 HBase 用作数据存储机制时，通常不需要应用层的数据分区，因为 HBase 会对数据进行分区。在使用 HBase/HDFS 组合的情况下，通常需要对 HDFS 数据进行分区，并且将前面提到的普通 HDFS 数据分区中的相同原则作为指导。

如果数据主要用于实时访问，那么根据不同的数据大小，Hadoop 提供了一些可用的解决方案。如果数据的键空间相对较小，并且数据不经常改动，那么使用 SequenceFile 可能是一个相当不错的解决方案。对于数据的键空间较大和有数据更新需求的情况，使用 HBase 或 HBase/HDFS 组合通常是最适合的解决方案。

一旦选定了数据存储机制，就需要选出一种将数据转换为字节流的方法，即 Hadoop/HBase 内部存储数据的格式。尽管有不同的潜在选项可以将特定的数据组装/反组装为字节流（从标准的 Java 序列化到自定义的封装方案），但 Avro（数据序列化）提供了一种合理的通用方法，支持显著地简化封装，同时可以保持性能和紧凑的数据大小。它还允许将数据定义与数据本身一起存储，从而提供对数据版本化的强大支持。

选择合适的数据存储机制需要（但当然不是最不重要的）考虑安全性。HDFS 和 HBase 都有一定的安全风险，尽管目前已经修复了一些漏洞，但整体安全性的实现仍需要使用应用/企业特定的解决方案，这些方案可能有以下几个特点。

- 数据加密，在数据落到错误的人手中的情况下，防止信息暴露。
- 自定义防火墙，限制其他企业对 Hadoop 数据和执行的访问。

- 自定义服务层，中心化对 Hadoop 数据和执行的访问，并且在服务层面实现对所需安全性的保证。

对每个软件来说，在使用 Hadoop 时都有必要保证数据的安全。然而，我们应该仅实现真正必需的安全性。引入的安全性越多，系统越复杂（和昂贵）。

习　　题

一、判断题（正确打√，错误打×）

1．NoSQL 表示不是 SQL。（　　）

2．HBase 是从行到列与从主键到行关键字的非关系型数据库。（　　）

二、多选题

1．HBase 来源于（　　）博文。

A．The Google File System　　B．MapReduce
C．BigTable　　D．Chubby

2．下面对 HBase 的描述中，（　　）是正确的。

A．不是开源的　　B．是面向列的
C．是分布式的　　D．是一种 NoSQL

3．HBase 依靠（　　）存储底层数据。

A．HDFS　　B．Hadoop　　C．Memory　　D．MapReduce

4．HBase 依赖（　　）提供消息通信机制。

A．Zookeeper　　B．Chubby　　C．RPC　　D．Socket

5．对于 MapReduce 与 HBase 的关系，（　　）是正确的。

A．二者不可或缺，MapReduce 是 HBase 可以正常运行的保障
B．二者不是强关联关系，即使没有 MapReduce，HBase 也可以正常运行
C．MapReduce 可以直接访问 HBase
D．它们之间没有任何关系

6．（　　）正确描述了 HBase 的特性。

A．高可靠性　　B．高性能　　C．面向列　　D．可伸缩

7．下面与 HDFS 类似的框架是（　　）。

A．NTFS　　B．FAT32　　C．GFS　　D．EXT3

8．下面（　　）是 HBase 框架中使用的。

A．HDFS　　B．GridFS　　C．Zookeeper　　D．EXT3

9．HBase 中的批量加载底层使用（　　）实现。

A．MapReduce　　B．Hive　　C．Coprocessor　　D Bloom Filter

10．关于 RowKey 的设计原则，（　　）的描述是正确的。

A．尽量保证越短越好　　B．可以使用汉字
C．可以使用字符串　　D．本身是无序的

三、简答题

1．何为 NoSQL 的兴起与影响？

2．简述 NoSQL 的类型。

3．简述 NoSQL 的三大基石。

4．简述 HBase 的系统架构与组件。
5．简述 HBase 的数据模型、物理存储与查找。
6．HBase 中的数据是如何逐步分解存储于 HDFS 物理文件中的？
7．何为 HBase 的 Shell 操作，其有哪些命令及如何操作？
8．简述 Java API 与非 Java 访问。
9．简述第 3.3.3 节 HBase 的编程实例。
10．比较 HBase 和 RDBMS 之间的差异。
11．如何为应用程序选择合适的 Hadoop 数据存储机制？

第三篇

大数据计算篇

第 4 章　MapReduce 分布式计算

本章会全面介绍 MapReduce 的架构与源码分析、MapReduce 任务的异常处理与失败处理、在 HBase 上运行 MapReduce、MapReduce 应用开发实例、基于 MapReduce 的数据挖掘应用，并且会从专业开发者的角度剖析 MapReduce 技术的原理，为大数据开发奠定基础。

4.1　MapReduce 的架构与源码分析

Hadoop 的运算主要通过 MapReduce 执行，这是分开的两部分，即 Map 过程与 Reduce 过程，通过分析这两个过程的工作分配与调度情况，以及研究整体的工作过程，进一步掌握使用 Hadoop 进行分布式计算的方法与技能，并且为以后独立编写所需的 MapReduce 程序奠定基础。

20 世纪 60 年代，计算机刚刚兴起，人们就开始尝试使用多台计算机并行工作，从而对大规模数据进行计算。其中一种常用方法是将一些耦合度较低的作业与步骤分散到不同的计算机中处理，如研究同一个问题中不同变量对结果的影响。随着时代的发展，数据量越来越大，在独立的计算机中运行一些非耦合的程序已经远远不能满足人们对数据处理的需求，人们迫切地需要在能够满足运算耦合性的前提下，建立一个共享的文件系统，用于对数据运算能力提供支持，分布式计算框架应运而生。

分布式计算框架的算法和设计有很多，主要构建思路是搭建系统中所有计算机共享的文件系统，用于提供数据存储的底层支持，并且在其之上创建一个用于对数据进行处理的核心处理系统。

MapReduce 基于“分而治之”的思想，将计算任务抽象成 Map 和 Reduce 两个计算过程，可以简单理解为“分散运算—归并结果”的过程，其优势是可以对分布到各个节点中的数据使用包含在分布式集群中的计算机进行预处理，然后将处理后的结果重新进行计算，从而得出所需结果。

为了在综合起来后，能够更好地发挥各个节点的处理能力，MapReduce 通过网络联接成一个并行计算集群。

4.1.1　MapReduce 的架构与执行过程

1．何为 MapReduce

MapReduce 是什么，怎么理解 MapReduce？下面使用一个例子进行说明：如果要数图书馆中的所有书，那么应该怎么办？非常简单，你数 1 号书架上的书，我数 2 号书架上的书。人越多，数书的速度越快，这就是 Map。然后将所有人统计的数加在一起，这就是 Reduce。

这个例子就是 MapReduce 的一个基本模型，当然实际的 MapReduce 并非如此简单。在正式介绍 MapReduce 之前，除了前面介绍的一些基本概念，还需要了解一些专业术语。

2．架构与执行过程

MapReduce 的任务称为 Job。通常使用 Job 将输入的数据集切分成若干个独立的数据块，并且将其分布在不同节点上。

对于任务的具体执行过程，一个名为 JobTracker 的进程负责协调当前 MapReduce 执行过程中的所有 Job，同时还有若干条 TaskTracker 进程负责运行单独的 Job，并且随时将自身 Job 的执行情况汇报给 JobTracker。完整的 MapReduce 流程图如图 4-1 所示。

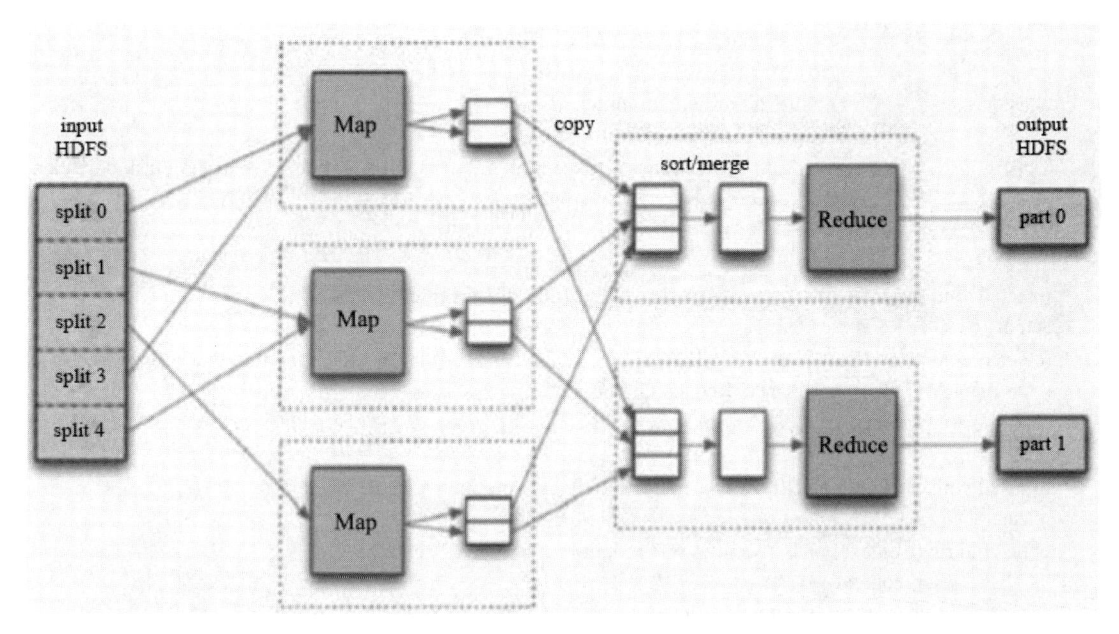

图 4-1　完整的 MapReduce 流程图

在图 4-1 中，Hadoop 为每个创建的 Map 任务分配输入文件的一部分，这部分称为 split。由每个分配的 split 运行用户自定义的 Map，从而根据用户需要处理每个 split 中的内容。split 存储于 Block 中。

在一般情况下，一次 Map 任务的执行过程分成两个阶段。

（1）Map 在读取 split 中的内容后，会将其解析成键/值对（key/Value）的形式进行计算，并且将 Map 定义的算法应用于每一条内容，内容范围可以由用户自定义。

（2）在 Map 中定义的算法处理完 Split 中的内容后，Map 会向 TaskTracker 报告，然后通知 JobTracker 任务执行完毕，可以接受新的任务。

下面根据图 4-1，介绍 MapReduce 的工作过程。

通常在一个 MapReduce 的工作过程中，可以有若干个 Map 任务，但只有一个 Reduce 任务，其作用是接受并处理所有 Map 任务发送过来的输出结果。排过序的 Map 任务输出结果通过网络传输方式发送给 Reduce 节点，所有输出结果在 Reduce 端合并，而 Reduce 的结果会存储成 3 个副本进行备份性质存储。

一次 Reduce 任务的执行过程分成 4 个阶段。

（1）Reduce 获取 Map 输入的处理结果。

（2）将拥有相同键/值对的数据进行分组。

（3）Reduce 将用户定义的 Reduce 算法应用于每个由键/值对确定的列表中。

（4）JobTracker 依然会协调整个 MapReduce 的执行过程。

4.1.2　MapReduce 的输入与输出

下面讲解 MapReduce 源码，首先讲解 MapReduce 中 Mapper 类的源码。

【例 4-1】MapReduce 中 Mapper 类的源码如下：

```
public class Mapper<KEYIN, VALUEIN, KEYOUT, VALUEOUT> { public class Context extends MapContext
<KEYIN,VALUEIN,KEYOUT,VALUEOUT> { public Context(Configuration conf, TaskAttemptID
                        taskid,  //设定 Context 上下文
```

```
                        RecordReader<KEYIN,VALUEIN> reader,
                        RecordWriter<KEYOUT,VALUEOUT> writer,
                        OutputCommitter committer,
                        StatusReporter reporter,
                        InputSplit split) throws IOException, InterruptedException { super(conf, taskid, reader,
                        writer, committer, reporter, split);              //调用父类的构造方法
                                        }
                        }
    protected void setup(Context context ) throws IOException, InterruptedException {}
    //setup()方法可以为 map()方法提供预处理的一些内容
    protected void map(KEYIN key, VALUEIN value, Context context) throws IOException, InterruptedException
    {     //map()方法可以对传入 MapReduce 的数据进行处理
                context.write((KEYOUT) key, (VALUEOUT) value);  //将处理结果加载进 context 缓存中
    }
    protected void cleanup(Context context ) throws IOException, InterruptedException {}
    // cleanup()方法可以为 map()方法提供一些后续处理内容
    public void run(Context context) throws IOException, InterruptedException {
            setup(context);                                                   //启用预处理方法
            while (context.nextKeyValue()) {                                  //未到数据结尾
            map(context.getCurrentKey(), context.getCurrentValue(), context);  //对键/值对进行处理
            }
            cleanup(context);                                                 //进行扫尾工作
        }
    }
```

在编写 MapReduce 程序时，所有自定义的 Map 类都要继承 Mapper 处理类，默认的 Mapper 类中定义的内容很简单，包括 setup()、map()、cleanup()和 run()方法，以及一个继承自 MapContext 类的 Context 类。下面介绍 4 个方法的用途。

setup()方法主要用于在 Mapper 类正式开始执行前执行一些初始化工作，cleanup()方法主要用于在 Mapper 类执行完毕后执行一些扫尾工作。这两个方法中的内容可以根据需要自定义。

通常需要重写 map()方法。在 map()方法中定义了 3 个参数，前两个参数分别是输入的 Key 和 Value，因此 MapReduce 的运作完全基于基本的键/值对，即数据的输入是一批键/值对，生成的结果也是一批键/值对，只是有时它们的类型不一致。

在 map()方法中会调用 Context 内部类的对象 context，用于对键/值对进行写入操作。可以将 context 对象看作系统内部的上下文环境，主要用于存储经过 map()方法处理后产生的输出记录。

run()方法是 Mapper 类的驱动方法，该方法中调用了前面自定义的方法，即首先使用 setup()方法执行可能的初始化任务；然后通过判断条件不断地执行 map()方法，用于进行键/值对的写入操作；最后使用 cleanup()方法执行扫尾工作：

【例 4-2】MapReduce 中 Reducer 类的源码如下：

```
public class Reducer<KEYIN,VALUEIN,KEYOUT,VALUEOUT>
{public class Context extends ReduceContext<KEYIN,VALUEIN,KEYOUT,VALUEOUT> {
 public Context(Configuration conf, TaskAttemptID taskid,     //获取 context 中的内容
                        RawKeyValueIterator input,
                        Counter inputKeyCounter,
                        Counter inputValueCounter,
                        RecordWriter<KEYOUT,VALUEOUT> output,
                        OutputCommitter committer,
                        StatusReporter reporter,
                        RawComparator<KEYIN> comparator,
```

```
                    Class<KEYIN> keyClass,
                    Class<VALUEIN> valueClass
                    ) throws IOException, InterruptedException {
            super(conf, taskid, input, inputKeyCounter, inputValueCounter, output, committer, reporter,
comparator, keyClass, valueClass);                        //调用父类构造方法生成 context 对象
                }
            }

    protected void setup(Context context) throws IOException, InterruptedException {}
    //预执行设定
    protected void reduce(KEYIN key, Iterable<VALUEIN> values, Context context) throws IOException,
InterruptedException {
    //reduce()方法是 Reducer 的核心处理方法，其接受传递进来的 Key 和 Value 类型作为自己的键/值对类型
    //对 map()和 reduce()方法来说，其要求输出和输入的 Key 与 Value 类型必须保持一致
    for(VALUEIN value: values) {                                    //迭代获取数据
                    context.write((KEYOUT) key, (VALUEOUT) value);  //开始写入结果
                    }
    }
    protected void cleanup(Context context)
    throws IOException, InterruptedException {}                     //执行扫尾工作
    public void run(Context context) throws IOException, InterruptedException {
    //Reduce 的任务驱动方法
                    setup(context);                                 //执行初始化工作
                    while (context.nextKey()) {                     //确认读取到结尾
                        reduce(context.getCurrentKey(), context.getValues(), context);
                        //调用 reduce()方法对数据进行处理
                    }
                    cleanup(context);                               //执行扫尾工作
            }
        }
```

在上述代码中，setup()方法和 cleanup()方法分别用于执行初始化和扫尾工作，run()方法是 Reducer 类中的驱动方法。与 Mapper 类调用方法的流程类似，首先使用 setup()方法执行可能的初始化工作；然后通过判断条件不断地执行 reduce()方法，用于进行键/值对的写入操作；最后使用 cleanup()方法执行一些扫尾工作。内部类 Context 提供了一个上下文环境，使用 reduce()方法进行键/值对的读取与写入操作。

一个 Map 任务的执行过程及数据输入、输出的格式如下：

```
Map：<k1,v1>→list<k2,v2>
```

下面介绍 reduce()方法。

reduce()方法是 Reducer 的核心处理方法，其接受传递进来的 Key 和 Value 类型作为自己的键/值对类型。reduce()方法会根据传递过来的 Value 进行重排序，也就是将 Map 结果中具有相同 Key 的值合并，形成一个 Value 列表。

通过对列表的遍历可以让 Reduce 获得每一个 Key 对应的 Value，进而对所有数据进行计算。

需要注意的是，对 map()方法和 reduce()方法来说，其要求输出和输入的 Key 与 Value 类型必须保持一致。例如，如果 map()方法输出的数据结果类型为<IntWritable, Text>，那么 reduce()方法在对输入数据进行处理时，必须将其键/值对的类型设置为<IntWritable, Text>，但 reduce()方法的输出数据可以不限定具体类型，依需求而定。

一个 Reduce 任务的执行过程及数据的输入、输出形式如下：

```
Reduce：<k2,list<v2>>→<k3,v3>
```

4.1.3 MapReduce 的 Job 类

Job 类是 Hadoop 中的一个特殊类，其主要作用是让设计人员能在 MapReduce 过程的细节上起操控作用。通过设置 Job 类，可以很容易地配置任务、获取任务配置、提交任务、跟踪任务进度和控制任务过程。

【例 4-3】Job 类的源码如下：

```
public class Job extends JobContext {
        public static enum JobState {DEFINE, RUNNING};                //设置运行状态
        private JobState state = JobState.DEFINE;                     //设置默认的 Job 状态
        private JobClient jobClient;                                  //设置一个任务运行服务对象
        private RunningJob info;
        //RunningJob 可以为获取运行时信息提供帮助
        public Job(Configuration conf) throws IOException {           //根据环境变量获取 Job 的一个对象
                super(conf, null);                                    //调用父类构造方法
                jobClient = new JobClient((JobConf) getConfiguration());  //构造一个任务运行服务对象
                }
        public void setNumReduceTasks(int tasks) throws IllegalStateException {
               ensureState(JobState.DEFINE);                                  //确认状态
               conf.setNumReduceTasks(tasks);                                 //对环境变量进行设置
                }
        public void setInputFormatClass(Class<? extends InputFormat> cls) throws IllegalStateException
               {
                 ensureState(JobState.DEFINE);                                //确认状态
                 conf.setClass(INPUT_FORMAT_CLASS_ATTR, cls, InputFormat.class);
                //环境中设置输入类型
               }
        public void setOutputFormatClass(Class<? extends OutputFormat> cls
                                       ) throws IllegalStateException {       //对输出数据的格式进行设置
               ensureState(JobState.DEFINE);                                  //确认状态
              conf.setClass(OUTPUT_FORMAT_CLASS_ATTR, cls, OutputFormat.class); //在环境中设置输出类型
              }
               public void setJarByClass(Class<?> cls) {                      //设置 JAR 包执行类
                      conf.setJarByClass(cls);                                //在环境变量中设置
    }
    public void setReducerClass(Class<? extends Reducer> cls) throws IllegalStateException {
            ensureState(JobState.DEFINE);                                     //确认状态
            conf.setClass(REDUCE_CLASS_ATTR, cls, Reducer.class);             //设置 Reducer 类
    }
    public void setOutputKeyClass(Class<?> theClass) throws IllegalStateException {
ensureState(JobState.DEFINE);                                                 //确认状态
 conf.setOutputKeyClass(theClass);                                            //设置输出的键类型
    }
public void setMapClass(Class<? extends Map> cls) throws IllegalStateException {
        ensureState(JobState.DEFINE);                                         //确认状态
        conf.setClass(REDUCE_CLASS_ATTR, cls, Map.class);                     //设置 Map 类型
    public void setOutputValueClass(Class<?> theClass) throws IllegalStateException {
ensureState(JobState.DEFINE);                                                 //确认状态
conf.setOutputValueClass(theClass);                                           //设置输出值类型
    }
    public void killTask(TaskAttemptID taskId) throws IOException {
```

```
            ensureState(JobState.RUNNING);                                           //确认状态
        info.killTask(org.apache.hadoop.Mapred.TaskAttemptID.downgrade(taskId), false);   // 结束当前任务
    }
    public Counters getCounters() throws IOException {
            ensureState(JobState.RUNNING);                                           //确认状态
    return new Counters(info.getCounters());                                         //获取计数器
    }
    public void submit() throws IOException, InterruptedException, ClassNotFoundException {
            ensureState(JobState.DEFINE);                                        //确认状态
            setUseNewAPI();                                                      //确认使用新的 API
            info = jobClient.submitJobInternal(conf);
            //对任务运行状态生成一个对象并启动
            state = JobState.RUNNING;                                            //改变默认的运行状态
     }
    public   boolean   waitForCompletion(boolean   verbose)   throws   IOException,   InterruptedException,
ClassNotFoundException {
              if (state == JobState.DEFINE) {               //确认状态，如果状态为运行，则启动任务
              submit(); }
              if (verbose) {                                //确认是否输出信息至用户处
              jobClient.monitorAndPrintJob(conf, info);
   } else {
          info.waitForCompletion();
              }
       return isSuccessful();
    }                                                       //确认返回结果
```

Job 类继承自 JobContext 类，而 JobContext 类在底层提供了获取 MapReduce 任务配置的功能。

Job 类的构造方法可以在当前环境中获取一个任务对象 jobClient，用于驱动任务进行一系列准备工作，最终促成 Map 和 Reduce 运算。一个 Job 类的对象有两种状态，分别为 DEFINE 和 RUNNING，主要用于表示任务的运行状态。对于 Job 类的使用，通常是在 main()函数中建立一个 Job 对象，设置它的 JobName，配置输入、输出路径，设置 Mapper 类和 Reducer 类，设置 InputFormat 和正确的输出类型等，然后使用 job.waitForCompletion()方法将其提交给 JobTracker，等待 Job 运行并返回，这就是 Job 对象的设置过程。JobTracker 会初始化这个 Job 对象，获取输入分片，然后将 task 任务逐个分配给 TaskTracker 执行。TaskTracker 是通过心跳的返回值获取 task 任务的，然后 TaskTracker 会启动一个 JVM，用于运行获取的 task 任务。

4.2　MapReduce 任务的异常处理与失败处理

处理异常是程序设计中必不可少的步骤。没有程序设计人员会认为自己能够一次性写出不出现任何异常就可以直接运行的代码，尤其在涉及处理过程较多的程序时，MapReduce 任务甚至会失败。下面介绍 MapReduce 任务的异常处理方式与失败处理方式。

4.2.1　MapReduce 任务的异常处理方式

对于 MapReduce 任务的异常，常见的情况是 Map 或 Reduce 任务中的某些代码抛出不可运行的异常。如果发生这种情况，那么 Hadoop 框架会强行终止为执行 MapReduce 任务创建的 Java 虚拟机，并且向 JobTracker 进行汇报。汇报结果会被写入用户日志中以供查询。

有时 JobTracker 会先对某些异常进行处理，而不是直接将其标记为错误代码或不可运行。

在集群上执行的 MapReduce 任务有可能会因为执行任务的 Java 虚拟机本身的 bug 或节点硬件问题产生异常，而非单纯的程序代码问题。在默认情况下，MapReduce 任务失败的最大可允许次数为 4 次。

MapReduce 不要求所有的任务都必须一次性同时执行，一个任务可以被分为若干个小任务。在某些情况下，一些小任务的失败是可以接受的，因此可以针对失败的任务占全部运行任务的百分比设置一个接受范围。

异常在有些情况下可以被处理，在有些情况下可能会导致任务中断。因此在对异常的处理上，可以根据需要设置重试次数，以及在等待一定次数后对异常记录跳过检测。此外，并不是所有的异常都会导致任务失败。如果某些任务因为网络、硬件或其他原因运行速度过慢，那么 Hadoop 框架会自动在另一个节点上启动同一个任务，作为任务执行的备份。这就是所谓的“任务推测”。对 Hadoop 框架来说，判断任务执行状态并进行“任务推测”的方法有很多，其中一个常用方法是对任务的进度进行比较，如果一个任务的进度明显落后于其他任务，那么 Hadoop 框架会自动启动一个相同的任务进行同样的工作；如果一个类的任务已经完成，那么其所有的推测任务都会被暂停，所有的相同任务都会结束。

4.2.2 MapReduce 任务的失败处理方式

MapReduce 任务主要有两种失败情况，分别是 JobTracker 失败与 TaskTracker 失败。

首先来看 JobTracker 失败。JobTracker 是 Hadoop 框架的任务调度器，如果产生了 JobTracker 失败，那么整个 MapReduce 任务一定失败，并且无法自动修复和处理，因为无法对整个任务进行处理。当然这种失败的可能性是很小的。

其次来看 TaskTracker 失败。TaskTracker 是 Hadoop 框架中用于运行 MapReduce 任务的分节点，一般运行的是当前节点中存储的数据任务。TaskTracker 通过发送心跳信息通知 JobTracker 对任务过程进行追踪处理。如果发生 TaskTracker 失败，心跳通信会随之停止，那么 JobTracker 会重新选择节点并运行 TaskTracker 的任务。

对于一个运行 TaskTracker 的节点来说，如果运行任务的失败次数较多或运行速度过慢导致 Hadoop 框架经常性为之展开推测执行的任务，那么该 TaskTracker 很可能会被 Hadoop 框架标记为不合适进行 TaskTracker 任务的节点，在一般的任务执行中会避免调用该节点。

需要注意的是，MapReduce 任务失败的原因有很多，不过首先应该检查代码。

4.3 在 HBase 上运行 MapReduce

作为与 Hadoop 架构无缝集成的数据库系统，HBase 可以很方便地支持以 MapReduce 编程模式开发的数据处理应用。HBase 提供了与 Hadoop 框架中 Mapper 基础类和 Reducer 基础类类似的几个类，这些类可以很好地屏蔽 HBase 的实现和使用细节，方便开发者使用。HBase MapReduce 基础类和 Hadoop MapReduce 基础类之间的关系如表 4-1 所示。

表 4-1 HBase MapReduce 基础类和 Hadoop MapReduce 基础类之间的关系

HBase MapReduce	功　能	Hadoop MapReduce
org.apache.hadoop.hbase.mapreduce.TableMapper	Mapper 的基类	org.apache.hadoop.mapreduce.Mapper
org.apache.hadoop.hbasc.mapreduce.TableReducer	Reducer 的基类	org.apache.hadoop.mapreduce.Reducer
org.apachc.hadoop.hbase.mapreduce.TableInputFormat	数据输入类	org.apache.hadoop.mapreduce.InputFormat
org.apachc.hadoop.hbase.mapreduce.TableOutputFormat	数据输出类	org.apache.hadoop.mapreduce.OutputFormat

此外，HBase 还提供了一个 TableMapReduceUtil 类，用于在 HBase 集群中建立 MapReduce 作业。为了更好地理解这些类的用法，下面以手机用户访问 Web 网页的数据表 access_log 为例，以实际代码说明从中挖掘具有相同兴趣的用户组的过程。access_log 表的结构如表 4-2 所示。

表 4-2　access_log 表的结构

行关键字	列 族 Content		列 族 User	
	列 Content : host	列 Content : tag	列 User : id	列 User : name
1	cn.sma.news	NEWS	1342680****	张三
10	cn.weibo	WEIBO	1342680****	张三
100	cn.sina.news	NEWS	1571377****	李四
1000	cn.weibo	WEIBO	1392078****	王五

应用的需求是将 Content:tag 相同的用户定义为具有相同兴趣的用户，将这些用户归为一组存入 HBase，即处理结果应该获得一个用户访问数据表，如表 4-3 所示。

表 4-3　用户访问数据表的结构

行 关 键 字	列族 User
	列 User : id
NEWS	1342680****,1571377****
WEIBO	1342680****,1392078****

【例 4-4】完成上述过程的代码如下：

```
1.   public static class Mapper extends TableMapper
2.     < ImmutableBytesWritable, ImmutableBytesWritable> {
3.             public void map (ImmutableBytesWritable row, Result values, Context context)
4.             throws IOException {
5.             ImmutableBytesWritable id = null;
6.             ImmutableBytesWritable tag = null;
7.         for   (KeyValue kv : values.list ( )) {
8.             if   (" user ". equals (Bytes.toString (kv. getFamily ( )))
9.                  && "id".equals (Bytes.toString (kv. getQualifier ( ))))
10.                 {
11.                 id = new ImmutableBytesWritable ( kv.getValue ( )) ;
12.                 }
13.             if   ("content".equals (Bytes.toString (kv. getFamily ( )))
14.                  && "tag"_equals(Bytes.toString(kv.getQualifier ( )))) {
15.                 tag = new   ImmutableBytesWritable (kv.getValue ( )) ;
16.                 }
17.             try   {
18.               context.write (tag, id) ;
19.               } catch (InterruptedException e) {
20.                    throw   new   IOException (e) ;
21.               }
22.         }
23.      }
24.  }
25.  public static class Reducer extends TableReducer
26.          <ImmutableBytesPlritable, ImmutableBytesWiritable, ImmutableBytesWritable> {
27.        public void reduce (ImmutableBytesWritable key, Iterable values,
28.                  Context context) throws IOException InterruptedException {
29.                  String user_group="";
```

```
30.                     for (ImmutableBytesWritable val : values) {
31.                         user_group += (user_group.lengh ( )>0? ",": "") +Bytes.toString
32.                         (val.get ( ));
33.                     }
34.                     Put put = new Put (key.get ( ));
35.                     Put.add (Bytes.toBytes ("user"), Bytes.toBytes ("id"),
36.                     Bytes.toBytes (user_group)) ;
37.                     context.write (key, put) ;
38.             }
39.     }
40. public static void main (String[] args) throws Exception {
41.             Configuration conf = new Configuration ( ) ;
42.             conf = HBaseConfiguration.create (conf) ;
43.             Job job = new Job(conf, "FindGroup_Example") ;
44.             job.setjarByClass ( FindGroup. class) "
45.             Scan scan = new Scan ( ) ;
46.             scan.addColumn (Bytes.toBytes ("user"), Bytes.toBytes ("id"))    ;
47.             scan.addColumn (Bytes. toBytes ("content"), Bytes. toBytes ("tag")) ;
48.             TableMapReduceUtil.initTableMapperjob (
49.                     "access_log", scan, FindGroup.Mapper.class,
50.                     ImmutableBytesWritable.class, ImmutableBytesWritable . class, job) ;
51.             TableMapReduceUtil. initTableReducerjob (
52.                     "user_group ", FindGroup.Reducer.class, job);
53.                     System.exit (job.waitForCompletion (true) ? 0: 1) ;
54. }
```

在上述代码中，第 1～24 行是继承 TableMapper 类的 map()处理函数，其功能是从数据表中读取 Content:tag 和 User:id 列中的内容，并且将其写入中间文件。第 25～39 行为继承 TableReducer 类的 reduce()处理函数，其功能是将具有相同 Content:tag 的 User:id 连接并存入新的数据表中。以上两个类都需要放入 FindGroup 类。第 40～54 行是设置 MapReduce 作业的过程，其中重要的是第 49～50 行设置 map()函数的过程，以及第 52～53 行设置 reduce()函数的过程。

4.4 MapReduce 程序开发实例

在这个例子中，需要编写一个对文本内出现的单词进行重复计数的程序。一个文本内的文字数据往往非常繁杂，文件也可能较大，而且不容易进行人工处理，因此非常适合使用 MapReduce 进行处理。

MapReduce 是一种可以对输入的数据进行一系列处理的程序模型，该模型的设计比较简单，一个 MapReduce 的过程如下：

```
(input)<k1,v1> → Map → <k2,v2> → <k2,list<v2>> → Reduce → <k3,v3>(output)
```

下面根据这个过程进行程序设计。

1．准备工作

（1）配置 Hadoop 路径。

从 Window 菜单栏的 Preferences 下拉列表选择 Hadoop Map/Reduce 选项，单击 Browse...按钮，选择 Hadoop 文件夹的路径（如/usr/hadoop/）。

（2）创建工程。

在菜单栏中选择 File→New→Project 命令，然后单击 Map/Reduce Project 按钮，然后在弹出的对话框中输入项目名称“WordCount”，创建项目。插件会自动将 hadoop 根目录和 lib 目录下的所有 JAR 包导入。

（3）添加 WordCount 类和它的实现代码。

右击项目，在弹出的快捷菜单中选择 New→class 命令，在弹出的对话框中创建一个类，类名为 WordCount，并且在类中添加相应的代码。

2．MapReduce 过程分析

首先在 HDFS 中建立所需处理的文本文件，我们采用建立 API 的方式在 HDFS 中创建一个新的文件，然后将文字内容写入 HDFS。

【例 4-5】在 HDFS 中创建一个新的文件，创建 PreTxt 类，用于将文字内容写入 HDFS，代码如下：

```
public class PreTxt {
    static String text = "hello world goodbye world \n"   +          //设置一个待写入的字符串
                        "hello hadoop goodbye hadoop";
    public static void main(String[] args) throws Exception{
    Configuration conf = new Configuration();                        //获取环境变量
    FileSystem fs = FileSystem.get(conf);                            //建立文件系统
    Path file = new Path("preTxt.txt");                              //创建写入文件的路径
    FSDataOutputStream fsout = fs.create(file);                      //创建写入的内容
    try{
    fsout.write(text.getBytes());                                    //将字符串写入
    }finally{
    IOUtils.closeStream(fsout); }    }    }                           //关闭输出流
```

在程序编写完毕后，将其上传到集群环境中，可以使用以下命令行命令执行代码。

```
$ hadoop jar PreTxt.jar PreTxt
```

其中，hadoop 是${HADOOP_HOME}/bin 文件夹中的 Shell 脚本名，jar 为 hadoop 脚本所需的 command 参数，PreTxt.jar 是要执行的 JAR 包。

在程序执行完毕后，可以使用以下命令行命令查看结果。

```
$ hadoop fs -cat preTxt.txt
```

结果如下：

```
hello world goodbye world
hello hadoop goodbye hadoop
```

待处理的文件很简单，只是基本的语句。需要编写一个 MapReduce 方法对出现的单词进行计数。

MapReduce 对数据的处理过程分为两个主要阶段，分别是 Map 阶段和 Reduce 阶段。每个阶段的处理过程及处理方法都是不同的。

对于 Map 阶段，在进行 Mapper 类的源码解读时可以看到，对于自定义的 Map 类，需要分别设置其 Key 与 Value 的数据类型。Map 阶段的 Key 的默认数据类型为 LongWritable，表示该行起始位置相对于整个文件位置的偏移量。

可以将 Map 阶段输入的数据类型设置为 Text。因为待处理的数据是文本文件中每一行对应的字符串，所以在 Hadoop 中，字符串的包装和处理类是 Text 类。

为了更好地了解 Map 阶段，首先观察准备的数据。

```
hello world goodbye world
hello hadoop goodbye hadoop
```

准备的数据是两行长度不同的字符串，通过换行符进行换行，前面我们已经说过，由于 map()方法设置的键/值对的类型为<LongWritable, Text>，因此数据在传递到 map()方法时的格式如下：

```
( 0, hello world goodbye world )
( 25,hello hadoop goodbye hadoop )
```

每一行的数字部分（单词前面的数字）是文件每行起始第一个单词的偏移量，使用LongWritable类型进行定义。

可以使用自定义map()方法，将每行分割成若干个单独单词，使用单词作为其Key值，将计数1作为其Value值，处理结果如下：

```
(hello, 1)
(world, 1)
(goodbye, 1)
(world, 1)
(hello, 1)
(hadoop, 1)
(goodbye, 1)
(hadoop, 1)
```

数据结果在被Map阶段处理后，会被发送至Reduce阶段继续处理。在进行Reduce阶段的处理前，还有一个Shuffle过程，此过程会根据键/值对中Key的值对发送过来的数据进行排序和分组（忽略具体细节），Shuffle过程发送给Reduce阶段的结果如下：

```
(hello, [1,1])
(world, [1,1])
(goodbye, [1,1])
(hadoop, [1,1])
```

前面的单词是键/值对的Key，后面紧跟着一个list，list中的内容就是所有Map处理结果中具有相同Key值的Value集合。使用reduce()方法遍历整个Value列表，从而求出每个单词出现的计数总和（每个单词出现的次数），结果如下：

```
(hello, 2)
(world, 2)
(goodbye, 2)
(hadoop, 2)
```

上述结果是最终输出结果，后面的数字表示前面单词出现的次数。

3. MapReduce程序实现

在介绍完MapReduce的工作原理后，下面通过编写代码进行MapReduce程序的完整实现。通过分析可知，主要实现Mapper类和Reducer类。

对于数据的输入，提供的输入数据如下：

```
hello world goodbye world
hello hadoop goodbye hadoop
```

创建一个TxtMapper类，该类继承自Hadoop自带的Mapper类。

【例 4-6】 TxtMapper类中的代码如下：

```
public class TxtMapper extends Mapper<LongWritable, Text, Text, IntWritable>{
    protected void    Map(LongWritable key, Text value, Context context) throws java.io.IOException,I
nterruptedException {
    String[] strs = value.toString().split(" ");                    //分割字符串
            for(String str : strs){                                 //遍历字符数组
    context.write(new Text(str), new IntWritable(1));              //写入上下文
            } };                    }
```

在上述代码中，Map()方法是自定义方法，其输入是一个键和一个值。可以首先通过Text类型的toString()方法将Text类型的数据转换成String类型的数据，之后使用split()方法将一行字符串转换成一个字符数组，每一个字符数组都对应一个单词。对于生成的字符数组，Map()方法提供了一个Context对象，用于在系统内部的上下文中进行写入操作。

在 Map()方法执行结束后，生成的结果如下：

```
(hello, 1)
(world, 1)
(goodbye, 1)
(world, 1)
(hello, 1)
(hadoop, 1)
(goodbye, 1)
```

可以看到，在 Map 阶段会提取单独的单词作为 Key，并且将其统一赋值为 1。在 Map 阶段和 Reduce 阶段之间还有一个 Shuffle 过程，主要用于将具有相同 Key 值的 Value 组成一个列表。Shuffle 过程的结果如下：

```
hello, [1,1])
(world, [1,1])
(goodbye, [1,1])
(hadoop, [1,1])
```

下面实现自定义的 Reducer 类——TxtReducer 类。

【例 4-7】TxtReducer 类中的代码如下：

```
public class TxtReducer extends Reducer<Text, IntWritable, Text, IntWritable>{
  protected void Reduce(Text key, Iterable<IntWritable> values, Context context) throws
java.io.IOException,InterruptedException {
            int sum = 0;                                          //设置辅助求和值
            Iterator<IntWritable> it = values.iterator();         //获取迭代对象
            while(it.hasNext()){                                  //迭代开始
                IntWritable value = it.next();                    //获取当前元素值并进行类型转换
                sum += value.get();                               //进行计数求和
            }
            context.write(key, new IntWritable(sum));             //重新将值写入
  };
}
```

类似于 Mapper 类，Reducer 类也是一个泛型类（泛型的本质是参数化类型，即所操作的数据类型被指定为一个参数，这种参数类型可以用在类、接口和方法的创建过程中，这些类、接口、方法分别称为泛型类、泛型接口、泛型方法。泛型类的构造需要在类名后添加一对尖括号，中间写上要传入的类型，如<String>），其定义了 4 个参数，用于指定输入类型与输出类型。在 TxtReducer 类中，Reducer 阶段主要用于对输入的键/值对计数，因此输出值也应该是一个计数结果，采用的也是 Text 类型与 IntWritable 类型的数据。需要注意的是，Reducer 阶段中输出的键/值对类型并不一定要和其输入的键/值对类型相同。

在 Reduce()方法中，IntWritable 类型的数据并不支持数据相加，需要将其（【例 4-7】中的 values）强制转换成 int 类型的数据，才能执行相加运算，最终将计算结果重新写入 context 对象。

4．main()方法

所有 MapReduce 任务都是使用 Job 驱动的，其通过生成一个 JAR 包，将代码封装在一起并上传到 Hadoop 集群中执行，然后通过节点执行。

对 Job 类来说，需要设置专门的输入路径和输出路径，输入路径供给 Map()方法使用，如果不执行 Reduce 任务，那么输出路径可以供给 Map()方法使用，也可以供给 Reduce()方法使用。使用 FileInputFormat 类中的静态方法 addInputPath()设置输入路径，使用 FileOutputFormat 类中的静态方

法 setOutputPath()设置输出路径。

在设置完基本的环境属性后，创建 TxtCounter 类，在该类的主函数中调用 job.waitForCompletion()方法，执行 MapReduce 程序。

【例 4-8】TxtCounter 类中的代码如下：

```
public class TxtCounter {
public static void main(String[] args) throws Exception {
        Path file = new Path("preTxt.txt");                    //设置 Map()方法的输入路径
        Path outFile = new Path("countResult");                //设置输出文件的路径
        Job job = new Job();                                   //创建一个新的任务
        job.setJarByClass(TxtCounter.class);                   //设置主要工作类

        FileInputFormat.addInputPath(job, file);               //添加输入路径
        FileOutputFormat.setOutputPath(job, outFile);          //添加输出路径

        job.setMapperClass(TxtMapper.class);                   //设置 Mapper 类
        job.setReducerClass(TxtReducer.class);                 //设置 Reduce 类

        job.setOutputKeyClass(Text.class);                     //设置输出 Key 格式
        job.setOutputValueClass(IntWritable.class);            //设置输出 Value 格式

        job.waitForCompletion(true);                           //运行任务
    }
}
```

运行代码如下：

```
$ hadoop jar TxtCounter.jar TxtCounter
```

5. 注意事项

在显示运行结果前，先来看一下在 MapReduce 程序的运行过程中可能产生的异常。对于异常，可以查看控制台中输出的报错信息。大部分读者第一次运行 MapReduce 程序都会遇到如下异常报错信息。

```
Exception in thread "main" java.lang.ClassNotFoundException
```

这是对缺少相应类的提示。在一般情况下，Eclipse 自动生成的 JAR 包无法包含辅助类的 JAR 包，需要手工设置，设置方法是使用 WINRAR 等软件将 JAR 包打开，建立一个 lib 文件夹，如图 4-2 所示。这个 lib 文件夹主要用于存储 Mapper 类与 Reducer 类的 JAR 包，因此需要将这两个类重新生成 JAR 文件。

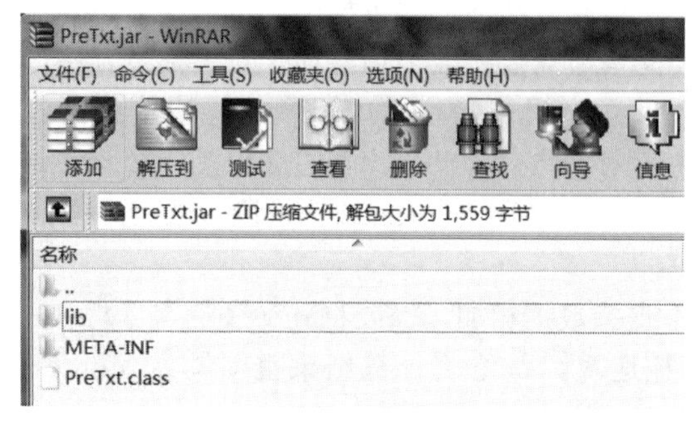

图 4-2 打开的生成 JAR 包

还有一种解决办法：将 main()方法、Mapper 类与 Reducer 类都放在同一个源文件中，但由于必须首先生成 Mapper 类与 Reducer 类，因此必须将这两个类定义成 static 内部类。

对于执行的输出操作，MapReduce 会建立一个不存在的文件夹作为输出结果，如果文件夹已经存在，那么 MapReduce 会拒绝执行任务，从而报错，这是一种预防措施。异常报错信息如下：

```
Exception in thread "main" org.apache.hadoop.Mapred.FileAlreadyExistsException:
Output directory countResult already exists
```

初学者可能会经常性地重复运行程序，可以在每次运行 Job 前，使用 FileSystem 类中对文件

的操作方法将之前的文件目录删除，代码如下：

```
Configuration conf = new Configuration();            //获取环境变量
FileSystem fs = FileSystem.get(conf);                 //建立文件系统
fs.delete(outFile, true);                             //删除已有的文件目录
```

6．运行结果

控制台中的输出结果如图 4-3 所示，首先是对任务 ID 的确定，然后是运行进度的百分比，接下来提示任务完成，最后是一些基本计数器的统计信息。

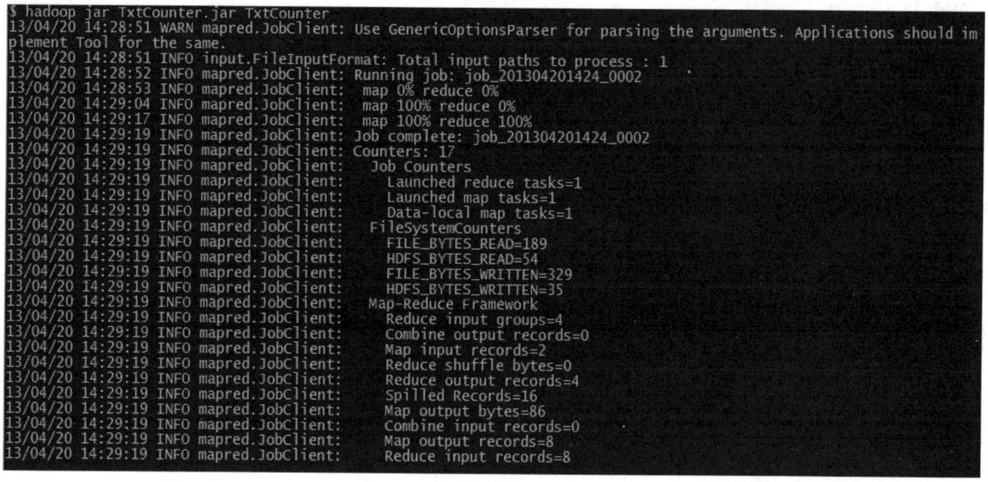

```
$ hadoop jar TxtCounter.jar TxtCounter
13/04/20 14:28:51 WARN mapred.JobClient: Use GenericOptionsParser for parsing the arguments. Applications should im
plement Tool for the same.
13/04/20 14:28:51 INFO input.FileInputFormat: Total input paths to process : 1
13/04/20 14:28:52 INFO mapred.JobClient: Running job: job_201304201424_0002
13/04/20 14:28:53 INFO mapred.JobClient:  map 0% reduce 0%
13/04/20 14:29:04 INFO mapred.JobClient:  map 100% reduce 0%
13/04/20 14:29:17 INFO mapred.JobClient:  map 100% reduce 100%
13/04/20 14:29:19 INFO mapred.JobClient: Job complete: job_201304201424_0002
13/04/20 14:29:19 INFO mapred.JobClient: Counters: 17
13/04/20 14:29:19 INFO mapred.JobClient:   Job Counters
13/04/20 14:29:19 INFO mapred.JobClient:     Launched reduce tasks=1
13/04/20 14:29:19 INFO mapred.JobClient:     Launched map tasks=1
13/04/20 14:29:19 INFO mapred.JobClient:     Data-local map tasks=1
13/04/20 14:29:19 INFO mapred.JobClient:   FileSystemCounters
13/04/20 14:29:19 INFO mapred.JobClient:     FILE_BYTES_READ=189
13/04/20 14:29:19 INFO mapred.JobClient:     HDFS_BYTES_READ=54
13/04/20 14:29:19 INFO mapred.JobClient:     FILE_BYTES_WRITTEN=329
13/04/20 14:29:19 INFO mapred.JobClient:     HDFS_BYTES_WRITTEN=35
13/04/20 14:29:19 INFO mapred.JobClient:   Map-Reduce Framework
13/04/20 14:29:19 INFO mapred.JobClient:     Reduce input groups=4
13/04/20 14:29:19 INFO mapred.JobClient:     Combine output records=0
13/04/20 14:29:19 INFO mapred.JobClient:     Map input records=2
13/04/20 14:29:19 INFO mapred.JobClient:     Reduce shuffle bytes=0
13/04/20 14:29:19 INFO mapred.JobClient:     Reduce output records=4
13/04/20 14:29:19 INFO mapred.JobClient:     Spilled Records=16
13/04/20 14:29:19 INFO mapred.JobClient:     Map output bytes=86
13/04/20 14:29:19 INFO mapred.JobClient:     Combine input records=0
13/04/20 14:29:19 INFO mapred.JobClient:     Map output records=8
13/04/20 14:29:19 INFO mapred.JobClient:     Reduce input records=8
```

图 4-3　控制台输出结果

将输出数据写入 countResult 目录，其中每个 Reducer 类都有一个输出文件，读者可以在控制台中运行以下代码获取。

```
$ hadoop fs -cat countResult/part-r-00000
```

运行结果如下：

```
goodbye   2
hadoop   2
hello   2
world   2
```

这个结果是正确的，也是输入数据中的计数。

除了在控制台中显示运行结果，还可以通过访问网页 50075 查看运行结果，如图 4-4 所示。

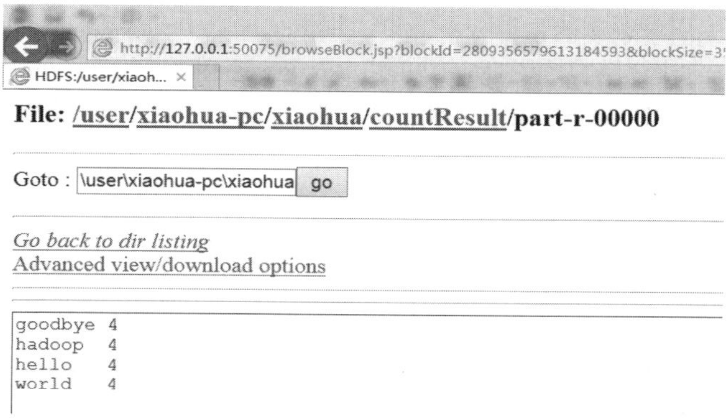

```
http://127.0.0.1:50075/browseBlock.jsp?blockId=2809356579613184593&blockSize=3
HDFS:/user/xiaoh...

File: /user/xiaohua-pc/xiaohua/countResult/part-r-00000

Goto : \user\xiaohua-pc\xiaohua  go

Go back to dir listing
Advanced view/download options

goodbye 4
hadoop  4
hello   4
world   4
```

图 4-4　通过访问网页查看运行结果

7. Mapper 中的 Combiner

下面介绍 Job 类中的 setCombinerClass()方法，其使用方法如下：

```
job.setCombinerClass(TxtReducer.class);
```

setCombinerClass()方法接受的是一个自定义的 Reduce 类，它的作用是在 Map 类执行结束后预先执行一次小规模的 Reducer 类的操作，从而实现一个简单的数据合并功能。

例如，在本实例中，Map 阶段的输出值如下：

```
(hello, 1)
(world, 1)
(goodbye, 1)
(world, 1)
(hello, 1)
(hadoop, 1)
(goodbye, 1)
(hadoop, 1)
```

这里有 8 行数据，如果在将数据传入 Reduce 阶段前进行一次 Combiner（进行一次小规模的 Reducer 类的操作），那么调用的是 Reducer 类的处理方法，运行结果如下：

```
(hello, 2)
(world, 2)
(goodbye, 2)
(hadoop, 2)
```

至此，完成了在 Map 阶段对数据进行的预处理工作。

4.5 基于 MapReduce 的数据挖掘应用

4.5.1 数据挖掘与高级分析库 Mahout

1. 数据挖掘及 MapReduce

数据挖掘（Data Mining，DM）又称为资料探勘、数据采矿，是数据库知识发现（Knowledge-Discovery in Databases，KDD）中的一个步骤。数据挖掘一般是指从大量的数据中通过算法搜索隐藏于其中的信息的过程。数据挖掘通常与计算机科学有关，它可以通过统计、在线分析、情报检索、机器学习、专家系统（依靠过去的经验法则）和模式识别等方法搜索隐藏信息。

随着 Hadoop 影响力的扩大，相关研究者也在思考是否能将 MapReduce 计算模型应用于数据挖掘领域，从而实现低成本高性能的分布式并行挖掘功能。Google 在构建 MapReduce 计算模型时，其目的是解决搜索引擎领域的数据分析问题。根据 Google 核心 PageRank 的 MapReduce 算法设计可知，MapReduce 计算模式非常适合用于解决计算过程中简单但数据量很大的问题。而数据挖掘要解决的问题，通常需要经过数据降维、算法迭代、近似求解等多种复杂的计算过程方可完成，这种类型的计算问题是否能由 MapReduce 解决，是决定能否构建基于云计算的数据挖掘系统的关键性问题。

2006 年，在数据挖掘界著名的 NIPS 国际会议上，来自斯坦福大学的 Chu 等人发表了一篇对云计算和数据挖掘领域都极其重要的论文。在这篇论文中，作者在对经典数据挖掘算法进行分析后发现，一个数据挖掘算法是否能用 MapReduce 编程模型实现，关键在于该算法是否能将数据分解为不同的部分，并且将其交给不同的计算节点进行独立计算，在将结果汇总后，即可获得最终计算结果。对于可以转化为在不同数据子集上进行独立求和操作的数据挖掘算法，可以通过 MapReduce 编程模型实现并行化。我们将符合这种条件的数据挖掘算法称为满足“求和范式”要求的算法。

基于此基本原理和思路，作者实现了线性回归、朴素贝叶斯、神经网络和支持向量机等数据挖掘算法，并且验证了基于 MapReduce 实现对并行数据挖掘算法具有很好的可扩展性。这项工作很好地展示了 MapReduce 编程模型在数据挖掘算法并行化方面的巨大潜力。在此基础上，很多研究者开展了此方面的后续工作。例如，Gillick 等人在他们的研究中，分别对单程学习（Single-Pass Learning）、迭代学习（Iterative Learning）和基于查询的学习（Query-Based Learning）这 3 类机器学习算法在 MapReduce 框架中的性能进行了评测，并且对并行机器学习算法涉及的如何在计算机节点之间共享数据、如何处理分布式存储数据等问题进行了研究。这些研究成果促使开发者在使用 MapReduce 计算模型实现数据挖掘算法工具集方面取得了卓有成效的进展，其中的代表性成果是 Apache 的开源项目 Mahout。

2. Mahout

Mahout 是 Apache 基金组织赞助的一个开源项目，其目标是构建一个机器学习算法的资源库。需要注意的是，Mahout 的目标并不是提供一个具备完备功能且可以直接使用的数据挖掘工具，也就是说，它不是一个安装即可直接使用的服务器组件，它的作用是为开发者提供一套算法实现的类库和简单的命令行交互界面，开发者可以在编程代码中使用这些类库体现算法，也可以利用命令行交互界面完成一些简单的试验。Mahout 的核心目标是利用 Hadoop 的并行计算能力实现一系列可扩展的机器学习算法，用于支持三类数据挖掘任务：推荐系统、聚类和分类。Mahout 最早是作为 Apache 开源搜索引擎项目 Lucene 的子项目出现的，其目的是解决文本搜索中的聚类和分类问题。在发展过程中，Mahout 通过合并另一个名为 Taste 的协同过滤开源项目形成了较为完备的机器学习能力。2010 年 4 月，Mahout 成为 Apache 的顶级项目并获得独立发展，并且很快获得了数据挖掘领域研究者的广泛支持。通过 Mahout 开源社区中众多开发者的努力，目前，Mahout 已经成功实现了很多算法，如表 4-4 所示。

表 4-4　Mahout 支持的算法

算 法 类	算 法 名	中 文 名
分类算法	Logistic Regression	逻辑回归
	Bayesian	贝叶斯
	Support Vector Machines	支持向量机
	Perceptron and Winnow	感知器算法
	Neural Network	神经网络
	Random Forests	随机森林
	Restricted Boltzmann Machines	有限波尔兹曼机
聚类算法	Canopy Clustering	Canopy 聚类
	K-Means Clustering	K 均值聚类
	Fuzzy K-Means	模糊 K 均值
	Expectation Maximization Clustering	EM 聚类（期望最大化聚类）
	Mean Shift Clustering	均值漂移聚类
	Hierarchical Clustering	层次聚类
	Dirichlet Process Clustering	狄里克雷过程聚类
	Latent Dirichlet Allocation Clustering	LDA 聚类
	Spectral Clustering Minhash Clustering Top Down Clustering	谱聚类

续表

算 法 类	算 法 名	中 文 名
关联规则挖掘	Parallel FP Growth Algorithm	并行 FP Growth 算法
回归	Locally Weighted Linear Regression	局部加权线性回归
降维/维约简	Stochastic Singular Value Decomposition	奇异值分解
	Principal Components Analysis	主成分分析
	Independent Component Analysis	独立成分分析
	Gaussian Discriminative Analysis	高斯判别分析
进化算法	并行化了 Watchmaker 框架	—
推荐/协同过滤	Non-Distributed Recommenders	Taste(UserCF, ItemCF, SlopeOne)
	Distributed Recommenders	ItemCF
向量相似度计算	RowSimilarityJob	计算列间相似度
	VectorDistanceJob	计算向量间距离
非 Map-Reduce 算法	Hidden Markov Models	隐马尔可夫模型
集合方法扩展	Collocations	扩展了 Java 的 Collections 类

得益于开源社区的强大生命力，Mahout 支持的算法还在不断增加。

下面简要介绍一下 Mahout 工具包的组织结构，以便使用 Mahout 进行一些简单的试验及代码扩展。Mahout 在安装后提供了一个简单的命令行交互界面，用于方便使用命令行命令进行一些简单的数据挖掘试验。命令脚本文件的位置在 Mahout 安装目录的 bin 目录下，可以通过 bin/mahout-h 命令查看 Mahout 的帮助文档。Mahout 中包含两个基础的工具包，分别为数学工具库和集合包。数学工具库提供了对向量、矩阵等多种数据结构及相关操作的支持，以及产生随机数、计算对数似然值等多种功能。集合包中提供了与 Java 集合数据类型（Map、List 等）相似的数据类型，并且支持使用 int、float、double 等 Java 原始数据类型作为数据集合的单元，这对在处理大数据时提高内存利用率及数据传输效率是非常重要的。除了基础功能，Mahout 还提供了对 Mahout 基础功能进行扩充的集成模块。此外，使用 Mahout 类开发自己的数据挖掘应用程序并不复杂。例如，如果需要使用 K 均值聚类算法，那么在代码中编写 import 与 K 均值聚类算法相关的 org.apache.mahout.clustering.kmeans.*包语句，并且按照接口进行使用。为了方便开发者理解及使用 Mahout 类编写自己的数据挖掘应用程序，Mahout 提供了大量来源于实践的示例代码，包括通过 Netfix 数据集计算推荐内容的代码、对 Last.fm 上的音乐进行聚类的代码等。这些示例代码都位于 Mahout 安装目录的 examples 目录下。参考这些示例代码，可以很快地使用 Mahout 类编写数据挖掘应用程序。

Mahout 实现的经典数据挖掘算法为数据挖掘领域的研究和开发工作节省了大量编写基础类的时间。这些算法的设计和实现，为后续的其他复杂数据挖掘算法提供了很好的借鉴。但是，虽然 Mahout 提供了较多的算法实现，但这些算法通常是一些具有普遍性的基础算法，在研究和开发过程中遇到这些算法不能解决的特殊问题时，仍然需要编写自己的数据挖掘算法。下面，我们通过几个具有代表性的实例对数据挖掘相关算法的 MapReduce 实现进行介绍。

4.5.2 矩阵乘法

矩阵乘法是数据挖掘系列算法中的一个基本运算，在图论运算、图像处理、路径优化等很多领域都会用到矩阵乘法。两个矩阵 A、B 相乘，需要满足矩阵 A 的列数与矩阵 B 的行数相等的条件。假设矩阵 C 是矩阵 A（$m \times p$）与矩阵 B（$p \times n$）相乘后获得的矩阵，即 $C=A \times B$，那么矩阵 C 的行数为 m、列数为 n。根据矩阵乘法公式，矩阵 C 中的每个元素可以根据下面的公式计算获得。

$$c_{ij}=\sum^{p}_{k=1}a_{ik}\times b_{kj}=a_{i1}\times b_{1j}+a_{i2}\times b_{2j}+\ldots+a_{ip}\times b_{pj}$$

根据上述计算公式，可以设计出最朴素的矩阵乘法串行算法。

【例 4-9】矩阵乘法串行算法的代码如下：

```
1:  function MatrixMultiply(matrix_A,matrix_B)
2:        row=getRow(matrix_A)                     //输出矩阵的行数
3:        column=getColumn(matrix_B)               //输出矩阵的列数
4:        column_A=getColumn(matrix_A)             //矩阵 A 的列数
5:        row_B=getRown(matrix_B)                  //矩阵 B 的行数
6:        if column_A!=rown_B                      //矩阵 A 的列数与矩阵 B 的行数需相等
7:          thrown exception
8:        end   if
9:        for i=1;i<=row;i++
10:          for j=1;j<=column;j++
11:               for k=1;k<=column_A;k++
12:                      C[i][j]+=A[i][k]*B[k][j]
13:               end   for
14:          end   for
15:       end   for
```

在上述代码中，第 2～8 行代码主要用于判断矩阵 A、B 是否满足相乘条件，第 9～15 行代码的计算主体部分只需 3 个简单的 for 循环。如果考虑一种简单的情况，矩阵 A、B 的行数和列数均为 n，那么该算法的复杂度为 $O(n^3)$。当矩阵的行数和列数不大时，算法尚可有效运行；当矩阵的行数和列数达到很大规模时（如百万级别），这种简单的串行算法很难在有限的时间内完成。因此在进行数据的矩阵乘法运算时，引入 MapReduce 并行计算模型就变得很有必要了。下面通过一个使用矩阵乘法运算解决图算法中计算无向图节点间连通性问题的示例，说明如何将朴素的矩阵乘法算法 MapReduce 并行化，如图 4-5 所示。

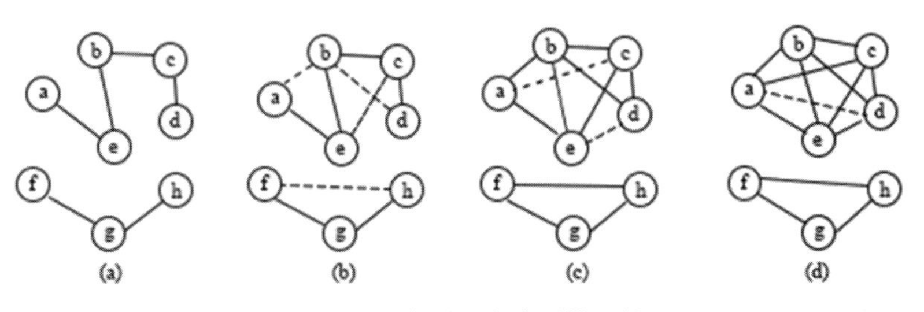

图 4-5　无向图节点连通性示例

图 4-5（a）展示的是无向图节点连接关系的初始状态，连接线表示节点之间存在某种联系。例如，在常用的 DNS 查询请求的返回结果中，经常会带有某个域名的别名。例如，查询域名 a，返回的结果为 a 的别名 c，这些 DNS 查询记录就可以构成图 4-5（a）中的连接图。

使用图论中的定义方式，可以使用邻接矩阵对图中的连接关系进行表达。假设 $G\leq V,E$，那么 G 为无重边的无向图，其中 $V=\{v_1,v_2,\ldots,v_n\}$为节点集合，$E=\{e_1,e_2,\ldots,e_n\}$为边集合，$n\times n$ 矩阵 $A=[a_{ij}]$ 为图 G 的邻接矩阵，其中：

$$a_{ij}=\begin{cases}1, & 当(v_i,v_j)\in \boldsymbol{E} \\ 0, & 当(v_i,v_j)\notin \boldsymbol{E}\end{cases} \quad i,j=1,2,\cdots,n$$

将邻接矩阵 A 中对角线上的元素值设置为 1（$a_{ij}=1$，$i=j$），很容易得到图 G 的 k 步可达矩阵 $P^k=[p^k_{ij}]$，可以通过邻接矩阵 A 自身连乘 k 次的结果矩阵 A^k 获得，其中：

$$p_{ij}^{k}=\begin{cases}1, & \text{当}a_{ij}\in \boldsymbol{A}^{k}>0\text{时}\\ 0, & \text{当}a_{ij}\in \boldsymbol{A}^{k}>0\text{时}\end{cases}\quad i,j=1,2,\cdots,n$$

图 4-5 中（b）～（d）展示了初始无向图经过 3 次相乘，分别获得的 2 步、3 步、4 步节点连接关系图，其中虚线表示每一步中增加的连接关系。从初始邻接矩阵计算的 2 步可达矩阵如下：

$$\begin{pmatrix}1&0&0&0&1&0&0&0\\0&1&1&0&0&0&0&0\\0&1&1&1&0&0&0&0\\0&0&1&1&0&0&0&0\\1&1&0&0&1&0&0&0\\0&0&0&0&0&1&1&0\\0&0&0&0&0&1&1&1\\0&0&0&0&0&0&1&1\end{pmatrix}\rightarrow\begin{pmatrix}1&1&0&0&1&0&0&0\\1&1&1&1&0&0&0&0\\0&1&1&1&1&0&0&0\\0&1&1&1&0&0&0&0\\1&1&1&0&1&0&0&0\\0&0&0&0&0&1&1&1\\0&0&0&0&0&1&1&1\\0&0&0&0&0&1&1&1\end{pmatrix}\rightarrow\cdots\rightarrow\begin{pmatrix}1&1&1&1&1&0&0&0\\1&1&1&1&1&0&0&0\\1&1&1&1&1&0&0&0\\1&1&1&1&1&0&0&0\\1&1&1&1&1&0&0&0\\0&0&0&0&0&1&1&1\\0&0&0&0&0&1&1&1\\0&0&0&0&0&1&1&1\end{pmatrix}$$

根据以上过程可知，要计算一个图中节点间的全部连接关系，可以通过对对角线元素值为 1 的初始邻接矩阵进行 k 步相乘，从而获得可达矩阵，而 k 的最大值不会超过 $n-1$。如果图中节点数很多，如 DNS 查询请求集合可能会多达上百万条，则需要将矩阵乘法算法进行 MapReduce 并行化。

假设两个矩阵存储于输入文件中，那么输入文件中的每行为矩阵中的一个元素，存储格式为“0/1#rowIndex#columnIndex#value”，其中使用“#”符号分割的各字段含义为该元素属于矩阵 A（0）或 B（1）、行索引、列索引、值，矩阵 A 和 B 均为 $n\times n$ 的矩阵。根据矩阵乘法公式，实现并行矩阵乘法算法。

【例 4-10】并行矩阵乘法算法的 Map()函数中的代码如下：

```
1:items[] = value.toSring.split("#")
2: matrix = items[0]            //此元素属于哪矩阵
3: if matrix == 0               //矩阵 A
4:       i = items[1]           //目标元素的行
5:   k = items[2]               //当前元素的列
6:       v = items[3]           //当前元素的值
7:   for n=1; n<=N;n++
8:             key = i+"#"+n
9:             value = "0"+"#"+k+"#"+v
10:            Emit（key，value）
11:      end for
12: else if matrix == 1         //矩阵 B
13:      k = items[1]           //当前元素的行
14:        j = items[2]         //目标元素的列
15:        v = items[3]         //当前元素的值
16:        for   n=1;n<=N;n++
17:              key = n+"#"+j
18:              value = "0"+"#"+k+"#"+v
19:              Emit（key，value）
20:        end for
21: end if
```

Map()函数的作用是将矩阵 A 和 B 中的每个元素按照其行索引和列索引生成用于计算目标元素的 n 份复制元素，输出的键为目标元素的行索引和列索引$<i,j>$，值包括 3 个部分：用于区分元

素是来自矩阵 A 还是矩阵 B 的 0/1 值，k 索引（矩阵 A 中的元素为列索引，矩阵 B 中的元素为行索引）和当前元素值。

【例 4-11】 并行矩阵乘法算法的 Reduce()函数中的代码如下：

```
1:      for  each  value  in  values
2:            items[]=value.toString.split("#")
3:            matrix=items[0]  //此元素属于哪个矩阵
4:            k=items[1] //k 索引
5:            v=items[2] //元素值
6:            if matrix==0 //矩阵 A 元素
7:                  itemsA[k]=v
8:            else if matrix==1 //矩阵 B 元素
9:                  itemsB[k]=v
10:           end if
11:      end  for
12:      sum=0
13:      for n=1;n<=N;n++
14:          sum +=itemsA[n]*itemsB[n]
15:      end for
16:     Emit(key,sum)
```

Reduce()函数的作用是按照矩阵 A 中元素的列索引等于矩阵 B 中元素的行索引的关系，将矩阵 A、B 中所有与目标元素 c_{ij} 相关的元素一一相乘，然后将结果累加，从而获得目标元素 c_{ij} 的值。如果需要计算可达矩阵，则可以将 Reduce()函数中第 14 行代码的逻辑修改为，只要获得非 0 值，就输出 1。

至此，我们对一个朴素的矩阵乘法算法进行了 MapReduce 并行化，这种算法虽然简单、清晰，但是运行效率并不高。在实际应用中，已有较多的研究者完成了一些矩阵乘法算法的改进算法，如基于行列向量计算、分块化计算等。在掌握了上述矩阵乘法算法的 MapReduce 并行化方法后，即可很容易地对这些改进算法进行 MapReduce 并行化，这里不再详细介绍。

4.5.3　相似度计算

相似度计算是数据挖掘领域的基础算法之一，其目标是计算对象之间的相似程度。相似度的计算方法主要包括两部分，首先提取对象的特征参数，然后使用计算公式对特征参数进行计算，从而获得对象间的相似度值。相似度计算的应用范围比较广泛，在网页搜索、协同过滤、图像识别、关联挖掘等领域都需要用到对象之间或集合之间的相似度计算。

由于相似度计算的技术基础性和应用广泛性，因此其在计算方法上的研究成果较多，这些计算方法在应用场景、数据模型和复杂度要求不同的情况下，具有各自的特色和适用范围。下面介绍一些常用的相似度计算方法。

1. 欧氏距离

在做分类时常常需要估算不同样本之间的相似性度量（Similarity Measurement），通常采用的方法是计算样本间的距离（Distance）。欧氏距离（Euclidean Distance）是一种易于理解的距离计算方法，其计算公式源自欧氏空间中两点间的距离公式。

1）二维平面中两点 $A(x_1,y_1)$与 $B(x_2,y_2)$之间的欧氏距离公式如下：

$$d_{12}=\sqrt{(x_1-x_2)^2+(y_1-y_2)^2}$$

2）三维空间中两点 $A(x_1,y_1,z_1)$与 $B(x_2,y_2,z_2)$之间的欧氏距离公式如下：

$$d_{12}=\sqrt{(x_1-x_2)^2+(y_1-y_2)^2+(z_1-z_2)^2}$$

3）两个 n 维向量 $\boldsymbol{A}(x_{11},x_{12},\ldots,x_{1n})$与 $\boldsymbol{B}(x_{21},x_{22},\ldots,x_{2n})$之间的欧氏距离公式如下：

$$d_{12}=\sqrt{\sum_{k=1}^{n}(x_{1k}-x_{2k})^2}$$

上述计算公式也可以表示成向量运算的形式：

$$d_{12}=\sqrt{(a-b)(a-b)^T}$$

4）使用 Matlab 计算欧氏距离。

Matlab（Matrix 和 Laboratory 的组合，意为矩阵工厂）主要使用 pdist()函数计算欧氏距离。如果矩阵 X 是一个 $m\times n$ 的矩阵，那么 pdist(X)会将矩阵 X 中 m 行的每一行作为一个 n 维向量，然后计算这 m 个向量两两之间的距离。

【例 4-12】计算向量(0,0)、(1,0)、(0,2)两两之间的欧式距离，代码如下。

```
X = [0 0 ; 1 0 ; 0 2]
D = pdist(X,'euclidean')
```

运行结果如下：

```
D = 1.0000      2.0000      2.2361
```

2．哈顿距离

想象你在曼哈顿，要从一个十字路口开车到另一个十字路口，驾驶距离是两点间的直线距离吗？显然不是，除非你能穿越大楼。实际驾驶距离就是曼哈顿距离（Manhattan Distance）。这是曼哈顿距离名称的来源。曼哈顿距离又称为城市街区距离（City Block Distance）。

1）二维平面中两点 $A(x_1,y_1)$与 $B(x_2,y_2)$之间的曼哈顿距离公式如下：

$$d_{12}=|x_1-x_2|+|y_1-y_2|$$

2）两个 n 维向量 $\boldsymbol{A}(x_{11},x_{12},\ldots,x_{1n})$与 $\boldsymbol{B}(x_{21},x_{22},\ldots,x_{2n})$之间的曼哈顿距离公式如下：

$$d_{12}=\sum_{k=1}^{n}|x_{1k}-x_{2k}|$$

3）使用 Matlab 计算曼哈顿距离。

【例 4-13】计算向量(0,0)、(1,0)、(0,2)两两之间的曼哈顿距离，代码如下：

```
X = [0 0 ; 1 0 ; 0 2]
D = pdist(X, 'cityblock')
```

运行结果如下：

```
D =   1      2      3
```

3．标准化欧氏距离

1）标准化欧氏距离的定义。

标准化欧氏距离（Standardized Euclidean Distance）是针对简单欧氏距离的缺点而做的一种改进方案。标准化欧氏距离的思路：既然数据各维分量的分布不一样，就先将各个分量都“标准化”到均值、方差相等。均值和方差标准化到多少？这里先复习一下统计学知识，假设样本集 X 的均值（Mean）为 m，标准差（Standard Deviation）为 s，那么 X 的“标准化变量”表示如下：

$$X^*=\frac{X-m}{s}$$

标准化变量的数学期望为 0，方差为 1，因此样本集的标准化过程（Standardization）用公式描述如下：

标准化后的值=(标准化前的值−分量的均值)/分量的标准差

经过简单的推导，即可得到 n 维向量 $\boldsymbol{A}(x_{11},x_{12},\ldots,x_{1n})$与 $\boldsymbol{B}(x_{21},x_{22},\ldots,x_{2n})$之间的标准化欧氏距离公式：

$$d_{12}=\sqrt{\sum_{k=1}^{n}\left(\frac{x_{1k}-x_{2k}}{s_k}\right)^2}$$

如果将方差的倒数看作权重，则可以将这个公式看作加权欧氏距离（Weighted Euclidean Distance）公式。

2）使用 Matlab 计算标准化欧氏距离。

【例 4-14】计算向量(0,0)、(1,0)、(0,2)两两之间的标准化欧氏距离（假设两个分量的标准差分别为 0.5 和 1），代码如下。

```
X = [0 0 ; 1 0 ; 0 2]
D = pdist(X, 'seuclidean',[0.5,1])
```

运行结果如下：

```
D = 2.0000      2.0000      2.8284
```

4．夹角余弦

在几何学中，夹角余弦（Cosine）主要用于衡量两个向量之间的方向差异。在机器学习中，借用这个概念衡量样本向量之间的差异。

1）在二维空间中，向量 $\boldsymbol{A}(x_1,y_1)$与向量 $\boldsymbol{B}(x_2,y_2)$之间的夹角余弦公式如下：

$$\cos\theta=\frac{x_1x_2+y_1y_2}{\sqrt{x_1^2+y_1^2}\sqrt{x_2^2+y_2^2}}$$

2）两个 n 维向量 $\boldsymbol{A}(x_{11},x_{12},\ldots,x_{1n})$和 $\boldsymbol{B}(x_{21},x_{22},\ldots,x_{2n})$之间的夹角余弦公式如下：

$$\cos(\theta)=\frac{\boldsymbol{A}\cdot\boldsymbol{B}}{|\boldsymbol{A}||\boldsymbol{B}|}$$

即

$$\cos\theta=\frac{\sum_{k=1}^{n}x_{1k}x_{2k}}{\sqrt{\sum_{k=1}^{n}x_{1k}^2}\sqrt{\sum_{k=1}^{n}x_{2k}^2}}$$

夹角余弦的取值范围为[−1,1]。夹角余弦值越大，表示两个向量之间的夹角越小；夹角余弦值越小，表示两个向量之间的夹角越大。当两个向量的方向重合时，夹角余弦取最大值 1；当两个向量的方向完全相反时，夹角余弦取最小值−1。

3）使用 Matlab 计算夹角余弦。

【例 4-15】计算向量(1,0)、(1,1.732)、(−1,0)两两之间的夹角余弦值，代码如下。

```
X = [1 0 ; 1 1.732 ; -1 0]
D = 1- pdist(X, 'cosine')   % Matlab 中的 pdist(X, 'cosine')得到的是 1 减夹角余弦的值
```

运行结果如下：

```
D =     0.5000    -1.0000     -0.5000
```

5．皮尔逊（Pearson）相关系数

1）皮尔逊相关系数又称为积差相关系数（或积矩相关系数），是英国统计学家皮尔逊于 20 世纪提出的一种计算直线相关的方法。

假设有两个变量 X、Y，那么这两个变量之间的皮尔逊相关系数的计算公式如下：

公式一：

$$\rho_{X,Y}=\frac{\operatorname{cov}(X,Y)}{\sigma_X\sigma_Y}=\frac{E((X-\mu_X)(Y-\mu_Y))}{\sigma_X\sigma_Y}=\frac{E(XY)-E(X)E(Y)}{\sqrt{E(X^2)-E^2(X)}\sqrt{E(Y^2)-E^2(Y)}}$$

公式二：

$$\rho_{X,Y}=\frac{N\sum XY-\sum X\sum Y}{\sqrt{N\sum X^2-(\sum X)^2}\sqrt{N\sum Y^2-(\sum Y)^2}}$$

公式三：

$$\rho_{X,Y}=\frac{\sum(X-\bar{X})(Y-\bar{Y})}{\sqrt{\sum(X-\bar{X})^2\sum(Y-\bar{Y})^2}}$$

公式四：

$$\rho_{X,Y}=\frac{\sum XY-\frac{\sum X\sum Y}{N}}{\sqrt{\left(\sum X^2-\frac{(\sum X)^2}{N}\right)\left(\sum Y^2-\frac{(\sum Y)^2}{N}\right)}}$$

以上列出的 4 个公式等价，E 表示数学期望，cov 表示协方差，N 表示变量取值的个数。

2）适用范围。

当两个变量的标准差都不为零时，相关系数才有意义，皮尔逊相关系数适用于：

① 两个变量之间的关系是线性关系，都是连续数据。

② 两个变量总体属于正态分布或接近正态的单峰分布。

③ 两个变量的观测值是成对的，每对观测值之间相互独立。

常见的相似度计算方法还有明可夫斯基距离、切比雪夫距离等，这里就不做详细介绍了。

习　题

一、判断题（正确打√，错误打×）

1．MapReduce 采用一种分而治之的处理数据模式，将数据处理过程分成 Map 过程与 Reduce 过程。（　　）

2．曼哈顿距离就是其直线距离。（　　）

二、多选题

1．下列关于 MapReduce 的说法不正确的是（　　）。

A．MapReduce 是一种计算框架

B．MapReduce 来源于 Google 的学术论文

C．MapReduce 程序只能用 Java 语言编写

D．MapReduce 隐藏了并行计算的细节，方便使用

2．HBase 依赖于（　　）提供强大的计算能力。

A．Zookeeper　　B．Chubby　　C．RPC　　D．MapReduce

3．对于 MapReduce 与 HBase 之间的关系，下列哪些描述是正确的？（　　）

A．二者不可或缺，MapReduce 是 HBase 可以正常运行的保证

B．二者不是强关联关系，即使没有 MapReduce，HBase 也可以正常运行

C．MapReduce 可以直接访问 HBase

D．二者没有任何关系

4．HBase 中的批量加载底层使用（　　）实现。

A．MapReduce　　B．Hive　　C．Coprocessor　　D．Bloom Filter

5．在高阶数据处理中，通常无法将整个流程写在单个 MapReduce 作业中，下列关于链接 MapReduce 作业的说法，不正确的是（　　）。

A．在 ChainReducer.addMapper()方法中，一般将键/值对发送设置成值传递，性能好且安全性高

B．在使用 ChainReducer 时，每个 Mapper 和 Reducer 对象都有一个本地 JobConf 对象

C．ChainMapper 类和 ChainReducer 类可以用于简化数据预处理和后处理的构成

D．Job 类和 JobControl 类可以管理非线性作业之间的依赖

6．对于 MapReduce 的输入、输出，下列说法错误的是（　　）。

（知识点：分片数目在 numSplits 中限定，分片大小必须大于 mapred.min.size 个字节，但小于文件系统的块）

A．在链接多个 MapReduce 作业时，序列文件是首选格式

B．FileInputFormat 中实现的 getSplits()可以将输入数据划分为分片，分片数目和大小可以任意设置

C．如果要完全禁止输出，那么可以使用 NullOutputFormat

D．每个 Reduce 都需要将它的输出写入自己的文件，输出无须分片

7．对于 HDFS 为存储 MapReduce 并行切分和处理的数据做的设计，下列说法错误的是（　　）（知识点：每个分片不能太小，否则启动与停止各个分片处理所需的开销会占很大一部分执行时间）。

A．FSDataInputStream 扩展了 DataInputStream，用于支持随机读操作

B．为实现细粒度并行功能，输入分片（Input Split）应该越小越好

C．一台机器可能被指派从输入文件的任意位置开始处理一个分片

D．输入分片是一种记录的逻辑划分，而 HDFS 数据块是对输入数据的物理分割

8．MapReduce 框架提供了一种序列化键/值对的方法，支持这种序列化的类能够在 Map 和 Reduce 过程中充当键或值，以下说法错误的是（　　）。

A．实现 Writable 接口的类是值

B．实现 WritableComparable 接口的类可以是值或键

C．Hadoop 的基本类型 Text 并不实现 WritableComparable 接口

D．键和值的数据类型可以超出 Hadoop 自身支持的基本类型

9．关于 MapReduce 执行过程，下列说法错误的是（　　）。

A．Reduce 过程大致分为 Copy、Sort、Reduce 共 3 个阶段

B．数据从环形缓冲区溢出时会进行分区操作

C．Reduce 默认只进行内存到磁盘和磁盘到磁盘的合并操作

D．Shuffle 过程是指从 Map 过程输出之后到 Reduce 过程输入之前的过程

三、简答题

1．何为 MapReduce 的框架与执行过程？

2．简述 MapReduce 的输入与输出。

3．简述 MapReduce 的 Job 类。

4．简述 MapReduce 任务的异常处理方式与失败处理方式。

5．简述在 HBase 上运行 MapReduce 的过程。
6．何为数据挖掘与高级分析库 Mahout？
7．简述矩阵乘法算法。
8．尝试实现【例 4-10】中并行矩阵乘法算法的 Map()函数。
9．尝试实现【例 4-11】中并行矩阵乘法算法的 Reduce()函数。
10．何为相似度计算（欧氏距离、曼哈顿距离、标准化欧氏距离、夹角余弦）？
11．尝试实现 4.4 节中的 MapReduce 程序开发实例。

第5章　大数据的 Spark 内存计算

在 Hadoop 的基础上，本章主要介绍 Spark 的核心技术、Spark 的运行模式、Spark 的应用程序、Spark SQL 等，让读者了解可以取代 MapReduce 的大数据技术 Spark。

5.1　Spark 概述

5.1.1　Spark 及其架构

1. 何为 Spark

2009 年，UC Berkeley AMP Lab（加州大学伯克利分校的 AMP 实验室）推出了全新的大数据处理框架——Spark。之后，Spark 经过升级和完善，提供了全面、统一的适用于不同场景的大数据处理功能（如批量数据处理、交互式数据查询、实时数据流处理等）。Spark 是专为大规模数据处理设计的快速、通用的计算引擎，是开源的 Hadoop MapReduce 的通用并行框架。Spark 具有 Hadoop MapReduce 的优点，但与 MapReduce 不同的是，Job 的中间输出结果可以存储于内存中，不再需要读/写 HDFS 文件，因此 Spark 的速度快得多，能更好地适用于数据挖掘与机器学习等需要迭代的 MapReduce 算法。

Spark 最初只是一个实验性的项目，代码量非常少，属于轻量级的框架。2010 年，伯克利分校正式开源了 Spark 项目。2013 年，Spark 成了 Apache 基金会下的项目，进入高速发展期。第三方开发者贡献了大量的代码，活跃度非常高。2014 年，Spark 被称为 Apache 的顶级项目。

在 2015 年后，Spark 在国内 IT 行业变得愈发火爆，大量的公司开始重点部署或使用 Spark 代替 MapReduce、Hive、Storm 等传统的大数据计算框架。

Spark 是一种通用的大数据计算框架，类似于传统大数据技术 Hadoop 的 MapReduce、Hive 引擎，以及 Storm 流式实时计算引擎。Spark 主要用于进行大数据计算，而 Hadoop 主要用于进行大数据存储（如 HDFS、Hive、HBase 等）及资源调度（如 YARN）。

Spark+Hadoop 的组合，是未来大数据领域最热门的组合之一，也是最有前景的组合之一。

Spark 是一种与 Hadoop 相似的开源集群计算环境，但是二者之间还存在一些不同之处，这些有用的不同之处使 Spark 在某些工作负载方面表现得更加优越，换句话说，Spark 启用了内存分布数据集，除了能够提供交互式查询，还可以优化迭代工作负载。

Spark 是使用 Scala 语言实现的，它将 Scala 用作其应用程序框架。与 Hadoop 不同，Spark 和 Scala 能够紧密集成，Scala 语言可以像操作本地集合对象一样轻松地操作分布式数据集。

尽管创建 Spark 是为了支持分布式数据集上的迭代作业，但实际上它是对 Hadoop 的补充，可以在 Hadoop 文件系统中并行运行。使用第三方集群框架 Mesos（一个集群管理器，提供了分布式应用或框架的资源隔离和共享，可以运行 Hadoop、MPI、Hypertable、Spark）可以支持此行为。使用 Spark 可以构建大型的、低延迟的数据分析应用程序。

Spark 是专为大规模数据处理设计的快速、通用的计算引擎，现在形成了一个高速发展、应用广泛的生态系统。

2. Spark 的整体架构

Spark 是一种“One Stack to rule them all”的大数据计算框架，期望使用一个技术堆栈就能完美地解决大数据领域的各种计算任务。

Spark 的整体架构如图 5-1 所示。

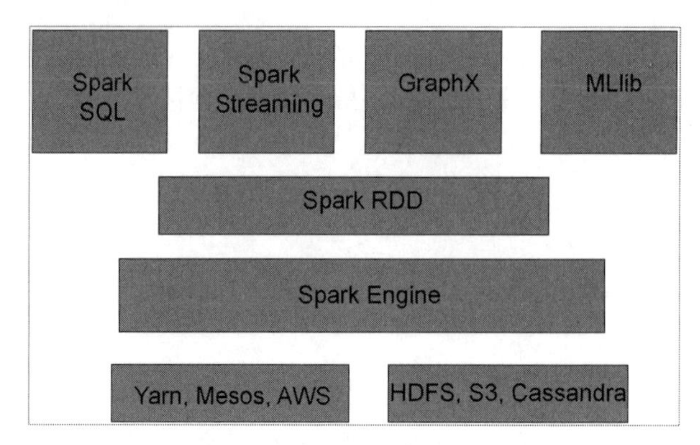

图 5-1　Spark 的整体架构

Spark 包含大数据领域常见的各种计算框架。例如，Spark Core（核心）主要用于进行离线计算，Spark SQL 主要用于进行交互式查询，Spark Streaming 主要用于进行实时流计算，Spark MLlib 主要用于进行机器学习，Spark GraphX 主要用于进行图计算。

Spark 使用 Spark RDD 成功地解决了大数据领域中离线批处理等重要任务的相关问题。

Spark 除了一站式的特点，还有一个重要特点，即基于内存进行计算，从而使其速度达到 MapReduce、Hive 速度的数倍甚至数十倍。

现在已经有很多大公司正在生产环境中深度地使用 Spark 作为大数据的计算框架，包括 eBay、Yahoo、百度、阿里巴巴、腾讯、网易、京东、华为、大众点评、优酷、搜狗等，并且获得了多个世界顶级 IT 厂商的支持，包括 IBM、Intel 等。

5.1.2　Spark 的特点及性能

1. Spark 的特点

Spark 主要有以下 3 个特点。

- 高级 API 剥离了对集群本身的关注，Spark 应用开发者可以专注于应用所要做的计算本身。
- Spark 的运算速度很快，支持交互式计算和复杂算法。
- Spark 是一个通用引擎，可以完成各种运算，包括 SQL 查询、文本处理、机器学习等，而在 Spark 出现之前，一般需要使用多种引擎分别进行这些运算。

Spark 的其他功能如下。

- 集成 Hadoop：Spark 的目标是与 Hadoop 进行高度的集成，使二者可以完美地配合使用。Hadoop 的 HDFS、Hive、HBase 负责进行存储，YARN 负责进行资源调度，Spark 负责进行大数据计算。实际上，Hadoop+Spark 的组合，是一种“Double Win”的组合。
- 极高的活跃度：Spark 目前是 Apache 基金会的顶级项目，全世界有大量的优秀工程师是 Spark 的贡献者，并且世界上的很多顶级 IT 公司都在大规模地使用 Spark。

2. 性能

1）更快的速度。

在内存计算方面，Spark 比 Hadoop 的 MapReduce 快约 100 倍。

2）易用性。

Spark 提供了 80 多种高级运算符。

3）通用性。

Spark 提供了大量的库，包括 SQL、DataFrame、MLlib、Spark GraphX、Spark Streaming，开发者可以在同一个应用程序中无缝组合地使用这些库。

4）支持多种资源管理器。

Spark 支持 Hadoop YARN、Apache Mesos 及其自带的独立集群管理器。

5）Spark 生态系统。

- Shark：Shark 基本上是在 Spark 的框架基础上提供的和 Hive 类似的 Hive QL 命令接口，为了最大程度地保持和 Hive 的兼容性，Shark 使用 Hive 的 API 实现 Query Parsing 和 Logic Plan Generation，最后的 Physical Plan Execution 阶段使用 Spark 代替 Hadoop MapReduce。通过配置 Shark 参数，Shark 可以自动在内存中缓存特定的 RDD，从而实现数据重用，进而加快特定数据集的检索速度。同时，Shark 通过 UDF 用户自定义函数实现特定的数据分析学习算法，将 SQL 数据查询功能和运算分析功能结合在一起，从而最大化实现 RDD 的重复使用。
- Spark R：Spark R 是一个为 R 语言提供轻量级 Spark 前端的 R 包。Spark R 提供了一个分布式的 DataFrame 数据结构，突破了 R 语言中的 DataFrame 只能在单机中使用的瓶颈，它和 R 语言中的 DataFrame 一样支持多种操作，如 Select、Filter、Aggregate 等（类似于 dplyr 包中的功能），这很好地解决了 R 语言中的大数据级瓶颈问题。Spark R 也支持分布式的机器学习算法，如使用 MLlib 机器学习库。Spark R 为 Spark 引入了 R 语言社区的活力，吸引了大量的数据科学家在 Spark 平台上进行数据分析。

5.1.3　Spark 的基本原理及计算方法

1. 基本原理

Spark Streaming 是构建在 Spark 上处理 Stream 数据的框架，基本原理是将 Stream 数据分成小的时间片断（几秒），以类似于 batch 批量处理的方式处理这部分数据。Spark Streaming 构建在 Spark 上，一方面，Spark 的低延迟执行引擎（100ms+）虽然比不上专门的流式数据处理软件，但也可以用于实时计算；另一方面，与基于 Record 的其他处理框架（如 Storm）相比，一部分窄依赖的 RDD 数据集可以从源数据重新计算，从而达到容错处理的目的。此外，小批量处理的方式使其可以同时兼容批量和实时数据处理的逻辑和算法，以便适用于一些需要历史数据和实时数据联合分析的特定应用场景。

2. 计算方法

可以使用 Spark 的 Bagel（Pregel on Spark）进行图计算，这是个非常有用的小项目。Bagel 自带了一个例子，实现了 Google 的 PageRank 算法。

当下 Spark 并未止步于进行实时计算，其目标直指通用大数据处理平台。而终止 Shark，开启 Spark SQL 已见端倪。

最近几年，大数据机器学习和数据挖掘的并行化算法研究成为大数据领域的一个较为重要的研究热点。几年前，国内外研究者和业界比较关注的是在 Hadoop 平台上的并行化算法设计，然而，Hadoop MapReduce 平台的网络和磁盘读/写操作开销较大，难以高效地实现需要大量迭代计算的机器学习并行化算法。随着 Spark 系统的出现和发展，近年来，国内外开始关注在 Spark 平台上进行各种机器学习和数据挖掘并行化算法设计。为了方便一般应用领域的数据分析人员使用 R 语言在 Spark 平台上进行数据分析，Spark 提供了一个名为 Spark R 的编程接口，使一般应用领域的数据分析人员可以利用 R 语言方便地使用 Spark 的并行化编程接口和强大的计算能力。

5.1.4 Spark 与 MapReduce、Hive 对比

1. Spark 与 MapReduce 对比

基于 Spark RDD 的核心编程，可以实现 MapReduce 能够完成的各种离线批处理功能及常见算法（如二次排序、TopN 等），并且可以更好、更容易地实现。此外，基于 Spark RDD 编写的离线批处理程序，其运行速度是 MapReduce 的数倍，在速度上有非常明显的优势。

Spark 比 MapReduce 速度快的主要原因在于，MapReduce 的计算模型太死板，必须是 Map-Reduce 模式，有时即使要进行一些过滤类操作，也必须经过 Map-Reduce 过程，因此必须经过 Shuffle 过程。MapReduce 的 Shuffle 过程是非常消耗性能的，因为 Shuffle 过程必须基于磁盘进行读/写操作；而 Spark 的 Shuffle 过程虽然也要基于磁盘进行读/写操作，但是其大量的 Transformation 操作（如简单的 Map 或 Filter 操作）可以直接基于内存进行 Pipeline 操作，速度和性能大幅提升。

Spark 也有其劣势。由于 Spark 基于内存进行计算，因此虽然开发容易，但是在真正面对大数据时（如某次操作针对 GB 以上级别数据），在没有进行调优的情况下，可能会出现各种各样的问题。例如，OOM 内存溢出可能导致 Spark 程序无法完全运行起来，而 MapReduce 虽然运行缓慢，但至少可以慢慢运行完。

此外，Spark 由于是新崛起的技术，因此在大数据领域的完善程度不如 MapReduce。例如，在基于 HBase、Hive 进行离线批处理程序的输入、输出操作时，Spark 远没有 MapReduce 完善，实现起来非常麻烦。

2. Spark SQL 与 Hive 的对比

Spark SQL 实际上并不能完全代替 Hive（详见 9.3.1 节中的 Hive 与 HiveQL 命令），因为 Hive 是一种基于 HDFS 的数据仓库，并且提供了基于 SQL 模型的针对存储大数据的数据仓库及进行分布式交互查询的查询引擎。

严格地说，Spark SQL 能够代替的是 Hive 的查询引擎，而不是 Hive 本身。实际上，即使在生产环境中，Spark SQL 也是针对 Hive 数据仓库中的数据进行查询的，Spark 本身是不提供存储功能的，因此不可能实现 Hive 作为数据仓库的功能。

与 Hive 的查询引擎相比，Spark SQL 的一个优点是速度快。由于 Hive 查询引擎的底层基于 MapReduce，在执行 SQL 语句时，必须通过磁盘进行 Shuffle 过程，因此速度是非常缓慢的。对于很多复杂的 SQL 语句，在 Hive 中执行时，需要一个小时或更多时间。Spark SQL 由于底层基于内存实现，因此速度是 Hive 的查询引擎速度的数倍。

Spark SQL 与 Spark 一样，是大数据领域的后起之秀，因此还不够完善，对于少量的 Hive 支持的高级特性，Spark SQL 还不支持，导致 Spark SQL 暂时还不能完全代替 Hive 的查询引擎，只能在部分 Spark SQL 功能特性可以满足需求的场景中使用。

与 Hive 的查询引擎相比，Spark SQL 的另一个优点是支持大量不同的数据源，包括 Hive、JSON、Parquet、JDBC 等。此外，Spark SQL 由于位于 Spark 技术堆栈内，也是基于 RDD 进行工

作的，因此可以与 Spark 的其他组件无缝地组合使用，从而实现很多复杂的功能，如 Spark SQL 支持直接针对 HDFS 文件执行 SQL 语句。

3．Spark 的选用原则

首先，对于要求低延时的复杂大数据交互式计算系统，可以使用 Spark 代替 MapReduce，并且可以达到非常理想的效果。例如，根据用户提出的各种条件定制执行复杂的大数据计算系统，要求低延时（一小时以内），通过前端页面即可展示结果，在这种对速度比较敏感的情况下，非常适合使用 Spark 代替 MapReduce，因为使用 Spark 编写的离线批处理程序在性能调优后，其速度可以是使用 MapReduce 编写的离线批处理程序的十几倍，从而达到用户期望的效果。

其次，根据用户提出的条件，某些大型系统需要动态拼接 SQL 语句，定制执行特定查询统计任务的系统，要求在低延时的情况下，如希望延时达到几分钟之内，此时可以使用 Spark SQL 代替 Hive 的查询引擎，因为 SQL 语句的语法比较固定，不会使用 Spark SQL 不支持的 Hive 语法特性，并且使用 Hive 查询引擎需要几十分钟才能执行一个复杂 SQL，而使用 Spark SQL 可能只需要几分钟，因此使用 Spark SQL 可以达到用户期望的效果。

最后，如果仅仅要求对数据进行简单的流计算，那么使用 Storm（详见 6.1.3 节中的相关内容）或 Spark Streaming 都可以。但是如果需要对流计算的中间结果（RDD）进行复杂的后续处理，那么使用 Spark 更合适。因为 Spark 提供了很多原语，如 map、reduce、groupByKey、filter 等。

5.1.5　Spark 在国内的现状以及未来的展望

目前，Spark 在国内正在快速发展，并且在很多领域逐步代替了传统的基于 Hadoop 的组件，如百度、阿里巴巴、腾讯、京东、搜狗等知名的互联网企业都在深入、大规模地使用 Spark。但大部分中小型企业仍然主要使用 Hadoop 进行大数据处理。目前国内的招聘需求，仍然主要以 Hadoop 工程师为主。

在较全面地对 Spark 进行认识后，就能体会到在大数据领域中使用 Spark 是一个趋势和方向。Spark、Spark SQL 及 Spark Streaming 会慢慢代替 Hadoop 的 MapReduce、Hive 查询等。

实际上，根据国内大型互联网公司这几年的使用情况，以及与业内各个规模公司的交流，业界普遍认为未来的主流是 Hadoop+Spark 组合。Hadoop 的特点是用 HDFS 进行分布式存储，在此基础上，将 Hive 作为大数据的数据仓库，将 HBase 作为大数据的实时查询 NoSQL，将 YARN 作为通用的资源调度框架，使用 Spark 将各种大数据计算模型汇聚在一个技术堆栈内，对 Hadoop 中的大数据进行各种计算处理。

因此，Spark 的应用目前正变得越来越火爆，招聘相关人才的企业越来越多，并且国内的 Spark 人才较稀缺。这种趋势和现状决定了学习及研究 Spark 会有更好的职业机会。

5.2　Spark 的 RDD

5.2.1　Spark 的核心概念——RDD

分布在集群中的只读对象集合（由多个 Partition 构成）可以存储于磁盘或内存中（多种存储级别），通过并行“转换”操作构造，在失效后自动重构。

RDD（Resilient Distributed Datasets，弹性分布式数据集）是一种分布式的内存抽象结构，表示一个只读的记录分区的集合，它只能通过其他 RDDs 转换而成。因此，RDD 支持丰富的转换操作（如 map、join、filter、groupBy 等），通过这种转换操作，新的 RDD 中包含了从其他 RDDs 中衍生的必需信息，所以RDDs之间是有依赖关系的。基于RDDs之间的依赖关系，RDDs会形成一个DAG（有向无环图），该DAG描述了整个流计算的流程，在实际执行时，RDD是通过血缘关系（Lineage，又称为血统）相互识别的，即使出现数据分区丢失，也可以通过血缘关系重建分区。

综上所述，基于RDD的流计算任务可描述如下：从稳定的物理存储（如分布式文件系统）中加载记录，记录被传入由一组确定性操作构成的DAG，然后写回稳定存储。RDD还可以将数据集缓存到内存中，使多个操作之间可以重用数据集，基于这个特点，可以很方便地构建迭代型应用（如图计算、机器学习等）或交互式数据分析应用。Spark最初是实现RDD的一个分布式系统，通过不断发展壮大，成了现在较为完善的大数据生态系统。简单地讲，Spark-RDD的关系类似于Hadoop-MapReduce关系。

首先，RDD是一个数据集，这个很容易理解。不过值得一提的是，RDD是只读、可分区的数据集。

其次，RDD是分布式的，也就是说，数据可以分布在Cluster中的多台机器上进行并行计算。

最后，数据是弹性的。在计算过程中，Spark会根据内存的大小和使用情况与磁盘进行数据交换，当内存不足时，会将其特定的部分写入磁盘，当数据块被大量使用时，会将数据块加载到内存中，所以，相对于内存存储，数据是弹性的。

5.2.2 RDD基本操作

RDD的基本操作（Operator）主要有两类，分别为转换（Transformation）操作和行动（Action）操作。

以生活中的做菜为例。做菜主要分为两个阶段，分别为备菜阶段和炒菜阶段。在备菜阶段，只是使菜在形态上发生了一些改变，其本质是没有变化的，还是生的菜，这个阶段类似于RDD的Transformation操作。Transformation将数据集中的每一个元素都传递给函数，并且返回一个新的分布数据集表示结果（如Map就是一种转换）。炒菜阶段类似于RDD的Action操作。在这个阶段，菜在本质上发生了变化，它不再是生的菜，而是美味的食品。RDD在经过Action操作后，不再是数据集，而是一个值，系统会将其返回给驱动程序。例如，Reduce是一个操作，通过一些函数将所有元素叠加起来，并且将最终结果返回给Driver程序。

需要注意的是，RDD的Transformation操作是有惰性的，不会立即执行，需要由Action操作触发。例如，我们不会无缘无故地备菜，只有在想要炒菜时才会触发。RDD的这种设计可以节省很多无用的行为，从而更加高效地运行。驱动程序最终关注的是Action操作后的结果，而不是中间的数据集。例如，使用map()函数转换而来的新数据集将Count()的结果传递给驱动程序，而不是整个过程数据集。

5.2.3 Spark提供的Transformation实现与Action实现

1. Transformation实现

map操作的代码如下：

```
def map [U: ClassTag](f: T=>U):RDD[U]
```

map操作将RDD[T]中的每个元素进行函数运算、映射，生成一个新的RDD[U]。

filter操作会返回一个RDD，这个RDD包含所有满足过滤条件的元素。

distinct操作会返回RDD中所有相异的元素，排除相同的元素。在经过Distinct操作后，每个数据只会出现一次。

sample 操作可以从数据中抽取一定比例的数据子集。

对于 union 操作、coalesce 操作、repartition 操作、mappartitions 操作、join 操作等，此处不再一一列举。

2. Action 实现

（1）创建新的 RDD，代码如下：

```
val nums = sc.parallelize(List(1, 2, 3))
```

（2）将 RDD 存储为本地集合，代码如下：

```
nums.collect() // => Array(1, 2, 3)
```

（3）返回前 *K* 个元素，代码如下：

```
nums.take(2) // => Array(1, 2)
```

（4）计算元素总数，代码如下：

```
nums.count() // => 3
```

（5）合并集合元素，代码如下：

```
nums.reduce(_ + _) // => 6
```

（6）将 RDD 写入 HDFS，代码如下：

```
nums.saveAsTextFile("hdfs://file.txt")
```

5.3 Spark 的运行模式

5.3.1 Spark 的程序框架

1. 程序架构

Spark Application 的程序架构如图 5-2 所示。

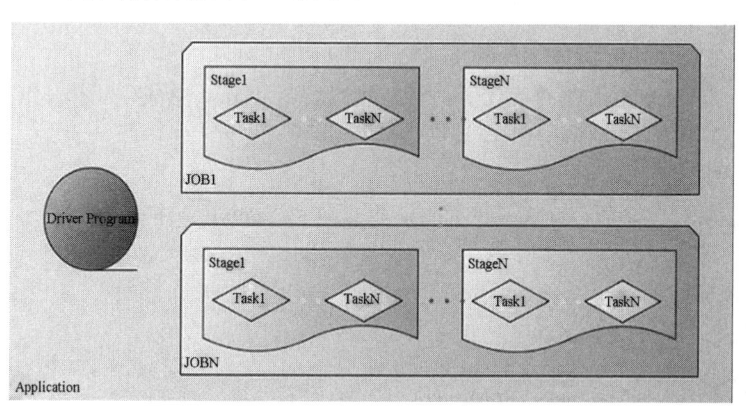

图 5-2　Spark Application 的程序架构

一个 Application（应用程序）由一个 Driver Program（驱动程序）和多个 Job（作业）构成。一个 Job 由多个 Stage（阶段）组成。一个 Stage 由多个没有 Shuffle 关系的 Task（任务）组成。几个基本概念如下。

1）Spark Application。

Spark Application 是指用户编写的 Spark 应用程序，包含 Driver 功能的代码和分布在集群中多个节点上运行的 Executor 代码。

2）Driver Program。

Spark 中的 Driver Program 主要用于运行上述 Application 的 main()函数并创建 SparkContext，其中创建 SparkContext 的目的是准备 Spark 应用程序的运行环境。在 Spark 中，由 SparkContext 负责与 ClusterManager 通信，进行资源的申请、任务的分配和监控等操作；在 Executor 部分运行完毕后，Driver 会负责将 SparkContext 关闭。通常用 SparkContext 代表 Drive。

3）Executor。

Excutor 是 Application 运行在 Worker 节点上的一个进程，该进程主要用于运行 Task，并且负责将数据存储于内存或磁盘中。每个 Application 都有各自独立的一批 Executor。在 Spark on YARN 模式下，其进程名称为“CoarseGrainedExecutorBackend”，类似于 Hadoop MapReduce 中的 YARNChild。一个 CoarseGrainedExecutorBackend 进程有且仅有一个 Executor 对象，它负责将 Task 包装成 TaskRunner，并且从线程池中抽取一个空闲线程，用于运行 Task。CoarseGrainedExecutorBackend 并行运行 Task 的数量取决于分配给它的 CPU 数量。

4）Cluster Manager。

Cluster Manager 是在集群上管理资源的外部服务，它负责整个集群的资源管理。包括维护各个节点的资源使用情况，将各个节点中的资源按照一定的约束分配（例如，每个 pool 使用的资源不能超过其上限，在分配任务时应考虑负载均衡，等等）给各个应用程序。

5）Standalone。

Standalone 是指 Spark 原生的资源管理，由 Master 负责进行资源分配。

6）Hadoop YARN。

Hadoop YARN 中的 ResourceManager 主要负责进行资源分配。

7）Worker。

Worker 是指集群中任意可以运行 Application 代码的节点，类似于 YARN 中的 NodeManager（管理的）节点。在 Standalone 模式下是指通过 Slave 文件配置的 Worker 节点，在 Spark on YARN 模式下是指 NodeManager 节点。

8）Job（作业）。

Job 是指由多个 Task 组成的并行计算，通常由 Spark Action 生成，一个 Job 中包含多个 RDD 及作用于相应 RDD 上的各种 Operation。

9）Stage（阶段）。

每个 Job 会被拆分为多组 Task，每组 Task 都被称为 Stage，又称为 TaskSet，一个 Job 可以分为多个 Stage。

10）Task（任务）。

Task 是指被发送到某个 Executor 上的工作任务。

2. 集群硬件配置

在一般情况下，用户如果用 Spark Cluster 的形式处理大数据，那么集群硬件配置自然较高，Spark 好比一匹快马，要让马儿跑得快，就要给马儿吃得好。

1）内存配置。

虽然 Spark 是基于内存的迭代计算框架，但从官方资料来看，Spark 对内存的要求并不高，8GB 即可，这和 Spark Cluster 要处理的数据量大小有关。在一般情况下，内存越大越好。需要注意的是，如果内存太大，则有可能需要特殊配置，因为 JVM 对超大内存的管理存在问题。考虑到系统运行需要耗费内存，并且需要为 Application 的运行预留一些缓冲区，所以一般为 Spark 应用分配的空间是 75%的内存空间，如果需要处理超大规模的数据，则可以设置数据集的存储级别，从而保证内存的高效、实用。

2）CPU 的配置。

如果内存足够大，那么制约运算速度的可能是 CPU 内核数。由于 Spark 实现的是线程之间的最小共享，因此可以支持一台机器扩展数十个的 CPU 内核。对于目前的服务器级别，CPU 的配置一般在 16 核以上，完全可以满足 Spark 的运行要求。

3）网络的配置。

不建议将 Spark Cluster 部署到混合型的大数据处理平台，为了满足 Spark 低延迟的需求，建议将 Spark Cluster 部署在 10GB 级以上的网络带宽的局域网中，或者网络中拥有专用的大数据传输设备。

4）存储的配置。

从目前的硬件发展来看，存储硬盘的价格越来越低，性能越来越高，借助一些大数据的存储方案，存储已经不再是大数据处理的瓶颈。虽然 Spark 能够在内存中执行大量计算，但它仍然需要本地硬盘存储部分数据。Spark 官方推荐为每一个节点配置 4～8 块硬盘，并且不需要设置为 RAID。此外，建议 Spark Cluster 存储本地化，可以通过配置 Spark.local.dir 指定硬盘列表。

3. Spark 的运行模式

Spark 的运行模式有多种，依据的资源分配技术灵活多变，主要的运行模式有 Local、Standalone、Spark on Mesos、Spark on YARN、Spark on EGO 等。

RDD 是 Spark 的心脏，也是主要的创新点，是一种只读、分区记录的集合，RDD 的操作结果都可以存储于内存中，下一次操作可以直接从内存中输入，省去了 MapReduce 大量的磁盘 I/O 操作。

Bagel:Pagel 是 Google 的图计算框架，在此不做过多的介绍。将 Pagel 的思想在 Spark 上实现，便产生了 Pagel。Pagel 是一个非常有用的小项目，为什么说它小呢？因为 Pagel 最开始只有 200 多行代码，但实现了 Pagel 的功能，不仅体现了代码作者能力超群，还体现了 Spark 超强的融合能力。

Spark 的运行过程如下：由 Driver 向集群申请资源，集群分配资源，启动 Executor，Driver 将 Spark 应用程序的代码和文件传送给 Executor，在 Executor 上运行 Task，在运行完毕后，将结果返回给 Driver 或写入外界。

具体过程如下：在提交应用程序后，触发 Action，构建 SparkContext，构建 DAG 图，将其提交给 DAGScheduler，构建 Stage，以 TaskSet 的方式将其提交给 TaskScheduler，构建 TaskSetManager，然后将 Task 提交给 Executor 运行。Executor Task 在运行完 Task 后，会将 Task 完成的信息提交给 schedulerBackend，由它将 Task 完成的信息提交给 TaskScheduler。TaskScheduler 反馈信息给 TaskSetManager，删除该 Task，执行下一个 Task。同时 TaskScheduler 将 Task 完成的结果成功插入队列，并且返回加入成功的信息。TaskScheduler 将 Task 处理成功的信息传给 TaskSetManager。在全部 Task 都完成后，TaskSetManager 将结果反馈给 DAGScheduler。如果属于 resultTask，则交给 JobListener；如果不属于 resultTask，则保存结果。

5.3.2　独立模式

在独立（Standalone）模式下，资源调度框架是 Spark 自带的，它是一种典型的 Master+Slave 集群结构。其中，Driver 运行在 Master 节点上，并且由常驻内存的 Master 进程守护；Worker 节点上常驻的 Worker 守护进程负责与 Master 通信，通过 ExecutorRunner 控制运行在当前节点上的 CoarseGrainedExecutorBackend 进程。每个进程都包含一个 Executor 对象，该 Executor 对象持有一个线程池，每个线程都可以执行一个 Task。

5.3.3 Spark YARN 的模式

Spark YARN 有两种模式，分别为 YARN-Cluster 模式和 YARN-Client 模式。

1. YARN-Cluster 模式

YARN-Cluster 模式的主程序逻辑和任务都运行在 YARN 集群中，如图 5-3 所示。在 YARN-Cluster 模式下，Driver 在 Application Master 上运行，这意味着这个进程同时负责驱动引用程序和向 YARN 申请资源，并且这个进程在 YARN-Cluster 模式下运行。启动应用程序的客户端可以在应用初始化后脱离。

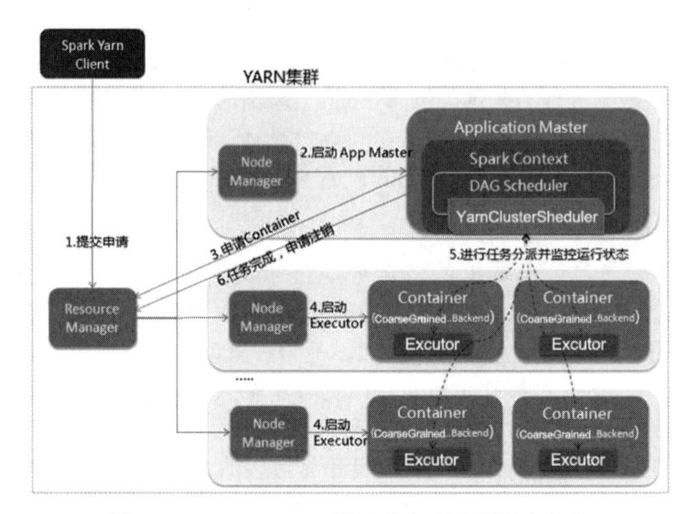

图 5-3 YARN-Cluster 模式的主程序逻辑和任务

注：图中的 Yarn 与 Yarn Cluster 分别与正文中的 YARN 和 YARN-Cluster 含义、作用相同。

2. YARN-Client 模式

YARN-Client 模式的主程序逻辑运行在本地，具体任务运行在 YARN 集群中，如图 5-4 所示。

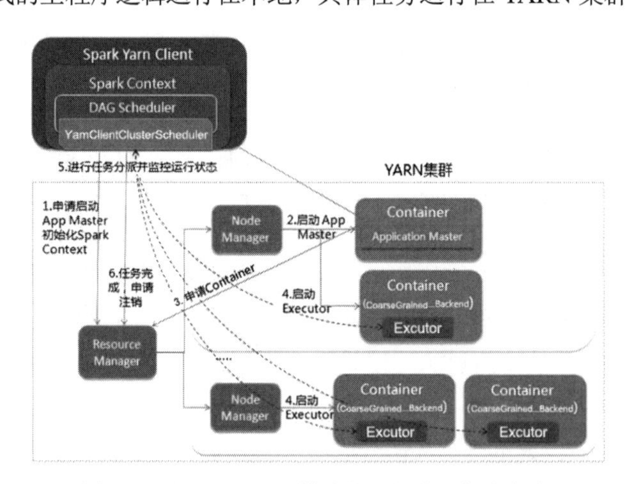

图 5-4 YARN-Client 模式的主程序逻辑和任务

注：图中 Yarn Client 与正文中 YARN-Client 含义、作用相同。

在 YARN-Client 模式下，Driver 运行在 Client 进程中，Client 一般不是集群中的机器。

Application Master 仅仅用于向 YARN 申请 Executor Container，客户端进程会在 Container 启动后与其进行通信，用于调度任务。

YARN 将两个角色划分为两个独立的进程：资源在管理集群上使用的资源管理器和在管理集群上运行生命周期的应用管理器。应用管理器与资源管理器协商集群的计算资源——容器（每个容器都有特定的内存上限），在这些容器上运行特定的应用程序进程。容器由集群节点上运行的节点管理器监视，用于确保应用程序使用的资源不会超过分配给它的资源。

5.4　Spark 应用程序

5.4.1　Scala 语言简介

前面提到，Spark 是使用 Scala 语言实现的，它将 Scala 作为其应用程序框架。与 Hadoop 不同，Spark 和 Scala 能够紧密集成，其中的 Scala 可以像操作本地集合对象一样轻松地操作分布式数据集。

1．什么是 Scala

Scala 是一门多范式的编程语言，是一种类似于 Java 的编程语言，其设计初衷是实现可伸缩的语言，并且集成了面向对象编程和函数式编程的各种特性。

Scala 语言抓住了很多开发者的眼球。如果粗略浏览 Scala 的官方网站，则会觉得 Scala 是一种纯粹的面向对象编程语言，并且无缝地结合了命令式编程和函数式编程风格。Christopher Diggins 认为，在不久之前，还可以将编程语言归类成命令式编程语言、函数式编程语言和面向对象编程语言，而 Scala 代表一个新的语言品种，它抹平了这些人为划分的界限。根据 David Rupp 的说法，Scala 可能是下一代 Java。这么高的评价让人不禁想看看它到底是什么。

Scala 有几项关键特性表明了其面向对象的本质。例如，Scala 中的每个值都是一个对象，包括基本数据类型（如布尔值、数字等）和函数（也可当成值使用）。此外，类可以被子类化，Scala 还提供了基于 Mixin 的组合（Mixin-Based Composition）。

与只支持单继承的语言相比，Scala 具有更广泛意义上的类重用。Scala 允许在定义新类时重用“一个类中新增的成员定义（与其父类的差异之处）”，Scala 将其称为 Mixin 类组合。

Scala 提供了若干个函数式语言的关键概念，包括高阶函数（Higher-Order Function）、局部套用（Currying）、嵌套函数（Nested Function）、序列解读（Sequence Comprehensions）等。

Scala 是静态类型语言，因此允许它提供泛型类、内部类及多态方法（Polymorphic Method）。

Scala 能够与 Java 和.NET 互操作，它用编译器 scalac 将源文件编译成 Java 的 class 文件，即在 JVM（Java 虚拟机）上运行的字节码。因此，Scala 可以使用为 Java 1.4、Java 5.0 或 Java 6.0 编写的巨量的 Java 类库或框架，Scala 会经常性地针对这几个版本的 Java 进行测试。Scala 以 BSD 许可发布，并且非常稳定。

Scala 的设计始终贯穿着一个理念，即创造一种可以更好地支持组件的语言（*The Scala Programming Language*，Donna Malayeri）。也就是说，软件应该由可重用的部件组成，Scala 旨在提供一种编程语言，能够统一和一般化来自面向对象和函数式的两种不同风格的关键概念。

2．Scala 的特性

Scala 具有以下特性。

- 面向对象风格。Scala 是一种纯面向对象的语言，每一个值都是对象。对象的数据类型及行为由类和特征（Trait）描述。类抽象机制的扩展途径有两种，一种是子类继承，另一种是灵活的混入（Mixin）机制。这两种途径能避免多重继承的各种问题。
- 函数式编程。Scala 是一种函数式编程语言，其函数可以当成值使用。Scala 提供了轻量级的语法，用于定义匿名函数，支持高阶函数，允许嵌套多层函数，允许局部套用（Currying），支持柯里化——将接受多个参数的函数变换成接受一个单一参数（最初函数的第一个参数）的函数，并且返回接受余下参数且返回结果的新函数技术。Scala 的 Case Class 及其内置的模式匹配相当于函数式编程语言中常用的代数类型（Algebraic Type）。
- 更高层的并发模型。Scala 将 Erlang 风格的基于 Actor 的并发机制带进了 JVM（Java 虚拟机）。开发者可以利用 Scala 的 Actor 模型在 JVM 上设计具有伸缩性的并发应用程序，它会自动获得多核心处理器带来的优势，而不必依照复杂的 Java 线程模型编写程序。
- 与 XML 集成。可以在 Scala 程序中直接编写 XML 代码，可以将 XML 代码转换成 Scala 类。程序员可以利用 Scala 的模式匹配，编写类似正则表达式的代码，用于处理 XML 数据。在这些情形中，顺序容器的推导式（Comprehension）功能对编写公式化查询非常有用。
- 与 Java 无缝地互操作。可以在 Scala 应用程序中调用所有的 Java 类库，也可以在 Java 应用程序中调用 Scala 代码。
- 静态类型。Scala 具备类型系统的特点，通过编译时的检查，保证代码的安全性和一致性。类型系统具体支持的特性有泛型类、型变注释（Variance Annotation）、类型继承结构的上限和下限、将类别和抽象类型作为对象成员、复合类型、在引用自己时显式指定类型、视图、多态方法等。
- 扩展性。Scala 的设计承认一个事实：在实践中，某个领域的特定应用程序开发通常需要该领域的特定语言扩展。Scala 提供了许多独特的语言机制，可以以库的形式轻易、无缝地添加新的语言结构。所有方法都可用作前缀或后缀操作符，可以根据预期类型自动构造闭包。联合使用以上两个特性，可以定义新的语句，无须扩展语法，也无须使用宏之类的元编程特性。
- 使用 Scala 的 Lift 框架。Lift 是一个开源的 Web 应用框架，主要提供类似于 Ruby on Rails 的东西。因为 Lift 使用了 Scala，所以 Lift 应用程序可以使用所有的 Java 库和 Web 容器。
- 测试。Scala 环境中的 3 个主要测试框架为 ScalaTest、ScalaCheck 及 Specs2（类似于 Haskell 的 QuickCheck 的 specs 库，即一个用于进行 Scala 驱动的开发工具库 Junit）。不建议使用内置的 Scala 库 SUnit，具体可参考 SUnit 文档。

Scala 的风格和特性吸引了大量的开发者。例如，Debasish Ghosh 就觉得："我已经把玩 Scala 好一阵子了，可以说绝对享受这个语言的创新之处。"总而言之，Scala 是一种函数式面向对象语言，它融入了许多前所未有的特性，并且运行于 JVM 之上。

Scala 并不是尽善尽美的，它也有一些明显的缺陷。例如，Rick Hightower 说过："Scala 的语法还不十分令人如意。"

3．平台和许可证

Scala 可以运行于 Java 平台（包括 Java 虚拟机）上，并且兼容现有的 Java 程序；也可以运行于 Java ME、CLDC（Connected Limited Device Configuration）上；还可以运行在.NET 平台上，不过 Scala 运行于.NET 平台上的版本更新有些滞后。

Scala 的编译模型（独立编译，动态类加载）与 Java、C#的编译模型一样，所以 Scala 代码可以调用 Java 类库（对于.NET 实现，可以调用.NET 类库）。

Scala 包中包含编译器和类库，它们以 BSD（Berkly Software Distribution）许可证发布。BSD 许可证原来是用在加州大学伯克利分校发布的各个 4.4BSD/4.4BSD-Lite 版本上的，并且沿用至今。1979 年，加州大学伯克利分校发布了 BSD Unix，它被称为开放源码的先驱，BSD 许可证就是随着 BSD Unix 发展起来的。BSD 许可证现在被 Apache 和 BSD 操作系统等开源软件所采纳。

4．发展历史

洛桑联邦理工学院（EPFL）的 Martin Odersky 于 2001 年开始基于 Funnel 设计 Scala。Funnel 是将函数式编程思想和 Petri 网相结合的一种编程语言。Java 平台的 Scala 于 2003 年底/2004 年初发布。.NET 平台的 Scala 发布于 2004 年 6 月。该语言第二个版本，即 Scala v2.0，发布于 2006 年 3 月。2021 年 5 月 Scala 3 稳定版来了！发布的公告写道："经过 8 年的努力开发，在此期间共产生了 28 000 多次 commit、7 400 多个 PR，以及关闭了 4 100 多个 issue。从 2012 年 12 月 6 日 Scala 3 的首个 commit 算起，共计超过 100 人为项目做出了贡献。现在，Scala 3 通过结合类型理论的最新研究及 Scala 2 的行业经验，Scala 的第 3 次迭代版本变得更易于使用、学习和扩展。"

早在 2009 年 4 月，Twitter 便宣布已经将大部分后端程序从 Ruby 迁移到 Scala。此外，Wattzon 已经公开宣布，其整个平台都已经是基于 Scala 基础设施编写的了。

5.4.2　Spark 程序设计

在搭建 Scala 平台后，Spark 程序设计包括创建 SparkContext 对象（封装了 Spark 执行环境信息）、创建 RDD（可在 Scala 集合或 Hadoop 数据集上创建）、在 RDD 上进行转换和 Action（Spark 提供了多种转换和 action 函数）等步骤。

1．Scala 解释器的使用

REPL：Read（取值）->Evaluation（求值）->Print（打印）->Loop（循环）。Scala 解释器又称为 REPL，可以将 Scala 代码快速编译为字节码，并且将其交给 JVM 执行。

计算表达式：在 Scala>命令行内，输入 Scala 代码，解释器会直接返回结果。如果没有指定变量存储返回结果，那么返回结果默认的名称为"res"，并且会显示返回结果的数据类型，如 Int、Double、String 等。例如，在命令行中输入"1+1"，返回结果为"res0:Int=2"。

内置变量：后面可以继续使用 res 变量及其存储的值。例如，在命令行中输入"2.0*res0"，返回结果为"res1:Double=4.0"；在命令行中输入""Hi,"+res0"，返回结果为"res2:String=Hi,2"。

自动补全：在 Scala 命令行中，可以使用 Tab 键进行自动补全。例如，在命令行中输入"res2.to"，按 Tab 键，解释器会显示以下选项：toCharArray、toLowerCase、toString 和 toUpperCase。因为无法判定需要补全的是哪一个，因此会提供所有的选项；在命令行中输入"res2.toU"，按 Tab 键，解释器会自动补全为 res2.toUpperCase。

2．Spark 程序设计——创建 SparkContext 对象

（1）创建 SparkConf 对象 conf，封装 Spark 配置信息，代码如下：

```
val conf = new SparkConf().setAppName(appName)
```

（2）创建 SparkContext 对象，代码如下：

```
val sc = new SparkContext(conf)
```

3．Spark 程序设计——创建 RDD

（1）将 Scala 集合转换为 RDD，代码如下：

```
sc.parallelize(List(1, 2, 3))
```

（2）在 FS、HDFS 或 S3 上加载文本文件 sc.textFile("file.txt")，代码如下：

```
sc.textFile("directory/*.txt") sc.textFile("hdfs://namenode:9000/path/file")
```

（3）使用已有的 Hadoop InputFormat，代码如下：

```
InputFormat sc.hadoopFile(keyClass, valClass, inputFmt, conf)
```

4．Spark 程序设计——RDD 转换

（1）创建 RDD，代码如下：

```
val nums = sc.parallelize(List(1, 2, 3))
```

（2）将 RDD 传入函数，生成新的 RDD，代码如下：

```
val squares = nums.map(x => x*x) // {1, 4, 9}
```

（3）对 RDD 中的元素进行过滤，生成新的 RDD，代码如下：

```
val even = squares.filter(_ % 2 == 0) // {4}
```

（4）将一个元素映射成多个，生成新的 RDD，代码如下：

```
nums.flatMap(x => 1 to x) // => {1, 1, 2, 1, 2, 3}
```

5．Spark 程序设计——Action 操作

（1）创建新的 RDD，代码如下：

```
val nums = sc.parallelize(List(1, 2, 3))
```

（2）将 RDD 保存为本地集合，代码如下：

```
nums.collect() // => Array(1, 2, 3)
```

（3）返回前 K 个元素，代码如下：

```
nums.take(2) // => Array(1, 2)
```

（4）计算集合中的元素总数，代码如下：

```
nums.count() // => 3
```

（5）合并集合中的元素，代码如下：

```
nums.reduce(_ + _) // => 6
```

（6）将 RDD 写入 HDFS，代码如下：

```
nums.saveAsTextFile("hdfs://file.txt")
```

6．Spark 程序设计——Key/Value 类型的 RDD

```
val pets = sc.parallelize( List(("cat", 1), ("dog", 1), ("cat", 2))) pets.reduceByKey(_ + _) // => {(cat, 3), (dog, 1)}
pets.groupByKey() // => {(cat, Seq(1, 2)), (dog, Seq(1)}
pets.sortByKey() // => {(cat, 1), (cat, 2), (dog, 1)} reduceByKey 自动在 map 端进行本地 combine
```

7．使用 Scala 编写一个简单实例并在 Spark 集群上运行

在实际工作中，很少在虚拟机上直接使用 Spark-Shell 编写程序，通常会在 IDEA 等编辑器中将写好的程序打包，然后使用 Spark-submit 将其提交到 Spark 集群上运行。

（1）安装 JDK。因为 Scala 是运行在 JVM 上的，所以需要安装 JDK（建议安装 JDK 1.7 及更高版本）。

（2）安装 Scala。笔者安装的是 Scala 2.10.6，需要安装 JDK 1.7 及更高版本。

设置系统变量，添加一个 SCALA_HOME，将其值设置为 Scala 指定的安装路径。

在 Path 路径的末尾添加以下代码。

```
;%SCALA_HOME%\bin;%SCALA_HOME%\jre\bin;
```

在 CLASSPATH 路径末尾添加以下代码。

```
;%SCALA_HOME%\bin;%SCALA_HOME%\lib\dt.jar;%SCALA_HOME%\lib\tools.jar.;
```

在上述设置完成后，按快捷键 Win+R，在弹出的“运行”对话框中输入“cmd”，在打开的

cmd 窗口中输入“Scala -version”，查看 Scala 是否安装成功。

（3）在 IDEA 中使用 Scala 编写程序。

① 创建一个 maven 项目，创建过程不再赘述，提供一个笔者的 pom.xml 文件，以供参考。

【例 5-1】 创建一个 maven 项目，pom.xml 文件中的代码如下：

```
<?xml version="1.0" encoding="UTF-8"?>
<project xmlns="http://maven.apache***.org/POM/4.0.0"
         xmlns:xsi="http://www.w3***.org/2001/XMLSchema-instance"
         xsi:schemaLocation="http://maven.apache***.org/POM/4.0.0    http://maven.apache***.org/xsd/maven-
4.0.0.xsd">
    <modelVersion>4.0.0</modelVersion>

    <groupId>cn.itcast.spark</groupId>
    <artifactId>hello-spark</artifactId>
    <version>1.0</version>

    <properties>
        <maven.compiler.source>1.7</maven.compiler.source>
        <maven.compiler.target>1.7</maven.compiler.target>
        <encoding>UTF-8</encoding>
        <scala.version>2.10.6</scala.version>
        <spark.version>1.6.1</spark.version>
        <hadoop.version>2.6.4</hadoop.version>
    </properties>

    <dependencies>
        <dependency>
            <groupId>org.scala-lang</groupId>
            <artifactId>scala-library</artifactId>
            <version>${scala.version}</version>
        </dependency>

        <dependency>
            <groupId>org.apache.spark</groupId>
            <artifactId>spark-core_2.10</artifactId>
            <version>${spark.version}</version>
        </dependency>

        <dependency>
            <groupId>org.apache.hadoop</groupId>
            <artifactId>hadoop-client</artifactId>
            <version>${hadoop.version}</version>
        </dependency>
    </dependencies>

    <build>
        <sourceDirectory>src/main/scala</sourceDirectory>
        <testSourceDirectory>src/test/scala</testSourceDirectory>
        <plugins>
            <plugin>
                <groupId>net.alchim31.maven</groupId>
```

```
                <artifactId>scala-maven-plugin</artifactId>
                <version>3.2.2</version>
                <executions>
                    <execution>
                        <goals>
                            <goal>compile</goal>
                            <goal>testCompile</goal>
                        </goals>
                        <configuration>
                            <args>
                                <arg>-make:transitive</arg>
                                <arg>-dependencyfile</arg>
                                <arg>${project.build.directory}/.scala_dependencies</arg>
                            </args>
                        </configuration>
                    </execution>
                </executions>
            </plugin>

            <plugin>
                <groupId>org.apache.maven.plugins</groupId>
                <artifactId>maven-shade-plugin</artifactId>
                <version>2.4.3</version>
                <executions>
                    <execution>
                        <phase>package</phase>
                        <goals>
                            <goal>shade</goal>
                        </goals>
                        <configuration>
                            <filters>
                                <filter>
                                    <artifact>*:*</artifact>
                                    <excludes>
                                        <exclude>META-INF/*.SF</exclude>
                                        <exclude>META-INF/*.DSA</exclude>
                                        <exclude>META-INF/*.RSA</exclude>
                                    </excludes>
                                </filter>
                            </filters>
                        </configuration>
                    </execution>
                </executions>
            </plugin>
        </plugins>
    </build>

</project>
```

② 编写一个 WordCount 小程序。

【例 5-2】编写一个 WordCount 小程序，代码如下：

```
package cn.itcast.spark
```

```
import org.apache.spark. {SparkConf, SparkContext}
/**
  * Created by Lyn on 2020/7/4.
  */
object WordCount {
  def main(args: Array[String]) {
    val conf = new SparkConf().setAppName("WC")
    val sc = new SparkContext(conf)
    sc.textFile(args(0)).flatMap(_.split(" ")).map((_,1)).reduceByKey(_+_).sortBy(_._2,false).saveAsTextFile(args(1))
    sc.stop()
  }
}
```

（4）在 WordCount 小程序编写完成后，将项目打包，如图 5-5 所示。这里会生成两个包，一个是只包含代码的简洁包，另一个是包含 JAR 包依赖的大包，如图 5-6 所示。为保险起见，使用大包即可。

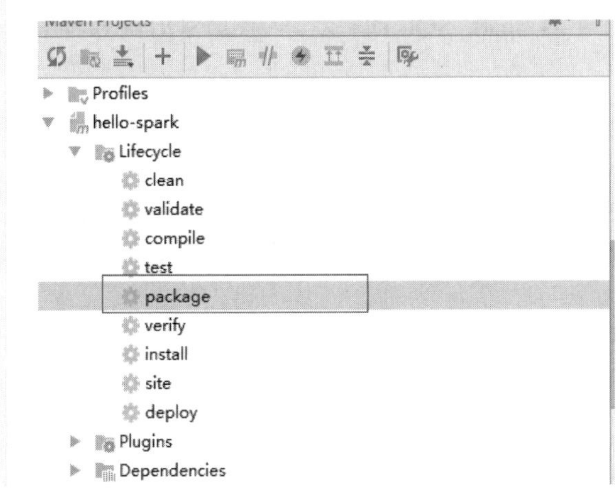

图 5-5　将项目打包

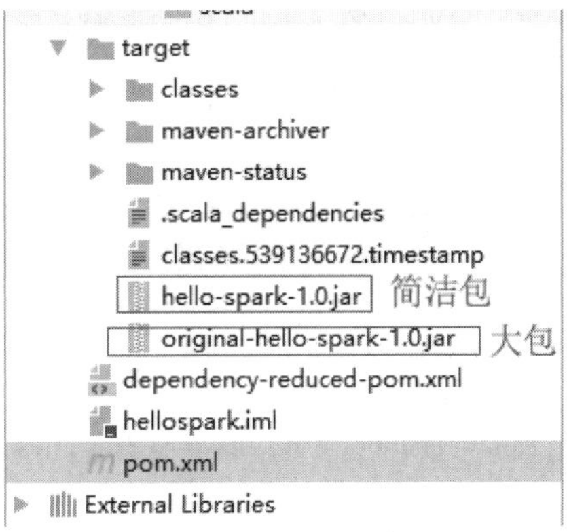

图 5-6　生成两个包

（5）将大包上传到 Spark 集群上运行。

在 Spark 目录下输入以下命令。

```
bin/spark-submit --master spark://weekend02:7077 --class cn.itcast.spark.WordCount --executor-memory 512m --total-executor-cores 2 /home/bigdata/hello-spark-1.0.jar hdfs://weekend02:9000/wc hdfs://weekend02:9000/out2
--master 指定集群 master
--class 指定类所在地址
--executor-memory 512m 指定每个 Worker 运行内存为 512m
--total-executor-cores 2 指定总共提供 2 个核处理给所有 Worker
/home/bigdata/hello-spark-1.0.jar 提供上传的 JAR 包所在目录
hdfs://weekend02:9000/wc   提供所需分析文件在 HDFS 中的目录
hdfs://weekend02:9000/out2 提供处理完后的文件要放到 HDFS 中的目录
```

在输入这条命令后，按 Enter 键运行，如果不报错，则表示运行成功。

5.5 Spark SQL

5.5.1 Spark SQL 简介

1．何为 Spark SQL

Spark SQL 是 Spark 用于处理结构化数据的一个功能模块，它提供了一个称为 DataFrame 的编程抽象概念，并且可以作为分布式 SQL 查询引擎。

为什么要学习 Spark SQL？前面已经提到了 Hive（后面的 9.3 节将详细介绍 Hive），它可以将 Hive SQL 转换成 MapReduce，然后将其提交到集群上执行，从而降低编写 MapReduce 程序的复杂度。由于 MapReduce 的执行效率比较低，因此 Spark SQL 应运而生，它可以将 Spark SQL 转换成 RDD，然后将其提交到集群上执行，执行效率非常高。Spark SQL 也支持从 Hive 中读取数据。

Hive on Spark 相当于 Shark，Hive 将 SQL 语句转换为 MR；Shark 将 SQL 语句转换为 Spark 的应用程序代码；Shark 建立在 Hive 上，受限于 Hive，但是其执行效率在磁盘中操作时提高 5～10 倍，在内存中操作时提高了约 100 倍；MR 进行进程级别的并行运行，Shark 进行线程级别的并行运行，存在线程安全的保证，因此之后停止了对 Spark SQL 的更新。Spark SQL 在兼容 Hive 的基础上，只是借鉴了 Hive 的语法解析方法。

2．Spark SQL 的特点

1）容易整合（集成）。

将 SQL 查询与 Spark 程序无缝整合。Spark SQL 用户可以使用 SQL 或 DataFrame API 在 Spark 程序中查询结构化数据。Spark SQL 及其 DataFrame API 可以使用 Java、Scala、Python、R 语言。使用 Spark SQL 进行查询的示例代码如下：

```
results = spark.sql("SELECT * FROM people")
names =   results.names.map（lambda p: p.name）
Apply functions to results of SQL queries.
```

2）统一的数据访问方式。

DataFrame 和 SQL 提供了访问各种数据源的通用方法，这些数据源包括 hive、avro、parquet、orc、json 和 jdbc，用户甚至可以跨越这些数据源连接数据。连接数据源的示例代码如下：

```
spark.read.json("s3n://...")
   .registerTempTable("json")
results = spark.sql(
   """SELECT *
        FROM people
        JOIN json ...""")
Query and join different data sources.
```

3）兼容 Hive。

使用 Hive 集成可以对现有仓库运行 SQL 或 HiveQL 查询。Spark SQL 支持 HiveQL 语法及 HiveDes 和 UDF，允许用户访问现有的 Hive 仓库，如图 5-7 所示。

4）标准的数据连接。

Spark SQL 可以通过 JDBC 或 ODBC 建立标准的数据连接，如图 5-8 所示。服务器模式为可访问大数据的商业智能工具（BI Tools），可以提供行业标准 JDBC 或 ODBC 连接。

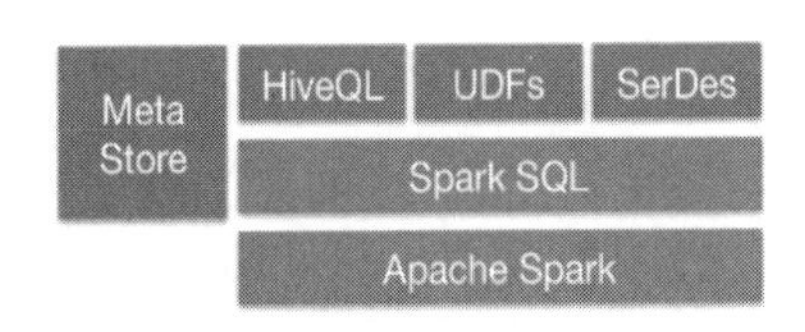

图 5-7　Spark SQL 兼容 Hive

图 5-8　Spark SQL 通过 JDBC 或 ODBC 建立标准的数据连接

5.5.2　DataFrame

1．什么是 DataFrame

与 RDD 类似，DataFrame 也是一个分布式数据容器，然而 DataFrame 更像传统数据库中的二维表格，除了数据，还会记录数据的结构信息，即 Schema。与 Hive 类似，DataFrame 也支持嵌套数据类型（Struct、Array 和 Map）。从 API 易用性的角度来看，DataFrame API 提供的是一套高层的关系操作，比函数式的 RDD API 要更加友好，门槛更低。由于 Spark DataFrame 与 R 和 Pandas 的 DataFrame 类似，因此它很好地继承了传统单机数据分析的开发体验。

DataFrame 可以从各种来源构建，如结构化数据文件、Hive 中的表、外部数据库、现有 RDDs。DataFrame API 支持的语言有 Scala、Java、Python 和 R。

与 RDD 相比，DataFrame 多了数据的结构信息，即 Schema，如图 5-9 所示。RDD 是分布式 Java 对象的集合，DataFrame 是分布式 Row 对象的集合。Spark SQL 采用的不是 RDD，而是 DataFrame。DataFrame 是结构化的对象，查询效率更高。DataFrame 除了可以提供比 RDD 更丰富的算子，还可以提高执行效率、减少读取的数据及优化执行计划。

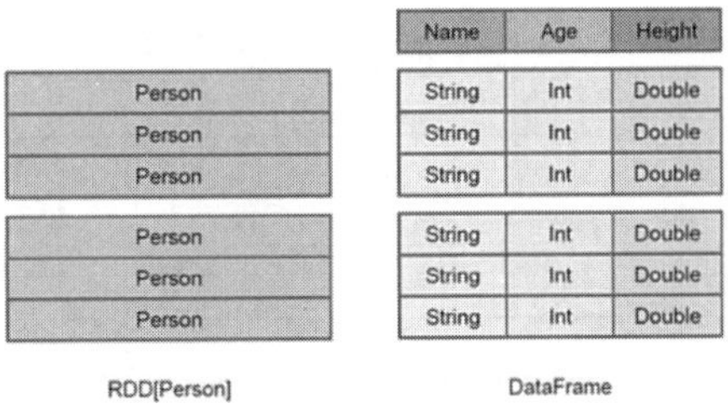

图 5-9　DataFrame 与 RDD 的区别

2．以 Spark-Shell 方式操作 DataFrame

1）用 Spark-Shell 方式创建 DataFrame。

（1）进入 Spark-Shell，如图 5-10 所示。

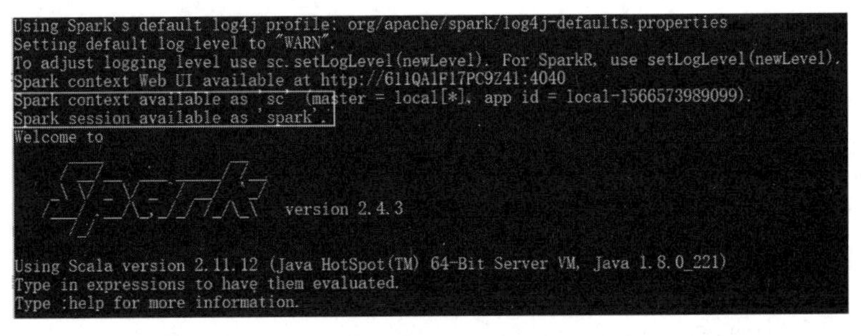

图 5-10　进入 Spark-Shell

这里的 Spark Session 对象（Spark 2 中新增的对象）是对 SparkContext 对象的进一步封装。也就是说，Spark Session 对象（Spark）中的 SparkContext 就是 SparkContext 对象（SC），可以通过下面的输出信息验证。

```
Scala>Spark.sparkContext
Res2:org.apache.spark.SparkContext=org.apache.spark.SparkContext@70376c6
Scala>sc
Res3:org.apache.spark.SparkContext=org.apache.spark.SparkContext@70376c6
```

（2）在本地创建一个 person.txt 文件，该文件中有 3 列数据，分别是 id、name、age，用空格分隔。

```
1 张三 18
2 李四 25
3 王五 36
4 赵六 28
```

（3）在 Spark-Shell 中执行以下命令，读取数据，将每一行的数据使用列分隔符分割。

```
Scala>val lineRDD = sc.textFile("file:///person.txt").map(_.split(" "))
```

（4）定义 case class（相当于表的 schema），代码如下：

```
Scala>case class Person(id:Int, name:String, age:Int)
```

（5）将 RDD 和 case class 关联，代码如下：

```
Scala>val personRDD = lineRDD.map(x => Person(x(0).toInt, x(1), x(2).toInt))
```

（6）将 RDD 转换成 DataFrame，代码如下：

```
Scala>val personDF = personRDD.toDF
```

（7）对 DataFrame 进行处理，代码如下：

```
Scala>personDF.show
```

personDF 中的数据如表 5-1 所示。

表 5-1　personDF 中的数据

id	name	age
1	张三	18
2	李四	25
3	王五	36
4	赵六	28

2）DataFrame 的常用操作。

①DSL（Domain-Specific Language，领域特定语言）的语法格式。DSL 是指专注于某个应用程序领域的计算机语言，又称为领域专用语言，其基本思想是“求专不求全”，是一种专门针对某个特定问题的非程序员编程语言。

a．查看 DataFrame 中的内容，代码如下：

```
personDF.show
```

运行结果可参考表 5-1 中的数据。

b．查看 DataFrame 部分列中的内容，代码如下：

```
personDF.select(personDF.col("name")).show
personDF.select(col("name"), col("age")).show
personDF.select("name").show
```

c．打印 DataFrame 的 Schema 信息，代码如下：

```
personDF.printSchema
```

运行结果如图 5-11 所示。

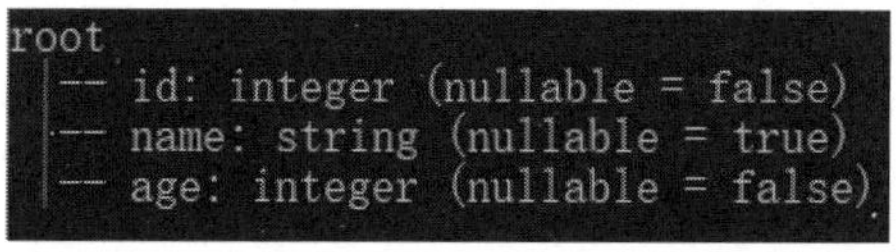

```
root
 |-- id: integer (nullable = false)
 |-- name: string (nullable = true)
 |-- age: integer (nullable = false)
```

图 5-11　打印 DataFrame 的 Schema 信息

d．查询所有的 name 和 age，并且将 age+1，代码如下：

```
personDF.select(col("id"), col("name"), col("age") + 1).show
personDF.select(personDF("id"), personDF("name"), personDF("age") + 1).show
```

e．条件查询及分组计算。

- 过滤 age 大于或等于 20 的数据，代码如下：

```
personDF.filter(col("age") >= 20).show
```

运行结果如图 5-12 所示。

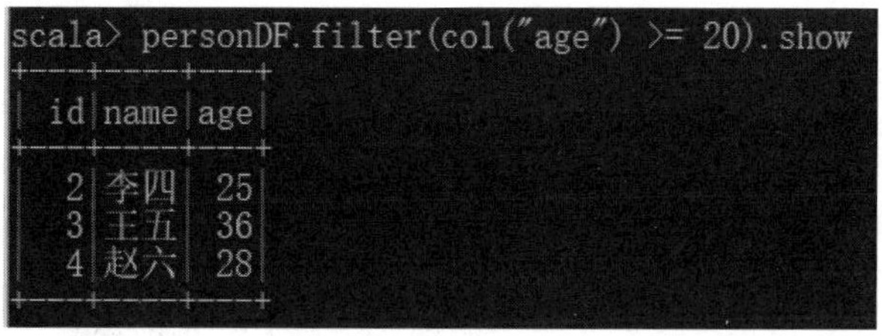

```
scala> personDF.filter(col("age") >= 20).show
+---+----+---+
| id|name|age|
+---+----+---+
|  2|李四|  25|
|  3|王五|  36|
|  4|赵六|  28|
+---+----+---+
```

图 5-12　过滤 age 大于或等于 20 的数据

- 按年龄进行分组并统计相同年龄的人数，代码如下：

```
personDF.groupBy("age").count().show()
```

运行结果如图 5-13 所示。

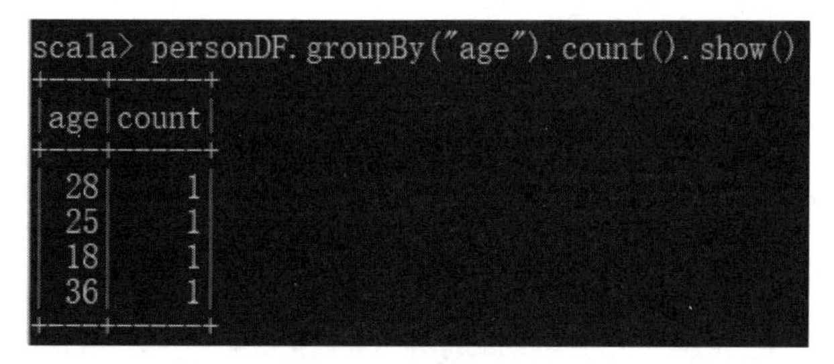

图 5-13　按年龄进行分组并统计相同年龄的人数

②SQL 的语法格式。

如果要使用 SQL 对数据进行操作，则需要将 DataFrame 注册成表，代码如下：

```
Scala>personDF.registerTempTable("t_person")
```

a．查询年龄最大的前两名，代码如下：

```
Scala>spark.sql("select * from t_person order by age desc limit 2").show
```

b．显示表的 Schema 信息，代码如下：

```
Scala>spark.sql("desc t_person").show
```

3．以编程方式执行 Spark SQL 查询

前面学习了如何在 Spark Shell 中使用 SQL 进行数据查询操作，下面介绍如何在自定义程序中编写 Spark SQL 查询程序。首先在 Maven 项目的 pom.xml 文件中添加 Spark SQL 的依赖，代码如下：

```
<dependency>
```

```
        <groupId>org.apache.spark</groupId>
        <artifactId>spark-sql_2.12</artifactId>
        <version>2.4.3</version>
    </dependency>
```

注意：maven是基于项目对象模型（Project Object Model，POM）的项目管理工具，可以通过一小段描述信息管理项目的构建、报告和文档。由于 Maven 的缺省构建规则有较高的可重用性，因此通常用两三行 Maven 构建脚本就可以构建简单的项目。由于 Maven 可以提供面向项目的方法，因此许多 Apache Jakarta 项目在发文时使用 Maven，而且公司项目采用 Maven 的比例在持续增长。

（1）通过反射推断 Schema。

【例 5-3】 通过反射推断 Schema 程序，代码如下：

```
import org.apache.spark.{SparkConf, SparkContext}
import org.apache.spark.sql.SQLContext
object InferringSchema {
  def main(args: Array[String]) {
    //创建 SparkConf 对象并设置 App 名称
    val conf = new SparkConf().setAppName("SQL-1")
    //SQLContext 依赖于 SparkContext
    val sc = new SparkContext(conf)
    //创建 SQLContext 对象
    val sqlContext = new SQLContext(sc)
    //从指定的地址创建 RDD
    val lineRDD = sc.textFile(args(0)).map(_.split(" "))
     //创建 case class
    //将 RDD 和 case class 关联
    val personRDD = lineRDD.map(x => Person(x(0).toInt, x(1), x(2).toInt))
    //导入隐式转换
    //将 RDD 转换成 DataFrame
    import sqlContext.implicits._
    val personDF = personRDD.toDF
    //注册表
    personDF.registerTempTable("t_person")
    //传入 SQL
    val df = sqlContext.sql("select * from t_person order by age desc limit 2")
    //将结果以 JSON 的方式存储于指定位置
    df.write.json(args(1))
    //停止 SparkContext
    sc.stop()
  }
}
//case class 一定要放到外面
case class Person(id: Int, name: String, age: Int)
将程序打包成 JAR 包，上传到 Spark 集群上，提交 Spark 任务
/usr/local/spark-2.4.3-bin-hadoop2.7/bin/spark-submit \
--class com.learn.spark.sql.InferringSchema \
--master spark://node1.learn.com:7077 \
/root/spark-mvn-1.0-SNAPSHOT.jar \
hdfs://node1.learn.com:9000/person.txt \
hdfs://node1.learn.com:9000/out
```

```
查看运行结果
hdfs dfs -cat    hdfs://node1.learn.com:9000/out/part-r-*
```

（2）通过 StructType 直接指定 Schema。

【例 5-4】通过 StructType 直接指定 Schema 程序，代码如下。

```
import org.apache.spark.sql.{Row, SQLContext}
import org.apache.spark.sql.types._
import org.apache.spark.{SparkContext, SparkConf}
object SpecifyingSchema {
  def main(args: Array[String]) {
    //创建 SparkConf 对象并设置 App 名称
    val conf = new SparkConf().setAppName("SQL-2")
    //SQLContext 依赖于 SparkContext

    val sc = new SparkContext(conf)
    //创建 SQLContext 对象
    val sqlContext = new SQLContext(sc)
    //从指定的地址创建 RDD
    val personRDD = sc.textFile(args(0)).map(_.split(" "))
    //通过 StructType 直接指定每个字段的 schema
    val schema = StructType(
      List(
        StructField("id", IntegerType, true),
        StructField("name", StringType, true),
        StructField("age", IntegerType, true)
      )
    )
    //将 RDD 映射到 rowRDD
    val rowRDD = personRDD.map(p => Row(p(0).toInt, p(1).trim, p(2).toInt))
    //将 schema 信息应用于 rowRDD
    val personDataFrame = sqlContext.createDataFrame(rowRDD, schema)
    //注册表
    personDataFrame.registerTempTable("t_person")
    //执行 SQL
  val df = sqlContext.sql("select * from t_person order by age desc limit 4")
    //将结果以 JSON 的方式存储于指定位置
    df.write.json(args(1))
    //停止 SparkContext
    sc.stop()
  }
}
将程序打成 JAR 包，上传到 Spark 集群上，提交 Spark 任务
/usr/local/spark-2.4.3-bin-hadoop2.7/bin/spark-submit \
--class com.learn.spark.sql.InferringSchema \
--master spark://node1.learn.com:7077 \
/root/spark-mvn-1.0-SNAPSHOT.jar \
hdfs://node1.learn.com:9000/person.txt \
hdfs://node1.learn.com:9000/out1
查看结果
hdfs dfs -cat    hdfs://node1.learn.com:9000/out1/part-r-*
```

5.5.3 Datasets

1．什么是 Datasets

Datasets 是数据的分布式集合，它可以在 Spark 1.6 中添加的一个新接口，是 DataFrame 之上更高一级的抽象，它提供了 RDD 的优点（强类型化，使用强大的 lambda 函数的能力）及 Spark SQL 优化后的执行引擎的优点。可以使用 JVM 对象构造 Datasets，然后使用函数（map()、flatMap()、filter()等）对其进行操作。Datasets API 支持 Scala 和 Java。

可以将 DataFrame 看作特殊的 Datasets，即 Datasets(Row)。DataFrame 的引入，可以让 Spark 更好地进行结构数据的计算，但其中一个主要问题是缺乏编译时的类型安全。为了解决这个问题，Spark 会采用新的 Datasets API（DataFrame API 的类型扩展）。

DataFrame 和 Datasets 的关系如图 5-14 所示。

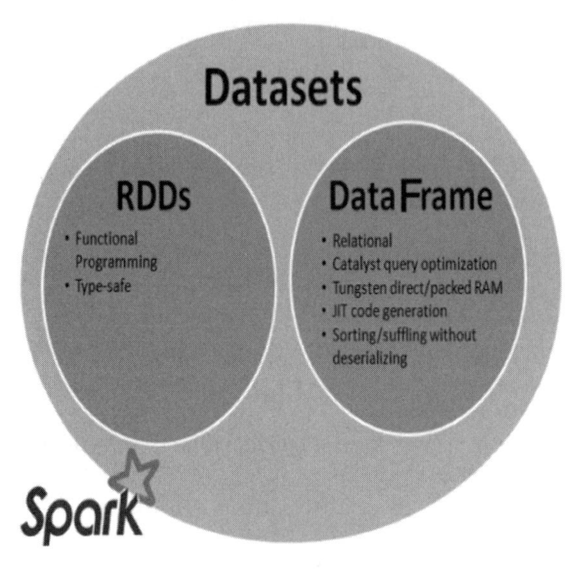

图 5-14　DataFrame 和 Datasets 的关系

2．Datasets 操作

1）创建 Datasets。

① 使用序列。

（1）定义 case class，代码如下：

```
case class MyData(a:Int,b:String)
```

（2）生成序列，并且创建 Datasets，代码如下：

```
val ds = Seq(MyData(1,"Tom"),MyData(2,"Mary")).toDS
```

（3）查看结果，代码如下：

```
Ds.show
```

② 使用 JSON 数据。

（1）定义 case class，代码如下：

```
case class Person(name: String, gender: String)
```

（2）通过 JSON 数据生成 DataFrame，代码如下：

```
val df = spark.read.json(sc.parallelize("""{"gender": "Male", "name": "Tom"}""" :: Nil))
```

（3）将 DataFrame 转成 Datasets，代码如下：

```
df.as[Person].show
```

```
df.as[Person].collect
```

③ 使用 HDFS 数据。

（1）读取 HDFS 数据，并且创建 Datasets，代码如下：

```
val linesDS = spark.read.text("hdfs://hadoop111:9000/data/data.txt").as[String]
```

（2）对 Datasets 进行操作，在分词后，查询长度大于 3 的单词，代码如下：

```
val words = linesDS.flatMap(_.split(" ")).filter(_.length > 3)
words.show
words.collect
```

2）执行 WordCount 程序，代码如下：

```
val result = linesDS.flatMap(_.split(" ")).map((_,1)).groupByKey(x => x._1).count
result.show
```

3）排序，代码如下：

```
result.orderBy($"value").show
```

3．操作案例

emp.json 文件如图 5-15 所示。

```
{"empno":7369,"ename":"SMITH","job":"CLERK","mgr":"7902","hiredate":"1980/12/17","sal":800,"comm":"","deptno":20}
{"empno":7499,"ename":"ALLEN","job":"SALESMAN","mgr":"7698","hiredate":"1981/2/20","sal":1600,"comm":"300","deptno":30}
{"empno":7521,"ename":"WARD","job":"SALESMAN","mgr":"7698","hiredate":"1981/2/22","sal":1250,"comm":"500","deptno":30}
{"empno":7566,"ename":"JONES","job":"MANAGER","mgr":"7839","hiredate":"1981/4/2","sal":2975,"comm":"","deptno":20}
{"empno":7654,"ename":"MARTIN","job":"SALESMAN","mgr":"7698","hiredate":"1981/9/28","sal":1250,"comm":"1400","deptno":30}
{"empno":7698,"ename":"BLAKE","job":"MANAGER","mgr":"7839","hiredate":"1981/5/1","sal":2850,"comm":"","deptno":30}
{"empno":7782,"ename":"CLARK","job":"MANAGER","mgr":"7839","hiredate":"1981/6/9","sal":2450,"comm":"","deptno":10}
{"empno":7788,"ename":"SCOTT","job":"ANALYST","mgr":"7566","hiredate":"1987/4/19","sal":3000,"comm":"","deptno":20}
{"empno":7839,"ename":"KING","job":"PRESIDENT","mgr":"","hiredate":"1981/11/17","sal":5000,"comm":"","deptno":10}
{"empno":7844,"ename":"TURNER","job":"SALESMAN","mgr":"7698","hiredate":"1981/9/8","sal":1500,"comm":"0","deptno":30}
{"empno":7876,"ename":"ADAMS","job":"CLERK","mgr":"7788","hiredate":"1987/5/23","sal":1100,"comm":"","deptno":20}
{"empno":7900,"ename":"JAMES","job":"CLERK","mgr":"7698","hiredate":"1981/12/3","sal":950,"comm":"","deptno":30}
{"empno":7902,"ename":"FORD","job":"ANALYST","mgr":"7566","hiredate":"1981/12/3","sal":3000,"comm":"","deptno":20}
{"empno":7934,"ename":"MILLER","job":"CLERK","mgr":"7782","hiredate":"1982/1/23","sal":1300,"comm":"","deptno":10}
```

图 5-15　emp.json 文件

1）使用 emp.json 文件生成 DataFrame，代码如下：

```
val empDF = spark.read.json("/root/resources/emp.json")
```

2）查询工资不低于 3000 元的员工信息，代码如下：

```
empDF.where($"sal" >= 3000).show
```

3）创建 case class，代码如下：

```
case class Emp(empno:Long,ename:String,job:String,hiredate:String,mgr:String,sal:Long,comm:String,deptno:Long)
```

4）生成 Datasets，并且查询数据。

（1）生成 Datasets，代码如下：

```
val empDS = empDF.as[Emp]
```

（2）查询工资高于 3000 元的员工信息，代码如下：

```
empDS.filter(_.sal > 3000).show
```

（3）查看 10 号部门的员工信息，代码如下：

```
empDS.filter(_.deptno == 10).show
```

5）多表查询。

（1）创建部门表，代码如下：

```
val deptRDD=sc.textFile("/root/temp/dept.csv").map(_.split(","))
case class Dept(deptno:Int,dname:String,loc:String)
val deptDS = deptRDD.map(x=>Dept(x(0).toInt,x(1),x(2))).toDS//转成 Datasets
```

（2）创建员工表，代码如下：

```
case class Emp(empno:Int,ename:String,job:String,mgr:String,hiredate:String,sal:Int,comm:String,deptno:Int)
```

```
    val empRDD = sc.textFile("/root/temp/emp.csv").map(_.split(","))
    val empDS = empRDD.map(x => Emp(x(0).toInt,x(1),x(2),x(3),x(4),x(5).toInt,x(6),x(7).toInt)).toDS//转成Datasets
```

（3）执行多表查询——等值链接，代码如下：

```
al result = deptDS.join(empDS,"deptno")
另一种写法：注意有 3 个等号
val result = deptDS.joinWith(empDS,deptDS("deptno")=== empDS("deptno"))
joinWith 和 join 的区别是连接后的新 Datasets 的 schema 会不一样。
```

（4）查看执行计划，代码如下：

```
result.explain
```

5.5.4 使用数据源

本节介绍 Spark SQL 使用的数据源 Parquet，使用 JDBC 读取其他数据库中的数据，并且连接 Hive 读/写数据。

1. Parquet 文件

Parquet 是一种列式存储格式的文件类型。列式存储格式的特点如下。

- 可以跳过不符合条件的数据，只读取需要的数据，降低 I/O 数据量。
- 压缩编码可以降低磁盘存储空间。由于同一列的数据类型是一样的，因此可以使用更高效的压缩编码（如 Run Length Encoding 和 Delta Encoding）进一步节约存储空间。
- 只读取需要的列，支持向量运算，能够获取更好的扫描性能。
- Parquet 文件是 Spark SQL 的默认数据源，可以通过代码“spark.sql.sources.default”进行配置。

Parquet 文件的操作案例如图 5-16 所示。

图 5-16 Parquet 文件的操作案例

读入 JSON 格式的数据，将其转换成 Parquet 格式的数据，并且创建相应的表，这些表可以使用 SQL 进行查询。Spark SQL 支持对 Parquet 文件进行读/写操作，可以自动保存原始数据的 Schema。在编写 Parquet 文件时，因为兼容性问题，所以所有的列都被自动转化为 nullable（允许为空值）。

2. 使用 JDBC 读取其他数据库的数据

Spark SQL 可以通过 JDBC 从关系型数据库中读取数据的方式创建 DataFrame，在对

DataFrame 进行一系列计算后，可以将数据写回关系型数据库中。

1）从 MySQL 中加载数据（Spark Shell 方式）。

（1）启动 Spark Shell，必须指定 MySQL 连接驱动 JAR 包，代码如下：

```
/usr/local/spark-2.4.3-bin-hadoop2.7/bin/spark-shell \
--master spark://node1.learn.com:7077 \
--jars /usr/local/spark-2.4.3-bin-hadoop2.7/mysql-connector-java-5.1.35-bin.jar \
--driver-class-path /usr/local/spark-2.4.3-bin-hadoop2.7/mysql-connector-java-5.1.35-bin.jar
```

（2）从 MySQL 中加载数据，代码如下：

```
val jdbcDF = sqlContext.read.format("jdbc").options(Map("url" -> "jdbc:mysql://192.168.10.1:3306/bigdata",
"driver" -> "com.mysql.jdbc.Driver", "dbtable" -> "person", "user" -> "root", "password" -> "123456")).load()
```

（3）执行查询操作，代码如下：

```
jdbcDF.show()
```

2）将数据写入 MySQL 数据库（以 JAR 包的方式）。

（1）编写 Spark SQL 程序。

【例 5-5】将数据写入 MySQL 数据库，代码如下：

```
import java.util.Properties
import org.apache.spark.sql.{SQLContext, Row}
import org.apache.spark.sql.types.{StringType, IntegerType, StructField, StructType}
import org.apache.spark.{SparkConf, SparkContext}
object JdbcRDD {
  def main(args: Array[String]) {
    val conf = new SparkConf().setAppName("MySQL-Demo")
    val sc = new SparkContext(conf)
    val sqlContext = new SQLContext(sc)
    //并行化创建 RDD
    val personRDD = sc.parallelize(Array("1 tom 5", "2 jerry 3", "3 kitty 6")).map(_.split(" "))
    //通过 StructType 直接指定每个字段的 schema
    val schema = StructType(
      List(
        StructField("id", IntegerType, true),
        StructField("name", StringType, true),
        StructField("age", IntegerType, true)
      )
    )
    //将 RDD 映射到 rowRDD
    val rowRDD = personRDD.map(p => Row(p(0).toInt, p(1).trim, p(2).toInt))
    //将 schema 信息应用于 rowRDD
    val personDataFrame = sqlContext.createDataFrame(rowRDD, schema)
    //创建 Properties 对象，用于存储数据库相关属性
    val prop = new Properties()
    prop.put("user", "root")
    prop.put("password", "123456")
    //将数据追加到数据库中
    personDataFrame.write.mode("append").jdbc("jdbc:mysql://192.168.10.1:3306/bigdata", "bigdata.person",
prop)
    //停止 SparkContext
    sc.stop()
  }
}
```

（2）使用 Maven 将程序打包。

（3）将 JAR 包提交到 Spark 集群上，代码如下：

```
/usr/local/spark-2.4.3-bin-hadoop2.7/bin/spark-submit \
--class com.learn.spark.sql.JdbcRDD \
--master spark://node1.learn.com:7077 \
--jars /usr/local/spark-2.4.3-bin-hadoop2.7/mysql-connector-java-5.1.35-bin.jar \
--driver-class-path /usr/local/spark-2.4.3-bin-hadoop2.7/mysql-connector-java-5.1.35-bin.jar \
/root/spark-mvn-1.0-SNAPSHOT.jar
```

3. 使用 Hive 读取数据

1）连接 Hive，读/写数据。

（1）测试 Spark 版本是否支持 Hive，代码如下：

```
import org.apache.spark.sql.Hive.HiveContext// 支持的输出
```

（2）在 Hive 中创建数据库和表。

启动 Hadoop：start-all.sh（已经将 Hadoop 的路径加入环境变量）。

2）启动 Hive，添加数据表，代码如下：

```
// 在 Hive 脚本下执行
create database if not exists sparktest;                //创建数据库 sparktest
show databases;
create table if not exists sparktest.student(id int,name string, gender string, age int);
use sparktest;                                          //切换到 sparktest 数据库
sparktestshow tables;                                   //显示 sparktest 数据库中有哪些表
insert into student values(1,'Xueqian','F',23);         //插入一条记录
insert into student values(2,'Weiliang','M',24);        //再插入一条记录
select * from student;                                  //显示 student 表中的记录
```

3）再次连接 Hive，读/写数据。

（1）在 Spark-Shell（包含 Hive 支持）中执行以下命令，从 Hive 中读取数据，代码如下：

```
import org.apache.spark.sql.Rowimport org.apache.spark.sql.SparkSessioncase class Record(key: Int, value: String)
val warehouseLocation = "spark-warehouse"
val spark = SparkSession.builder().appName("Spark Hive Example").config("spark.sql.warehouse.dir", warehouseLocation).enableHiveSupport().getOrCreate()import spark.implicits._import spark.sqlsql("SELECT * FROM sparktest.student").show()
```

（2）编写程序，向 Hive 数据库的 sparktest.student 表中插入两条记录，代码如下：

```
//准备两条记录
val studentRDD = spark.sparkContext.parallelize(Array("3 Rongcheng M 26","4 Guanhua M 27")).map(_.split(" "))// 设置模式信息
//创建 Row 对象，每个 Row 对象都是 rowRDD 中的一行
val schema = StructType(List(StructField("id", IntegerType, true),StructField("name", StringType, true),StructField("gender", StringType, true),StructField("age", IntegerType, true)))
//建立 Row 对象和模式之间的对应关系，也就是将数据和模式对应起来
val rowRDD = studentRDD.map(p => Row(p(0).toInt, p(1).trim, p(2).trim,p(3).toInt))
val studentDF = spark.createDataFrame(rowRDD, schema)     // 创建 studentDF
studentDF.show()                                          // 注册临时表
studentDF.registerTempTable("tempTable")                  // 插入
sql("insert into sparktest.student select * from tempTable")
```

4）测试数据。

使用员工表中的数据，并且将其存储于 HDFS 中。

emp.csv 文件中的员工表如表 5-2 所示。

表 5-2　emp.csv 文件中的员工表

7369	SMITH	CLERK	7902	########	800		20	—
7499	ALLEN	SALESMAN	7698	########	1600	300	30	—
7521	WARD	SALESMAN	7698	########	1250	500	30	—
7566	JONES	MANAGER	7839	1981/4/2	2975		20	—
7654	MARTIN	SALESMAN	7698	########	1250	1400	30	—
7698	BLAKE	MANAGER	7839	1981/5/1	2850		30	—
7782	CLARK	MANAGER	7839	1981/6/9	2450		10	—
7788	SCOTT	ANALYST	7566	########	3000		20	—
7839	KING	PRESIDENT		########	5000		10	—
7844	TURNER	SALESMAN	7698	1981/9/8	1500	0	30	—
7876	ADAMS	CLERK	7788	########	1100		20	—
7900	JAMES	CLERK	7698	########	950		30	—
7902	FORD	ANALYST	7566	########	3000		20	—
7934	MILLER	CLERK	7782	########	1300		10	—

注：表中的“########”表示忽略具体日期。

dept.csv 文件中的部门表如表 5-3 所示。

表 5-3　dept.csv 文件中的部门表

A	B	C
10	ACCOUNTIN	NEW YORK
20	RESEARCH	DALLAS
30	SALES	CHICAGO
40	OPERATION	BOSTON

习　　题

一、单项选择题

1．Spark 的核心概念是（　　）。

A．Mixin　　B．RDD　　C．XML 集成　　D．Currying

2．Scala 不可以于（　　）互操作。

A．Java　　B．.NET　　C．XML　　D．Basic

二、填空题

1．（　　）年，UC Berkeley AMPLab（加州大学伯克利分校的 AMP 实验室）推出了全新的大数据处理框架：Spark。

2．Spark YARN 的模式有两种，分别为 YARN-（　　　　）模式和 YARN-（　　　　）模式。

三、判断题（正确打√，错误打×）

1．Spark 是使用 Scala 语言实现的，它将 Scala 作为其应用程序框架。（　　）

2．RDD 是 Spark 的核心概念。（　　）

3．Spark Application 是指用户编写的 Spark 应用程序，包含实现 Driver 功能的代码和分布在集群中多个节点上运行的 Executor 代码。（　　）

四、简答题

1．何为——RDD？

2．简述 Spark 的生态环境。

3．RDD 的基本操作有哪些，各自作用是什么？

4．何为 Spark 程序框架？

5．Spark 的运行模式主要有哪两种，各自如何运行？

6．Spark YARN 有哪两种模式，各自如何运行？

7．何为 Scala 语言？简述其特性、平台和发展历史。

8．尝试编程实现 5.4 节中的实例。

9．何为 Spark SQL 及其特点？

10．何为 DataFrame？

11．尝试以 Spark-Shell 方式创建 DataFrame。

12．实现【例 5-3】和【例 5-4】，尝试以编程方式执行 Spark SQL 查询。

13．简述 Datasets 及其基本操作。

14．尝试编程实现 5.5.3 节中的实例。

15．如何使用 Spark SQL 数据源？

第 6 章　大数据的流计算

本章主要介绍流计算概述、流计算处理流程和开源流计算框架 Flink，包括无界数据、流数据、流计算的概念，流计算框架、流计算的价值与应用、数据实时采集、数据实时计算、实时查询服务，Flink 简介、Flink 的基本架构、Flink 编程模型和 Flink 实例，让读者对大数据的流计算有个初步的认识。

6.1　流计算概述

6.1.1　无界数据及流数据

1．有界数据集、无界数据集及其处理

在现实世界中，所有的数据都是以流式的形态产生的，不管是哪里产生的数据，都是一条条地生成的，最后经过存储和转换处理，即可形成各种类型的数据集。根据现实的数据产生方式和数据产生是否含有边界（具有起始点和终止点），将数据分为两种类型的数据集，一种是有界数据集，另一种是无界数据集，如图 6-1 所示。

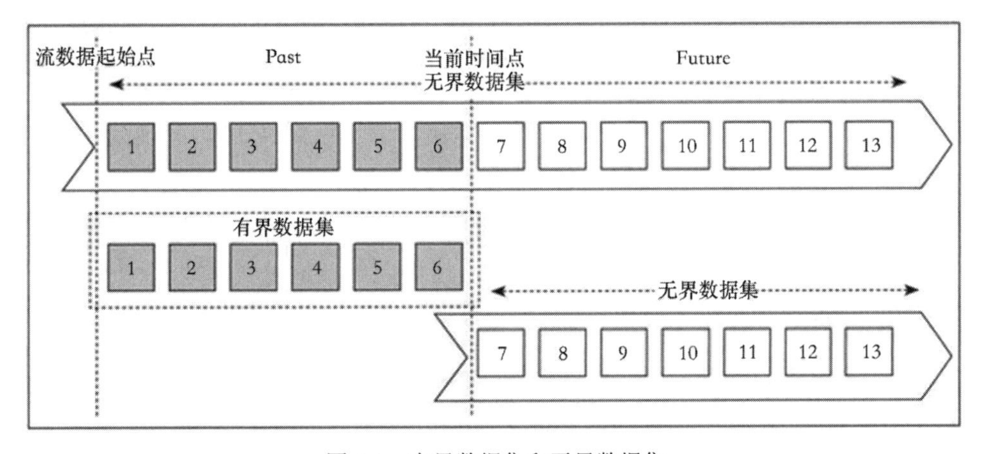

图 6-1　有界数据集和无界数据集

1）有界数据集。

有界数据集具有时间边界，在处理过程中，数据一定会在某个时间范围内起始和结束，可能是一分钟，也可能是一天。对有界数据集的数据处理方式称为批处理（Batch Processing）。例如，将数据从 RDBMS（关系型数据库管理系统）或文件系统等系统中读取出来，然后在分布式系统内处理，最后将处理结果写入存储介质中，这个过程称为批处理过程。目前业界比较流行的分布式批处理框架有 Apache Hadoop 和 Spark 等。

2）无界数据集。

对于无界数据集，从开始生成数据就一直持续不断地产生新的数据，因此数据是没有边界的，如服务器的日志、传感器信号数据等。和批处理方式对应，对无界数据集的数据处理方式称为流式数据处理，简称流处理（Stream Processing）。可以看出，流处理过程的复杂度更高，因为

需要考虑处理过程中数据的顺序错位、系统容错等方面的问题，因此流处理需要借助专门的流处理技术。目前业界的 Apache Storm、Spark Streaming、Apache Flink 等分布式计算引擎都不同程度地支持流处理技术。

3）统一数据处理。

有界数据集和无界数据集是相对的，主要根据时间范围确定，可以认为一段时间内的无界数据集是有界数据集。例如，将系统产生的数据接入存储系统，按照年或月进行切割，切分成不同时间长度的有界数据集，即可通过批处理方式对数据进行处理。有界数据集也可以通过一些方法转换为无界数据集。例如，系统一年的订单交易数据在本质上应该是有界数据集，但是在将其中的数据按照产生的顺序逐条发送到流式系统进行处理后，可以认为这些数据是相对无界的。综上所述，有界数据和无界数据其实是可以相互转换的。有了这样的理论基础，对于不同的数据类型，业界提出了不同的进行统一数据处理的计算框架。

目前，在业界比较熟知的开源大数据处理框架中，能够同时支持流计算和批量计算的典型代表分别为 Apache Spark 和 Apache Flink。其中，Spark 可以通过批处理模式统一处理不同类型的数据集，对于无界数据，会先将数据按照批次切分成微批（有界数据集），再进行处理；Flink 可以通过流处理模式统一处理不同类型的数据集，它用比较符合数据产生的规律方式处理流式数据，对于有界数据，会先将其转换成无界数据，再进行流处理，最终将批处理和流处理统一在一套流式引擎中，使用户可以使用一套引擎执行批处理和流处理的任务。

前面已经提到用户可能需要将多种计算框架并行使用，用于解决不同类型的数据处理问题。例如，用户可以使用 Flink 作为流计算的引擎，使用 Spark 或 MapReduce 作为批量计算的引擎，这样不仅会增加系统的复杂度，还会增加用户学习和维护的成本。而 Flink 作为一套新兴的分布式计算引擎，能够在统一平台中很好地处理流式数据和批量数据，此外，使用流处理模式更符合数据产生的规律。相信 Flink 会在未来成为众多大数据处理引擎中的一颗明星。

2. 静态数据和流数据

1）静态数据。

为了支持决策分析，很多企业构建了数据仓库系统，其中存储的大量历史数据就是静态数据（有时间边界的有界数据集中的数据）。技术人员可以利用数据挖掘和联机分析处理（Online Analytical Processing，OLAP）工具从静态数据中找出对企业有价值的信息。在传统的数据处理流程中，总是先收集数据，再将数据存储到 DB（数据库）中。在人们需要时，通过 DB 对数据进行查询，从而得到所需数据。这样看起来虽然非常合理，但是结果非常紧凑，对于一些实时搜索应用环境中的某些具体问题，利用类似于 MapReduce 方式的离线处理并不能很好地解决。这就引出了一种新的数据计算结构——流计算。它可以很好地对大规模流动数据在不断变化的运动过程中进行实时分析，从而捕捉到可能有用的信息，并且将其发送到下一个计算节点。

2）流数据。

近年来，在 Web 应用、网络监控（电子商务用户点击流）、传感监测等领域兴起了一种新的数据密集型应用数据——流数据，即数据以大量、快速、时变的流形式持续到达。流数据（或数据流）是指在时间分布和数量上都是无限制的一系列动态无界数据集中的数据，数据的价值随着时间的流逝而降低，因此必须实时计算并给出秒级响应，实例有 PM 2.5 检测数据、电子商务网站用户点击流等。

流数据具有如下特征。

- 数据快速、持续到达，潜在数量也许是无穷无尽的。
- 数据来源众多，格式复杂。

- 数据量大，但不十分关注存储，源数据经过处理后，要么被丢弃，要么被归档存储（存储于数据仓库中）。
- 注重数据的整体价值，不会过分关注个别数据。
- 数据顺序错位或不完整，系统无法控制新到达的数据的顺序。

3. 批量计算和实时计算

对静态数据和流数据的处理，对应着两种截然不同的计算模式，分别为批量计算和实时计算，如图 6-2 所示。

批量计算以静态数据为对象，可在充裕的时间内对海量数据进行批处理，计算得到有价值的信息。Hadoop 是典型的批处理模型，由 HDFS 和 HBase 存储海量的静态数据，由 MapReduce 负责对海量数据进行批量计算，实时性要求不高。实时计算可以实时获取来自不同数据源的海量数据，经过实时分析处理，获得有价值的信息（实时、多数据结构、海量）。批量计算关注吞吐量，实时计算，关注实时性。

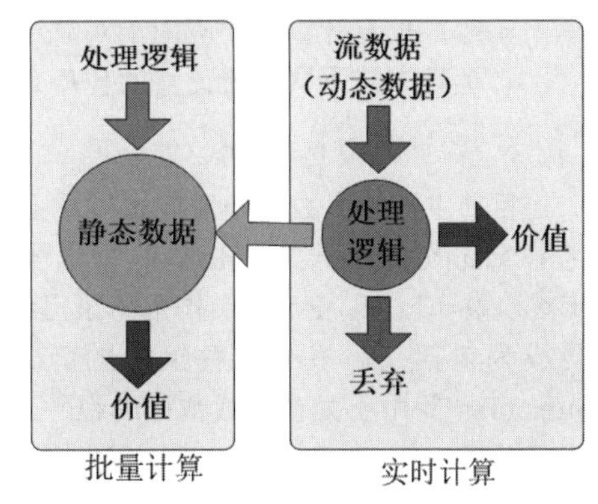

图 6-2 数据的两种计算模式

对于流数据，必须采用实时计算。流数据的数据格式复杂、来源众多、数据量巨大，不适合采用批量计算，必须采用实时计算，响应时间为秒级，实时性要求高。实时计算最重要的特点之一是能够实时得到计算结果，一般要求响应时间极快。当处理少量数据时，实时计算并不是问题；但是，在大数据时代，数据格式复杂、来源众多、数据量巨大，对实时计算发起了很大挑战。因此，针对流数据的实时计算，流计算应运而生。

6.1.2 流计算概念

大数据的计算模式有多种，主要包括批量计算（Batch Computing）、流计算（Stream Computing）、交互计算（Interactive Computing）、图计算（Graph Computing）等。其中，流计算和批量计算是两种主要的大数据计算模式，分别适用于不同的大数据应用场景。

1. 什么是流计算

流计算是指对数据流进行处理，实时获取来自不同数据源的海量数据，经过实时分析处理，获得有价值的信息的实时计算方式。

流计算秉承一个基本理念，即数据的价值随着时间的流逝而降低。因此，当事件出现时应该立即进行处理，而不是将其缓存起来进行批处理。为了及时处理流数据，需要一个低延迟、可扩展、高可靠的处理引擎。

流计算系统应该满足如下需求。

- 高性能：处理大数据的基本要求，如每秒处理几十万条数据。
- 海量式：支持 TB 级甚至是 PB 级的数据规模。
- 实时性：保证较低的延迟时间，达到秒级别，甚至是毫秒级别。
- 分布式：支持大数据的基本架构，必须能够平滑扩展。
- 易用性：能够快速进行开发和部署。
- 可靠性：能够可靠地处理流数据。

2. 流计算与批量计算的区别

批量计算是统一收集数据，并且将其存储到数据库中，然后对数据进行批处理的数据计算方式。流计算与批量计算的区别主要体现在以下几个方面。

- 数据时效性不同：流计算实时、低延迟，批量计算非实时、高延迟。
- 数据特征不同：流计算的数据一般是动态的、没有边界的，批量计算的数据一般是静态的、有边界的。
- 应用场景不同：流计算主要应用于实时场景，时效性要求比较高，如实时推荐、业务监控等；批量计算主要应用于实时性要求不高、离线计算的场景，如数据分析、离线报表等。
- 运行方式不同：流计算的任务是持续进行的，批量计算的任务是一次性完成的。

3. 流计算与 Hadoop

目前主流的大数据处理技术体系主要包括 Hadoop 及其衍生系统。Hadoop 技术体系实现并优化了 MapReduce 框架。Hadoop 技术体系主要由 Google、Twitter、Facebook 等公司支持。自 2006 年首次发布以来，Hadoop 技术体系已经从传统的“三驾马车”（HDFS、MapReduce 和 HBase）发展成为包括 60 多个相关组件的庞大生态系统。在这个生态系统中，发展出了 Tez、Spark Streaming 等用于处理流式数据的组件。其中，Spark Streaming 是构建在 Spark 基础之上的开源流计算框架。与 Tez 相比，其具有吞吐量高、容错能力强等特点，并且支持多种数据输入源和输出格式。除了 Spark Streaming，目前应用较为广泛的开源大数据流计算框架还有 Storm、Flink 等。这些开源的流计算框架已经被应用于部分时效性要求较高的领域，然而在面对各行各业具有差异化的需求时，这些开源技术存在着各自的瓶颈。

MapReduce 主要用于对静态数据进行批处理，其内部的各种实现机制都为批处理做了高度优化，不适合用于处理持续到达的动态数据。我们可能会想到一种“变通”的方案来降低批处理的时间延迟——将基于 MapReduce 的批处理转为小批量处理，将输入数据切成小的片段，每隔一个周期就启动一次 MapReduce 作业。但这种方式也无法有效处理流数据。将输入数据切成小片段，可以降低延迟，但也增加了附加开销，还要处理片段之间的依赖关系。因此需要改造 MapReduce，用于支持流处理。

Hadoop 的设计初衷是面向大规模数据的批处理，每台机器并行运行 MapReduce 任务，最后对结果进行汇总输出。

6.1.3 流计算框架

目前主流的流计算框架有 Storm、Spark Streaming、Flink（后面还涉及 Trident），下面分别对其进行介绍。

1. Storm

Apache Storm 的前身是 Twitter Storm 平台，目前已经归 Apache 基金会管辖。Apache Storm 是一个免费、开源的分布式实时计算系统。在 Storm 中，需要先设计一个实时计算结构，称为拓扑（Topology）结构，如图 6-3 所示。这个拓扑结构会被提交给集群，其中主节点（Master Node）负责给工作节点（Worker Node）分配代码，工作节点负责执行代码。在一个拓扑结构中，包含 Spout（喷口）和 Bolt（插销）两种角色。数据在 Spout 之间传递，这些 Spout 将数据流以 Tuple（元组）的形式发送；而 Bolt 负责转换数据流。

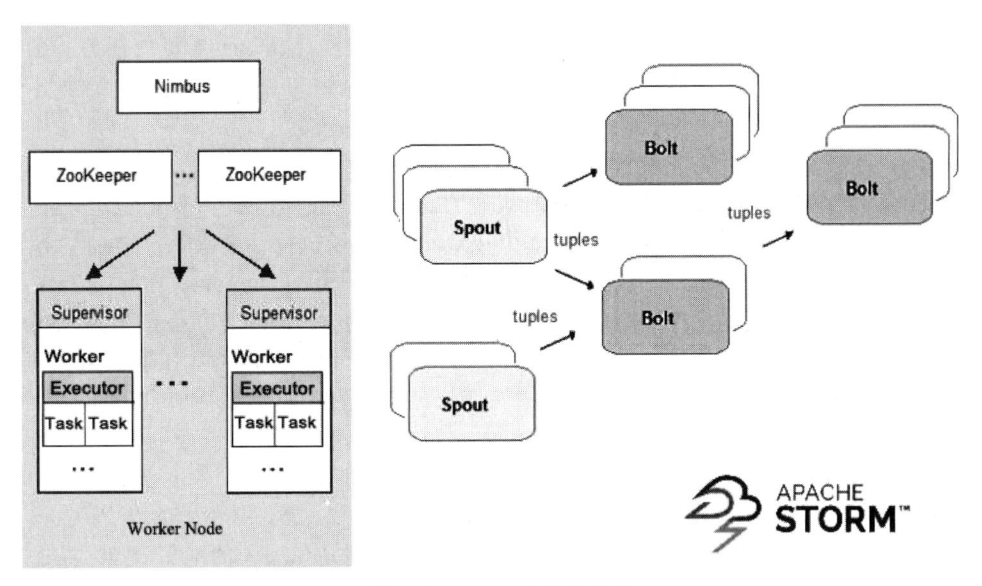

图 6-3 Storm 的拓扑结构

在图 6-3 中，Nimbus 是一种以计算为中心的 IaaS 解决方案。使用 Nimbus 可以借用远程资源（如由 Amazon EC2 提供的远程资源）并对其进行本地管理（配置、部署 VM、监视等）。Nimbus 由 Workspace Service Project（Globus.org 的一部分）演变而来，支持 Xen 和 KVM/Linux。

Hadoop 一般用于离线的分析计算中，与 Hadoop 不同，Storm 一般用于实时的流计算中，被广泛用于进行实时日志处理、实时统计、实时风控等，也可以用于对数据进行实时的初步加工，并且将其存储于分布式数据库中（如 HBase），以便后续查询。

面对大批量的数据实时计算，Storm 实现了一个可扩展、低延迟、高可靠性、高容错率的分布式实时计算平台。

1）对象介绍。

- Tuple：表示流中的基本处理单元，可以包括多个 Field，每个 Filed 表示一个属性。
- Topology：Storm 将 Spout 和 Bolt 组成的网络抽象成 Topology，它可以被提交到 Storm 集群上执行。Topology 可视为流转换图（Topology 是 Storm 的 Job 抽象概念，一个 Topology 就是一个流转换图），图中节点是一个 Spout 或 Bolt，边表示 Bolt 订阅了哪个 Stream。当 Spout 或 Bolt 发送元组时，它会将元组发送到每个订阅了该 Stream 的 Bolt 上进行处理。一个 Topology 包含一个或多个 Worker（每个 Worker 只能从属于一个特定的 Topology），这些 Worker 会并行运行于集群中的不同服务器上，即一个 Topology 其实是由并行运行在 Storm 集群中多台服务器上的进程组成的。
- Spout：表示一个流的源头，可以产生 Tuple。
- Bolt：主要用于处理输入流并产生多个输出流，可以进行简单的数据转换计算。对于复杂的流处理，一般需要经过多个 Bolt 进行处理。
- Nimbus：Storm 集群采用 Master-Worker 的节点方式：Master 节点运行名为“Nimbus”的后台程序（类似于 Hadoop 中的 JobTracker），主要负责在集群范围内分发代码、为 Worker 分配任务和监测故障。Worker 节点运行名为“Supervisor”的后台程序，主要负责监听分配给它所在机器的工作，即根据 Nimbus 分配的任务决定启动或停止 Worker。

- Supervisor：进程管理工具，会监听分配给它的节点，根据 Nimbus 委派的任务，在必要时启动和关闭工作进程 Worker。每个 Worker 执行 Topology 的一个子集。一个运行中的 Topology 由很多运行在不同机器上的 Worker 组成。
- Worker：主要用于执行 Topology 的工作进程，从而生成 Task。
- Executor 和 Task：Executor 是由 Worker 进程生成的一个线程，每个 Worker 进程都会运行 Topology 中的一个或多个 Executor。一个 Executor 可以执行一个或多个 Task（默认一个 Executor 只执行一个 Task），但是这些 Task 对应着同一个组件（Spout、Bolt）。Task 是实际执行数据处理的最小单元，一个 Task 就是一个 Spout 或一个 Bolt。Task 的数量在 Topology 的整个生命周期中保持不变。Executor 的数量可以变化或手动调整（在默认情况下，Task 的数量和 Executor 的数量是相同的，即每个 Executor 线程都默认运行一个 Task）。

2）整体架构。

图 6-3 展示了 Storm 的 Topology 结构。下面介绍 Storm 的工作流程。

（1）客户端将 Topology 提交给 Nimbus。

（2）Nimbus 针对该 Topology 建立本地的目录，根据 Topology 的配置计算 Task，分配 Task，在 Zookeeper 上建立 Assignments 节点，用于存储 Task 和 Supervisor 机器节点中 Worker 的对应关系。

（3）在 Zookeeper 上创建 Taskbeats 节点，用于监控 Task 的心跳，启动 Topology。

（4）各 Supervisor 在 Zookeeper 上获取分配的 Task，启动多个 Worker 进行处理，每个 Worker 都会生成 Task，根据 Topology 信息初始化建立 Task 之间的连接，然后整个 Topology 运行起来。

2. Spark Streaming

Spark Streaming 是核心 Spark API 的扩展。与 Storm 一次只处理一个数据流不同，Spark Streaming 在处理数据流之前，会按照时间间隔对数据流进行分段切分。Spark Streaming 针对连续数据流的抽象称为离散流（Discretized Stream，DStream）。DStream 是小批量处理的 RDD（弹性分布式数据集），可以通过任意函数和滑动数据窗口（窗口计算）进行转换，从而实现并行操作。

Spark Streaming 的实时计算结构如图 6-4 所示。

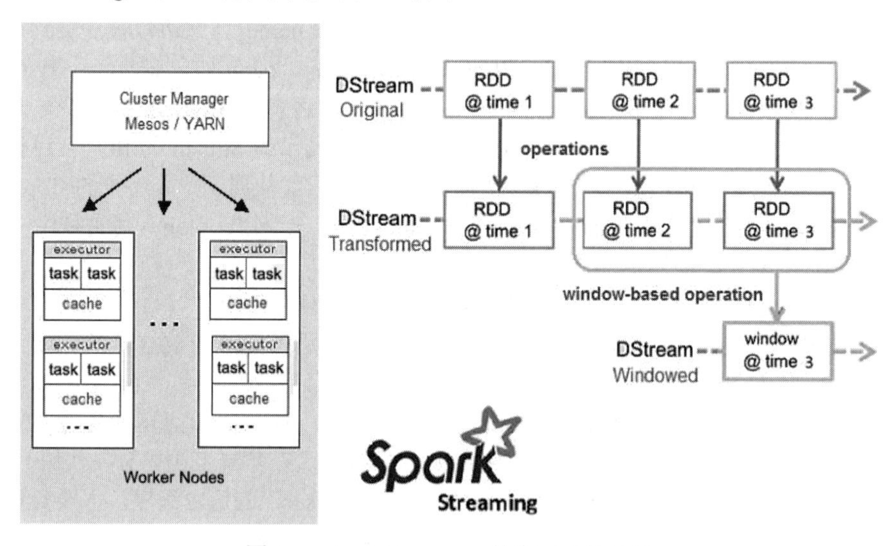

图 6-4 Spark Streaming 的实时计算结构

Spark Streaming 与 Storm 都可以进行实时计算，但是二者的区别是非常大的。其中区别之一是，Spark Streaming 和 Storm 的计算模型完全不一样，Spark Streaming 是基于 RDD 的，因此需要将一小段时间（如 1 秒）内的数据收集起来，作为一个 RDD，然后针对这个 Batch 的数据进行处理。而 Storm 可以立即对输入数据进行处理和计算。因此，Spark Streaming 在严格意义上只能称为准实时的流计算框架；而 Storm 是真正意义上实时的流计算框架。

此外，Storm 支持的一项高级特性是 Spark Streaming 暂时不具备的，即 Storm 支持在分布式流计算程序运行过程中，可以动态地调整并行度，从而动态调整并发处理能力。而 Spark Streaming 是无法动态调整并行度的。

Spark Streaming 也有其优点，由于 Spark Streaming 是基于 Batch 进行处理的，因此与 Storm 基于单条数据进行处理相比，Spark Streaming 具有数倍甚至数十倍的吞吐量。此外，由于 Spark Streaming 处于 Spark 生态圈内，因此 Spark Streaming 可以与 Spark Core、Spark SQL、Spark MLlib、Spark GraphX 进行无缝整合。经过流计算后的数据可以立即进行各种 Map、Reduce 转换操作，可以立即使用 SQL 进行查询，甚至可以立即使用 Machine Learning 或图算法进行处理。这种一站式的大数据处理功能和优势，是 Storm 无法匹敌的。

综上所述，如果对实时性要求特别高，并且实时数据量不稳定，如在白天有高峰期，那么可以使用 Storm；如果对实时性要求一般，允许 1 秒的“准实时”处理，并且不需要动态调整并行度，那么使用 Spark Streaming 更合适。

3. Flink

Flink 是针对流式数据+批量数据的计算框架，将批量数据看作流式数据的一种特例，延迟性较低（毫秒级），并且能够保证消息传输不丢失、不重复。

Flink 创造性地统一了流处理和批处理。在将数据流作为流处理看待时，输入数据流是无界的。可以将批处理看作一种特殊的流处理，只是它的输入数据流是有界的。Flink 程序由 Stream 和 Transformation 组成，其中 Stream 是一个中间结果数据，Transformation 是一个操作，它可以对一个或多个输入 Stream 进行计算，输出一个或多个结果 Stream（详见 6.3 节中的内容）。

Flink 的实时计算结构如图 6-5 所示。

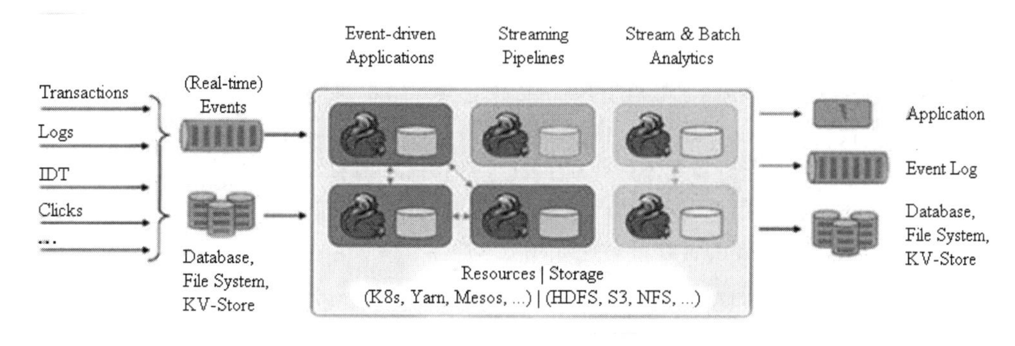

图 6-5 Flink 的实时计算结构

4. 流计算框架的汇总和对比

大数据计算引擎的第 1 代是 MapReduce，第 2 代是基于有向无环图的 Tez，第 3 代是基于内存计算的 Spark，第 4 代是 Flink。

Storm 是比较早的流计算框架，后来出现了 Spark Streaming 和 Trident，现在出现了 Flink 这种优秀的实时计算框架。这几种流计算框架的对比如表 6-1 所示。

表 6-1 几种流计算框架的对比

产品	模型	API	保证次数	容错机制	状态管理	延时	吞吐量
Storm	Native（数据进入立即处理）	组合式（基础 API）	At-least-once（至少一次）	Record ACK（ACK 机制）	无	低	低
Trident	Micro-Batching（划分为小型批处理）	组合式	Exactly-once（仅一次）	Record ACK	基于操作（每次操作有一个状态）	中等	中等
Spark Streaming	Micro-Batching	声明式（提供封装后的高阶函数，如 count 函数）	Exactly-once	RDD CheckPoint（基于 RDD 做 CheckPoint）	基于 DStream	中等	高
Flink	Native	声明式	Exactly-once	CheckPoint（Flink 的一种快照）	基于操作	低	高

这几种流计算框架的详细对比如下。

- 模型：Storm 和 Flink 会逐条处理数据；而 Trident（Storm 的封装框架）和 Spark Streaming 会进行小型批处理，一次处理一批数据（小批量）。
- API：Storm 和 Trident 都使用基础 API 进行开发，如实现一个简单的 sum 求和操作；而 Spark Streaming 和 Flink 都会提供封装后的高阶函数，可以直接使用，比较方便。
- 保证次数：在数据处理方面，Storm 可以实现至少处理一次，但不能保证仅处理一次，容易导致数据重复处理问题，所以针对计数类的需求，可能会产生一些误差；Trident 通过事务可以保证对数据只进行一次处理，Spark Streaming 和 Flink 也是如此。
- 容错机制：Storm 和 Trident 可以通过 ACK 机制实现数据的容错机制，而 Spark Streaming 和 Flink 可以通过 CheckPoint 机制实现数据的容错机制。
- 状态管理：Storm 没有实现状态管理，Spark Streaming 实现了基于 DStream 的状态管理，Trident 和 Flink 实现了基于操作的状态管理。
- 延时：表示数据处理的延时情况，Storm 和 Flink 接收到一条数据就处理一条数据，其数据处理的延时性很低；Trident 和 Spark Streaming 会对数据进行小型批处理，它们的数据处理延时性相对较高。
- 吞吐量：Storm 的吞吐量其实不低，但与其他几种流计算框架的吞吐量相比，Storm 的吞吐量较低；Trident 的吞吐量属于中等；Spark Streaming 和 Flink 的吞吐量较高。

在官网中，Flink 和 Storm 的吞吐量对比如图 6-6 所示。

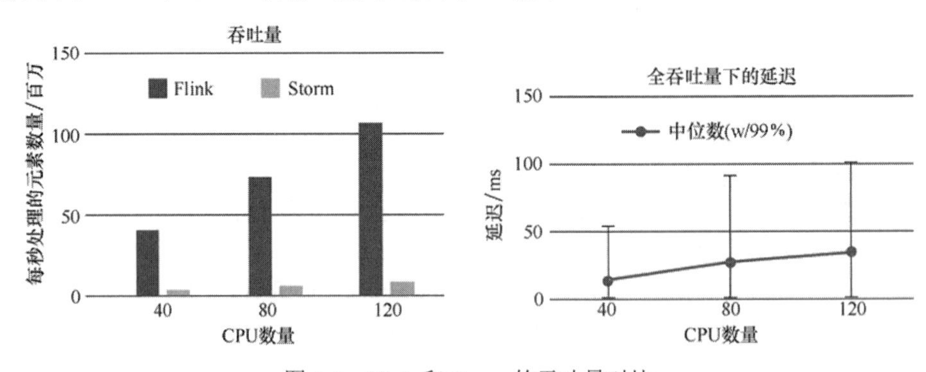

图 6-6 Flink 和 Storm 的吞吐量对比

前面分析了 4 种流计算框架，那么公司在实际操作时应该选择哪种技术框架呢？下面我们来分析一下。

如果需要关注流数据是否需要进行状态管理，那么只能在 Trident、Spark Streaming 和 Flink 中选择。

如果需要考虑项目对 At-least-once（至少一次）或 Exactly-once（仅一次）消息投递模式是否有特殊要求，并且必须保证仅一次，则不能选择 Storm。

对于小型独立的项目，如果需要低延迟的场景，则建议使用 Storm，这样比较简单。

如果项目已经使用了 Spark，并且秒级别的实时处理可以满足需求，则建议使用 Spark Streaming。

如果要求消息投递语义为 Exactly-once，数据量较大，要求高吞吐低延迟，需要进行状态管理或窗口统计，则建议使用 Flink。

6.1.4　流计算的价值与应用

1. 流计算的价值

传统的业务分析一般采用分布式离线计算的方式，也就是将数据全部（或部分）存储起来，然后每隔一定的时间进行离线分析，从而得到结果。但这样会导致一定的延时，难以保证结果的实时性。随着分析业务对实时性要求的提升，离线分析模式已经不适合用于进行流数据的分析，也不适合应用于要求实时响应的互联网应用场景。例如，淘宝网“双 11”“双 12”的促销活动，商家需要根据广告效果即时调整广告，因此需要对广告的反馈情况进行分析。如果采用分布式离线分析，那么需要几小时甚至一天的延时才能得到分析结果，而促销活动的高潮只有 1 天，因此，隔天才能得到的分析结果便失去了价值。虽然分布式离线分析带来的小时级的分析延时可以满足大部分商家的需求，但随着商家对实时性要求越来越高，如何实现秒级的实时分析响应成为业务分析的现实挑战。

我们可以通过大数据处理获取数据的价值，但数据的价值是恒定不变的吗？显然不是，一些数据在事情发生时即产生了最高的价值，但这种价值会随着时间的推移而迅速减少。流处理的关键优势在于，它能够更快地提供洞察力，通常在毫秒到秒之间。流计算的价值在于，业务方可以在更短的时间内挖掘业务数据中的价值，并且将这种低延时转化为竞争优势。例如，在使用流计算的推荐引擎中，用户的行为偏好可以在更短的时间内反映在推荐模型中，推荐模型能够以更低的延迟捕捉用户的行为偏好，从而提供更精准、及时的推荐。

流计算能够做到这一点的原因在于，传统的批量计算需要进行数据积累，在积累到一定量的数据后进行批处理；而流计算能够做到数据随到随处理，有效降低了处理延时。

2. 流计算的应用

流计算的应用主要体现在实时用户操作分析（电子商务用户点击）、实时路况分析和推送、实时日志分析等方面。

流计算是针对流式数据的实时计算，可以应用在多种场景中，如 Web 服务、机器翻译、广告投放、自然语言处理、气候模拟预测等。在百度、淘宝等大型网站中，每天都会产生大量流式数据，包括用户的搜索内容、用户的浏览记录等。采用流计算进行实时数据分析，可以了解每个时刻的流量变化情况，甚至可以分析用户的实时浏览轨迹，从而进行实时个性化的内容推送。

但是，并不是每个应用场景都需要用到流计算。流计算适合应用于需要处理持续到达的流式数据、对数据处理有较高实时性要求的场景。

流计算主要应用于两种场景：事件流和持续计算。

1）事件流。

事件流能够持续产生大量的数据，这类数据最早出现于传统的银行和股票交易领域，会出现也在互联网监控、无线通信网等领域，需要以近实时的方式对更新数据流进行复杂分析，如趋势分析、预测、监控等。简单来说，事件流采用的是查询保持静态、语句固定、数据不断变化的数据计算方式。

2）持续计算。

对于大型网站的流式数据，如网站的访问 PV（Page View，页面访问量）/UV（Unique Visitor，独立访客访问数）、用户访问了什么内容、搜索了什么内容等，实时的数据计算和分析可以动态、实时地刷新用户访问数据，展示网站实时流量的变化情况，分析每天各小时的流量和用户分布情况。例如，对于金融行业，毫秒级延迟的需求至关重要。对于一些需要实时处理数据的场景（例如，根据用户行为产生的日志文件进行实时分析，对用户进行商品的实时推荐），可以使用 Storm。

6.2 流计算处理流程

6.2.1 概述

1. 传统的数据处理流程概述

传统的数据处理流程需要先采集数据，再将其存储于数据库管理系统中，然后由用户通过查询操作与数据库管理系统进行交互。传统的数据处理流程如图 6-7 所示。

传统的数据处理流程隐含了两个前提条件。

- 存储的数据是旧的。存储的静态数据是过去某个时刻的快照，这些数据在查询时可能已经不具备时效性了。
- 需要用户主动发出查询来获取结果。

2. 流计算处理流程概述

流计算处理流程一般包含 3 个阶段：数据实时采集、数据实时计算、实时查询服务，如图 6-8 所示。

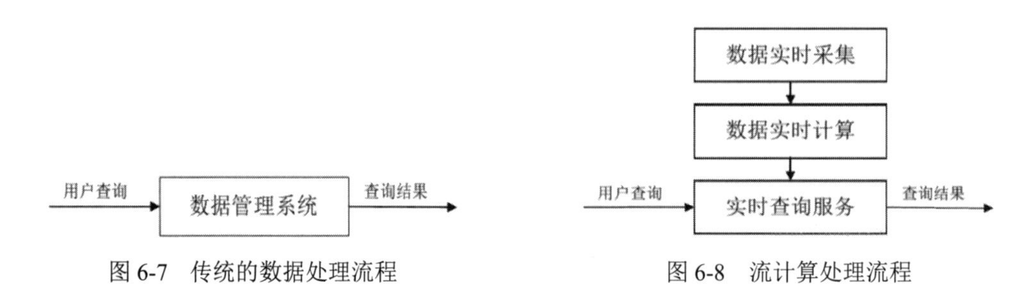

图 6-7　传统的数据处理流程

图 6-8　流计算处理流程

6.2.2 数据实时采集

在数据实时采集阶段，通常会采集多个数据源的海量数据，并且需要保证实时性、低延迟与稳定性和可靠性。以日志数据为例，由于分布式集群的广泛应用，数据分散存储于不同的机器中，因此需要实时汇总来自不同机器中的日志数据。

目前有许多互联网公司发布的开源分布式日志采集系统均可满足每秒数百 MB 的数据采集和

传输需求，如 Facebook 的 Scribe、LinkedIn 的 Kafka、淘宝的 TimeTunnel、基于 Hadoop 的 Chukwa 和 Flume 等。

数据采集系统的基本框架如图 6-9 所示，该框架一般包括以下 3 部分。

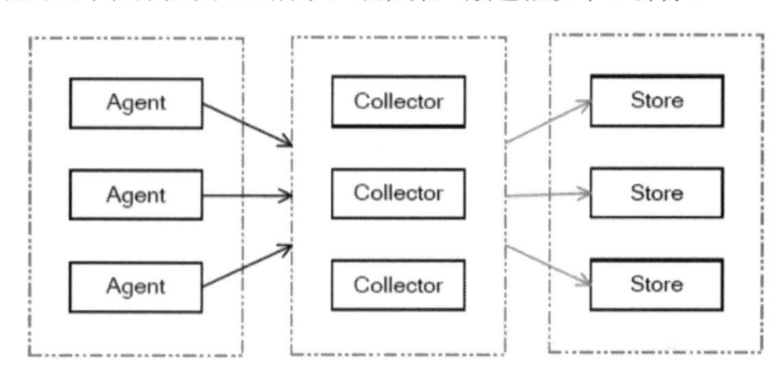

图 6-9　数据采集系统的基本框架

- Agent：主动采集数据，并且将数据推送给 Collector。
- Collector：接收多个 Agent 发来的数据，并且实现有序、可靠、高性能的转发。
- Store：存储 Collector 转发过来的数据（流计算不存储数据）。

6.2.3　数据实时计算

1．数据实时计算流程

在数据实时计算阶段，会对采集的数据进行实时分析和计算，并且反馈实时结果。对于经过流计算系统处理后的数据，可视情况对其进行存储，以便之后进行分析计算。在时效性要求较高的场景中，经过流计算后的数据可以直接丢弃。

在流式数据不断变化的运动过程中，流处理系统可以实时地进行分析，捕捉可能对用户有用的信息，并且将处理结果发送出去。

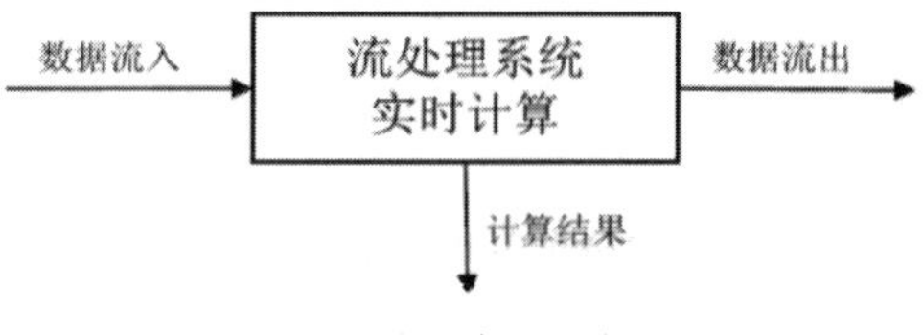

图 6-10　数据实时计算流程

数据实时计算流程如图 6-10 所示。

2．目前数据实时计算的主流产品

目前数据实时计算的主流产品如下。

- Yahoo 的 S4：S4 是一个通用的、分布式的、可扩展的、分区容错的、可插拔的流计算系统。Yahoo 开发 S4，主要是为了解决搜索广告的展现问题及处理用户的点击反馈问题。
- Apache 的 Storm：Storm 是一个分布式的、容错的实时计算系统，主要用于处理消息和更新数据库（流处理），在数据流上进行持续查询，并且以流的形式将结果返回到客户端（持续计算），并行化一个类似实时查询的热点查询（分布式的 RPC）。
- Facebook 的 Puma：Facebook 将 Puma 和 HBase 相结合，用于处理实时数据。Facebook 曾发表一篇利用 HBase/Hadoop 进行实时数据处理的论文 *Apache Hadoop Goes Realtime at Facebook*，通过一些实时性改造，让批处理计算平台也具备实时计算的能力。
- 其他产品：IBM 的 Stream Base、 Borealis、HStreaming、Esper。

3．淘宝的实时计算、流处理过程

下面以淘宝为例，介绍实时计算、流处理的具体过程。

（1）银河流数据处理平台：通用的流数据实时计算系统，以实时数据产出的低延迟、高吞吐和复用性为初衷和目标，采用 Actor 模型构建分布式流数据计算框架（底层基于 Akka），功能易扩展，部分容错，数据和状态可监控。银河流数据处理平台具有处理实时流数据（如 TimeTunnel 收集的实时数据）和静态数据（如本地文件、HDFS 文件）的能力，能够提供灵活的实时数据输出，并且提供自定义的数据输出接口，以便扩展实时计算能力。银河流数据处理平台目前主要提供实时的交易、浏览和搜索日志等数据的实时计算和分析。

（2）基于 Storm 的流式处理，统计计算、持续计算、实时消息处理。在淘宝，Storm 被广泛用于进行实时日志处理，出现在实时统计、实时推荐等场景中。在一般情况下，从类似于 Kafka 的 MetaQ 或基于 HBase 的 TimeTunnel 中读取实时日志消息，经过一系列处理，最终将处理结果写入一个分布式存储设备中，便于应用程序访问。每天的实时消息量从几百万到几十亿不等，数据总量达到 TB 级。Storm 通常会配合分布式存储服务一起使用，淘宝在个性化搜索实时分析项目中就使用了 TimeTunnel +HBase + Storm + UPS 的架构，它每天可以处理几十亿的用户日志信息，从用户行为发生到完成分析延迟的时间为秒级。

（3）利用 HBase 实现 Online 应用。

（4）实时查询服务。

- 半内存：使用 Redis、MemCache、MongoDB、Berkeley DB 等内存数据库提供数据实时查询服务，由这些系统进行持久化操作。
- 全磁盘：使用 HBase 等以 HDFS 为基础的 NoSQL，Key-Value 引擎的关键是设计好 Key 的分布。
- 全内存：直接提供数据读取服务，定期 dump 到磁盘或数据库进行持久化。

（5）关于实时计算流数据分析应用举例。

对于电子商务网站上的店铺，可以实时展示一个店铺的到访顾客流水信息，包括访问时间、访客姓名、访客地理位置、访客 IP、访客正在访问的页面等信息；可以显示某个到访顾客的所有历史来访记录，同时实时跟踪显示某个到访顾客在一个店铺正在访问的页面信息；支持根据访客地理位置、访问页面、访问时间等进行实时查询与分析。

6.2.4 实时查询服务

实时查询服务是指由流计算框架得出的结果可供用户进行实时查询、展示或储存。对于传统的数据处理流程，用户需要主动进行查询才能获得所需结果。而在流处理流程中，实时查询服务可以不断更新结果，并且将用户所需的结果实时推送给用户。

虽然通过对传统的数据处理系统进行定时查询可以不断地更新结果和推送结果，但通过这样的方式获取的结果，仍然是根据过去某个时刻的数据得到的结果，与实时结果有着本质的区别。

由此可见，流处理系统与传统的数据处理系统有以下不同。

- 流处理系统处理的是实时数据，而传统的数据处理系统处理的是预先存储好的静态数据。
- 用户通过流处理系统获取的是实时结果，而通过传统的数据处理系统，获取的是过去某个时刻的结果。
- 流处理系统无须用户主动进行查询，实时查询服务可以主动将实时结果推送给用户。

6.3　开源流计算框架 Flink

6.3.1　Flink 简介

1．Flink 是什么

Flink 是一款通过 Google Dataflow 流计算模型实现的产品，它是一个高吞吐、低延迟、高性能的开源流计算框架。

Flink 支持高度容错的状态管理，防止状态在计算过程中因为系统异常而丢失，Flink 可以周期性地通过分布式快照技术 Checkpoints 实现状态的持久化维护，因此，即使在系统停机或发生异常的情况下，也能计算出正确结果。

Flink 主要应用于实时智能推荐、复杂事件处理、实时欺诈检测、流数据分析和实时报表分析等场景。

2．Flink 的具体优势

1）高吞吐、低延迟、高性能。

Flink 是目前开源社区中唯一一个集高吞吐、低延迟、高性能于一身的分布式流计算框架。Apache Spark 只支持高吞吐和高性能特性，在进行流计算时无法保障低延迟特性；Apache Storm 只支持低延迟和高性能特性，但无法保障高吞吐特性。而高吞吐、低延迟、高性能这 3 个特性对分布式流计算框架来说是非常重要的。

2）支持事件时间（Event Time）概念。

在流计算领域中，窗口计算的地位举足轻重，但目前大部分窗口计算框架采用的都是系统处理时间（Process Time），也就是在事件传输到计算框架处理时，系统主机的当前时间。Flink 支持基于事件时间（Event Time）进行窗口计算，也就是使用事件产生的时间，这种基于事件驱动的机制使事件即使乱序到达，流系统也能够计算出精确的结果，从而保证事件原本产生时的时序性，尽可能避免网络传输或硬件系统的影响。

3）支持有状态计算。

Flink 1.4 实现了状态管理。状态是指在流计算过程中，将算子的中间结果数据存储于内存或文件系统中，在下一个事件进入算子后，可以从之前的状态中获取根据中间结果计算的当前结果，无须每次都基于全部的原始数据统计结果，这种方式极大地提升了系统的性能，并且降低了数据计算过程中的资源消耗。对于数据量大且运算逻辑非常复杂的流计算场景，有状态计算发挥了非常重要的作用。

4）支持高度灵活的窗口（Windows）操作。

在流处理应用中，数据是连续不断的，需要通过窗口的方式对流数据进行一定范围内的聚合计算。例如，如果要统计在过去的一分钟内有多少用户点击某个网页，那么必须定义一个窗口，用于收集最近一分钟内的数据，并且对这个窗口内的数据进行再计算。Flink 将窗口操作划分为基于 Time、Count、Session 及 Data-driven 等类型的窗口操作。窗口可以设置灵活的触发条件，用于支持复杂的流传输模式。用户可以定义不同的窗口触发机制，用于满足不同的需求。

5）基于轻量级分布式快照（Snapshot）实现的容错。

Flink 能够分布式运行在上千个节点上，将一个大型计算任务的流程拆解成小的计算过程，然后将 Task 分布到并行节点上进行处理。在任务执行过程中，能够自动发现事件处理过程中的错误导致的数据不一致问题（如节点宕机、网络传输问题），以及用户升级或修复问题导致的计算服务重启等问题。在这些情况下，通过基于分布式快照技术的 Checkpoints，将任务执行过程中的状态信息持久化存储，一旦任务因发生异常而停止，Flink 就会从 Checkpoints 中对任务进行自动恢复操作，从而确保数据在处理过程中的一致性。

6）基于 JVM 实现独立的内存管理。

内存管理是所有计算框架需要重点考虑的部分，尤其对于计算量较大的计算场景，数据在内存中该如何进行管理显得至关重要。根据 JVM 规范，JVM 内存可以分为虚拟机栈、堆、方法区、程序计数器、本地方法栈等，对于内存管理，基于 JVM，Flink 实现了自身管理内存的机制，尽可能减少 JVM GC（Garbage Collection，垃圾回收机制）对系统的影响。此外，Flink 通过序列化/反序列化方法将所有的数据对象转换成二进制数据，并且将其存储于内存中，在减少数据存储空间的同时，能够更有效地对内存空间进行利用，降低 JVM GC 带来的性能下降或任务异常的风险，因此 Flink 比其他分布式流计算框架更稳定，不会因为 JVM GC 等问题影响整个应用的运行。

7）Save Points（保存点）。

对于 7*24 小时运行的流式应用，数据源源不断地接入，在一段时间内应用的终止有可能导致数据丢失或计算结果不准确，如进行集群版本的升级、停机运维操作等操作。值得一提的是，Flink 通过 Save Points 技术将任务执行的快照存储于存储介质中，当任务重启时，可以直接根据事先存储的 Save Points 恢复原有的计算状态，使任务继续按照停机之前的状态运行，Save Points 技术可以让用户更好地管理和维护实时流式应用。

6.3.2 Flink 的基本架构

1. 基本组件栈

下面介绍 Flink 的基本组件栈。Flink 的基本组件栈分为 3 层，从上往下依次是 API&Libraries 层、Runtime 核心层及物理部署层，如图 6-11 所示。

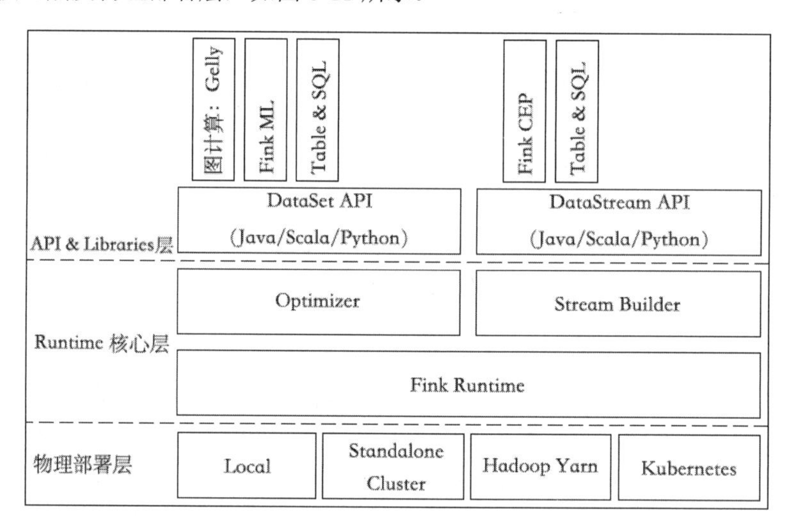

图 6-11 Flink 的基本组件栈

1）API&Libraries 层。

Flink 提供了支持流计算和批量计算的接口，并且在此基础上抽象出不同的应用类型的组件库，如基于流处理的 CEP（复杂事件处理库）、Table&SQL 库和基于批处理的 FlinkML（机器学习库）、Gelly（图计算）。API 层包括构建流计算应用的 DataStream API 和构建批量计算应用的

Datasets API，二者都会为用户提供丰富的数据处理高级 API，也会提供比较低级的 Process Function API。

2）Runtime 核心层。

该层主要负责对上层的不同接口提供基础服务，是 Flink 分布式流计算框架的核心实现层，支持分布式 Stream 作业的执行、JobGraph 到 ExecutionGraph 的映射转换、任务调度等。将 DataStream 和 Datasets 转换成统一的可执行的 Task Operator，从而达到在流式引擎上同时进行批量计算和流计算的目的。

3）物理部署层。

该层主要涉及 Flink 的部署模式，目前 Flink 支持多种部署模式，如本地、集群（Standalone、YARN）、云（GCE/EC2）、Kubernetes。Flink 能够通过该层支持对不同平台的部署，用户可以根据需要使用相应的部署模式。

2．基本架构

Flink 的基本架构如图 6-12 所示。Flink 系统主要由两个组件组成，分别为 JobManager 和 TaskManager。Flink 的基本架构也遵循 Master-Slave 架构的设计原则，JobManager 为 Master 节点，TaskManager 为 Worker（Slave）节点。所有组件之间通过 Akka Framework 进行通信，包括任务的状态及 Checkpoint 触发等信息。Akka 是 Java 虚拟机平台上构建高并发、分布式和容错应用的工具包和运行时工具。Akka 是用 Scala 语言编写的，它同时提供了 Scala 和 Java 的开发接口。Akka 主要基于 Actor 模型处理并发任务，Actor 之间进行通信的唯一机制是消息传递。

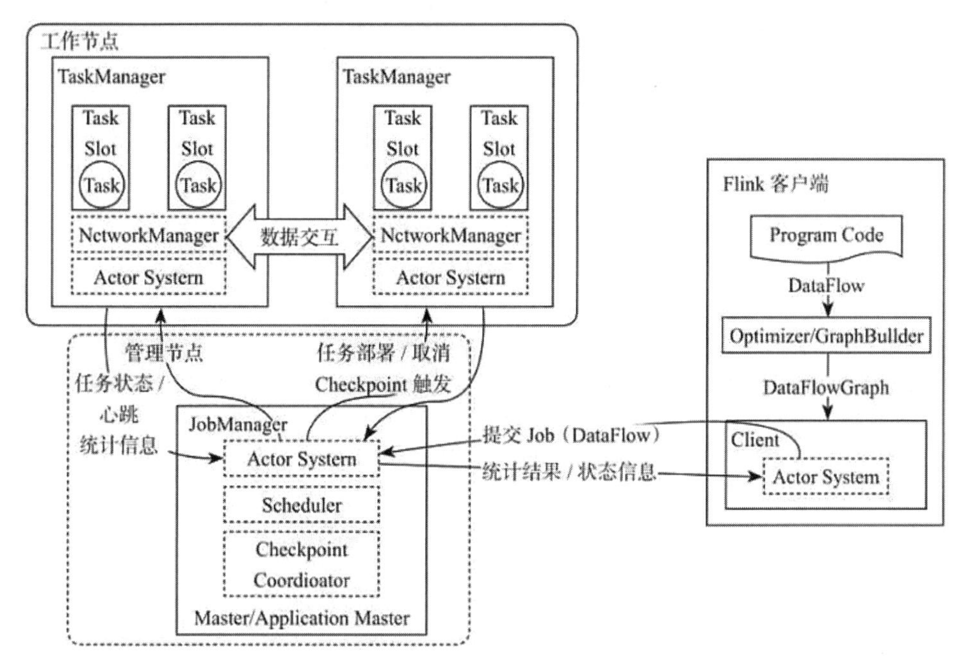

图 6-12　Flink 的基本架构

1）Flink 客户端。

Flink 客户端主要负责将任务提交到集群上，与 JobManager 建立 Akka 连接，然后将任务提交给 JobManager，最后通过和 JobManager 之间进行交互获取任务执行状态。客户端可以采用 CLI（Command-Line Interface，命令行界面）方式或使用 Flink WebUI 提交任务，也可以在应用程序中指定 JobManager 的 RPC（远程过程调用协议）网络端口构建 ExecutionEnvironment，用于提交

Flink 应用。

2）JobManager。

JobManager 主要负责整个 Flink 集群的任务调度及资源管理工作，从客户端获取提交的应用，然后根据集群中 TaskManager 中 TaskSlot（任务槽）的使用情况，为提交的应用分配相应的 TaskSlot 资源，并且命令 TaskManager 启动从客户端中获取的应用。JobManager 相当于整个集群的 Master 节点，并且整个集群中有且仅有一个活跃的 JobManager，负责整个集群的任务管理和资源管理工作。JobManager 和 TaskManager 之间通过 Actor System 进行通信，获取任务执行的情况并通过 Actor System 将应用的任务执行情况发送给客户端。在任务执行过程中，Flink JobManager 会触发 Checkpoints 操作，每个 TaskManager 在收到 Checkpoint 触发指令后，都会完成 Checkpoint 操作，所有的 Checkpoint 协调过程都是在 Flink JobManager 中完成的。在任务完成后，Flink 会将任务执行信息反馈给客户端，并且释放 TaskManager 中的资源，以供下一次提交任务使用。

3）TaskManager。

TaskManager 相当于整个集群中的 Slave 节点，主要负责具体的任务执行和对应任务在每个节点上的资源申请与管理工作。客户端会将编写好的 Flink 应用编译打包并提交给 JobManager，然后 JobManager 会根据已经注册在 JobManager 中的 TaskManager 资源情况，将任务分配给有资源的 TaskManager，最后启动并运行任务。TaskManager 从 JobManager 接收需要部署的任务，然后使用 Slot 资源启动 Task，建立数据接入的网络连接，接收数据并开始进行数据处理。TaskManager 之间的数据交互都是以数据流方式进行的。

可以看出，Flink 采用多线程方式执行任务，这和 MapReduce 采用的多 JVM 进程的方式有很大的区别。Flink 能够显著提高 CPU 的使用效率，在多个任务和 Task 之间通过 TaskSlot 方式共享系统资源，每个 TaskManager 中都管理着多个 TaskSlot 资源池，用于对资源进行有效管理。

6.3.3 Flink 编程

1．数据集编程分类

数据集编程有两种，分别为有界数据集编程和无界数据集编程。

1）有界数据集编程。

对有界数据集的处理方式是批处理。将数据从 RDBMS 或文件系统等系统中读取出来，然后在分布式系统中处理，最后将处理结果写入存储介质，这个过程称为批处理过程。

2）无界数据集编程。

对无界数据集的处理方式是流处理，需要考虑处理过程中的数据顺序错乱和系统容错问题。

【例 6-1】在 Flink 中，流处理程序 WordCount 的结构如下：

```
package com.realtime.flink.streaming
  import org.apache.flink.api.java.utils.ParameterTool
  import org.apache.flink.streaming.api.scala.{DataStream, StreamExecutionEnvironment, _}
object WordCount {
  def main(args: Array[String]) {
      // 第 1 步：设置执行环境
      val env = StreamExecutionEnvironment.getExecutionEnvironment
      // 第 2 步：指定数据源地址，读取输入数据
      val text = env.readTextFile("file:///path/file")
      // 第 3 步：设置数据集的转换操作逻辑
      val counts: DataStream[(String, Int)] = text
        .flatMap(_.toLowerCase.split(" "))
```

```
            .filter(_.nonEmpty)
            .map((_, 1))
            .keyBy(0)
            .sum(1)
            // 第 4 步：设置计算结果的输出位置
            if (params.has("output")) {
            counts.writeAsText(params.get("output"))
          } else {
            println("Printing result to stdout. Use --output to specify output path.")
              counts.print()
          }
        // 第 5 步：指定名称并触发流式任务
        env.execute("Streaming WordCount")
      }
    }
```

Flink 流式编程基本上有 5 个步骤。

（1）设置相应的执行环境，执行环境决定了程序运行的环境。

```
StreamExecutionEnvironment 主要用于进行流处理
ExecutionEnvironment 是批处理环境
//设置 Flink 的运行环境，如果在本地启动，则创建本地环境；如果在集群上启动，则创建集群环境
StreamExecutionEnvironment.getExecutionEnvironment
//设置并行度，创建本地执行环境
StreamExecutionEnvironment.createLocalEnvironment(5)
//设置远程 JobManagerIP 和 RPC 端口，以及运行程序所在 JAR 包及其依赖包
StreamExecutionEnvironment.createRemoteEnvironment("JobManagerHost",6021,5,"/user/application.jar")
```

（2）初始化数据。通过读取文件并将其转换为 DataStream[String]数据集，从而完成从本地文件到分布式数据集的转换。Flink 提供了多种从外部读取数据的连接器，包括批量和实时的数据连接器，能够将 Flink 系统和其他第三方系统连接，从而直接获取外部数据。

（3）转换操作。

map 操作：输入一个元素，然后返回一个元素，中间可以进行清洗、转换等操作。

flatMap 操作：输入一个元素，可以返回零个、一个或多个元素。

keyBy 操作：根据指定的 Key 进行分组，Key 相同的数据会进入同一个分区。示例代码如下：

```
dataStream.keyBy("someKey") // 指定对象中的 "someKey"字段作为分组 key。
dataStream.keyBy(0) //指定 Tuple 中的第一个元素作为分组 key。
```

①以上述的 map()函数为例，该函数的转换操作有两种方法，分别是向其算子内传入 Lambda 表达式（函数作为参数传递进方法中）和自定义函数接口。

【例 6-2】两种定义 Function 的方法。

```
dataStream.map(new MymapFunction)
    class MymapFunction extends MapFunction[String, String] {
      override def map(t: String): String = {
        t.toUpperCase()
      }
    }
 dataStream.map(new MapFunction[String, String] {
      override def map(t: String): String = {
        t.toUpperCase()
      }
})
```

这两种定义 Function 的方法，一种是创建 class 实现，另一种是创建匿名类实现。

②分区 Key 指定。对于前面提到的 keyBy 转换操作，根据指定的 Key 进行分组，相同 Key 的数据会进入同一个分区。

根据字段位置指定分区，或者根据字段名称指定分区，或者根据 Key 选择器指定分区，定义 Key Selector，然后重写 getKey()方法。

【例 6-3】 分区 Key 指定。

```
case class Person(name: String, age: Int)
   val person= env.fromElements(Person("hello",1), Person("flink",4))
   //定义 KeySelector，实现 getKey()方法，从 case class 中获取 Key
   val keyed: KeyedStream[WC]= person.keyBy(new KeySelector[Person, String]() {
     override def getKey(person: Person): String = person.word
   })
```

（4）指定计算结果的输出位置。使用 writeAsText()方法可以基于文件输出，使用 print()方法可以基于控制台输出。

（5）dataStream 最后要显式声明 execute，指定执行任务的名称并触发流式任务，Datasets 不用显式声明。

2．不常见的 API 应用

下面介绍一些不常见的 API 应用。

1）连接。

connect：和 union 类似，但是只能连接两个流，两个流的数据类型不同，会对两个流中的数据应用不同的处理方法。

CoMap 和 CoFlatMap：在 ConnectedStreams 中需要使用这种函数，类似于 map 和 flatMap，前者输入一个元素，可以返回一个元素；后者输入一个元素，可以返回零个、一个或多个元素。

【例 6-4】 unionDemo 程序的代码如下：

```
package DataStream;
import org.apache.flink.api.common.functions.MapFunction;
import org.apache.flink.streaming.api.datastream.ConnectedStreams;
import org.apache.flink.streaming.api.datastream.DataStream;
import org.apache.flink.streaming.api.datastream.DataStreamSource;
import org.apache.flink.streaming.api.datastream.SingleOutputStreamOperator;
import org.apache.flink.streaming.api.environment.StreamExecutionEnvironment;
import org.apache.flink.streaming.api.functions.co.CoMapFunction;
import org.apache.flink.streaming.api.windowing.time.Time;

import javax.xml.crypto.Data;

public class unionDemo {
     public static void main(String[] args) throws Exception {
          //获取 Flink 的运行环境
          StreamExecutionEnvironment env = StreamExecutionEnvironment.getExecutionEnvironment();
          //获取数据源。注意：针对此 Source，只能将并行度设置为 1
          DataStreamSource<Long> text1 = env.addSource(new MyNoParalleSource()).setParallelism(1);
          DataStreamSource<Long> text2 = env.addSource(new MyNoParalleSource()).setParallelism(1);
          SingleOutputStreamOperator<String> text2_str = text2.map(new MapFunction<Long, String>() {
               @Override
               public String map(Long aLong) throws Exception {
                    return "str_"+aLong;
```

```
                }
            });
            //只能连接两条流，但能分别对两条流进行处理
            ConnectedStreams<Long,String> coStream = text1.connect(text2_str);
            SingleOutputStreamOperator<Object>result = coStream.map(new CoMapFunction<Long, String,
Object>() {
                @Override
                public Object map1(Long aLong) throws Exception {
                    return aLong;
                }

                @Override
                public Object map2(String s) throws Exception {
                    return s;
                }
            });
            result.print().setParallelism(1);
            String jobName = unionDemo.class.getSimpleName();
            env.execute(jobName);
        }
    }
```

2）将数据流切分为多条流。

- split：根据规则将一条数据流切分为多条流。
- select：和 split 配合使用，用于选择切分后的流。

【例 6-5】StreamingDemoSplit 程序的代码如下：

```
package DataStream;
import org.apache.flink.streaming.api.collector.selector.OutputSelector;
import org.apache.flink.streaming.api.datastream.DataStream;
import org.apache.flink.streaming.api.datastream.DataStreamSource;
import org.apache.flink.streaming.api.datastream.SplitStream;
import org.apache.flink.streaming.api.environment.StreamExecutionEnvironment;

import java.util.ArrayList;
public class StreamingDemoSplit {
        public static void main(String[] args) throws Exception {
            //获取 Flink 的运行环境
            StreamExecutionEnvironment env = StreamExecutionEnvironment.getExecutionEnvironment();

            //获取数据源。注意：针对此 Source，只能将并行度设置为 1
            DataStreamSource<Long> text = env.addSource(new MyNoParalleSource()).setParallelism(1);

            //对流进行切分，按照数据的奇偶性进行区分
            SplitStream<Long> splitStream = text.split(new OutputSelector<Long>() {
                @Override
                public Iterable<String> select(Long value) {
                    ArrayList<String> outPut = new ArrayList<>();
                    if (value % 2 == 0) {
                        outPut.add("even");//偶数
                    } else {
                        outPut.add("odd");//奇数
                    }
```

```
                    return outPut;
                }
            });

            //选择一条或多条切分后的流
            DataStream<Long> evenStream = splitStream.select("even");
            DataStream<Long> oddStream = splitStream.select("odd");

            DataStream<Long> moreStream = splitStream.select("odd","even");


            //打印结果
            moreStream.print().setParallelism(1);

            String jobName = StreamingDemoSplit.class.getSimpleName();
            env.execute(jobName);
        }
    }
```

习　　题

一、判断题（正确打√，错误打×）

1．有界数据处理方式是流式数据处理，需要考虑处理过程中的数据顺序错乱及系统容错问题。（　　）

2．Storm 的主要术语包括 Streams、Spouts、Bolts、Topology 和 Stream Groupings。（　　）

二、简答题

1．简述无界数据和流数据的概念，以及二者之间的区别。

2．简述流计算的特点。

3．列举几个常见的流计算框架，并且简述它们之间的区别。

4．简述流计算的价值与应用。

5．简述数据实时采集系统的一般组成部分。

6．简述流计算与传统的数据处理流程之间的主要区别。

7．何为实时查询服务？

8．何为 Flink 的具体优势？

9．简述 Flink 的基本架构。

10．简述采用 MapReduce 框架进行单词统计与采用 Flink 框架进行单词统计的区别。

11．简述在 StreamingDemoSplit 程序中，如何将一条数据流切分为多条流。

12．Flink 如何进行分区 Key 指定？

13．尝试实现 6.3.3 节中关于 Flink 编程的几个例子。

第 7 章　大数据的图计算

为了弥补 MapReduce 计算模式在大图计算方面的缺陷，可从 Spark GraphX 和 Pregel 两方面进行考虑。

本章主要介绍大数据的图计算概述、Spark GraphX 简介、Spark GraphX 的实现分析、Spark GraphX 实例、Pregel 简介、Pregel 图计算模型、Pregel 的体系结构、PageRank 算法及其实现，使读者对大数据的图计算有基本的了解。

7.1　大数据的图计算概述

大数据的图计算是大数据处理中的典型运算。Hadoop 技术族具备大数据存储能力、强大的分布式并行处理能力、良好的性价比和可扩展性，因此成了近几年学术界和产业界进行大规模图计算的首选技术，很多研究者和开发者都使用 Hadoop 的 MapReduce 计算模型实现大规模图计算的算法和系统。但是随着研究和开发工作的逐步深入，人们越来越发现 MapReduce 计算模型在进行大规模图运算时的局限性。图计算需要在相同数据上进行反复的迭代运算，会导致数据的不断更新及大量的消息传递。

为了弥补 MapReduce 计算模式在大规模图计算方面的缺陷，Hadoop 扩展了 Hadoop 框架，提出了一套新的编程接口，用于支持迭代式程序的开发；并且改进了 JobTracker 和任务调度器，用于支持迭代任务执行；还可以使用 Spark GraphX 进行图计算。此外，可以在 MapReduce 之外参考其他并行图计算模型设计新的计算方法，其中比较成功的有 Google 的 Pregel、Yahoo 的开源项目 Giraph、Apache 的开源项目 Hama，这些技术都借鉴了 BSP（Bulk Synchronous Parallel Model）并行计算模型。

1．BSP 模型

BSP 模型是 2010 年图灵奖得主 Leslie Valiant 提出来的一种基于消息通信的并行运算模型。BSP 模型中定义的计算过程如图 7-1 所示。基于 BSP 模型构建的并行计算系统由多个处理器构成，这些处理器通过通信网络连接，每个处理器都具备计算快速的本地内存单元，可以独立地进行多线程计算。BSP 模型中的计算作业由一系列超步（Superstep）构成，每个超步都包括 3 部分，分别为本地计算、全局通信、障碍同步。

2．Pregel

Pregel 是 Google 借鉴 BSP 模型的思想构建的分布式图计算框架，可以视为继 MapReduce 之后的分布式计算利器，其主要目的是支持实现对大规模图数据进行计算的各类图算法（详见 7.3 节中的相关内容）。

3．Hama

Apache 的开源项目 Hama 借鉴了 Google 的 Pregel，它也是一个构建在 HDFS 上的基于 BSP 模型的分布式计算框架，主要针对大规模科学计算任务，如大型矩阵、图形或网络计算。Hama 采用分层结构实现，其核心组件包括 3 部分，分别为 Hama Core、Hama Shell 和 Hama API。Hama Core 主要用于提供矩阵和图计算的基础功能，Hama Shell 主要用于提供一个用户交互环境，Hama

API 主要用于支持第三方应用。目前 Hama 支持 MapReduce、BSP 和微软的 Dryad 共 3 种计算模型。其中 MapReduce 主要用于进行矩阵运算，而 BSP 和 Dryad 主要用于进行图计算。

BSP 计算模式是 Hama 中的主要计算模式，Hama 实现 BSP 计算模式的系统架构如图 7-2 所示。

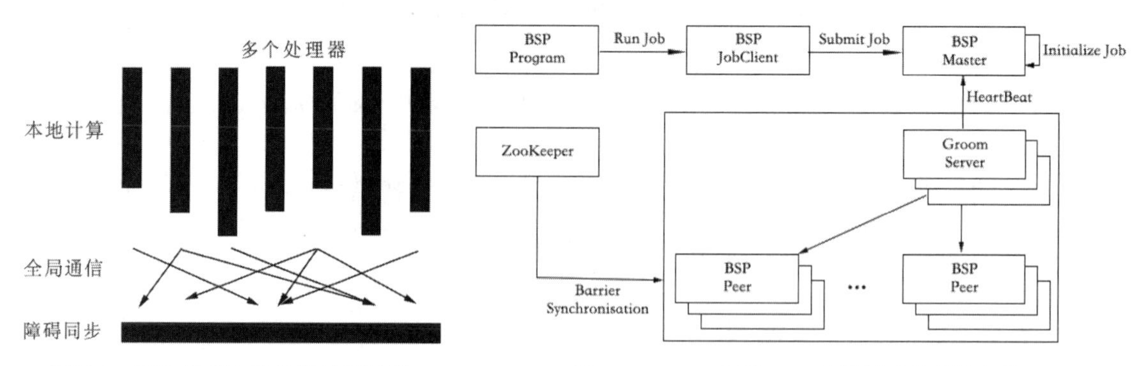

图 7-1　BSP 模型中定义的计算过程

图 7-2　Hama 实现 BSP 计算模式的系统架构

在图 7-2 中，除启动作业的 BSP Program 和与系统交互的 BSP JobClient 库外，BSP 的执行逻辑主要由 BSPMaster、GroomServer 和 ZooKeeper 共同完成。

至此，我们已经介绍了目前受到极大关注的几个发展中的大数据处理技术，虽然其中的一些技术还处于发展初期，存在一些不成熟的地方，但是它们以其独特的能力和优良的性能证明了，它们能在未来的大数据处理领域占据重要的地位。与此同时，在互联网大数据的浪潮下，更多更新的先进技术在不断孕育，这些已经出现的和未知的技术，将和 Hadoop 一起推动人们在大数据处理的道路上不断前行。

7.2　Spark GraphX

7.2.1　Spark GraphX 简介

Spark GraphX 是一个分布式图处理框架，它是基于 Spark 实现的，可以提供多个针对图计算和图挖掘的简洁、易用的接口，从而满足用户对分布式图处理的需求。

众所周知，社交网络中人与人之间有很多关系链，如 Twitter、Facebook、微博和微信等，这些大数据产生的地方都需要进行图计算，现在的图处理基本都是分布式的图处理，而并非单机处理。Spark GraphX 由于底层是基于 Spark 实现的，因此是一个分布式的图处理系统。

图的分布式或并行处理其实是将图拆分成很多个子图，然后分别对这些子图进行计算，在计算时可以分别迭代进行分阶段的计算，即对图进行并行计算。

下面看一下图计算的简单示例，如图 7-3 所示。根据图 7-3 可知，将 Wikipedia 文档转换为 Top Communities 的方法有两种。第一种是先将 Wikipedia 文档转换为 Link Table 格式的视图，然后将其分析成 Hyperlinks 超链接，最后使用 PageRank 算法进行计算，得出 Top Communities。第二种是将 Wikipedia 文档转换为 Editor Table 格式的视图，然后将其转换为 Editor Graph，最后使用 Community Detection 算法进行计算，得出 Top Communities，这个过程称为 Triangle Computation，是计算三角形的一种算法，基于此还有一个社区。根据上面的分析可以发现，图计算有很多方法，并且图和表格可以互相转换。

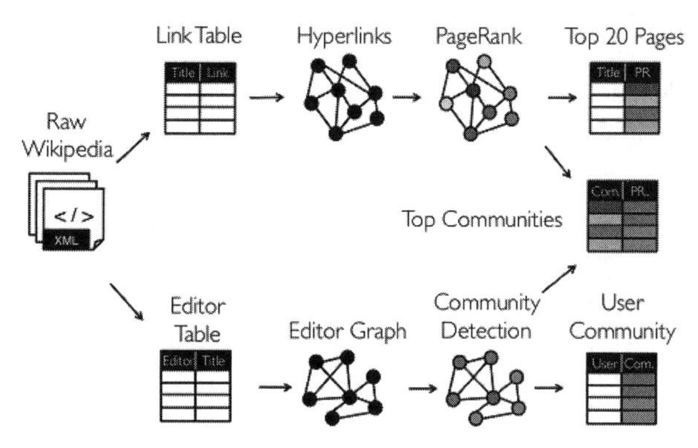

图 7-3 图计算的简单示例

7.2.2 Spark GraphX 的实现分析

Spark 中的每个子模块都有一个核心抽象。Spark GraphX 的核心抽象是 Resilient Distributed Property Graph（弹性分布式属性图），它是一种点和边都带属性的有向多重图。Spark GraphX 扩展了 Spark RDD 的抽象，有 Table 和 Graph 两种视图，但只需一份物理存储，如图 7-4 所示。两种视图都有自己独有的操作符，因此可以进行灵活操作和提高执行效率。

Spark GraphX 的底层设计有以下几个关键点。对 Graph 视图的所有操作，最终都会转换成其关联的 Table 视图的 RDD 操作。这样，对一个图的计算，最终在逻辑上，等价于一系列 RDD 的转换过程。因此，Graph 最终具备了 RDD 的 3 个关键特性，分别为 Immutable（不变性）、Distributed（分布式）和 Fault-Tolerant（容错性），其中最关键的是 Immutable。在逻辑上，所有图的转换和操作都产生了一个新图；在物理上，Spark GraphX 会有一定程度的不变顶点和边的复用优化，对用户透明。

两种视图底层共用的物理数据，由 RDD[Vertex-Partition]和 RDD[EdgePartition]组成。点和边实际都不是以 Collection[tuple]的形式存储的，而是由 VertexPartition/EdgePartition 在内部存储一个带索引结构的分片数据块，用于加速不同视图中的遍历速度。不变的索引结构在 RDD 转换过程中是共用的，降低了计算和存储开销。

Vertex Property Table 和 Edge Property Table 如图 7-5 所示。

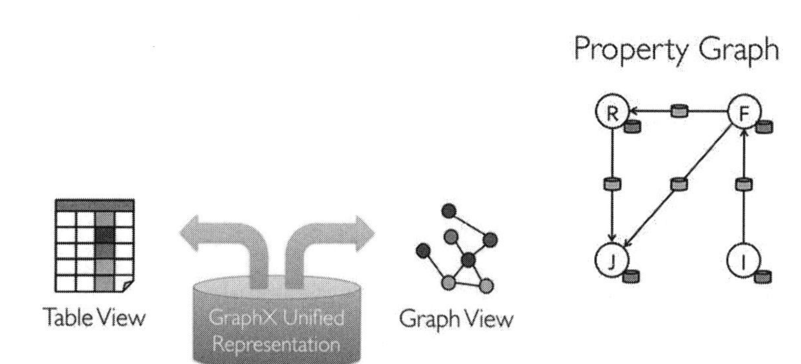

Vertex Property Table

Id	Property (V)
Rxin	(Stu., Berk.)
Jegonzal	(PstDoc, Berk.)
Franklin	(Prof., Berk)
Istoica	(Prof., Berk)

Edge Property Table

SrcId	DstId	Property (E)
rxin	jegonzal	Friend
franklin	rxin	Advisor
istoica	franklin	Coworker
franklin	jegonzal	PI

图 7-4 Spark GraphX 有 Table 和 Graph 两种视图

图 7-5 Vertex Property Table 和 Edge Property Table

图的分布式存储采用点分割模式，而且使用 partitionBy()方法，由用户指定不同的划分策略（PartitionStrategy）。划分策略会将边分配到各个 EdgePartition，将顶点 Master 分配到各个 VertexPartition，EdgePartition 也会缓存本地边关联点的 Ghost 副本。不同的划分策略会影响所需缓存的

Ghost 副本数量，以及每个 EdgePartition 分配的边的均衡程度，因此需要根据图的结构特征选择最佳划分策略。目前有 EdgePartition2d、EdgePartition1d、RandomVertexCut 和 CanonicalRandomVertexCut 共 4 种划分策略。

7.2.3 Spark GraphX 实例

1. Spark GraphX 实例介绍

Spark GraphX 实例如图 7-6 所示，图中有 6 个人，每个人都标有名字和年龄，根据这些人的社会关系形成 8 条边，每条边都有其相应的属性。下面构建顶点、边和图，打印图的属性、转换操作、结构操作、连接操作、聚合操作，并且结合实际要求进行演示。

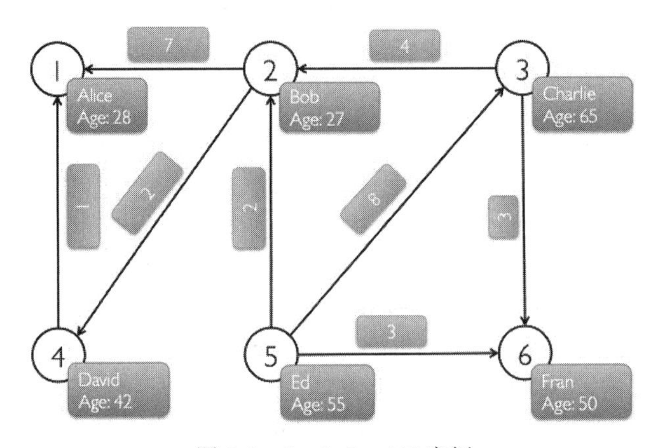

图 7-6　Spark GraphX 实例

2. 程序代码

【例 7-1】Spark GraphX 实例的代码如下：

```
import org.apache.log4j.{Level, Logger}
import org.apache.spark.{SparkContext, SparkConf}
import org.apache.spark.graphx._
import org.apache.spark.rdd.RDD
 object GraphXExample {
   def main(args: Array[String]) {
     //屏蔽日志
     Logger.getLogger("org.apache.spark").setLevel(Level.WARN)
     Logger.getLogger("org.eclipse.jetty.server").setLevel(Level.OFF)
     //设置运行环境
     val conf = new SparkConf().setAppName("SimpleGraphX").setMaster("local")
     val sc = new SparkContext(conf)
     //设置顶点和边，注意顶点和边都是用元组定义的 Array
     //顶点的数据类型是 VD:(String,Int)
     val vertexArray = Array(
       (1L, ("Alice", 28)),
       (2L, ("Bob", 27)),
       (3L, ("Charlie", 65)),
       (4L, ("David", 42)),
       (5L, ("Ed", 55)),
       (6L, ("Fran", 50))
```

```
    )
    //边的数据类型是 ED:Int
    val edgeArray = Array(
      Edge(2L, 1L, 7),
      Edge(2L, 4L, 2),
      Edge(3L, 2L, 4),
      Edge(3L, 6L, 3),
      Edge(4L, 1L, 1),
      Edge(5L, 2L, 2),
      Edge(5L, 3L, 8),
      Edge(5L, 6L, 3)
    )
    //构造 vertexRDD 和 edgeRDD
    val vertexRDD: RDD[(Long, (String, Int))] = sc.parallelize(vertexArray)
    val edgeRDD: RDD[Edge[Int]] = sc.parallelize(edgeArray)
    //构造图 Graph[VD,ED]
    val graph: Graph[(String, Int), Int] = Graph(vertexRDD, edgeRDD)
    //***********************************************************************
    //*********************    图的属性  ***********************************
    //***********************************************************************
    println("*************************************************")
    println("属性演示")
    println("**************************************************")
    println("找出图中年龄大于 30 的顶点：")
    graph.vertices.filter { case (id, (name, age)) => age > 30}.collect.foreach {
    case (id, (name, age)) => println(s"nameisnameisage")
    }
    //边操作：找出图中属性大于 5 的边
    println("找出图中属性大于 5 的边：")
    graph.edges.filter(e => e.attr > 5).collect.foreach(e => println(s"e.srcIdtoe.srcIdto{e.dstId} att ${e.attr}"))
    println
    //triplets 操作，((srcId, srcAttr), (dstId, dstAttr), attr)
    println("列出边属性>5 的tripltes：")
    for (triplet <- graph.triplets.filter(t => t.attr > 5).collect) {
    println(s"triplet.srcAttr.1likestriplet.srcAttr.1likes{triplet.dstAttr._1}")
    }
    println
    //Degrees 操作
    println("找出图中最大的出度、入度、度数：")
    def max(a: (VertexId, Int), b: (VertexId, Int)): (VertexId, Int) = {
    if (a._2 > b._2) a else b
    }
    println("max  of  outDegrees:"  +  graph.outDegrees.reduce(max)  +  "  max  of  inDegrees:"  +
graph.inDegrees.reduce(max) + " max of Degrees:" + graph.degrees.reduce(max))
    println
    //***********************************************************************
    //************************     转换操作   ****************************
    //***********************************************************************
    println("*******************************************************")
    println("转换操作")
    println("*******************************************************")
```

```
        println("顶点的转换操作，顶点 age + 10：")
        graph.mapVertices{ case (id, (name, age)) => (id, (name, age+10))}.vertices.collect.foreach(v =>
println(s"v.2.1isv.2.1is{v._2._2}"))
        println
        println("边的转换操作，边的属性*2：")
        graph.mapEdges(e=>e.attr*2).edges.collect.foreach(e => println(s"e.srcIdtoe.srcIdto{e.dstId} att ${e.attr}"))
        println
        //***************************************************************************
        //***************************  结构操作  *************************
        //***************************************************************************
        println("**********************************************************")
        println("结构操作")
        println("**********************************************************")
        println("顶点年纪>30 的子图：")
        val subGraph = graph.subgraph(vpred = (id, vd) => vd._2 >= 30)
        println("子图所有顶点：")
    subGraph.vertices.collect.foreach(v => println(s"v.2.1isv.2.1is{v._2._2}"))
        println
        println("子图所有边：")
      subGraph.edges.collect.foreach(e => println(s"e.srcIdtoe.srcIdto{e.dstId} att ${e.attr}"))
        println
        //*******************************************************************
        //***************************  连接操作  ****************
        //*******************************************************************
        println("**********************************************************")
        println("连接操作")
        println("**********************************************************")
        val inDegrees: VertexRDD[Int] = graph.inDegrees
        case class User(name: String, age: Int, inDeg: Int, outDeg: Int)
        //创建一个新图，顶点 VD 的数据类型为 User，并且对 Graph 进行类型转换
        val initialUserGraph: Graph[User, Int] = graph.mapVertices { case (id, (name, age)) => User(name, age, 0,
0)}
        //initialUserGraph 与 inDegrees、outDegrees（RDD）进行连接，并且修改 initialUserGraph 中的
inDeg 值、outDeg 值
        val userGraph = initialUserGraph.outerJoinVertices(initialUserGraph.inDegrees) {
        case (id, u, inDegOpt) => User(u.name, u.age, inDegOpt.getOrElse(0), u.outDeg)
        }.outerJoinVertices(initialUserGraph.outDegrees) {
        case (id, u, outDegOpt) => User(u.name, u.age, u.inDeg,outDegOpt.getOrElse(0))
        }
        println("连接图的属性：")
        userGraph.vertices.collect.foreach(v => println(s"v.2.nameinDeg:v.2.nameinDeg:{v._2.inDeg} outDeg:
${v._2.outDeg}"))
        println
        println("出度和入读相同的人员：")
        userGraph.vertices.filter {
        case (id, u) => u.inDeg == u.outDeg
        }.collect.foreach {
          case (id, property) => println(property.name)
        }
        println
        //*************************************************************************
```

```
//***************** 聚合操作    ********************************
  //*****************************************************************
      println("******************************************************")
      println("聚合操作")
      println("******************************************************")
      println("找出年纪最大的追求者：")
      val oldestFollower: VertexRDD[(String, Int)] = userGraph.mapReduceTriplets[(String, Int)](
        //Map 过程，将源顶点的属性发送给目标顶点
        edge => Iterator((edge.dstId, (edge.srcAttr.name, edge.srcAttr.age))),
        //Reduce 过程，得到最大追求者
        (a, b) => if (a._2 > b._2) a else b
      )
      userGraph.vertices.leftJoin(oldestFollower) { (id, user, optOldestFollower) =>
        optOldestFollower match {
        case None => s"${user.name} does not have any followers."
          case Some((name, age)) => s"nameistheoldestfollowerofnameistheoldestfollowerof{user.name}."
        }
      }.collect.foreach { case (id, str) => println(str)}
      println
      //*****************************************************************
      //****************实用操作    ****************************************
      //*****************************************************************
      println("******************************************************")
      println("聚合操作")
      println("******************************************************")
      println("找出 5 到各顶点的最短距离：")
      val sourceId: VertexId = 5L //定义源点
      val initialGraph = graph.mapVertices((id, _) => if (id == sourceId) 0.0 else Double.PositiveInfinity)
      val sssp = initialGraph.pregel(Double.PositiveInfinity)(
        (id, dist, newDist) => math.min(dist, newDist),
        triplet => {   //计算权重
            if (triplet.srcAttr + triplet.attr < triplet.dstAttr) {
             Iterator((triplet.dstId, triplet.srcAttr + triplet.attr))
            } else {
              Iterator.empty
            }
        },
        (a,b) => math.min(a,b) //最短距离
      )
      println(sssp.vertices.collect.mkString("\n"))
       sc.stop()
  }
}
```

7.3　Pregel

7.3.1　Pregel 简介

Pregel 是 Google 公司开发的一种基于 BSP 计算模型实现的并行图处理系统。为了解决大型图的分布式计算问题，Pregel 搭建了一个可扩展、有容错机制的平台，该平台提供了一套非常灵活的

API，可以进行各种图计算。Pregel 作为分布式图计算框架，主要用于进行图遍历、最短路径计算、PageRank 计算等。

Google 在后 Hadoop 时代的新“三架马车”如下。

- Caffeine 帮助谷歌快速实现大规模网页索引的构建。
- Dremel 的实时交互式分析产品采用嵌套式的数据结构，支持分析 PB 级别的数据。
- Pregel 是基于 BSP 计算模型实现的并行图计算系统，一般用于进行图的遍历。

Pregel 的核心思想可以简要理解为“像节点一样思考”，即算法设计和编程实现都以图的节点为核心展开。Pregel 的系统架构主要包括 3 类节点，分别为 Client、Master 和 Worker，如图 7-7 所示。

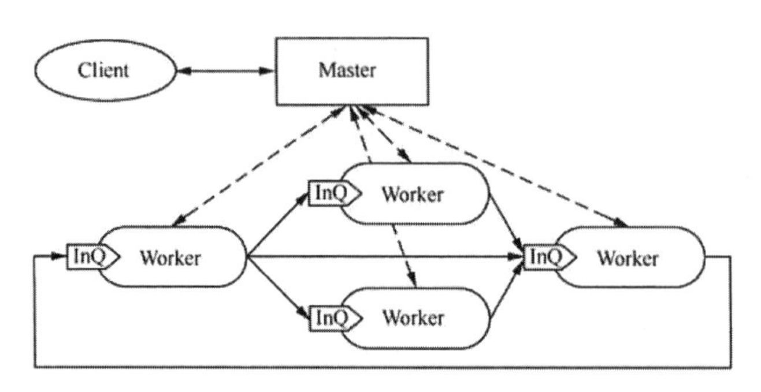

图 7-7　Pregel 的系统架构

基于 Pregel 的系统架构，结合任务容错机制和恢复机制，Google 实现了完整的 Pregel 计算架构，并且取得了很好的实用效果。

7.3.2　Pregel 图计算模型

1. 有向图和顶点

Pregel 图计算模型以有向图为输入，有向图的每个顶点都有一个 String 类型的顶点 ID，每个顶点都有一个可修改的用户自定义值与之关联，每条有向边都和其源顶点关联，并且记录了其目标顶点 ID，边上有一个可修改的用户自定义值与之关联。有向图和顶点如图 7-8 所示。

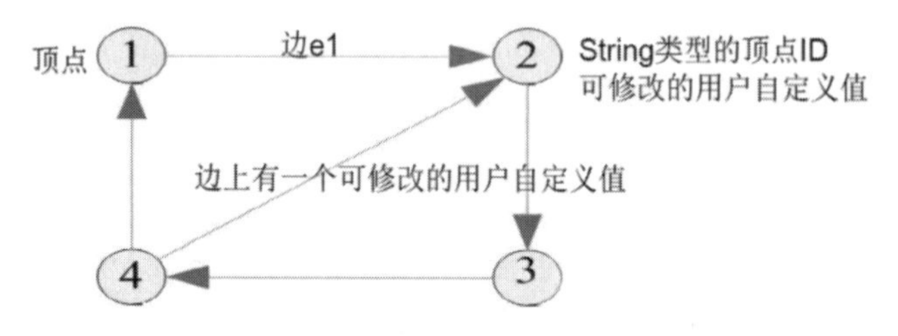

图 7-8　有向图和顶点

超步示意图如图 7-9 所示（圆圈表示顶点，箭头表示发送消息），在每个超步 S 中，所有顶点都会并行执行相同的用户自定义函数。每个顶点都可以接收前一个超步（S-1）发送给它的消息，可以修改其自身及其出射边的状态，并且可以发送消息给其他顶点，甚至可以修改整个图的拓扑结构。需要注意的是，在这种计算模式下，边并不是核心对象，在边上不会进行相应的计算，只有顶点才会执行用户自定义函数，从而进行相应的计算。

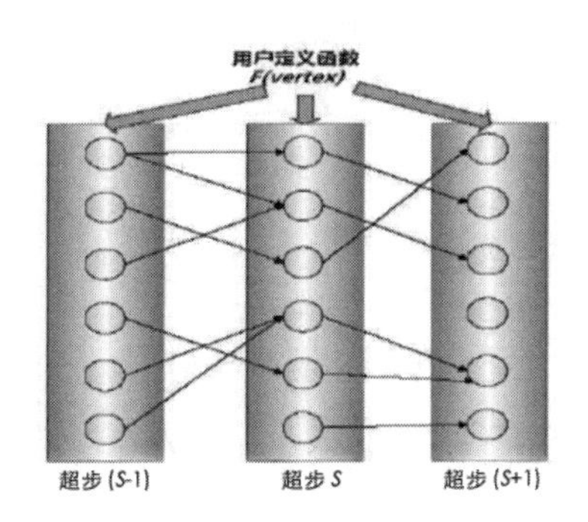

图 7-9 超步示意图

2. 顶点之间的消息传递

采用消息传递模型的原因有以下两点。

- 消息传递具有足够的表达能力，没有必要使用远程读取或共享内存的方式。
- 有助于提升系统整体性能。大规模图计算通常是由一个集群完成的，在集群环境中读取远程数据会有较高的延迟；Pregel 采用异步和批量计算的方式传递消息，因此可以降低读取远程数据的延迟。

消息传递模型如图 7-10 所示。

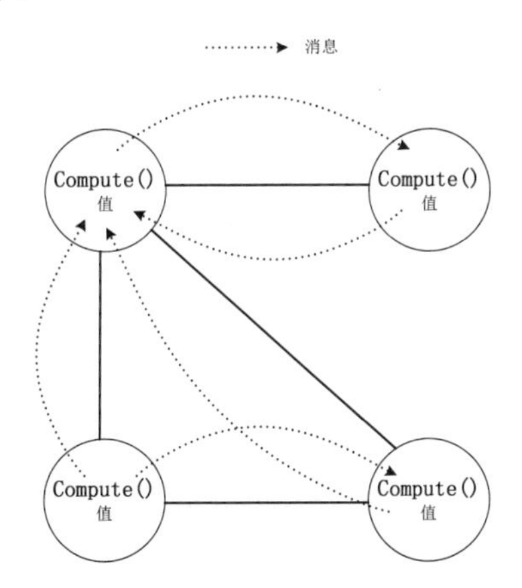

图 7-10 消息传递模型

3. Pregel 的计算过程

Pregel 的计算过程是由一系列被称为“超步”的迭代组成的。在每个超步中，每个顶点上都会并行执行用户自定义的函数，该函数描述了一个顶点 V 在一个超步 S 中需要执行的操作。该函数可以读取前一个超步（S-1）中其他顶点发送给顶点 V 的消息，在执行相应计算后，会修改顶点 V 及其出射边的状态，然后沿着顶点 V 的出射边发送消息给其他顶点，一个消息可能经过多条边的传递被发送到任意已知 ID 的目标顶点上。这些消息会在下一个超步（S+1）中被目标顶点接收，然后像上述过程一样开始下一个超步（S+1）的迭代过程。

一个简单的状态机如图 7-11 所示。在 Pregel 的计算过程中，一个算法什么时候结束，是由所有顶点的状态决定的，当图中的所有顶点都已经标识其自身达到非活跃（inactive）状态时，算法就可以停止运行了。

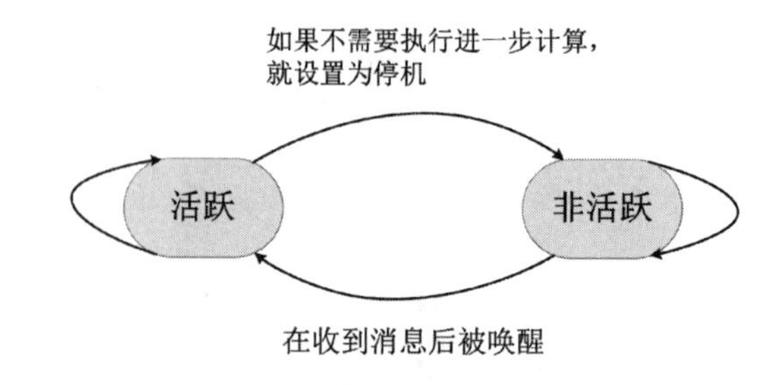

图 7-11　一个简单的状态机

在第 0 个超步，所有顶点都处于活跃状态，都会参与该超步的计算过程。当一个顶点不需要继续执行进一步的计算时，会将该顶点的状态设置为“停机”，并且进入非活跃状态。一旦一个顶点进入非活跃状态，后续超步中就不会再在该顶点上执行计算，除非其他顶点给该顶点发送消息，使其再次激活。当一个处于非活跃状态的顶点收到来自其他顶点的消息时，Pregel 计算框架必须根据判断条件决定是否将其显式唤醒，使其进入活跃状态。当图中的所有顶点都已经标识其自身达到非活跃（inactive）状态，并且没有消息在传递时，算法就可以停止运行了。可以理解为，机器学习中的分布式训练模型在达到目标优化效果后就会停止训练，如果中央控制器检测到所有在进行节点训练的模型都停机了，那么汇总训练模型，并且挑选最佳训练模型参数进行保存，然后停止整个训练。

4．Pregel 的 C++ API

Pregel 已经预先定义好了一个基类——Vertex 类。

【例 7-2】 Pregel 的 C++ API（Vertex 类）代码如下：

```
template <typename VertexValue, typename EdgeValue, typename MessageValue>
class Vertex {
  public:
    //在编写 Pregel 程序时，需要继承 Vertex 类，并且覆写 Vertex 类的虚函数 Compute()
    virtual void Compute(MessageIterator* msgs) = 0;
    const string& vertex_id() const;
    int64 superstep() const;
    const VertexValue& GetValue();
    VertexValue* MutableValue();
    OutEdgeIterator GetOutEdgeIterator();
    void SendMessageTo(const string& dest_vertex,     const MessageValue& message);
    void VoteToHalt();
   };
```

在 Vetex 类中，定义了 3 个值类型的参数，分别表示顶点（VertexValue）、边（EdgeValue）和消息（MessageValve）。每一个顶点都有一个指定类型的值与之对应，在编写 Pregel 程序时需要继承 Vertex 类，并且覆写 Vertex 类中的虚函数 Compute()。

在 Pregel 的计算过程中，在每个超步中都会并行调用每个顶点上定义的 Compute()函数。允许 Compute()方法查询当前顶点及其边的信息，以及发送消息给其他顶点。Compute()方法可以调用 GetValue()方法，从而获取当前顶点的值；可以调用 MutableValue()方法，从而修改当前顶点的值。通过出射边的迭代器提供的方法查看、修改出射边对应的值。对状态的修改，对被修改的顶点而言是可以立即被看见的，但对其他顶点而言是不可见的，因此，不同顶点并发进行的数据访问是不存在竞争关系的。

在整个过程中，唯一需要在超步之间持久化的顶点级状态，是顶点与其对应的边所关联的值，因此，Pregel 计算框架需要管理的图状态只有顶点和边所关联的值，这种做法大大简化了计算流程，并且有利于进行图的分布和故障恢复。

7.3.3　Pregel 的体系结构

1．Pregel 的执行过程

在 Pregel 计算框架中，一个大型图会被划分成多个分区，每个分区都包含一部分顶点及以其为起点的边，如图 7-12 所示。

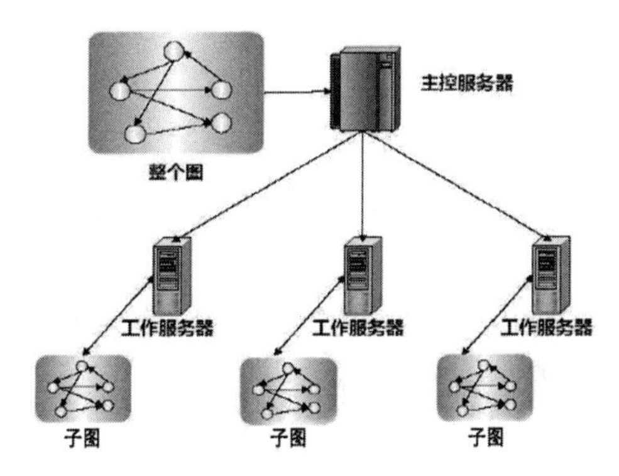

图 7-12　Pregel 计算框架中大型图的划分

一个顶点应该被分配到哪个分区中，是由一个函数决定的，系统默认函数为 hash(ID) mod N，其中，N 为分区总数，ID 是这个顶点的标识符，这样，无论在哪台机器上，都可以根据顶点 ID 判断出该顶点属于哪个分区，即使该顶点可能已经不存在了。当然，用户也可以自己定义这个函数。

在理想的情况下（不发生任何错误），一个 Pregel 用户程序的执行过程如图 7-13 所示。

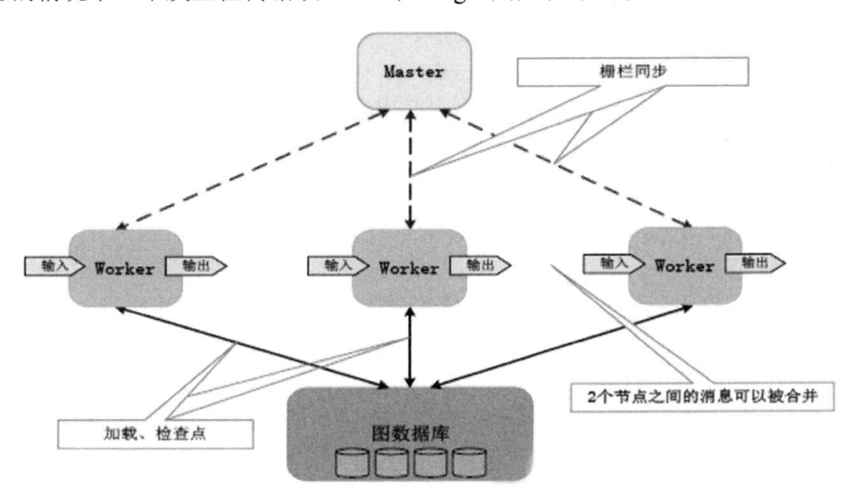

图 7-13　Pregel 用户程序的执行过程

（1）选择集群中的多台机器执行图计算任务，将其中一台机器作为 Master，将其他机器作为 Worker。

（2）Master 将一个图分成多个分区，并且将分区分配给多个 Worker。一个 Worker 会领到一个或多个分区，每个 Worker 都知道其他 Worker 分配的分区情况。

（3）Master 会将用户输入划分成多个部分，然后为每个 Worker 分配用户输入的一部分。如果一个 Worker 从输入内容中加载到的顶点刚好是自己分配到的分区中的顶点，就会立即更新相应的数据结构；否则，该 Worker 会根据加载到的顶点的 ID，将其发送给所属分区所在的 Worker。在所有的输入都被加载后，图中的所有顶点都会被标记为活跃状态。

（4）Master 会向每个 Worker 发送指令，Worker 在收到指令后，会开始运行一个超步。在一个超步中的所有工作都完成后，Worker 会通知 Master，并且将自己在下一个超步还处于活跃状态的顶点数量报告给 Master。上述步骤会不断重复，直到所有顶点都不再活跃，并且系统中设有任何消息在传递，这时，执行过程就会结束。

（5）在执行过程结束后，Master 会给所有的 Worker 发送指令，通知每个 Worker 对自己的计算结果进行持久化存储。

2. 容错性

Pregel 采用检查点机制保证容错性。在每个超步开始时，Master 会通知所有的 Worker 将自己管辖的分区状态写入持久化存储设备。

Master 会周期性地向每个 Worker 发送 ping 消息，Worker 在收到 ping 消息后会给 Master 发送反馈消息。

每个 Worker 中都存储着一个或多个分区的状态信息，在一个 Worker 发生故障后，它所负责维护的分区的当前状态信息就会丢失。Master 在监测到一个 Worker 发生故障“失效”后，会将失效 Worker 分配到的分区重新分配给其他处于正常工作状态的 Worker，然后，这些分区会在最近的某超步 *S* 开始时写出的检查点中重新加载状态信息。

3. Worker

Worker 负责维护的分区状态信息存储于内存中。分区中顶点的状态信息包括以下几项。

- 顶点的当前值。
- 以该顶点为起点的出射边列表，每条出射边都包含目标顶点 ID 和边的值。
- 消息队列，包含所有接收到的发送给该顶点的消息。
- 标志位，用于标记顶点是否处于活跃状态。

在超步中，Worker 会对自己负责维护的分区中的所有顶点进行遍历，并且调用顶点上的 Compute()函数，在调用时，会将以下 3 个参数传递进去。

- 该顶点的当前值。
- 一个接收到的消息的迭代器。
- 一个出射边的迭代器。

在 Pregel 中，为了获得更好的性能，标志位和输入消息队列是分开存储的。

对每个顶点而言，Pregel 只存储一份顶点值和边值，但会存储两份标志位和输入消息队列，分别应用于当前超步和下一个超步。

如果一个顶点 *V* 在超步 *S* 接收到消息，则表示顶点 *V* 会在下一个超步 *S*+1（不是当前超步 *S*）中处于活跃状态。

当一个 Worker 上的一个顶点 *V* 需要发送消息给另一个顶点 *U* 时，该 Worker 会先判断目标顶点 *U* 是否位于自己所在的机器上，如果目标顶点 *U* 在自己所在的机器上，那么直接将消息放入与目标顶点 *U* 对应的输入消息队列中；如果发现目标顶点 *U* 在远程机器上，那么这个消息会被暂时缓存到本地，当缓存中的消息数量达到一个事先设定的阈值时，这些缓存消息会被批量异步发送出去，并且传递给目标顶点所在的 Worker。

4. Master

Master 主要负责协调各个 Worker 执行任务，每个 Worker 都可以借助名称服务系统定位到 Master 的位置，并且向 Master 发送自己的注册信息，Master 会为每个 Worker 分配一个唯一的 ID。

Master 维护着当前处于有效状态的所有 Worker 的各种信息，包括每个 Worker 的 ID、地址信息，以及每个 Worker 被分配到的分区信息。

Master 中存储的这些信息的数据结构大小只与分区的数量有关，与顶点和边的数量无关。

一个大规模图计算任务会被 Master 分解到多个 Worker 中执行，在每个超步开始时，Master 会向所有处于有效状态的 Worker 发送相同的指令，然后等待这些 Worker 的回应。

如果在指定时间内收不到某个 Worker 的反馈，Master 就会认为这个 Worker 失效了。

如果参与任务执行的多个 Worker 中的任意一个因发生故障而失效，那么 Master 会进入恢复模式。

在每个超步中，图计算的各种工作，如输入、输出、计算、保存和从检查点中恢复，都会在路障（Barrier）之前结束。

Master 在内部运行了一个 HTTP 服务器，用于显示图计算过程的各种信息。用户可以通过网页随时监控图计算过程中的各种信息，这些信息如下。

- 图的大小。
- 关于出度分布的柱状图。
- 处于活跃状态的顶点数量。
- 当前超步的时间信息和消息流量。
- 所有用户自定义的 Aggregator 值。

5. Aggregator

- 每个用户自定义的 Aggregator 都会采用聚合函数对一个值集合进行聚合计算，从而得到一个全局值。
- 每个 Worker 都存储着一个 Aggregator 的实例集，其中的每个实例都是由类型名称和实例名称标识的。
- 在图计算过程的某个超步 S 中，每个 Worker 都会利用一个 Aggregator 对当前本地分区中包含的所有顶点的值进行归约，得到一个本地的局部归约值。
- 在超步 S 结束时，所有 Worker 都会将所有包含局部归约值的 Aggregator 的值进行汇总，从而得到全局值，然后将其提交给 Master。
- 在下一个超步 S+1 开始时，Master 会将 Aggregator 的全局值发送给每个 Worker。

7.3.4 PageRank 算法及其实现

1. PageRank 算法

PageRank 是一个函数，它会为网络中的每个网页赋一个权值，可以通过权值判断网页的重要性。权值分配的方法并不是固定的，对 PageRank 算法的一些简单变形都会改变网页的相对 PageRank 值（PR 值）。PageRank 作为 Google 的网页链接排名算法，其基本公式如下：

$$\mathrm{PR}=\beta\sum_{i=1}^{n}\frac{\mathrm{PR}_i}{N_i}+(1-\beta)\frac{1}{N}$$

对于任意一个网页链接，其 PR 值是链入该链接的源链接的 PR 值对该链接的贡献和，其中，N 表示该网络中的网页数量，N_i 为第 i 个源链接的链出度，PR_i 表示第 i 个源链接的 PR 值。

网络链接之间的关系可以用一个连通图表示。图 7-14 所示为 4 个网页（A、B、C、D）互相链入、链出组成的连通图。根据图 7-14 可知，网页 A 中包含指向网页 B、C、D 的外链，网页 B 和 D 是网页 A 的源链接。

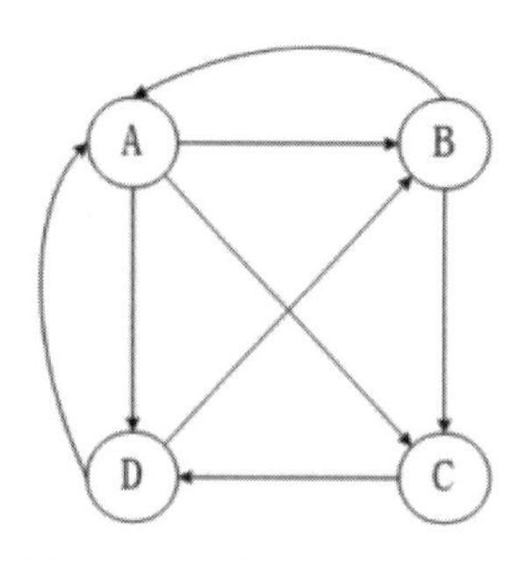

图 7-14　4 个网页的连通图

2．PageRank 算法在 Pregel 计算模型中的实现

在 Pregel 计算模型中，图中的每个顶点都对应一个计算单元，每个计算单元都包含 3 个成员变量，分别如下。

- 顶点值（Vertex Value）：顶点对应的 PR 值。
- 出射边（Out Edge）：只需要表示一条边，可以不取值。
- 消息（Message）：传递的消息，将当前顶点对其他顶点的 PR 贡献值传递给目标顶点。

计算单元包含一个成员函数 Compute()，该函数定义了顶点上的运算，包括计算该顶点 PR 值的运算，以及从该顶点发送消息到其链出顶点的运算。

【例 7-3】PageRank 算法在 Pregel 中的实现程序。

```
class PageRankVertex: public Vertex<double, void, double> {
public:
        virtual void Compute(MessageIterator* msgs) {
      if (superstep() >= 1) {
            double sum = 0;
            for (;!msgs->Done(); msgs->Next())
            sum += msgs->Value();
            *MutableValue() =
            0.15 / NumVertices() + 0.85 * sum;
    }
    if (superstep() < 30) {
            const int64 n = GetOutEdgeIterator().size();
            SendMessageToAllNeighbors(GetValue()/ n);
      } else {
            VoteToHalt();
      }
    }
};
```

PageRankVertex 类继承自 Vertex 类，顶点值的数据类型是 double，主要用于存储 PageRank 中间值；消息的数据类型也是 double，主要用于传输 PageRank 值；出射边的数据类型是 void，因为不需要存储任何信息。

假设在第 0 个超步中，图中各顶点值被初始化为 1/NumVertices()，其中，NumVertices()表示顶点数目。

在前 30 个超步中，每个顶点都会沿着它的出射边，发送它的 PageRank 值与出射边数目的商。从第 1 个超步开始，每个顶点都会将到达的消息中的值累加到 sum 值中，同时将它的 PageRank 值设置为 0.15/NumVertices()+0.85*sum。

在到了第 30 个超步后，就没有需要发送的消息了，同时所有的顶点停止计算，得到最终结果。

3．PageRank 算法在 MapReduce 计算模型中的实现

MapReduce 也是 Google 提出的一种计算模型，它是为全量计算（批处理）设计的计算模型，采用 MapReduce 实现 PageRank 的计算过程，包括以下 3 个阶段。

（1）阶段 1：解析网页。该阶段的任务是分析一个页面的链接数并赋初值。一个网页可以表示为由网址和内容构成的键/值对<URL,Page Content>，作为 Map 任务的输入。阶段 1 的 Map 任务是在将<URL,Page Content>映射为<URL,<PRinit,url_list>>后输出，其中，PRinit 是该 URL 页面对应的 PageRank 初始值，url_list 包含该 URL 页面中的外链所指向的所有 URL。Reduce 任务是恒等函数，输入和输出相同。对于图 7-14 中的连通图，每个网页的初始 PageRank 值都为 1/4。在该阶段中，Map 任务的输入和输出如下。

Map 任务的输入如下：

```
<AURL，Acontent>
<BURL，Bcontent>
<CURL，Ccontent>
<DURL，Dcontent>
```

Map 任务的输出如下：

```
<AURL，<1/4，<BURL，CURL，DURL>>>
<BURL，<1/4，<AURL，CURL>>>
<CURL，<1/4，DURL>>
<DURL，<1/4，<AURL，BURL >>>
```

（2）阶段 2：PageRank 分配。该阶段的任务是多次迭代计算页面的 PageRank 值。在该阶段中，Map 任务的输入是<URL,<cur_rank,url_list>>，其中，cur_rank 是该 URL 页面对应的 PageRank 当前值，url_list 包含该 URL 页面中的外链所指向的所有 URL。对于 url_list 中的每个元素 u，Map 任务输出<u,<URL, cur_rank/|url_list|>>（|url_list| 表示外链的个数），并且输出链接关系<URL,url_list>。

每个页面的 PageRank 当前值都被平均分配给它们的外链。Map 任务的输出会作为后面 Reduce 任务的输入。对于图 7-14 中的连通图，第一次迭代的 Map 任务的输入和输出如下。

Map 任务的输入如下：

```
<AURL，Acontent>
<BURL，Bcontent>
<CURL，Ccontent>
<DURL，Dcontent>
```

Map 任务的输出如下：

```
<BURL，<AURL，1/12>>
<CURL，<AURL，1/12>>
<DURL，<AURL， 1/12>>
<AURL，<BURL，CURL，DURL>>
<AURL，<BURL，1/8>>
<CURL，<BURL，1/8>>
<BURL，<AURL，CURL>>
<DURL，<CURL，1/4>>
```

```
<CURL，DURL>
<AURL，<DURL，1/8>>
<BURL，<DURL，1/8>>
<DURL，<AURL，BURL>>
```

然后，在该阶段的 Reduce 阶段，Reduce 任务会获得<URL,url_list>和<u,<URL,cur_rank/|url_list|>>，Reduce 任务会对具有相同 Key 值的 Value 进行汇总，并且将汇总结果乘 d，得到每个网页的新的 PageRank 值 new_rank，然后输出<URL,<new_rank,url_list>>，作为下一次迭代过程的输入。

Reduce 任务会将第一次迭代后 Map 任务的输出作为自己的输入，在经过处理后，本轮迭代的 Reduce 任务的输出如下：

```
<AURL，<0.2500，<BURL，CURL，DURL>>>
<BURL，<0.2147，<AURL，CURL>>>
<CURL，<0.2147，DURL>>
<DURL，<0.3206，<AURL，BURL>>>
```

经过本轮迭代，每个网页都计算得到了新的 PageRank 值。下次迭代的 Reduce 任务的输出如下：

```
<AURL，<0.2200，<BURL，CURL，DURL>>>
<BURL，<0.1996，<AURL，CURL>>>
<CURL，<0.1996，DURL>>
<DURL，<0.3808，<AURL，BURL>>>
```

Mapper()函数的伪码如下：

```
input <PageN, RankN> -> PageA,PageB,PageC ...  // PageN 外链指向 PageA、PageB、PageC 等
begin
    Nn := the number of outlinks for PageN;
    for each outlink PageK
        output PageK -> <PageN, RankN/Nn>
    output PageN -> PageA, PageB, PageC ...     // 同时输出链接关系，用于进行迭代
end
/**************************
```

Mapper()函数的输出如下（已经排序，所以 PageK 的数据排在一起，最后一行是链接关系对）：

```
PageK -> <PageN1, RankN1/Nn1>
PageK -> <PageN2, RankN2/Nn2>
...
PageK -> <PageAk, PageBk, PageCk>
```

Reducer()函数的伪码如下：

```
input mapper's output
begin
    RankK :=(1-beta)/N;   //N 为整个网络的网页总数
    for each inlink PageNi
        RankK += RankNi/Nni * beta
    //输出 PageK 及其新的 PageRank 值，用于下次迭代
    output <PageK, RankK> -> <PageAk, PageBk, PageCk...>
end
/**************************
```

该阶段是一个多次迭代过程，在迭代多次后，当 PageRank 值趋于稳定时，即可得出较为精确的 PageRank 值。

（3）阶段 3：收敛阶段。该阶段的任务由一个非并行组件决定是否达到收敛，如果达到收敛，则输出 PageRank 生成的列表；否则退到 PageRank 分配阶段的输出，作为新一轮迭代的输入，开始新一轮 PageRank 分配阶段的迭代。

在一般情况下，判断是否收敛的条件是所有网页的 PageRank 值不再变化，或者在运行 30 次后就认为已经收敛了。

4．PageRank 算法在 Pregel 和 MapReduce 中实现的比较

PageRank 算法在 Pregel 和 MapReduce 中实现方式的区别主要表现在以下几个方面。

- Pregel 将 PageRank 处理对象看成是连通图，而 MapReduce 将其看成键/值对。
- Pregel 将计算细化到顶点，同时在顶点内控制循环迭代次数，而 MapReduce 将计算批量化处理，按任务进行循环迭代控制。
- 图算法如果用 MapReduce 实现，则需要一系列的 MapReduce 调用。从一个阶段到下一个阶段，它需要传递整个图的状态，会产生大量不必要的序列化和反序列化开销。而 Pregel 使用超步简化了这个过程。

习　　题

一、判断题（正确打√，错误打×）

1．Spark GraphX 的核心抽象是弹性分布式属性图，一种点和边都带属性的有向多重图。(　　)

2．Pregel 是 Google 借鉴 BSP 计算模型的思想构建的分布式图计算框架，可以视为继 MapReduce 之后的分布式计算利器，其主要目的是实现对大规模图数据进行计算的各类图算法。(　　)

二、简答题

1．弥补 MapReduce 计算模式在大图计算方面缺陷的方法主要有几种？

2．何为 BSP 模型？

3．简述 Spark GraphX 的概念。

4．简述 Spark GraphX 的实现方法。

5．尝试实现 Spark GraphX 实例。

6．何为 Pregel 图计算？

7．简述 Pregel 图计算模型。

8．简述 Pregel 的体系结构。

9．尝试实现 Pregel 实例。

10．简述 PageRank 算法在 Pregel 和 MapReduce 中实现的不同之处。

第四篇

大数据管理、查询分析及可视化篇

第 8 章　Hadoop 的数据整合、集群管理与维护

本章主要介绍 Hadoop 的数据整合、集群管理与维护的相关知识，包括 Sqoop、HCatalog、ZooKeeper、Ambari、Kerberos 的相关知识。

8.1　Hadoop 数据整合

8.1.1　Hadoop 计算环境中的数据整合问题

当前大部分已经部署于实际环境中的数据分析系统都运行于关系型数据库上。大量有价值的数据都存储于关系型数据库中。而基于关系型数据库构建的数据采集和分析系统，还在源源不断地向数据库中存入数据。这些数据通常会成为新构建的云计算处理平台所需处理的数据的一部分。此外，在进行数据处理后为管理人员和决策者呈现的系统，大部分是基于关系型数据库开发的，而且由于关系型数据库在实时查询和报表生成方面的优势，经过云计算处理平台生成的分析数据必须要通过构建于关系型数据库上的呈现系统显示。这要求以 Hadoop 为代表的大数据平台必须解决与关系型数据库进行交互的问题。由于结构和实现技术的差异，因此要实现 Hadoop 与关系型数据库的数据整合，需要解决以下问题。

- 数据结构与类型不一致。
- 云计算环境与关系型数据库的连接。
- 在大数据环境中的导入、导出效率。
- 导入数据的存储格式。

除了 Hadoop 平台与关系型数据库交互时所需解决的数据整合问题外，Hadoop 平台本身的内部数据也需要整合。在 Hadoop 架构中，存在多种数据处理工具，如 Pig、Hive、HBase、MapReduce 等，它们都可以用于完成数据处理工作。与之相对应的，数据在经过这些工具导入和处理后存储的位置和格式都有可能不同，并且同一份数据可能要被不同的工具使用。尤其当 Hadoop 平台承载的数据来自多种数据源时，平台内部自身的数据整合问题也会变得尤为突出，这些问题主要体现在以下几方面。

- 数据缺乏独立性。
- 共享数据困难。
- 数据协同效率低。

为了解决基于 Hadoop 的云计算环境与外部关系型数据库及自身内部数据整合的问题，Hadoop 社区的研究者和开发者提出了在 Hadoop 架构中增加 Sqoop、HCatalog、Flume 等技术的方案，这些方案在实践中也取得了不错的成果。

8.1.2　数据库整合工具 Sqoop

Sqoop 是 SQL to Hadoop 的缩写，是一款用于在 Hadoop 系统与结构化数据存储系统（如传统的关系型数据库）之间进行数据交换的软件，可以将传统关系型数据库（如 MySQL、Oracle）中的数据导入 HDFS，由 MapReduce 程序或 Hive 等工具使用，并且支持将处理后的结果数据导出到传统关系型数据库中。

需要注意的是，在后面内容的描述中，数据导入、导出的出发点都是 Hadoop 平台，数据导入是指将关系型数据库中的数据读出并存入 Hadoop 平台的 HDFS 文件系统，数据导出是指将存储于 Hadoop 平台中的数据读出并存入关系型数据库。

Sqoop 在服务器上安装好后，就可以通过命令行方式使用 Sqoop 了。Sqoop 以命令集的方式提供相关功能，其使用方式是输入以下格式的命令。

```
% sqoop COMMAND  [ARGS]
```

其中，COMMAND 为命令的名称，ARGS 为命令所需参数。

Sqoop 命令与功能表如表 8-1 所示。如果在使用过程中遇到疑问，则可以使用 Sqoop help 或 Sqoop help COMMAND 命令查看更为详细的帮助。

表 8-1　Sqoop 命令与功能表

命　令	功　能
codegen	产生与数据库交互的代码
create-hive-table	将一个数据表的定义导入 Hive 元数据中
eval	对一个 SQL 语句进行预评估并显示执行结果
export	导出一个 HDFS 文件夹到数据库中
help	列出可用命令
import	从数据库中导入一个数据表到 HDFS
import-all-tables	从数据库中导入所有数据表到 HDFS
list-databases	列出服务器中的可用数据库
list-tables	列出数据库中的可用数据表
version	显示版本信息

1．使用 Sqoop 导入数据

在介绍使用 Sqoop 从关系型数据库中导入数据的具体方法前，先介绍一下使用 Sqoop 导入数据的基本原理和工作流程。简而言之，Sqoop 导入数据的过程是通过 MapReduce 任务使用数据库支持的接口从数据库中读取记录，并且将记录写入 HDFS 的过程。由于 Hadoop 是采用 Java 语言编写的，并且大部分关系型数据库都支持使用 JDBC（Java Database Connectivity）接口操作数据，因此在 Sqoop 中，通常采用 JDBC 作为其与数据库之间的接口。使用 Sqoop 导入数据的原理图如图 8-1 所示。

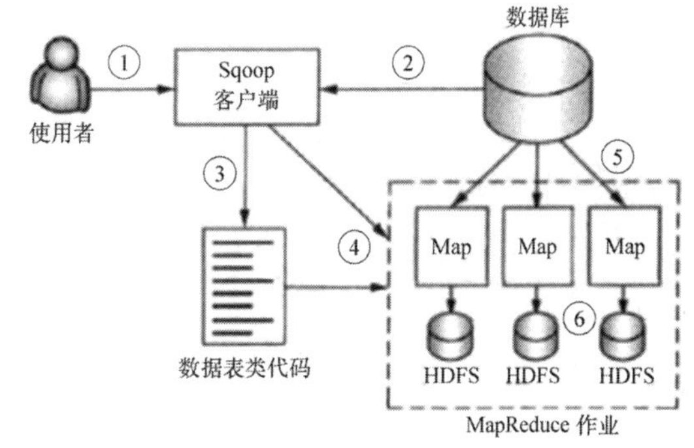

图 8-1　使用 Sqoop 导入数据的原理图

1）使用 Sqoop 导入数据的工作流程。

根据图 8-1 可知，使用 Sqoop 导入数据的工作流程主要包含以下 6 个步骤。

（1）使用者在 Sqoop 客户端以命令行方式输入数据导入指令。

（2）Sqoop 客户端在收到数据导入指令后，会先使用 JDBC 接口从数据库中检索出需要导入数据表的列信息及对应的字段类型。

（3）根据获取的数据表列信息和字段类型，Sqoop 使用代码生成工具产生与要导入的数据表相对应的类代码，类代码中包含用于提取数据列的方法。

（4）为了利用 Hadoop 的并行处理能力实现高效的数据导入性能，Sqoop 需要对执行数据导入操作的 Map 任务进行规划。

（5）规划的若干个作业节点执行相应的 Map 任务，同样通过 JDBC 接口从数据库中读取数据。

（6）数据在被读出后，会按照使用者指令指定的存储格式，以普通文本文件或二进制文件的形式存储于 HDFS 中，以备后续使用。

2）实例。

下面通过一个具体的实例介绍使用 Sqoop 从一个关系型数据库中导入一个数据表的实际操作方法。假设要导入的数据存储于 IP 地址为 192.168.1.10 的服务器-I 的 MySQL 数据库中，数据库为 db，数据表为 log，其字段和数据如表 8-2 所示，数据表的主键为序号（id）。

表 8-2 log 数据表

序号（id）	手机号（phone）	网站（host）	流量（byte）	访问时间（date）
1	1342680****	3g.qq.com	1926	2012.12.7
2	1571377****	3g.sina.com.cn	2027	2012.12.7
3	1342680****	weibo.cn	17406	2012.12.8
4	1342680****	weibo.cn	31280	2012.12.9

为了完成导入工作，假设以下准备工作已经完成。

- MySQL 数据库所在服务器已开启 MySQL 服务的 JDBC 接口的远程访问权限。
- 远程访问 MySQL 服务的用户名和密码已知，并且具有操作 log 表的权限。
- 运行 Sqoop 的服务器已安装 MySQL 的 JDBC 客户端驱动。

下面通过 Sqoop 的 import 命令进行一些数据导入操作。

① 连接数据库。连接数据库的命令如下。

```
$ sqoop import --connect jdbc:MySQL://192. 168.1.10/db --username a--password
```

在上面的命令中，参数 jdbc:MySQL://指定了需要使用的驱动为与 MySQL 匹配的 JDBC 接口。Sqoop 还可以支持其他具备 JDBC 访问接口的数据库，只需安装相应的 JDBC 驱动。连接命令还指定了用户名和密码参数，用于连接远程服务器。因为通过--password 参数输入的密码可以被其他用户使用 Linux 的 ps 命令看到，所以建议使用-P 参数，该参数会在命令执行时提示用户在 console 界面输入密码，安全性更好。

② 自动导入数据。导入指定表中全部数据的命令如下。

```
$ sqoop import -table log
```

在收到上面的命令后，Sqoop 会按照图 8-1 中的工作流程生成相应的 MapReduce 作业，在默认情况下，此作业会启动 4 个 Map 任务节点进行数据导入操作。每个任务节点都按照序号划分获得的范围，使用 JDBC 从远程数据库中读取数据，读取的数据会被存储于各自的 HDFS 文件中，但这些文件都存储于以 log 命名的同一个目录下，可以通过 Hadoop 的 fs 命令查看 log 目录下的文件。因为在这条简单的命令中没有指定文件存储格式，所以 Sqoop 会将数据以逗号分隔的文本文件的形式存储于 HDFS 中。

③ 在导入数据时指定范围。根据需要选择一些特定的数据进行数据导入操作是一种常见的操作，Sqoop 可以在命令中使用 where 参数指定导入数据的范围，示例代码如下：

```
$ sqoop import --table log --columns¨phone, host¨--where "phone='1342680****'"
```

上述代码只可以提取 log 表中 phone 字段值等于'1342680****'的记录中的 phone 字段和 host 字段。

④ 在导入数据时指定 Hadoop 相关参数。Sqoop 可以在导入数据时指定不同的 Hadoop 相关参数，如 Map 任务节点数、文件存储路径、文件格式等。下面的命令展示了其中几种参数的使用方法。

```
$ sqoop import --table log-target-dir /data --m 2 --as-sequencefile
```

通过上面的命令，将 Map 节点数由默认的 4 个修改为 2 个，将导入数据文件的存储目录修改为 HDFS 的/data 目录，文件存储格式采用 SequenceFile，其优点是支持存储二进制数据，并且可以区分"null"字符串和 null 值。

2. 使用 Sqoop 导出数据

在理解了使用 Sqoop 导入数据的原理和方法后，下面介绍使用 Sqoop 导出数据的过程，该过程与使用 Sqoop 导入数据的过程类似，只是数据的流向不同。使用 Sqoop 导出数据的原理图如图 8-2 所示。

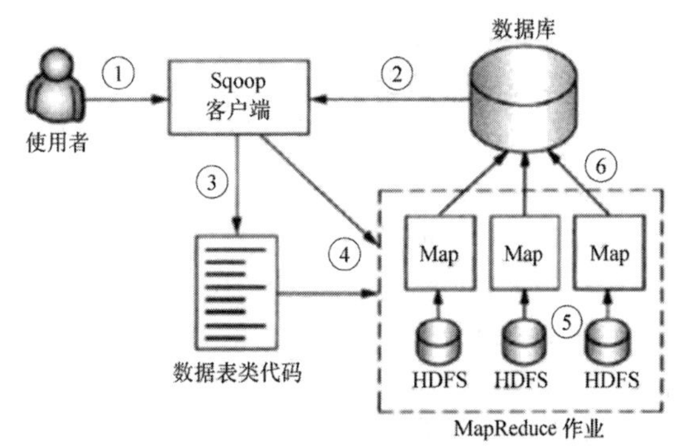

图 8-2　使用 Sqoop 导出数据原理图

根据图 8-2 可知，使用 Sqoop 导出数据的工作流程主要包含以下 6 个步骤。

（1）在 Sqoop 客户端以命令行方式输入数据导出指令。

（2）Sqoop 客户端在收到数据导出指令后，先使用 JDBC 接口从数据库中检索出与导出数据对相应的数据表的列信息和字段类型。

（3）根据获取的数据表列信息和字段类型，Sqoop 使用代码生成工具产生与要导出的数据表相对应的类代码，类代码的功能是解析 HDFS 文件，生成数据库记录，并且在数据表中插入或更新数据。

（4）为了提高数据导出性能，Sqoop 需要对执行数据导出操作的 Map 任务进行规划，其规划方式与数据导入操作的规划方式类似。

（5）规划的若干作业节点执行相应的 Map 任务，从 HDFS 中读取数据，并且解析与数据表相对应的记录。

（6）数据在被读出后，会以 INSERT 或 UPDATE 的形式存入数据库。导出数据的 Sqoop 命令是 export，下面将数据导入操作示例与 export 命令相结合，说明数据导出操作的方法。因为数据库连接、指定 Hadoop 参数等操作与导入数据的相应操作并无差异，所以下面仅关注与数据导入操作不同的命令使用方式。

① 以插入方式导出数据。Sqoop 默认以插入方式将数据导出到数据库中。在插入方式下，每条记录都会被放入 INSERT 语句，然后被迫写入数据库，示例代码如下：

```
$ sqoop export --table log --export-dir /data
--connect jdbc:mysql://192.168.1.10/db -username a    --password 123
```

上述代码可以对 HDFS 的\data 目录下的数据文件中的记录进行解析，并且将其存储于 MySQL 服务器的 db 数据库的 log 表中。

② 以更新方式导出数据。与插入方式相对应地，Sqoop 还支持以更新方式将数据导出到数据库中。在更新方式下，每条记录都会被放入 UPDATE 语句，然后更新数据库中相应的记录，示例代码如下：

```
$ sqoop export--table log --export-dir /data --update-key id
     --connect   jdbc: mysql: //192. 168.1.10/db --username a    --password 123
```

与采用插入方式导出数据的代码相比，上述代码增加了一个 update-key 参数，该参数主要用于指定以哪个字段作为更新时的判断依据。

8.1.3 Hadoop 平台内部数据整合工具——HCatalog

1. MapReduce 使用 HCatalog 管理数据

MapReduce 程序使用 HCatalog 管理数据的类是 HCatInputFormat 和 HCatOutputFormat。

- HCatInputFormat 类。HCatInputFormat 类的作用是支持 MapReduce 作业从 HCatalog 管理的数据表中读取数据，它提供了 3 个接口，分别为 setInput()、setOutputSchema()和 getTableSchema()。setInput()接口主要用于设置需要读取的数据所在的数据库信息、数据表信息，如数据库名称、数据表名称、分区等，这些信息通过实例化对象 InputjobInfo 传递到 setInput()接口中。setOutputSchema()接口主要用于指定读取数据表的特定列，列信息通过实例化对象 HCatSchema 传递到接口中，如果不通过此接口指定列，则会返回所有列的数据。getTableSchema()接口主要用于获取输入数据表的列信息。
- HCatOutputFormat 类。HCatOutputFormat 类的作用是支持 MapReduce 作业向 HCatalog 管理的数据表中写入数据，它提供了 3 个接口，分别为 setOutput()、setSchema()和 getTableSchema()。setOutput()接口主要用于设置需要写入的数据所在的数据库信息、数据表信息，如数据库名称、数据表名称、分区等，这些信息通过实例化对象 OutputjobInfo 传递到 setOutput()接口中。setSchema()接口主要用于指定写入数据表的特定列，列信息通过实例化对象 HCatSchema 传递到接口中，如果需要写入的数据与某个数据表的列信息相同，则可以使用后面的 getTableSchema()接口获取数据表的列信息，并且将其输入 setSchema()接口。

下面通过一个使用 HCatInputFormat 类读取数据的案例讲解 MapReduce 程序使用 HCatalog 管理数据的方法。假设要读取 HCatalog 管理的 db 数据库中的 Log 表，表中第 1 列数据为手机号，下面代码的功能是统计表中包含了多少不同的手机号，等同于 SQL 语句。

```
Select phoneNum, count (*)   from log group by phoneNum
```

【例 8-1】 MapReduce 程序使用 HCatalog 管理数据，代码如下：

```
public class CountPhoneNum extends Configured implements Tool {
    public static class Map extends
        Mapper<WritableComparable, HCatRecord, IntWritable, IntWritable> {
        int @phoneNum;
        @Override
        protected void map (WritableComparable key,   HCatRecord value,
            org.apache.hadoop.mapreduce.Mapper<WritableComparable,
            HCatRecord, IntWritable, IntWritable>.Context context)
            throws IOException, InterruptedException {
                phoneNum = (Integer) value.get (1) ;
                context .write (new IntWritable (phoneNum), new IntWritable（1））;
            }
        }
    public static class Reduce extends Reducer<IntWritable, IntWritable,
        WritableComparable, HCatRecord> {
        @Override
        protected void reduce (IntWritable key,
            java.lang.Iterable<IntWritable> values,
            org . apache . hadoop . mapreduce . Reducer<IntWritable, IntWritable,
            WritableComparable, HCatRecord> . Context context)
```

```
                throws IOException, InterruptedException {
                int sum =0;
                Iterator<IntWritable> iter = values . iterator () ;
                while (iter .hasNext ()) {
                    sum++;
                    iter.next () ;
                }
                HCatRecord record = new DefaultHCatRecord(2) ;
                record.set (0, key.get ());
                record .set (1, sum) ;
                context. write (null, record);
            }
        }
        public int run (String [ ] args) throws Exception {
            Configuration conf= getConf () ;
            Job job = new Job (conf, "CountPhoneNum");
            HCatInputFormat. setInput（job, InputJobInfo . create（"db", "log", null)）;
            job . setInputFormatClass (HCatInput Format . class)    ;
            job.setJarByClass (CountPhoneNum. class) ;
            job.setMapperClass (Map. class) ;
            job.setReducerClass ( Reduce . class) ;
            job.setMapOutputKeyClass ( IntWritable . class) ;
            Job.setMapOutputValueClass ( IntWritable . class) ;
            Job.setOutputKe yClass   (WritableComparable . class)   ;
            Job.setOutputValueClass ( DefaultHCatRecord. class)   ;
            return (job.waitForCompletion (true)   ? 0 : 1) ;
        }
        public static void main (String[ ] args) throws Exception {
            int exitCode =ToolRunner.run (new CountPhoneNum (), args) ;
            System. exit (exitCode) ;
        }
    }
```

在以上代码使用 HCatalog 运行 MapReduce 程序前，还需要让 MapReduce 程序的运行环境知道 Hadoop、HCatalog 等的位置，因此需要配置相应的环境变量。具体方法可以参考 HCatalog 的官方说明文档，这里不再赘述。

2．Pig 使用 HCatalog 管理数据

Pig 使用 HCatalog 管理数据需要用到的类是 HCatLoader 和 HCatStorer。使用 Pig Latin 语言编写的脚本会被转换为 MapReduce 作业执行，因此与之相对应的 HCatLoader 类和 HCatStorer 类是基于 HCatInputFormat 类和 HCatOutputFormat 类实现的。其中，HCatLoader 类主要用于加载数据，HCatStorer 类主要用于存储数据。

由于 HCatalog 使用了 Hive 的元数据定义，其数据类型与 Pig 支持的数据类型有所不同，因此 HCatLoader 类和 HCatStorer 类会对二者之间的数据类型进行转换。HCatalog 数据类型与 Pig 数据类型的对应关系如表 8-3 所示，其中，HCatLoader 类和 HCatStorer 类只支持 HCatalog 列中的数据类型。

表 8-3　HCatalog 数据类型与 Pig 数据类型的对应关系

类　别	HCatalog	Pig
基本数据类型	Int	Int
	Long	Long
	Float	Float
	Double	Double
	String	Chararray
复杂数据类型	Map（Key 和 Value 都必须为 String 类型）	Map
	List<any type>	Bag
	Struct<any type fields>	Tuple

在 Pig 使用 HCatalog 管理数据前，需要配置 Pig 的环境变量，使运行环境知道需要使用的 Hadoop、HCatalog 相关 JAR 包的位置，具体的方法可以参考 HCatalog 的官方说明文档，这里不再赘述。

1）HCatLoader 类。

HCatLoader 类的作用是支持 Pig 脚本加载使用 HCatalog 管理的数据，示例代码如下：

```
grunt>  A=LOAD  'db. table'  USING  org. apache. HCatalog .pig. HCatLoader();
```

【例 8-2】使用 HCatLoader 类加载数据，示例代码如下：

```
grunt>  A = LOAD  'log'  USING  org. apache. HCatalog .pig. HCatLoader();
grunt>  B = FILTERA  by date == '2018.04.25';
```

上述代码的第 1 条语句从默认数据库中加载了 log 表，该表使用日期 data 列进行分区，因此第 2 条语句仅取出值为 2018.04.25 的分区进行后续分析。

2）HCatStorer 类。

HCatStorer 类的作用是支持 Pig 脚本向 HCatalog 管理的数据表中写入数据，示例代码如下：

```
grunt>STORE  processed_data  INTO  'db. table'  USING
      org. apache. HCatalog .pig. HCatStorer();
```

【例 8-3】使用 HCatStorer 类写入数据，示例代码如下：

```
grunt>STORE  processed_data  INTO  'processed_log'  USING
           org. apache. HCatalog .pig. HCatStorer('date =2018.04.25');
```

上述代码主要用于将经过处理后的 processed_data 数据存入 processed_log 表的指定 date 分区。

3. HCatalog 的命令行与通知功能

HCatalog 的命令行功能（CLI）是基于 Hive 实现的，因此如果要使用 HCatalog 的命令行功能，就必须先安装 Hive。在安装好 Hive 及 HCatalog 后，在系统中增加相应的 Hive 和 HCatalog 路径环境变量即可使用。HCatalog 支持的命令行功能如表 8-4 所示，其基本使用格式如下：

```
hcat{-e"<query>" | -f"<filepath>"}[-g"<group>"][-p"<perms>"]
```

表 8-4　HCatalog 支持的命令行功能

命　令	示　例	说　明
设定组	-g mygroup	指定要创建的表中必须包含 mygroup 组
设定权限	-p rwxr-xr-x	指定要创建的表的访问权限是 rwxr-xr-x
执行 DDL 文件	-f script.HCatalog	执行包含 DDL 命令的 script.HCatalog 文件（与-e 命令互斥）
执行 DDL 命令	-e 'create table mytable(a int); '	执行引号中包含的 DDL 命令（与-f 命令互斥）
传递参数	-Dkey=value	将键/值对作为 Java 系统的属性传递到 HCatalog 中

HCatalog 的通知功能是一个重要功能，其目的是支持流程化的数据分析工作调度。其基本原理是接收某类事件通知的组件，建立与消息总线的连接（使用 Apache ActiveMQ），然后通过特定接口在消息总线中注册对某类事件通知的关注，当此类事件发生时，HCatalog 会向该组件主动发送通知消息。其工作原理与常用的消息中间件机制没有太大差异，如使用 HCatalog 的通知功能关注数据库 db 中 log 表创建分区事件的方法。

8.2　Hadoop 集群管理与维护

稳定而高效的 Hadoop 环境离不开日常管理与维护工作的支持。与普通的计算机网络环境或数据中心不同，基于 Hadoop 构建的云计算环境具有节点数量多、组件及应用复杂的特点，这给 Hadoop 集群的运营与维护带来了极大的挑战。本节以一个简洁的管理体系为框架，结合相关管理工具，对目前云计算环境的管理与维护技术进行综合分析。

8.2.1　云计算平台的管理体系

前面已经介绍过，Hadoop 可以在不同规模的低成本计算机构建的集群上，为数据处理提供包括文件存储、计算模式、数据库、分析语言及数据集成在内的全方面能力。Hadoop 涵盖功能的广泛性及分布式并行计算架构，使基于 Hadoop 的云计算环境的管理与维护工作面临着很多挑战，这些挑战主要体现在以下几方面。

- 集群部署。Hadoop 组件由一系列复杂的 Linux 文件（如 tar、源文件等）构成，在众多（几台到几千台）服务器上部署 Hadoop 集群的各个组件是一个非常耗时的过程，并且在现有的条件下，这些工作都需要手工以命令行方式完成，不但效率低，而且严重依赖使用者的经验才能避免极易发生的错误。
- 组件配置。一个可用于生产环境的 Hadoop 集群通常包含众多组件，从磁盘、网络、操作系统、文件系统到应用，涵盖了多个层面。这些组件互相依赖，又互相影响，基于配置文件和命令行的配置方式，稍有不慎就会出现错误。
- 集群监控。Hadoop 集群的几十台到几百台服务器，即使位于一个物理机房中，要掌握所有服务器的运行情况，也是一件很困难的事情。Hadoop 管理者需要有针对性且能将影响因素进行关联的监控工具，并且将重要信息以图形化方式有序地进行展现。
- 故障处理。为了降低成本，Hadoop 集群通常运行于大量低成本计算机构建的集群上。低成本往往意味着高故障，当各种故障涌来时，只能远程登录这些服务器，使用 Linux 命令查看状态和解决问题。
- 性能优化。目前性能优化的方法还非常零散，缺少有效的工具辅助性能优化过程的迭代执行。
- 工作流管理。Hadoop 集群不但是科研工作者的开发平台，而且逐渐成为支撑某个公司或组织运转的业务平台。在这种情况下，如何协调与调度多部门、多角色之间的工作流程，是急需解决的新问题。
- 安全管理。Hadoop 集群为多个使用者提供了从文件存储到数据分析多个层面的共享能力，这意味着需要从物理到应用多个层面上为用户认证、用户授权、角色划分等提供安全机制，尤其当集群需要处理的数据是核心商业数据时，高安全性的保障是不可或缺的。

为了解决服务器集群或云计算平台的管理问题，业界陆续开发了一些工具软件，用于辅助日常操作的执行（如 Hadoop Web UI、Nagis、Ganglia 等）。但这些工具零散地分布在各个适合其使用的环境中，存在一些重复的功能，并且缺乏一个完整的体系和管理平台。与此同时，基于

Hadoop 构建的云计算平台由于发展时间较短，还存在很多没有工具和理论支撑的管理领域。为了改善这种情况，这里参考在电信领域已发展成熟的 TMN 体系架构，并且结合云计算平台的管理差异性，建立了一个简明的云计算平台管理体系，如图 8-3 所示。

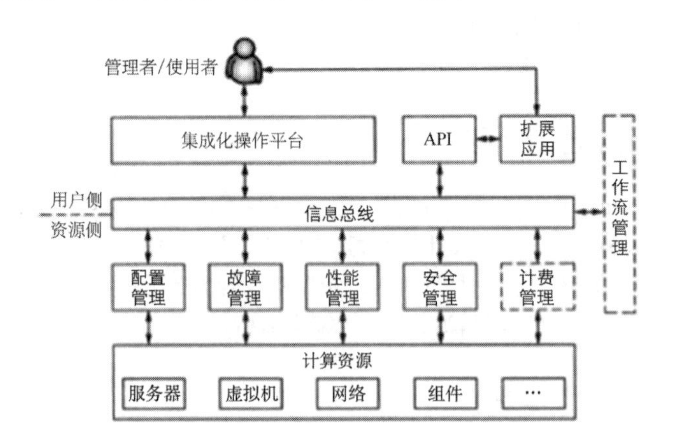

图 8-3　云计算平台管理体系

图 8-3 中的组件以信息总线为界限分为两部分，总线上方为用户侧组件，总线下方为资源侧组件。此外，一个重要部分为与总线相连的工作流管理组件。用户侧组件的功能是为平台的管理者和使用者提供使用平台管理功能的界面。资源侧组件与平台底层的计算资源相连，实现基础的 FCAPS（Fault/Configuration/Accouting/Performance/Security）功能。这些组件通过信息总线相连，并且在工作流管理的协调下，由不同角色的用户使用，完成对平台的管理工作。这些组件的功能如下。

- 配置管理。该组件主要用于组织和协调计算资源，从而为某个或多个平台提供服务。其具体功能包括获取和存储计算资源的配置参数、规划并部署服务组件、支持并跟踪平台服务能力的变化，以及提供辅助手段或自动化方法，用于简化用户配置操作。
- 故障管理。该组件主要用于维持平台的正常运行，其基本功能包括监控平台状态、发现并定位故障节点、快速修复故障、记录故障及处理信息。对故障管理的更高要求还包括通过监控数据提前预告潜在的故障风险，以及对大量发生的故障信息进行关联和过滤。
- 计费管理。该组件主要用于确保计算资源的使用是可计量的，其功能包括计算资源的量化、用户使用量的统计、计费信息的产生等。计费管理是一个可选组件，在免费使用的环境中可以不具备该组件。
- 安全管理。该组件主要用于保障计算资源的使用是可控的，其功能包括用户认证、权限管理、访问控制、信息加密等。
- 性能管理。该组件主要用于提高平台的运行效率，其功能包括性能数据的采集和分析，根据平台状态和业务变化预估未来一段时间内平台的运行结果，并且通过必要的规划能力为管理者提供平台扩容的决策支撑。当计算资源的性能达到瓶颈时，性能管理可以通过故障管理组件发出故障警告。
- 工作流管理。该组件主要用于协调与调度复杂任务。利用工作流管理，可以使平台配置及管理工作实现自动化，并且协调多个功能组件完成一件复杂的工作。
- 集成化操作平台。服务器集群的管理是一件复杂的工作，一个成熟的管理系统可以为用户提供集成化的操作平台，以简单易用的界面展现形式，帮助用户完成复杂的管理工作，并且提供智能化支撑功能，辅助用户完成管理决策。

- API 与扩展应用。一个优秀的管理系统应具备灵活的可扩展能力，API 将管理系统的基础能力进行封装并提供给外部的扩展应用使用，用于实现一些管理系统不具备的功能。
- 信息总线。信息总线是连接以上功能组件的公共通信组件，主要用于实现系统架构的松耦合性。信息总线应提供可靠的消息注册、消息发布、消息传输、协议及数据格式转换等功能。

在后面的内容中，将从云计算平台管理系统中功能组件的角度对目前已有的 Hadoop 集群管理工具进行分析。

8.2.2　集群中的配置管理与协调者——ZooKeeper

在一个大型分布式集群中，各个功能组件需要部署在数量众多的计算节点上协同工作，从而提供一套可靠、稳定的完整服务。集群中的功能组件可能分布在不同的计算节点上，每个功能组件都需要一些配置信息才可以正常运行。对于这些配置信息的管理和维护是配置管理的重要内容之一。

1. 集群环境中的配置管理

配置管理模式如图 8-4 所示。

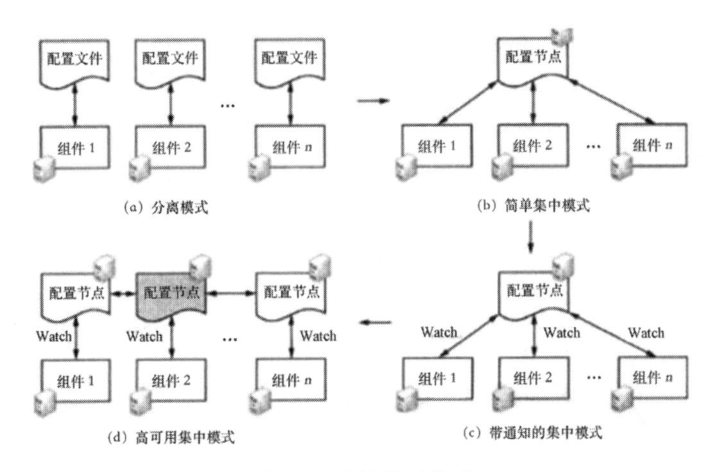

图 8-4　配置管理模式

在传统的单机应用模式下，通常会为每个组件编写一个配置文件，由各个组件读取和维护各自的配置文件中的内容，这种模式称为配置管理的分离模式，如图 8-4（a）所示。

配置管理的分离模式实现简单，但当这些组件的配置文件中存在较多的重复部分时，在分离模式下的更新和维护是非常麻烦的，一个很小的配置改动也需要耗费大量的时间逐个修改每个节点上的配置文件。此外，由于这些配置文件是互相隔离的，因此分离模式无法支持多个组件之间的配置信息共享。

配置管理的分离模式的一种很自然的进化方式是，将分散在各个组件节点上的配置文件集中存储于一个配置节点上，所有组件节点在这个配置节点上读取和更新配置文件，从而形成配置管理的简单集中模式，如图 8-4（b）所示。在这种模式下，配置节点上可以存储多个配置文件，组件需要共享的配置信息可以存储于由所有组件共同访问和维护的公共配置文件中。对于简单集中模式，由于存在多个组件节点共享的公共配置文件，因此当其中的共享信息发生改变时，每个相关的组件节点都能及时发现这种变化。为了满足这种需求，可以基于简单集中模式引入观察者设计模式，使每个组件节点都在配置节点上对共享信息注册一个 Watch 回调，当共享信息发生改变时，配置节点可以通过回调通知相关组件节点。此时简单集中模式就改进为带通知的集中模式，如图 8-4（c）所示。

在配置管理的集中模式下，一个较为明显的缺陷是配置节点成了系统中的单点故障节点。配置信息对系统的启动和系统的正常运行是十分关键的，一旦存储了所有配置信息的配置节点发生故障，就会对整个集群产生灾难性的影响。为了避免这种情况的发生，需要引入容错机制，用于实现整个系统的可靠性，从而形成配置文件的高可用集中模式，如图 8-4（d）所示。在这种模式下，组件可以注册在不同的节点上，配置节点之间通过同步机制保持配置信息一致性，并且存在主从之分。

2. ZooKeeper 的系统架构

在 Hadoop 技术体系中，为整个集群提供高可用集中配置管理的组件是 ZooKeeper。ZooKeeper 是 Apache 的一个顶级项目，来源于 Google 的 Chubby 软件，其功能是为分布式 ZooKeeper 集群提供集中化的配置管理、域名服务和分组服务，并且辅助集群节点完成分布式协同工作。ZooKeeper 的意思是动物园管理员，即管理大象（Hadoop）、蜜蜂（Hive）和小猪（Pig）等组件的管理员。ZooKeeper 为 Hadoop 集群的配置管理提供了以下功能。

- 集中式配置信息存储。
- 高可用的分布式配置信息存储。
- 主动的配置信息通知。
- 统一的配置管理。

ZooKeeper 的系统架构如图 8-5 所示。

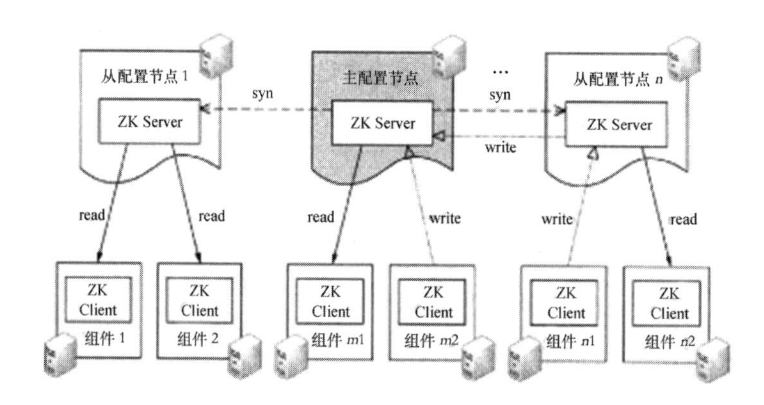

图 8-5　ZooKeeper 的系统架构

在 ZooKeeper 的系统架构中，节点分为两类：ZK Server（ZK 服务器端）和 ZK Client（ZK 客户端）。ZK 客户端运行于功能组件节点上，通过一个 TCP 连接与某个 ZK 服务器端相连，并且通过这个连接发送请求、接收响应等。如果 ZK 服务器端发生故障，那么 ZK 客户端会自动连接到其他 ZK 服务器端。ZooKeeper 中存在多个 ZK 服务器端，都可响应 ZK 客户端发送的读取配置信息请求，但只有主 ZK 服务器端可以处理 ZK 客户端的更新配置信息请求。

3. ZooKeeper 的数据模型

ZooKeeper 采用一种层次化的数据模型存储数据，如图 8-6 所示，其展现形式与人们熟知的文件系统结构类似。在 ZooKeeper 的数据模型中，所有对象都被视为一个节点，称为 Znode。Znode 中既可以存储数据（类似于文件系统中的文件），又可以存储其他 Znode 的信息（类似于文件系统中的目录）。图 8-6 中的方框部分的内容就是 Znode，与 Znode 关联的数据中包含与这个 Znode 相关的配置数据。因为 ZooKeeper 的设计目的是存储配置信息，所以 Znode 中存储的数据通常不多，因此一个 Znode 的最大数据容量限制为 1MB。每个 Znode 都有一个自己的访问控制列表（Access Control List，ACL），可以单独进行读取、写入、创建、删除等操作。

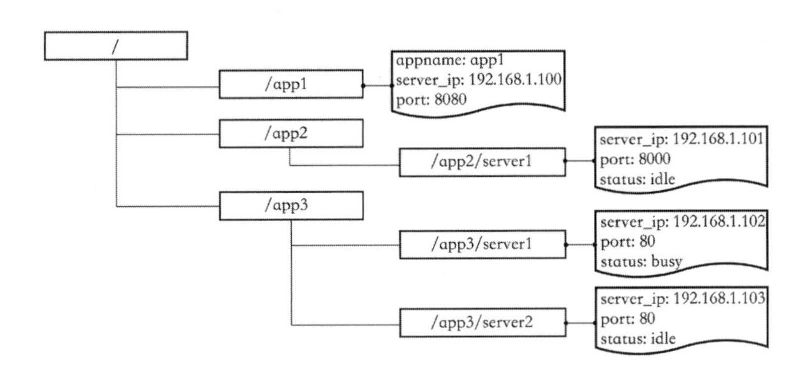

图 8-6　ZooKeeper 的数据结构

为了满足不同的需求，ZooKeeper 设计了 3 类 Znode，分别如下。

- 永久性 Znode：在创建后会永久存在，除非客户端发出明确的删除请求。这类 Znode 通常用于存储持久的配置信息。
- 临时性 Znode：当创建临时性 Znode 的 ZK 客户端与 ZK 服务器端的会话连接断开时，临时性 Znode 会被自动删除，临时性 Znode 不可以有子 Znode，这类 Znode 通常用于监控节点的状态。
- 顺序性 Znode：当创建顺序性 Znode 时，ZK 服务器端会自动在该 Znode 路径的末尾添加递增的序号，这类 Znode 通常用于实现分布式锁。

4. ZooKeeper 的功能

ZooKeeper 的功能是通过 ZK 客户端对 Znode 进行读取（Get Data 接口）、写入（Set Data 接口）、创建（Create 接口）和删除（Delete 接口）等操作的。

Hadoop 体系中的 HBase、Hive 等组件均使用了 ZooKeeper 的功能，用于完成集中可靠的配置信息管理及多个组件间的协同工作。ZooKeeper 框架为配置数据提供了顺序一致性、原子级操作、单一系统镜像、持久性和实时性的保障。为了实现保障机制，ZooKeeper 框架代码使用了不少先进的算法和技术，如在有多个 ZK 服务器端的情况下自动选择主节点的 ZAB 协议。

8.2.3　Hadoop 集群部署与监控集成工具——Ambari

1. Ambari 产生的原因

目前，大部分 Hadoop 集群的安装都是管理者手工完成的。在开始安装前，需要先创建若干个有特定权限的用户，然后使用 SSH 工具远程登录到数据中心的服务器上，从 Hadoop 基础组件开始，使用 Linux 命令逐个安装需要用到的 Hadoop 模块。即使是很熟练的使用者，在一台服务器上完成这个过程通常也需要 1 小时左右。如果有一个上百台甚至上千台机器的集群需要安装，那么工作量会非常大。

在集群安装成功后，需要对机器的日常运行状况进行监控，以及对故障进行报警。在由大量低成本服务器构建的集群中，各种故障每天都会频繁发生，监控包含大量服务器节点和复杂应用组件的 Hadoop 集群的日常运行状况，依靠人工使用 Linux 命令或 Hadoop 组件的 Shell 命令显然是不现实的。Ambari 是为了满足以上需求而诞生的开源项目。

2. Ambari 的架构

Ambari 的架构如图 8-7 所示。根据图 8-7 可知，作为一个新兴的开源项目，Ambari 没有完全从零开始构建其系统，它使用适合其目标功能的开源组件作为基础。除核心组件外，Ambari 主要用到了 3 个开源组件。其中 Ganglia 和 Nagios 分别被用于监控集群运行和处理异常。对于基础的安装部署 Hadoop 组件，Ambari 使用了开源的软件自动化配置和部署工具 Puppet。Puppet 是一个基于 C/S 架构的自动部署工具，Puppet 服务器（Ambari 管理节点）中存储了所有待部署的客户服务器（Hadoop 工作节点）的配置代码。客户服务器从服务器端获取与之相关的配置代码，并且根据代码安装相应的软件模块。Ambari 利用 Puppet 的能力，编写了安装 Hadoop 各类组件的配置代码，并且将使用者安装时的配置下发到相应节点，用于完成安装部署过程。

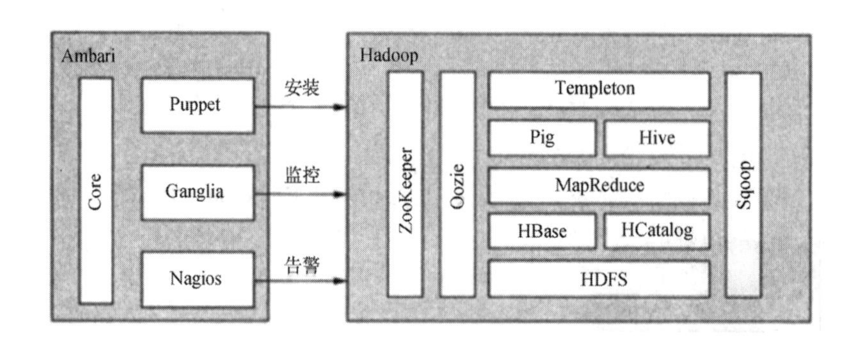

图 8-7　Ambari 的架构

利用结合 Ganglia、Nagios 和 Puppet 的能力及核心组件的扩展功能，Ambari 可以帮助管理员方便、快捷地通过 Web 界面完成安装 Hadoop 集群、配置集群中的各类组件、管理和监控集群状态的工作。

3. Ambari 的安装方式及使用方法

1）Ambari 的安装方式。

（1）在 Ambari 的开源服务器上通过 SVN 取出相应版本的源码。

（2）在安装 rpm-build 工具后，使用源码中的脚本构建 rpm 安装包。

（3）使用 yum 工具安装各组件的 rpm 包。

需要注意的是，在安装被管节点前，要配置 Ambari 的管理节点，使其可以通过 ssh 无密码功能连接到各被管节点上。

2）使用 Ambari 部署 Hadoop 组件。

Ambari 利用 Puppet 部署 Hadoop 组件，根据向导逐步输入必要信息，即可在大量节点上批量安装 Hadoop 组件。可以随意选择需要安装的组件，可选的 Hadoop 组件有 Hadoop Core、HBase、Pig、Hive、HCatalog、ZooKeeper、Sqoop、Oozie、Ganglia、Nagios，其中，Hadoop Core 为必选组件；如果安装 HBase、Hive、HCatalog，则必须安装 ZooKeeper。在安装过程中，Ambari 会根据所选组件自动调整 50 个常用的关键参数。此外，Ambari 会自动提取出 HDFS 和 MapReduce 的部分配置文件内的关键参数，供用户进行自定义配置。这些参数包括 NameNode、DataNode、SecondaryNameNode 的路径，Hadoop、NameNode、DataNode 可以使用的 Java 堆的最大尺寸，HDFS 保留空间，MapReduce 本地路径，等等。配置过程以图形界面形式呈现，非常方便。在各组件安装完毕后，会自动返回安装成功或失败的信息。

3）使用 Ambari 管理 Hadoop 集群。

使用 Ambari 可以集中管理 Hadoop 集群，包括启动 Hadoop 服务、停止 Hadoop 服务、重新配置参数、安全和用户管理、发送警告、恢复功能、现有功能的扩展、增加新节点、卸载 Hadoop 服务等功能，还可以提供对外接口，方便对数据中心使用的管理工具与 Ambari 进行集成。

4）使用 Ambari 监控 Hadoop 集群。

Ambari 使用开源的 Nagios 和 Ganglia 监控 Hadoop 集群，Nagios 负责发送警告，Ganglia 负责收集监控指标参数，并且使用 RRDtool 绘制时序图形。Ambari 可以监控 Hadoop 集群的基本服务，包括上报安装 Hadoop 服务时的基本状态，以及将 Hadoop 集群的多种服务（HDFS、M/R、HBase）信息整合上报，还可以收集监控 Hadoop 服务得到的参数，并且绘制饼图和时序图，用于观测集群的稳定性。简洁的界面可以让监控变得非常直观和方便。

根据业界已有的成功经验，在使用 Ambari 后，可以在 20 分钟内安装包含 100 个节点的集群，也可以在 1 小时内安装包含 1000 个节点的集群。全部操作都采用界面呈现的形式，简单、直观、易于操作，管理人员不必耗费大量的时间在不同机器中输入相同的命令行命令，甚至没有任何 Linux 基础的数据分析人员也可以安装和部署 Hadoop 集群。可以说，Ambari 的出现，为 Hadoop 技术的推广和普及提供了巨大的帮助。

对于 Ambari 的其他使用方法，可以在 Ambari 安装成功后，参考其帮助文档。

8.2.4　基于 Kerberos 的 Hadoop 安全管理

Kerberos 是一种网络认证协议，是 Athena 项目的一部分，最早部署于麻省理工学院校园网络内。Kerberos 适合用于进行分布式计算的公共网络，它提供了一种在开放式网络环境中进行身份认证的方法，使网络上的用户可以互相证明自己的身份，其特点是用户输入一次身份验证信息，即可凭借此验证获得的 TGT（Ticket Granting Ticket）访问多个服务。

Kerberos 采用对称密钥体制对信息进行加密，其基本思想是，能正确对信息进行解密的用户就是合法用户。用户在对应用服务器进行访问之前，必须先从第三方（Kerberos 服务器）获取该应用服务器的访问许可证（Ticket）。由于在每个 Client 和 Service 之间建立了共享密钥，使该协议具有较高的安全性，因此，即使知道了用户名和密码，没有 Ticket 也无法登录主机。Kerberos 协议服务组件主要包括两部分：认证服务器（Authentication Server，AS）和票据生成服务器（Ticket Granting Server，TGS）。AS 和 TGS 协同工作，共同构成向用户和业务服务器提供安全认证的密钥分发中心（KDC，Key Distribution Center）。Kerberos 的运行过程如图 8-8 所示。

（1）用户输入用户名和密码并登录客户端，客户端将密码转换为密钥 Kl，认证服务器会通过安全途径获得 K1，Service 与 KDC 约定的密钥为 K2，客户端无法解密 K2。

（2）客户端向认证服务器以明文的方式发送信息，请求进行身份验证，如“用户 ABC，请求服务”。

（3）认证服务器会进入存储用户信息的动态目录进行验证，在验证成功后，会为用户生成一个 TGT。

（4）认证服务器将用 K1 加密的 TGT 发送给客户端，这样，用户就可以在有效时间内使用 TGT 访问授权区域内的业务，并且无须再次验证。

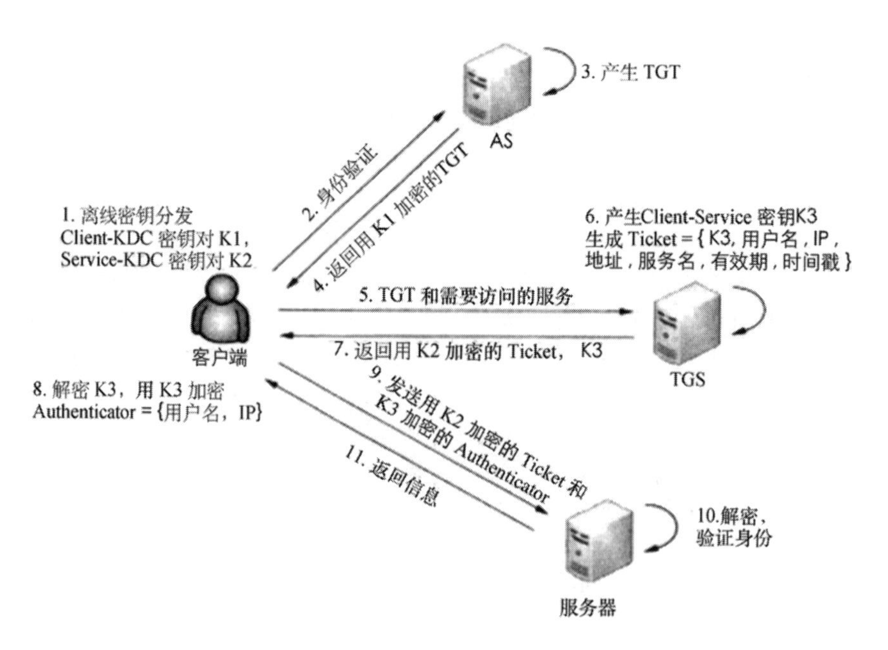

图 8-8　Kerberos 的运行过程

（5）当用户想要访问授权区域内的业务服务器时，向票据生成服务器发送请求，请求内容包括经过 Kl 加密的 TGT 和请求服务的名称。

（6）票据生成服务器会为客户端和相应的业务服务器生成一个业务票据（Service Ticket），这个 Service Ticket 中包含一个 Ticket 和一个客户端可以解密的 Session Key（K3），供用户和所需访问的业务服务器使用。其中，Ticket 内包含 K3、用户名、IP、业务名、有效期等信息。

（7）票据生成服务器向客户端返回用 K3 和 K2 加密的 Ticket，客户端无法看到 Ticket 中的内容。

（8）客户端对 K3 进行解密，并且加入自己的用户名和 IP 打包成 Authenticator，并且用 K3 进行加密。

（9）客户端将用 K3 加密的 Authenticator 和用 K2 加密的 Ticket 一起发送给业务服务器。

（10）业务服务器在收到 Ticket 后，利用它与 KDC 之间的密钥 K2 将 Ticket 中的信息解密出来，从而获得 K3 和用户名、IP、业务名、有效期等信息；然后用 K3 将 Authenticator 中的信息解密出来，从而获得用户名、IP，将这些信息与之前 Ticket 中解密出来的用户名、IP 进行比较，从而验证客户端使用者的身份。

（11）用户在经过验证后，就可以使用服务了。

Hadoop 新版本集成了 Kerberos 的功能，在开启 Kerberos 功能后，Hadoop 集群可以防止恶意用户仿冒别的用户进行登录和操作。所有的 Hadoop 进程都使用 Kerberos 自动进行认证。如果有两个进程需要通信，那么它们需要确认彼此的身份是真实的。此外，Hadoop 可以根据认证结果决定用户有多少权限。在启用 Hadoop 中的 Kerberos 安全机制并进行相应配置后，可以通过安全认证机制控制用户与 NameNode、DataNode 和 JobTracker 节点之间的交互操作，包括用户通过 CLI（命令行界面）使用 Hadoop 指令及提交 MapReduce 作业。

- 用户与 NameNode 节点之间的交互操作，如对文件和目录进行的创建和删除操作、检索数据块位置并进行的数据读/写操作及与文件系统有关的其他管理操作。
- 用户与 DataNode 节点之间的交互操作，如文件读/写操作、数据块复制失败的恢复操作。

- 用户与 JobTracker 节点之间的操作，如提交 MapReduce 作业操作、调度 MapReduce 作业操作。

8.2.5 Hadoop 集群管理工具分析

由于集群管理与维护工作的重要性与复杂性，因此本节会对多个与 Hadoop 集群管理有关的技术与工具进行介绍，这些工具分别为管理者提供了不同的管理功能，它们之间既存在差异，又有相同之处。现在基于前面定义的云计算平台管理体系，对本章介绍的工具进行综合分析。从管理体系定义的配置管理、故障管理、计费管理、性能管理、安全管理、工作流管理、集成化操作平台、API 与扩展应用、信息总线 9 个模块的角度，对已介绍的 Hadoop 集群的管理工具进行梳理，如表 8-5 所示，“ √ ”表示工具提供了此模块的功能，“×”表示工具不具备此模块的功能。

表 8-5　Hadoop 管理工具在云计算平台管理体系内可以担任的角色

	配置管理	故障管理	计费管理	性能管理	安全管理	工作流管理	集成化操作平台	API 与扩展应用	信息总线
ZooKeeper	√	×	×	×	×	×	×	√	×
Nagios	×	√	×	√	×	×	×	√	×
Ganglia	×	×	×	√	×	×	×	√	×
JMX	×	×	×	×	×	×	×	√	√
Ambari	√	√	×	√	×	×	√	×	×
Cacti	×	×	×	√	×	×	×	√	×
Chukwa	×	×	×	√	×	×	×	√	×
Kerberos	×	×	×	×	√	×	×	×	×

在表 8-5 中，除了已介绍过的 ZooKeeper、Ambari 和 Kerberos 外，其他管理工具如下。

Nagios 是一款开源的免费网络监视工具，能有效监控 Windows、Linux 和 UNIX 操作系统的主机状态，交换机、路由器等网络设备，打印机，等等。在系统或服务状态异常时，可以发出邮件或短信警告，第一时间通知网站运维人员；在状态恢复后，可以发出正常的邮件或短信通知。

Ganglia 是 UC Berkeley 发起的一个开源实时监视工具，可以监控拥有数以千计的节点的高性能分布式系统，如集群、网格、云平台等，为系统管理人员提供远程监控系统实时状态或统计历史数据的功能，通常用于监控 CPU 负载、内存和硬盘利用率、I/O 负载、网络流量等信息。所有监控指标均可绘制成时序图，通过 Web 页面进行浏览。

JMX（Java Management Extensions，Java 管理扩展）是一个为应用程序、设备、系统等植入管理功能的框架。JMX 可以跨越一系列异构操作系统平台、系统体系结构和网络传输协议，灵活地开发无缝集成的系统、网络和服务管理应用。

Cacti 是一套基于 PHP、MySQL、SNMP 及 RRDtool 开发的网络流量监测图形分析工具，可以对 CPU 负载、内存占用、运行进程数、磁盘空间、网卡流量等信息进行监控。它通过 snmpget 获取数据，使用 RRDtool 绘画图形，可以提供非常强大的数据和用户管理功能，界面简洁、美观，可以指定每一个用户查看树状结构、host 及任意图，也可以与 LDAP 结合进行用户验证，还可以为自己增加模板，功能非常强大、完善。

Chukwa 可以处理 TB 级别的 Hadoop 集群日志，对集群中各节点的 CPU 使用率、内存使用率、硬盘使用率等硬件性能数据，以及集群整体的存储使用率、集群文件数变化、作业数变化等 Hadoop 组件运行数据进行分钟级的监控和分析。根据 Chukwa 获得的数据和分析结果，Hadoop 集群的使用者可以了解提交的作业的运行状况、失败原因、优化方向等信息，Hadoop 集群的管理者可以了解集群的资源使用状况、性能瓶颈、错误节点等信息。

根据表 8-5 可知，目前应用较广泛的 Hadoop 集群管理工具通常会实现故障管理、配置管理、性能管理等功能。出现这种情况的原因是，Hadoop 集群管理工具的重点是集群的使用和提高应用执行效率。无论是作为基础工具的 ZooKeeper、Nagios、Ganglia、JMX，还是作为内层管理软件的 Ambari、Cacti 和 Chukwa，Hadoop 集群管理工具都是围绕如何快速部署 Hadoop 组件、提供服务及监控集群运行状态进行开发的。

与相对成熟的网络运营、BI 等企业应用系统相比，为 Hadoop 集群提供安全、集成化管理、信息总线等功能的管理工具还有待跟进。在安全管理领域，Kerberos 的引入形成了认证授权机制。在大型系统缺乏的集成化管理软件方面，Ambari 做出了有益尝试，它将集群部署和监控等功能集成在一个 Web 界面中。对于信息总线模块，JMX 可以在一定程度上为不同功能的组件集成提供帮助。Hadoop 在设计时主要面对企业内部的使用场景，因此暂时没有考虑对用户进行计费的问题。云计算平台的管理通常需要连接多个职能部门或角色的工作流组件。需要注意的是，随着 Hadoop 技术在众多领域的普及，以上各方面的管理需求必将成为发展过程中的瓶颈，有志于此方面的研究者和开发者应多加关注。

习　　题

一、判断题（正确打√，错误打×）

1．Sqoop 是 SQL to Hadoop 的缩写。（　　）

2．ZooKeeper 的意思是动物园管理员，就是用于管理大象（Hadoop）、蜜蜂（Hive）和小猪（Pig）等组件的管理员。（　　）

二、简答题

1．要实现 Hadoop 与关系型数据库的整合，需要解决哪些问题？

2．简述使用 Sqoop 导入数据的原理。

3．尝试实现 8.1.2 节中使用 Sqoop 导入数据的实例。

4．简述 Sqoop 导出数据的原理。

5．尝试实现 8.1.2 节中使用 Sqoop 导出数据的实例。

6．基于 Hadoop 的云计算环境的管理和维护工作面临哪些挑战？

7．何为 ZooKeeper 的系统架构？

8．何为 ZooKeeper 的数据模型（数据结构）？

9．如何使用 ZooKeeper 进行集群环境的配置管理？

10．何为 Hadoop 集群部署与监控集成工具——Ambari？简述其产生的原因。

11．简述 Ambari 的架构。

12．尝试安装 Ambari，并且使用 Ambari 部署 Hadoop 组件。

13．简述如何使用 Ambari 管理和监控 Hadoop 集群。

14．何为 Kerberos？如何基于 Kerberos 的 Hadoop 进行安全管理？

15．简述 Hadoop 集群管理工具。

第 9 章　大数据的查询分析技术

数据仓库的构架底层为 HDFS，上面运行 MapReduce/Tez/Spark，再在上面运行 Hive、Pig；或者在 HDFS 上直接运行 Impala、Drill、Presto。MapReduce 是第一代计算引擎，Tez 和 Spark 是具有内存 Cache 的第二代计算引擎。在有了 Hive 后，人们发现，与 MapReduce 相比，SQL 有明显的易写优势，但是 Hive 在 MapReduce 上运行太慢，并且仅构建在基于静态批处理的 Hadoop 上，因此，适用于交互式实时处理、速度更快的 Impala、Presto、Drill 便诞生了。

本章会全面介绍大数据对传统分析处理的挑战、查询（SQL on Hadoop）、使用 Hive 和 Pig 处理数据、实时互动的 SQL:Impala 和 Drill 等技术，为大数据的查询和分析奠定基础。

9.1　大数据对传统分析处理的挑战

开源的 Hadoop 已经在过去 5 年证明了自己是市场中最成功的数据处理平台之一，可以很好地解决数据处理与分析问题。同时人们也认识到，虽然 Hadoop 提供了 MapReduce 编程模式及 HBase 基础数据库，但直接使用这些技术进行数据分析，对只关注数据深层价值的数据分析师来说并不容易。因此，要真正帮助数据分析师高效地完成数据分析工作，还应提供满足以下条件的工具和技术。

- 便于理解的数据抽象能力。无论是 HDFS 的分布式存储方式，还是 HBASE 的面向列的数据组织结构，对数据分析师来说，都是很难理解的高深技术。因此适合他们使用的工具应具有便于理解的数据抽象能力，在底层数据上提供更高层次的数据处理能力和组织方式，便于数据分析师理解。
- 简洁、易用的操作方式。数据分析师的工作核心是关注数据的关联性，并且从中挖掘出深层次的有价值的商业信息，因此应该提供简洁、易用的操作方式，让数据分析师尽量远离编程。由于分析工作的不确定性，这种操作方式还应支持多变而复杂的数据操作，因此兼容数据分析师比较熟悉的 SQL 语法或功能强大的脚本语言是不错的选择。
- 高效稳定的编译执行环境。虽然需要用高层次的数据抽象和简单的操作接口为数据分析屏蔽底层的复杂性，但这样的数据分析工具应保留 Hadoop 平台的强大数据处理能力和高容错的运行环境。

为了满足以上条件，Hadoop 开源社区的开发者为用户提供了几种解决方案。Hive 在 Hadoop 中相当于传统数据分析环境中的数据仓库，主要用于存储和处理海量结构化数据。Hive 将大数据存储于 HDFS 中，并且为数据分析师提供了一套类似于数据库的数据存储和访问机制，同时允许数据分析师使用他们熟悉的类似于 SQL 的语言对数据进行操作。Pig 提供了一种可表示数据流的脚本语言 Pig Latin，以及支持此语言执行的环境，它简化了 Hadoop 常见的数据分析任务，可以方便地加载数据、表达和转换数据、存储最终结果。

9.2　查询（SQL on Hadoop）

使用 SQL 引擎一词是有点随意的。例如，Hive 不是一个引擎，它的框架使用 MapReduce、Tez（适用于 DAG 有向图应用，与 Impala、Dremel 和 Drill 一样，可用于替换 Hive、Pig 等）或 Spark 引擎执行查询，但是它运行的不是 SQL，而是 HiveQL——一种类似于 SQL 的语言。“SQL-in-Hadoop”也不适用，虽然 Hive 和 Impala 主要使用 Hadoop，但是 Spark、Drill、HAWQ 和 Presto 还可以和其他数据存储系统配合使用。不像关系型数据库，SQL 引擎独立于数据存储系统。相对而言，关系型数据库将查询引擎和存储系统绑定到一个单独的紧耦合系统中，这允许某些类型的优化。另一方面，拆分它们，可以提供更高的灵活性，尽管存在潜在的性能损失风险。

1．前世今生

查询分析问题是大数据要解决的核心问题之一，Google 在 2006 年之前的几篇论文奠定了云计算领域的基础，GFS、MapReduce、BigTable 被称为云计算底层技术的三大基石。GFS 和 MapReduce 促进了 Apache Hadoop 项目的诞生。BigTable 和 Amazon Dynamo 催生了 NoSQL 这个崭新的数据库领域，撼动了 RDBMS 在商用数据库和数据仓库方面的统治性地位。FaceBook 的 Hive 项目是建立在 Hadoop 上的数据仓库基础构架，提供了一系列用于存储、查询和分析大规模数据的工具。当我们还沉浸在 GFS、MapReduce、BigTable 等 Google 技术中，并且进行理解、掌握、模仿时，Google 在 2009 年后，连续推出了多项新技术，包括 Dremel、Pregel、Percolator、Spanner 和 F1。其中，Dremel 促进了实时计算系统的兴起，Pregel 开辟了图计算这个新方向，Percolator 使分布式增量索引更新成为文本检索领域的新标准，Spanner 和 F1 向我们展现了跨数据中心数据库的可能。

在 Google 的第二波技术浪潮中，基于 Hive 和 Dremel，新兴的大数据公司 Cloudera 开源了大数据查询分析引擎 Impala，Hortonworks 开源了 Stinger，Fackbook 开源了 Presto。类似于 Pregel，UC Berkeley AMPLab 开发了 Spark 图计算框架，并且以 Spark 为核心开源了大数据查询分析引擎 Shark。

基于 MapReduce 模式的 Hadoop 擅长对数据进行批处理，不是特别符合即时查询的场景。实时查询一般使用 MPP（Massively Parallel Processing）的架构，因此用户需要在 Hadoop 和 MPP 两种技术中进行选择。

在 Google 的第二波技术浪潮中，一些基于 Hadoop 架构的快速 SQL 访问技术逐渐获得人们的关注。现在有一种新的趋势是将 MPP 和 Hadoop 结合，从而提供快速 SQL 访问框架。当前热门的开源工具包括 Impala、Shark（Spark SQL)、Stinger（Hive on Tez）和 Presto。这也显示了大数据领域对 Hadoop 生态系统中支持实时查询的期望。总体来说，Impala、Shark、Stinger 和 Presto 都是类 SQL 实时大数据查询分析引擎，但是它们的技术侧重点完全不同。而且它们也不是为了替换 Hive 而生，Hive 在做数据仓库时是非常有价值的。这 4 个系统与 Hive 都是构建在 Hadoop 上的数据查询工具，各有不同的侧重适应面，但从客户端使用的角度来看，它们与 Hive 有很多共同之处，如数据表元数据、Thrift 接口、ODBC/JDBC 驱动、SQL 语法、灵活的文件格式、存储资源池等。Hive 与 Impala、Shark、Stinger、Presto 在 Hadoop 中的关系如图 9-1 所示。Hive 适用于长时间的批处理查询分析，而 Impala、Shark、Stinger 和 Presto 适用于实时交互式 SQL 查询，它们给数据分析人员提供了快速实验、验证想法的大数据分析工具。可以先使用 Hive 进行数据转换处理，之后使用这 4 个系统中的其中一个在 Hive 处理后的结果数据集上进行快速的数据分析。

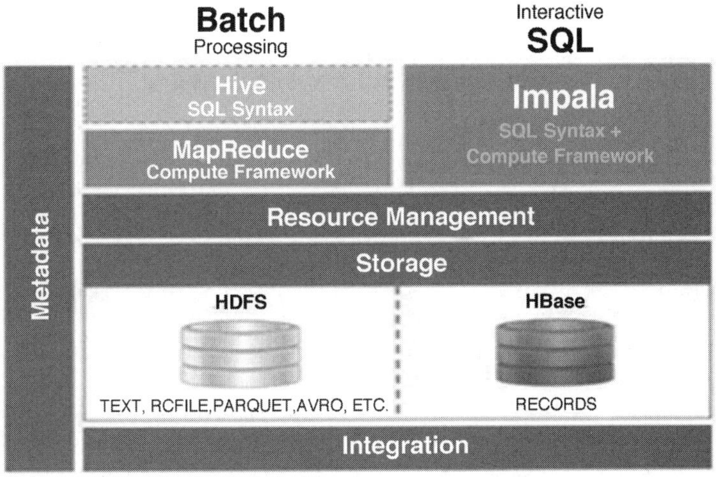

图 9-1　Hive 与 Impala、Shark、Stinger、Presto 在 Hadoop 中的关系

- Hive：披着 SQL 外衣的 MapReduce。Hive 为了方便用户使用 MapReduce 而在外面封装了一层 SQL，由于 Hive 采用了 SQL，因此它的问题域比 MapReduce 窄，因为很多问题 SQL 表达不出来，如一些数据挖掘算法、推荐算法、图像识别算法等，这些只能通过编写 MapReduce 完成。
- Impala：Google Dremel 的开源实现（Apache Drill 类似）。因为交互式实时计算需求，Cloudera 推出了 Impala 系统，该系统适用于交互式实时处理场景，要求最后产生的数据量要少。
- Shark/Spark：为了提高 MapReduce 的计算效率，UC Berkeley AMPLab 开发了 Spark，Spark 可看作基于内存的 MapReduce 实现，此外，Berkeley 在 Spark 基础上封装了一层 SQL，产生了一个新的类似于 Hive 的系统 Shark。
- Stinger Initiative（Tez Optimized Hive）：Hortonworks 开源了一个 DAG 计算框架 Tez。可以将 Tez 理解为 Google Pregel 的开源实现，该框架可以像 MapReduce 一样，用于设计 DAG 应用程序。需要注意的是，Tez 只能运行在 YARN 上。Tez 的一个重要应用是优化 Hive 和 PIG 的 DAG 应用场景，它通过减少数据读/写 I/O，优化 DAG 流程，使 Hive 速度提高了很多倍。
- Presto：FaceBook 于 2013 年 11 月份开源了 Presto。Presto 是一个分布式 SQL 查询引擎，主要用于进行高速、实时的数据分析，它支持标准的 ANSI SQL，包括复杂查询、聚合（Aggregation）、连接（Join）和窗口函数（Window Functions）。Presto 设计了一个简单的数据存储的抽象层，在不同数据存储系统（如 HBase、HDFS、Scribe 等）中都可以使用 SQL 进行查询。

2．对比分析

主要的 SQL 引擎的流行程度如图 9-2 所示，该数据由奥地利咨询公司 Solid IT 维护的 DB-Engines 提供。

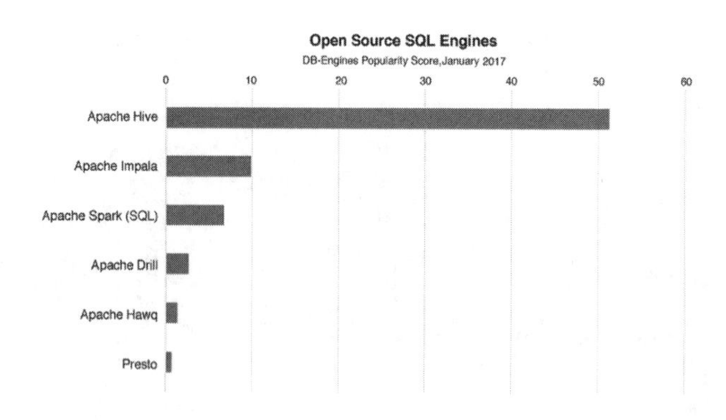

图 9-2　主要的 SQL 引擎的流行程度

虽然 Impala、Spark SQL、Drill、HAWQ 和 Presto 一直在运行性能、并发量和吞吐量上击败 Hive，但是 Hive 仍然非常流行（根据 DB-Engines 的标准），原因有以下 3 点。

- Hive 是 Hadoop 的默认 SQL 选项，每个版本都支持。而其他 SQL 引擎通常要求有特定的供应商和合适的用户。
- Hive 在不断减小和其他引擎的性能差距。大多数 Hive 的替代者在 2012 年推出，然而当 Impala、Spark、Drill 等大步发展时，Hive 只是一直跟着，慢慢改进。现在，虽然 Hive 不是最快的 SQL 引擎，但它比五年前要好得多。相对于领先的商业数据仓库应用，用户对顶尖的 SQL 引擎更感兴趣。
- Hive 和 Presto 有较好的贡献者基础（Spark SQL 的数据暂缺）。

9.3　使用 Hive 和 Pig 处理数据

9.3.1　Hive 与 HiveQL 命令

Hive 是基于 Hadoop 的一个数据仓库工具，可以将结构化的数据文件映射成一个数据表，并且提供简单的 SQL 查询功能，可以将 SQL 语句转换为 MapReduce 任务进行运行。其优点是学习成本低，可以通过类 SQL 语句快速实现简单的 MapReduce 统计功能，不必开发专门的 MapReduce 应用，非常适用于数据仓库的统计分析。

Hive 是建立在 Hadoop 上的数据仓库基础构架，它提供了一系列工具，用于进行数据提取、转化和加载操作，是一种可以存储、查询和分析存储于 Hadoop 中的大规模数据的机制。Hive 定义了简单的类 SQL 查询语言——HiveQL（简称 HQL），它允许熟悉 SQL 的用户查询数据，也允许熟悉 MapReduce 的开发者自定义 Mapper 和 Reducer，用于处理内建的 Mapper 和 Reducer 无法完成的复杂分析工作。

Hive 没有专门的数据格式。Hive 可以很好地工作在 Thrift 上，它可以控制分隔符，并且允许用户指定数据格式。

1．适用场景

Hive 构建在基于静态批处理的 Hadoop 上，Hadoop 通常有较高的延迟，并且在作业提交和调度时需要大量的开销。因此，Hive 并不能在大规模数据集上进行低延迟、快速的查询操作。例如，在几百 MB 的数据集上执行查询操作，Hive 一般有分钟级的时间延迟。因此，Hive 并不适合要求低延迟的应用，如联机事务处理（OLTP）。Hive 可以查询操作过程严格遵守 Hadoop MapReduce 的作业执行模型，Hive 将用户的 HiveQL 语句通过解释器转换为 MapReduce 作业并提交到 Hadoop 集群上，Hadoop 监控作业执行过程，然后返回作业执行结果给用户。Hive 不是为进行联机事务处理而设计的，并不提供实时的查询功能和基于行级的数据更新功能。Hive 的最佳使用场景是大数据集的批处理作业，如网络日志分析。

2. 设计特点

Hive 是一种底层封装了 Hadoop 的数据仓库处理工具，使用类 SQL 的 HiveQL 语言实现数据查询功能，所有 Hive 的数据都存储于 Hadoop 兼容的文件系统（如 Amazon S3、HDFS）中。Hive 在加载数据的过程中不会对数据进行任何修改，只是将数据移动到 HDFS 中 Hive 设定的目录下，因此，Hive 不支持对数据进行修改和添加操作，所有数据都是在加载时确定的。Hive 的设计特点如下。

- 支持创建索引，优化数据查询功能。
- 有不同的存储类型，如纯文本文件、HBase 中的文件。
- 将元数据存储于关系型数据库中，大大减少了在查询过程中执行语义检查的时间。
- 可以直接使用存储于 Hadoop 文件系统中的数据。
- 内置大量用户函数 UDF，用于操作时间、字符串和其他数据挖掘工具；支持用户扩展 UDF 函数，用于进行内置函数无法实现的操作。
- 类 SQL 的查询方式，将 SQL 查询转换为 MapReduce 的 Job，从而在 Hadoop 集群上执行。

3. 体系结构

Hive 的体系结构如下。

- 用户接口。用户接口主要有 3 个：CLI、Client 和 WUI。其中最常用的是 CLI，CLI 在启动时，会同时启动一个 Hive 副本。Client 是 Hive 的客户端，用户连接至 Hive Server。在启动 Client 模式时，需要指出 Hive Server 所在的节点，并且在该节点上启动 Hive Server。WUI 是通过浏览器访问 Hive 的。
- 元数据存储。Hive 将元数据存储于数据库（如 MySQL、Derby）中。Hive 中的元数据包括表的名字、表的列、分区及其属性、表的属性（是否为外部表等）、表的数据所在目录等。
- 解释器、编译器、优化器、执行器。解释器、编译器、优化器主要用于使用 HQL 查询语句进行词法分析、语法分析、编译、优化及查询计划的生成。生成的查询计划存储于 HDFS 中，并且在之后由 MapReduce 调用执行。
- Hadoop。Hive 中的数据存储于 HDFS 中，大部分查询由 MapReduce 完成（不包含*的查询，如 select * from tb1 不会生成 MapReduce 任务）。

4. 数据存储

用户可以非常自由地组织 Hive 中的表，在创建表时告诉 Hive 数据中的列分隔符和行分隔符，Hive 就可以解析数据。

Hive 中的所有数据都存储于 HDFS 中，Hive 中的数据模型有 Table（表）、External Table（外部表）、Partition（分区）、Bucket（桶）。

- Hive 中的 Table 和数据库中的 Table 在概念上是类似的，每一个 Table 在 Hive 中都有一个相应的目录存储数据。例如，pvs 表在 HDFS 中的路径为/wh/pvs，其中，wh 是在 hive-site.xml 中由${hive.metastore.warehouse.dir}指定的数据仓库目录，所有的 Table（不包括 External Table）都存储于这个目录下。
- Hive 中的 Partition 与数据库中 Partition 列的密集索引相对应，但其组织方式和数据库中 Partition 的组织方式大不相同。在 Hive 中，表中的一个 Partition 对应表的一个目录，所有的 Partition 数据都存储于对应的目录下。例如，pvs 表中包含 ds 和 city 两个 Partition，对应“ds = 20090801, city = US”的 HDFS 子目录为“/wh/pvs/ds=20090801/city=US”；对应“ds = 20090801, city = CA”的 HDFS 子目录为“/wh/pvs/ds=20090801/city=CA”。

- Bucket 可以对指定列计算 Hash 值，根据 Hash 值切分数据，目的是实现并行操作，每一个 Bucket 都对应一个文件。将 user 列分散至 32 个 Bucket 中，首先对 user 列的值计算 Hash 值，对应 Hash 值为 0 的 HDFS 目录为“/wh/pvs/ds=20090801/ctry=US/part-00000”，对应 Hash 值为 20 的 HDFS 目录为“/wh/pvs/ds = 20090801/ctry=US/part-00020”。
- External Table 指向已经在 HDFS 中存在的数据，可以创建 Partition。它和 Table 在元数据的组织上是相同的，而实际数据的存储方式有较大的差异。

Table 的创建过程和数据加载过程可以在同一条语句中完成。在加载数据的过程中，实际数据会被移动到数据仓库目录下，之后对数据的访问会直接在数据仓库目录下完成。在删除表时，表中的数据和元数据会被同时删除。

External Table 只有一个过程，数据加载操作和表创建操作可以同时完成（CREATE EXTERNAL TABLE...LOCATION），实际数据存储于 LOCATION 后面指定的 HDFS 路径下，并不会移动到数据仓库目录下。当删除一个 External Table 时，仅删除元数据，表中的数据不会真正被删除。

- 在 Hive 中，数据的存储格式有数据库（Database）、表（Table）、分区（Partition）和桶（Bucket），具体可以分为两个维度，分别为行格式（Row Format）和文件存储格式（File Format）。
- 行格式。行格式是指 Hive 中的每个数据行及其属性存储于文件中的格式。Hive 中的每行数据在存储时都要进行序列化操作（Serializer），即将每行数据的属性结构及属性值转换为二进制数据流存入文件。在读取数据时要进行反序列化操作（Deserializer），即将文件中存储的二进制数据流还原为每行数据的属性结构及属性值。这两个过程在 Hive 术语中形成了一个组合词 SerDe（Serializer-Deserializer）。对于 SerDe 操作，Hive 提供了多种序列化和反序列化接口，开发者可以扩展自己的 SerDe 接口，用于设置数据存储格式。Hive 中默认使用的 SerDe 接口为 LazySimpleSerDe。LazySimpleSerDe 默认数据存储于文件中的格式以回车符（ASCII 码 13）区分不同的行，以 CTRL-A（ASCII 码 1）区分一行中的不同列。Lazy（延迟）是指只有当某列数据被访问时才会进行反序列化操作，从而提高数据存储效率。
- 文件存储格式。文件存储格式是指表中的数据存储于文件中的格式。Hive 既支持以简单的纯文本文件的形式存储数据，又支持以二进制文件的形式存储数据。二进制文件的存储方式有两种，分别为面向行存储和面向列存储。

Hive 支持的数据类型如表 9-1 所示。

表 9-1 Hive 支持的数据类型

分　类	数据类型	描　述	示　例
基本数据类型	Tinyint	有符号整数，1Byte，取值范围为-128～127	1
	Smallint	有符号整数，2Byte，取值范围为-32 768～32 767	1
	Int	有符号整数，4Byte，取值范围为-2 147 483 648～2 147 483 647	1
	Bigint	有符号整数，8Byte，取值范围为-9 223 372 036 854 775 808～9 223 372 036 854 775 807	1
	Float	单精度浮点数，4Byte	1.0
	Double	双精度浮点数，8Byte	1.0
	Boolean	True/False	True
	String	字符串	'b', "a"

续表

分　类	数据类型	描　述	示　例
复杂数据类型	Array	一组有序字段。字段的类型必须相同	Array(1,2)
	Map	一组无序的键/值对。键的类型必须是基本类型；值可以是任意类型。同一个映射的键的类型必须相同，值的类型也必须相同	Map(1, "a")
	Struct	一组命名的字段。字段的类型可以不同	Struct(1, "a", 2.0)

5．Hive 的安装

可以下载一个已打包好的稳定版的 Hive，也可以下载源码自己 build 一个版本。

准备工作如下：

- Java 1.6、Java 1.7 或更高版本。
- Hadoop 2.x 或更高版本。
- Hive 0.13、Hive 0.20.x、Hive 0.23.x。
- 操作系统支持 Linux、Mac、Windows。

以 Linux 操作系统为例，介绍 Hive 的安装过程。

（1）安装打包好的 Hive，代码如下。需要在 Apache 官方网站下载打包好的 Hive 镜像，然后解压缩该文件。

```
$ tar -xzvf hive-x.y.z.tar.gz
```

（2）设置 Hive 的环境变量，代码如下：

```
$ cd hive-x.y.z$ export HIVE_HOME={{pwd}}
```

（3）设置 Hive 的运行路径，代码如下：

```
$ export PATH=$HIVE_HOME/bin:$PATH
```

（4）编译 Hive 源码。下载 Hive 源码，此处使用 maven 编译，需要下载并安装 maven。

以 Hive 0.13 为例，基于 Hadoop 0.23 或更高版本编译 Hive 0.13 源码，代码如下：

```
$cdhive$mvncleaninstall-PHadoop-2,dist$cdpackaging/target/apache-hive-{version}-SNAPSHOT-bin/apache-hive-{version}-SNAPSHOT-bin$lsLICENSENOTICEREADME.txtRELEASE_NOTES.txtbin/(alltheshellscripts)lib/(requiredjarfiles)conf/(configurationfiles)examples/(sampleinputandqueryfiles)hcatalog/(hcataloginstallation)scripts/(upgradescriptsforhive-metastore)
```

基于 Hadoop 2.0 编译 Hive 0.13 源码，代码如下：

```
$cdhive$antcleanpackage$cdbuild/dist#lsLICENSENOTICEREADME.txtRELEASE_NOTES.txtbin/(alltheshellscripts)lib/(requiredjarfiles)conf/(configurationfiles)examples/(sampleinputandqueryfiles)hcatalog/(hcataloginstallation)scripts/(upgradescriptsforhive-metastore)
```

6．运行 Hive，代码如下。Hive 依赖于 Hadoop 运行，在运行 Hadoop 之前，必需先配置好 HadoopHome。

```
export HADOOP_HOME=<Hadoop-install-dir>
```

在 HDFS 上为 Hive 创建\tmp 目录和/user/hive/warehouse(akahive.metastore.warehouse. dir）目录，然后运行 Hive。

在运行 Hive 之前设置 HIVE_HOME，代码如下：

```
$ export HIVE_HOME=<hive-install-dir>
```

在命令行窗口启动 Hive，代码如下：

```
$ $HIVE_HOME/bin/hive
```

9.3.2 Pig 与 Pig Latin

1. Pig 的基本架构

Pig 对数据处理操作进行了抽象，提供了一个类似于 SQL 的高级过程语言 Pig Latin，并且将利用 Pig Latin 编写的处理脚本转换为 MapReduce 作业，方便数据分析人员利用 Hadoop 平台进行海量半结构化数据集的查询操作。Pig 的基本架构如图 9-3 所示。

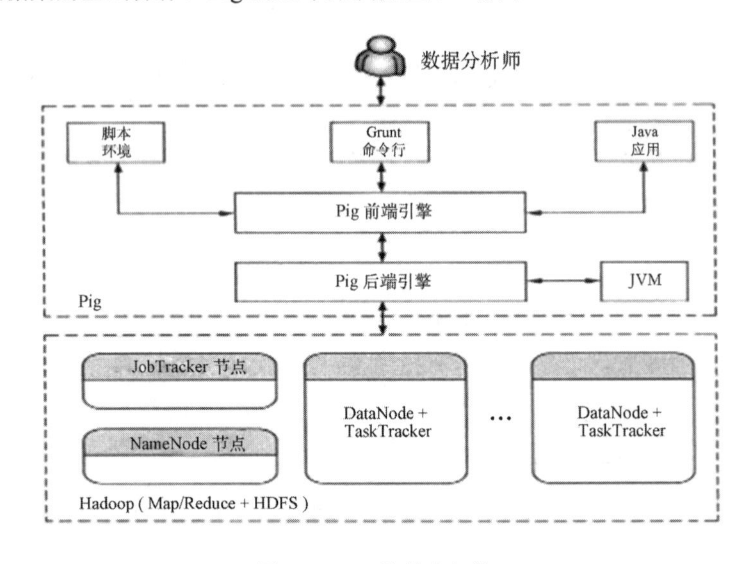

图 9-3 Pig 的基本架构

在 Pig 的基本架构中，最上面有 3 种使用接口，分别为 Grunt 命令行、脚本环境和 Java 应用。位于 3 种使用接口下方的是 Pig 软件的执行引擎部分，包括前端引擎和后端引擎。

根据图 9-3 可知，Pig 实质上是一个客户端应用，它可以在 Hadoop 集群外运行，因此安装 Pig 的过程与在 Linux 操作系统上安装应用程序的过程一样，具体方法可以参考 Pig 的官方文档 Hl。在 Pig 安装完成后，配置 Pig 安装路径的 conf 目录下的 pig.properties 文件中的以下参数，即可在启动后与对应的 Hadoop 集群连接。

```
fs .default.name=hdfs: //hdfs_host/
mapred.job. tracker—Hadoop_host: 8021
```

2. Pig Latin

Pig Latin 是使用 Pig 进行数据分析的核心。Pig Latin 是一种脚本语言，使用 Pig Latin 编写的程序由一系列数据操作（Operation）或数据变换（Transformation）指令组成，最终产生输出结果。这些指令由 Pig 执行环境进行解释和翻译，并且被转换成一系列 MapReduce 作业执行。

Pig Latin 执行环境在收到输入的程序后，会先对每条命令按顺序进行解析。如果遇到错误语句，那么解释器会终止运行，并且显示错误信息。解释器会给每个关系操作建立一个逻辑计划，并且将为操作命令创建的逻辑计划加到目前已经解析完成的程序的逻辑计划上，然后继续处理下一条操作命令。只有当整个程序逻辑计划全部完成后，Pig 才会真正按照输入的全部命令对数据进行操作。

Pig 对数据及其他工作的执行都是通过操作命令体现的，这些操作命令可以分为 4 类：关系操作命令、诊断操作命令、UDF 操作命令、系统操作命令。

Pig Latin 支持的数据类型可以分为两类：简单数据类型和复杂数据类型。

作为数据处理平台，Pig 为数据分析人员提供了很多内置的数据处理函数，包括以下 5 类。

- 数学函数。数学函数以一个或多个表达式作为输入，在经过计算后会返回另一个表达式。
- 评价函数。评价函数主要用于对一个数据集进行整体处理，从而获得一个评价值。
- 字符串函数。字符串函数主要用于对字符串进行定位、转换等处理。
- 包/元组函数。包/元组函数主要用于构建和处理包/元组。
- 加载/存储函数。加载函数主要用于将数据从外部存储加载到关系中，存储函数主要用于将关系中的数据存储于外部存储中。

9.3.3　实例

下面结合一个简单的实例说明如何利用 Pig Latin 进行数据分析。实例数据表如表 9-2 所示，字段 phone 为手机号，type 为用户类型（1 代表 2G 用广，2 代表 3G 用户），host 为访问的网站，date 为访问记录产生的日期。表中的数据存储于本地文件系统的/data/log.txt 文件中。下面使用 Grunt 命令交互环境编写代码。

表 9-2　实例数据表

类　别	函　数	说　明
加载/存储	PigStorage	用字段分隔文本格式加载或存储关系
	BinStorage	用二进制文件加载或存储关系
	BinaryStorage	用二进制文件加载或存储值包含 bytearray 类型字段的元组
	TextLoader	从纯文本文件中加载关系，每一行为一个单字段元组

1．加载数据

对数据进行处理的第一步是将数据从文件加载到 Pig 运行环境中。使用 load 操作命令，将文件所在的路径作为输入的 URI 参数，代码如下：

```
grunt> log=load'/data/log. txt'   as
(phone: chararray,   type: int,   host: chararray,   date: chararray);
```

在上述代码中，通过 as 子句指定字段的名称和类型，这样，在后面的代码中就可以直接通过字段名称使用这些数据了。load 操作命令默认使用制表符作为文件中字段间的分隔符。分隔符可以通过 using 子句指定。

2．查看数据

在数据加载完成后，可以使用 dump 命令和 describe 命令查看载入数据后的关系中的内容。使用 dump 命令可以查看载入数据后的具体数据。例如，运行以下代码，可以输出对应的详细数据。

```
grunt> dump log;
(1342680****,   1,   3g. qq. com,   2012 .12. 12)
(1571377****,   2,   weibo.cn,   2012. 12. 12)
(1342680****,   1,   baidu. com,   2012. 12. 13)
```

使用 describe 命令可以查看载入数据后的关系结构，示例代码如下：

```
grunt> describe log;
log:   phone: chararray,   type: int,   host: chararray,   date: chararray}
```

3．转换数据

现在要对 log 关系进行进一步处理。设置用户类型，0 代表 2G 用户、1 代表 3G 用户，增加一个代表数据已处理的字段'processed'，代码如下：

```
grunt>allUser = foreach log generate $0,   $1-1,   'processed';
grunt>dump userType;
```

```
(1342680****,  0,  'processed')
(1571377****,  1,  'processed')
(1342680****,  0,  'processed')
```

4. 过滤数据

数据处理的一种常见操作是过滤数据。假设希望产生一个仅保留 2G 用户的访问日志关系，则可以通过以下 filter 操作命令实现。

```
grunt>2GLog = filter log by type=0;
grunt>dump 2GLog;
(1342680****,    0,    3g.qq.com,     2012 . 12 . 12)
(1342680****,    0,    baidu. com,     2012 . 12 . 13)
```

5. 使用用户自定义函数

假设要对 2G 用户的日志关系进行进一步处理，则需要找出哪些 2G 用户访问了由一级域名提供的服务，可以通过扩展过滤函数实现。Pig 中的所有过滤函数都是 FilterFunc 子类中的函数，因此需要扩展 FilterFunc 子类，并且实现类的 exec()接口。

【例 9-1】自定义过滤函数，具体代码如下：

```
import  java . io . IOException;
import  org . apache . pig . FilterFunc;
import  org . apache .pig . PigException;
import  org.apache.pig.backend.executionengine.ExecException;
import  org . apache .pig . data . Tuple;
public class IsQQ   extends   FilterFunc {
    public Booloan exec(Tuple tuple) throws IOException {
        if (tuple == null||tuple.size( ) == 0) {
            return false;
        }
        try {
            Object object = tuple.get (0) ;
            if (object==null) {
                return false;
            }
            String str = (String) object;
            return str. index ( "qq. com" )=0?true : false;
        } catch (ExecException e) {
            throw now IOException:
        }
    }
}
```

在以上代码编写完成后，将其编译并打包到 filterFunc.jar 文件中，然后在 Pig 中注册该文件，代码如下：

```
grunt>register   filterFunc. jar;
```

调用这个自定义过滤函数，生成所需结果，代码如下：

```
grunt>2GQQLog   =   filter log by com.example.pig.IsQQ (host);
grunt>dump 2GQQLog;
(1342680****, 1, 3g.qq. com)
```

9.3.4　Hive 与 Pig 对比

Hive 和 Pig 都是基于 MapReduce 实现的数据分析脚本运行环境，都提供了一种简单、易用的脚本语言，并且可以将基于脚本语言的程序转换为 MapReduce 作业，执行 MapReduce 作业并获得期望的数据处理结果。这种情况很容易给使用者带来困惑：Hive 和 Pig 的功能是重叠的，为什么 Apache 要同时开发两个工具呢？难道仅仅是因为 Hive 来自 Facebook 公司，而 Pig 来自 Yahoo 公司吗？事实并不是这样的，真正的原因是 Hive 和 Pig 适用的数据分析场景不同，所以在 Hadoop 体系中扮演了不同的角色。要理解它们的差异，需要从数据处理的不同阶段说起。

数据处理的完整过程通常可以分为 3 个阶段：数据采集、数据准备和数据呈现。数据采集阶段是指从数据源中获取并传递数据到数据处理系统中的过程，这不是 Hive 和 Pig 所关注的领域。数据准备阶段是对数据进行抽取、转换、加载（Extract/Transform/Load，ETL）的过程，可以将这个阶段想象成数据在一个“数据工厂”进行加工。在现实世界中，工厂的作业是对原材料进行加工，生产出可以被使用的产品。数据工厂会将不能直接反映规律的原始数据进行加工和转化，使其变为具有实际价值的商业数据。紧接着数据准备阶段的是数据呈现阶段，这个阶段的工作通常被形象地称为“数据仓库”，经过数据准备阶段处理后的数据被存储于数据仓库中。数据分析人员（数据使用者）通过数据呈现阶段提供的工具将所需数据提取出来并进行呈现。

数据准备阶段的主要工作者是程序员、数据处理专家或研究人员，他们需要的工具应具备对快速到达的数据进行流水式处理的能力，并且能对大规模数据集进行迭代处理。数据呈现阶段的主要工作者是数据工程师、分析师或决策者，他们面对的是整理完成的数据，通常要对整理后的数据进行检索、组合和统计，从而获得满足需要的分析结果。这两种使用场景的不同特点，结合 Pig 和 Hive 自身的特性，决定了 Pig 更适合处理数据准备阶段的工作，而 Hive 更适合处理数据呈现阶段的工作。Pig Latin 语言是面向关系型流式数据的处理语言，与 SQL 相比，Pig Latin 更适合构建数据流，因为 Pig Latin 是面向过程的语言，并且允许开发者自定义处理流程中检查点的位置和逻辑。Pig Latin 允许开发者直接选择特定的操作实现方式而不是依赖于优化器。Pig Latin 支持在数据处理过程中出现分支并控制分支的发展。此外，Pig 对大数据集的迭代式处理支持较好，可以对不断到达的数据进行增量处理。这些特性决定了 Pig 在数据准备阶段具有更好的效果。而 Hive 的优点是类似于 SQL 语言的接口方式和对关系型数据模型的支持，这些特点使 Hive 可以很好地与传统商业智能分析软件和基于 SQL 实现的分析系统进行对接，从而实现平滑的系统迁移。这个特性决定了 Hive 在数据仓库阶段具备明显的优势。

9.4　实时互动的 SQL：Impala 和 Drill

9.4.1　Cloudera Impala

2012 年，Hadoop 技术领域颇有知名度的 Cloudera 公司在 Google 发表的 Dremel 论文激发下研发了开源项目 Impala，一个开源的 MPP SQL 引擎，作为 Hive 的高性能替代品。Impala 使用 HDFS 和 HBase，并且利用 Hive 元数据。但是，它绕开了使用 MapReduce 运行查询。

Impala 可以看成 Google Dremel 架构和 MPP（Massively Parallel Processing）结构的结合体。Impala 没有使用缓慢的 Hive&MapReduce 批处理，而是通过使用与商用并行关系型数据库中类似的分布式查询引擎（由 Query Planner、Query Coordinator 和 Query Exec Engine 组成），直接用 SELECT、JOIN 和统计函数从 HDFS 或 HBase 中查询数据，从而大大降低了延迟，其架构如图 9-4 所示。

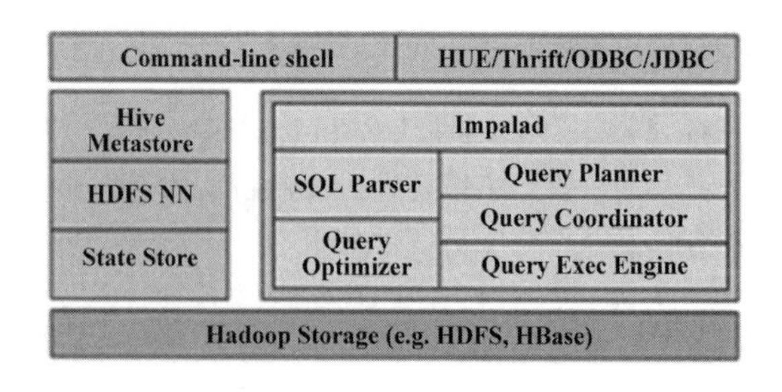

图 9-4　Impala 的架构

Impala 主要由 Impalad、State Store 和 CLI 组成。

Impalad 与 DataNode 运行在同一个节点上，由 Impalad 进程表示，它接收客户端的查询请求，接收查询请求的 Impalad 为 Coordinator，Coordinator 通过 JNI（Java Native Interface）调用 Java 前端解释 SQL 查询语句，生成查询计划树，再通过调度器将执行计划分发给具有相应数据的其他 Impalad 执行，其他 Impalad 会读/写数据，并行执行查询操作，并且将结果通过网络流式的传送回给 Coordinator，由 Coordinator 将其返回给客户端。同时 Impalad 会与 State Store 保持连接，用于确定哪个 Impalad 是健康的，可以接受新的工作。State Store 主要用于跟踪集群中的 Impalad 健康状态及位置信息，由 state-stored 进程表示，它通过创建多个线程处理 Impalad 的注册和订阅信息，并且与各 Impalad 保持心跳连接。各 Impalad 都会缓存一份 State Store 中的信息，在 State Store 离线后，因为 Impalad 有 State Store 的缓存，所以仍然可以工作，但会因为有些 Impalad 失效而无法更新已缓存的数据，导致将执行计划分配给失效的 Impalad，进而导致查询失败。CLI 会为用户提供查询使用的命令行工具，同时 Impala 提供了开源的 Apache Hadoop UI 系统 Hue、JDBC、ODBC、Thrift（用于进行各个服务之间的远程过程调用 RPC 通信，支持跨语言）的使用接口。

Cloudera 的首席战略官 Mike Olson 在 2013 年底指出 Hive 的架构是有根本缺陷的。在他看来，开发者只能用一种全新的方式实现高性能 SQL，如 Impala。2014 年的 1 月、5 月和 9 月，Cloudera 发布了一系列的基准测试。在这些测试中，Impala 展示了其在查询运行方面的逐步改进，其运行效果显著优于基于 Tez 的 Hive、Spark SQL 和 Presto。除运行快速外，Impala 在并发性、吞吐量和可扩展性上也表现优秀。

2015 年，Cloudera 将 Impala 捐献给 Apache 软件基金会，使其进入 Apache 孵化计划。Cloudera、MapR、Oracle 和 Amazon Web Services 主要负责分发 Impala，Cloudera、MapR 和 Oracle 为 Impala 提供了商业构建和安装支持。

2016 年，Impala 在 Apache 孵化器中取得了稳步发展。该团队清理了代码，将其迁移到 Apache 基础架构，并且在 10 月发布了 Impala 的第一个 Apache 版本，即 Impala 2.7.0，该版本对 Impala 进行了性能提升、可扩展性改进，以及一些小的增强。

2021 年 9 月，Cloudera 发布了一项研究结果，该研究比较了 Impala 和 Amazon Web Services 的 Redshift（全球领先的 GPU 渲染器开发商）列族数据库。报告读起来很有意思，虽然主题需要注意供应商的基准测试。

9.4.2　Apache Drill

1．Apache Drill 初探

Apache Drill 是一个开源的、对 Hadoop 和 NoSQL 低延迟的 SQL 查询引擎。

Apache Drill 实现了 Google's Dremel。Google's Dremel 前面已介绍过，是 Google 的“交互式”数据分析系统，可以组建成规模上千的集群，处理 PB 级别的数据。MapReduce 处理数据的时间为分钟级。作为 MapReduce 的发起人，Google 开发了 Dremel，将处理时间缩短到秒级，作为 MapReduce 的有力补充。Drill 实现了 Dremel，作为 Google BigQuery 的 Report 引擎，获得了很大的成功，其特性如下。

- 可以实时分析及快速进行应用开发。
- 兼容已有的 SQL 环境和 Apache Hive，如图 9-5 所示。
- 半结构化/嵌套数据结构。

Drill 能够查询 JSON、Parquet（ 面向分析型业务的列式存储格式）等嵌套数据，也能动态地发现 Schema.Drill，并不需要一个中央的元数据库。

半结构化/嵌套数据结构如图 9-6 所示，它是由简单到复杂、由固定模式到无模式发展趋势导致的结果。

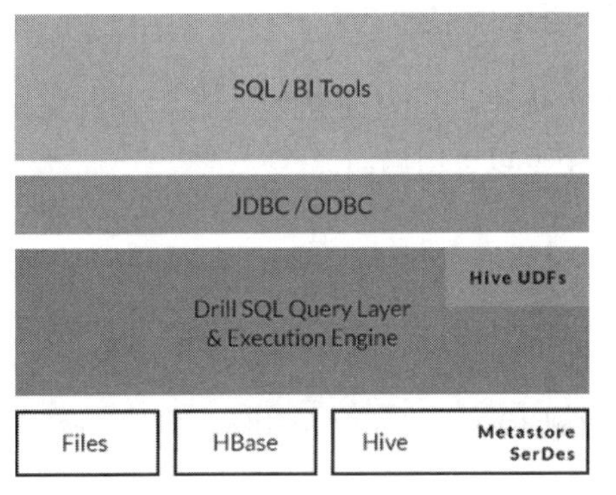

图 9-5　兼容已有的 SQL 环境和 Apache Hive

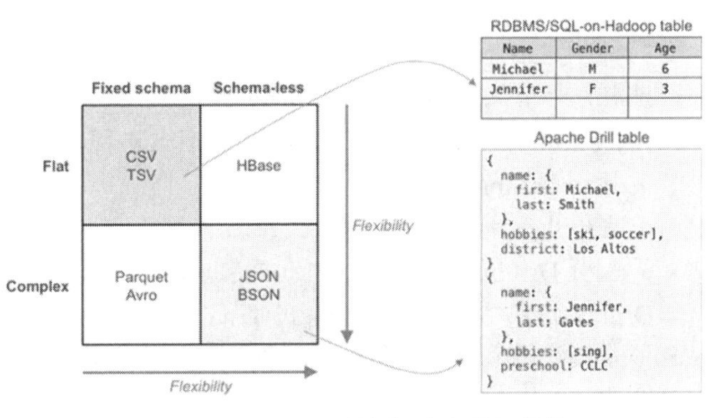

图 9-6　半结构化/嵌套数据结构

2．安装、启动

1）准备材料。

```
JDK-8u121-linux-x64.rpm（运行 Drill1.6 及其后续版本需要安装 JDK 7 或 JDK 8）
Apache-Drill-1.10.0.tar.gz
Zookeeper-3.4.6
Hadoop2.x cluster
```

2）安装、配置 Drill。

（1）解压缩并安装，代码如下：

```
tar -xzvf apache-Drill-1.10.0.tar.gz
cp -r apache-Drill-1.10.0 /usr/local
ln -s apache-Drill-1.10.0 Drill-1.10
```

（2）配置环境变量，修改/etc/profile，在尾部添加以下代码。

```
##JAVA
export JAVA_HOME=/usr/java/jdk1.8.0_121
export JRE_HOME=$JAVA_HOME/jre

export CLASSPATH=$CLASSPATH:$JAVA_HOME/lib:$JAVA_HOME/jre/lib
export PATH=$JAVA_HOME/bin:$JAVA_HOME/jre/bin:$PATH:$HOME/bin:/usr/local/bin

export LANG=en_US.UTF-8
```

```
export DRILL_HOME=/usr/local/Drill-1.10
export PATH=$PATH:$DRILL_HOME/bin
```

（3）在集群模式下配置 Drill。在$DRILL_HOME/conf/Drill-override.conf 文件中，使用 Drill Cluster ID，通过指定正确的 Zookeeper 集群地址列表（host1:2181,host2:2181,hostN:2181）连接 zk 的 quorum。

注意：如果在多个节点上安装 Drill，则需要指定同一个 Drill Cluster ID，所有的 Drill 节点共享一个集群 ID。

配置 Drill 的示例代码如下：

```
Drill.exec:{
  cluster-id: "<myDrillcluster>",
  zk.connect: "<zkhostname1>:<port>,<zkhostname2>:<port>,<zkhostname3>:<port>"
 }
```

（4）在集群模式下启动 Drill。要在集群模式下启动 Drill，必须先在每一个节点上启动 Drill daemon（Drillbit）进程，在使用 Client 连接上 Drill 前，务必先启动 Drillbit 进程。

3）使用 Drillbit.sh 脚本启动 Drillbit 进程。

注意：如果使用 Standalone 的 Embedded 模式，则不需要执行 Drillbit.sh 脚本。

Drillbit.sh 脚本除了可以启动 Drillbit 后台进程，还可以用于以下用途。

- 检查 Drillbit 状态。
- 在停止后重启一个 Drillbit 进程。
- 配置 Drillbit，用于支持自动重启功能。

Drillbit.sh 脚本命令的语法格式如下：

```
Drillbit.sh [–config < conf-dir >] (start | stop | status | restart | autorestart)
```

例如，重启 Drillbit 进程，代码如下：

```
Drillbit.sh restart
```

4）启动 Drill Shell。

使用 Drill Shell 命令行工具，可以通过 SQL 方式，与已连接上的数据源进行交互式查询操作。

Drill-conf：根据 conf/Drill-override.conf 中配置的 Zookeeper 连接信息，打开 Drill Shell 交互式执行窗口。

Drill-localhost：如果本机配置了 zk，则可以使用该命令打开 Drill shell 交互式执行窗口。

在执行完成后，交互式窗口出现。

```
[root@xxxxx bin]# Drill-conf
Java HotSpot(TM) 64-Bit Server VM warning: ignoring option MaxPermSize=512M; support was removed in
8.0
apache Drill 1.10.0
"a Drill is a terrible thing to waste"
0: jdbc:Drill:> select * from sys.Drillbits;
+-----------+-----------+--------------+-----------+----------+----------+
| hostname  | user_port | control_port | data_port | current  | version  |
+-----------+-----------+--------------+-----------+----------+----------+
| server01  | 31010     | 31011        | 31012     | false    | 1.10.0   |
| server02  | 31010     | 31011        | 31012     | true     | 1.10.0   |
+-----------+-----------+--------------+-----------+----------+----------+
2     rows selected (2.686 seconds)
```

5）使用 Ad-Hoc 方式连接 Drill Shell。

可以使用 sqlline 命令以 ad-hoc 方式连接 Drill。例如，使用指定的数据存储插件作为

Schema，代码如下：

```
sqlline -u jdbc:Drill:[schema=< storage plugin >;]zk=< zk_name1>[:< port1>][,< zk_name1>[:< port1>]...]
```

参数说明如下。

- -u 是连接字符串的前置参数，是必选参数。
- jdbc 是连接类型，是必选参数。
- schema 是查询的插件类型，是可选参数。
- zk name 是一个或多个 zk 集群节点 IP 或 Hostname。
- part 是 zk 端口号，默认值为 2181，是可选参数。

例如，使用 dfs 数据存储插件连接 Drill，代码如下：

```
sqlline -u jdbc:Drill:schema=dfs;zk=centos01
```

连接 zk 集群的代码如下：

```
sqlline -u jdbc:Drill:zk=centos01:2181,centos02:2181;centos03:2181
```

6）退出 Drill Shell。

如果要退出 Drill Shell，则可以在命令行窗口中执行以下代码。

```
!quit
```

7）关闭 Drill 服务。

关闭 Drill 服务的代码如下：

```
Drillbit.sh stop
```

8）Web Console UI 展示。

可以使用 Web Console 连接 Drill，这是 Drill 众多客户端接口中的一个。在浏览器中打开如下网址即可。

```
- http://< IP address or host name>:8047
```

或者：

```
- https://< IP address or host name>:8047
```

3. 架构原理

1）Drill 的查询架构。

Drill 的查询架构如图 9-7 所示。

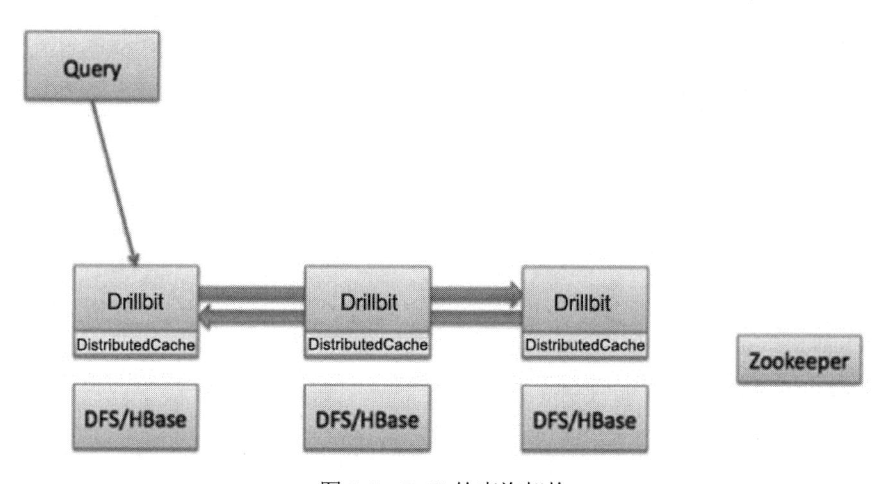

图 9-7　Drill 的查询架构

Drill 的查询流程如下。

（1）Drill 客户端发起查询，客户端可以是一个 JDBC、ODBC、命令行界面或 REST API。集群中任意一个 Drill 单元都可以接受来自客户端的查询，没有主从概念。

（2）Drill 单元会对查询进行分析、优化，并且快速、高效地生成一个最优的分布式执行计划。

（3）收到请求的 Drill 单元成为该查询的 Drill 单元驱动节点，这个节点会从 Zookeeper 中获取一个整个集群可用的 Drill 单元列表，并且确定合适的节点执行各种查询计划片段，从而最大化数据局部性。

（4）各个节点查询片段执行计划按照它们的 Drill 单元计划表执行。

（5）各个节点在任务执行完毕后返回结果数据给驱动节点。

（6）驱动节点以流的形式将结果返回给客户端。

2）Drillbit 核心模型。

Drill 包含一个专门用于处理大规模数据的分布式执行环境。Apache Drill 的核心是一个称为“钻头”（Drillbit）的服务，它负责从客户端接收请求，处理查询任务，并且将结果返回给客户端。一个 Drillbit 服务可以在 Hadoop 集群中的所有需要执行任务的节点上安装和运行，形成一个分布式的集群环境。当 Drillbit 运行在集群中的 DataNode 上时，Drillbit 可以在查询执行过程中最大限度地使数据在本地调用，而无须在网络上或节点之间移动数据。Drill 使用 Zookeeper 记录集群成员信息及其健康检查信息。虽然 Drill 通常工作在 Hadoop 集群环境中，但 Drill 与 Hadoop 并不绑定，它可以运行于任何分布式集群环境中。Drill 唯一的依赖是 Zookeeper。

Drillbit 的核心模型如图 9-8 所示。RPC Endpoint 是远程过程调用端点；Distributed Cache 是分布式缓存；SQL Parser（SQL 语句解析器）主要用于形成逻辑计划，优化形成物理计划，并且通过 Storage Engine Interface（存储引擎接口）执行。

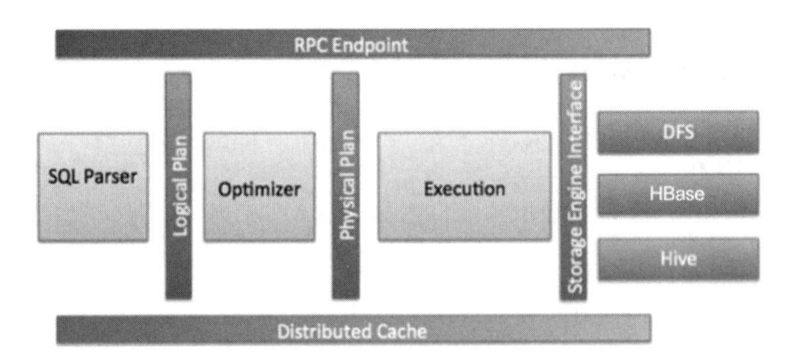

图 9-8 Drillbit 的核心模型

3）Drill 编译器。

对代码模型产生的代码进行编译、合并。

4. 应用

1）Drill 接口。

① Drill Shell（SQLLine）。

②Drill Web UI。进入 bin 安装目录，命令行命令如下：

```
bin/sqlline -u jdbc:Drill:zk=local -n admin -p admin
```

如果采用 Web 访问，那么在本机启动后，在浏览器中输入“http://localhost:8047/”，按回车键，即可进入 Drill Web UI，如 http://127.0.0.1:8047/。

（1）进入 Drill Web UI，如图 9-9 所示。

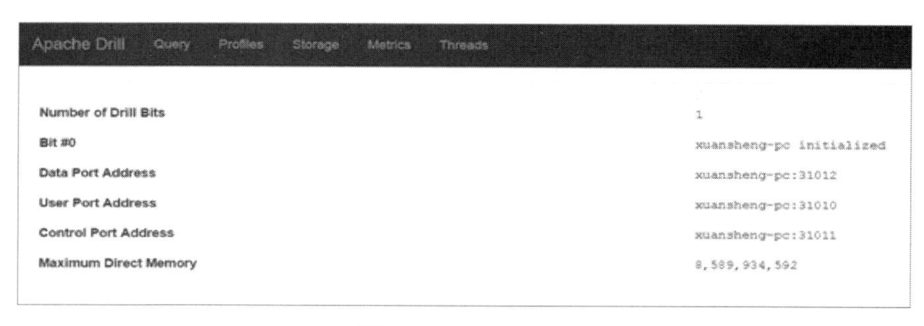

图 9-9　Drill Web UI

（2）选择“Query”选项，进入查询窗口，如图 9-10 所示。

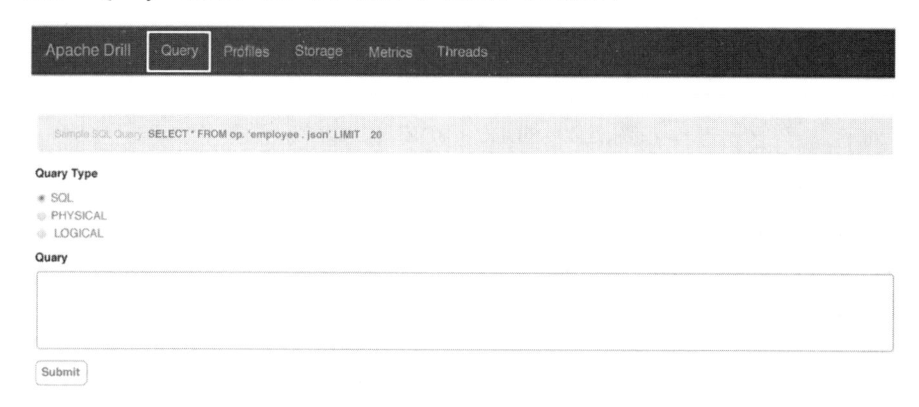

图 9-10　进入查询窗口

（3）选择 Storage 选项，如图 9-11 所示，可以在界面中对数据源进行设置。

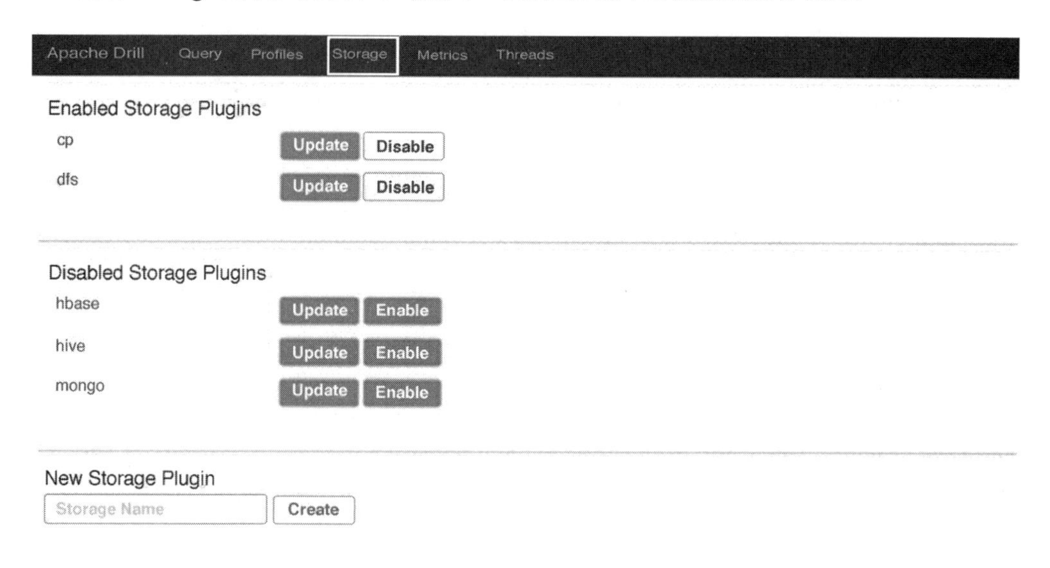

图 9-11　选择 Storage 选项

③ 用 ODBC & JDBC 直接连接，如图 9-12 所示，可以在第三方应用配置相关的驱动直接连接。

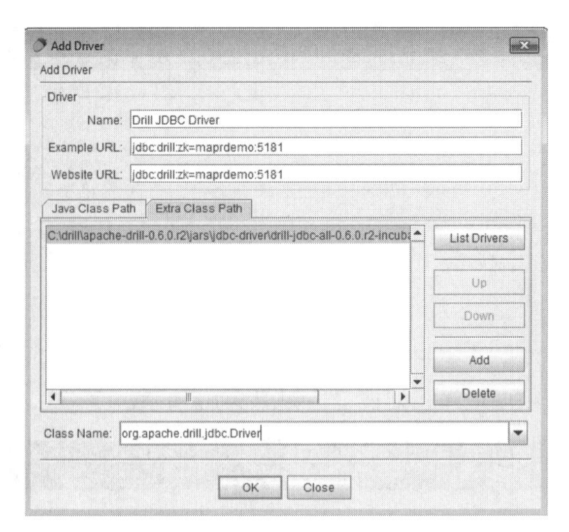

图 9-12　ODBC & JDBC 直接连接

也可以使用编程模式，进行 JDBC 接口编程。

加载驱动 org.apache.Drill.jdbc.Driver，使用以下命令连接 Apache Drill。

Connection URL: jdbc:Drill:zk=xuansheng-pc

【例 9-2】JDBC 编程接口的代码如下：

```
public class JdbcDemo {
    private static final String URL = "jdbc:drill:zk=xuansheng-pc";
    private static CachingConnectionFactory factory;
     static {
          factory = new SingleConnectionCachingFactory(new ConnectionFactory() {
              @Override
              public Connection createConnection (ConnectionInfo info) throws Exception{
                   Class.forName("org.apache.drill.jdbc.Driver");
          return DriverManager.getConnection(info.getUrl( ),info.getParamsAsProperties());
              }
           });
}

public static void main(String[ ] args) throws Exception{
      JdbcDemo jdbcDemo = new JdbcDemo( );
      String sql = "SELECT * FROM cp. 'employee.json'LIMIT 20";
      Connection conn = connect(URL);
      jdbcDemo.query(conn,sql);
}
```

更多代码请参考：

```
https://github.com/asinwang/Drill-demo/blob/master/src/main/java***/org/apache/Drill/jdbc/JdbcDemo.java
```

C++ API 和 REST 接口，此处不再介绍。

2）使用 Drill 操作 HBase 数据。

如果要使用 Drill 查询 HBase 中的数据，则需要在 Web Console 中对 HBase 数据源进行配置。

① Web Console => Storage Tab 页 => Enable HBase。

② 数据源设置。在图 9-11 中的 Storage 页面的 Enabled Storage Plugins 选项组中，单击 update 按钮，进入编辑页面，填写 HBase 数据源的配置信息。

【例 9-3】使用 Drill 对 HBase 数据源进行配置，代码如下：

```
{
  "type": "HBase",
  "config": {
    "HBase.Zookeeper.quorum": "111.111.111.111",
    "HBase.Zookeeper.property.clientPort": "2181",
    "Zookeeper.znode.parent": "/HBase"
  },
  "size.calculator.enabled": false,
  "enabled": true
}
```

③ 重新启动 Drillbit 进程，即可查询 HBase 中的数据。使用 Drill 并以 SQL 方式访问 HBase，步骤如下。

（1）连接 HBase，修改 Drill 配置文件，如图 9-13 所示，修改节点 IP 或集群。

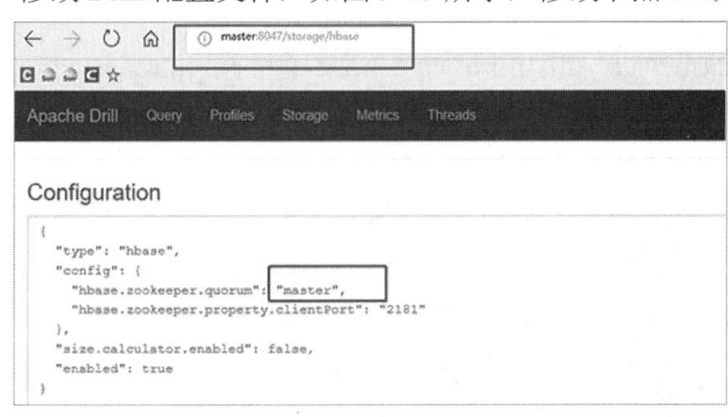

图 9-13　修改 Drill 配置文件

（2）使用 sqlline 命令进行连接，代码如下：

```
#sqlline -u jdbc:drill:zk=master:2181,slaver1:2181,slaver2:2181,slaver3:2181,slaver4:2181
```

执行上述命令，结果如图 9-14 所示。

```
[root@master ~]# sqlline -u jdbc:drill:zk=master:2181,slaver1:2181,slaver2:2181,slaver3:2181,slaver4:218
1
Drill log directory /var/log/drill does not exist or is not writable, defaulting to /usr/java/drill-0.8.
0/log
sqlline version 1.1.6                                连接成功
0: jdbc:drill:zk=master:2181,slaver1:2181,sla>
```

图 9-14　使用 sqlline 命令进行连接的结果

（3）切换 HBase，代码如下：

```
#use HBase;
```

执行上述命令，结果如图 9-15 所示，在切换 HBase 后，可以直接查询 HBase 中的数据。

```
[root@master ~]# sqlline -u jdbc:drill:zk=master:2181,slaver1:2181,slaver2:2181,slaver3:2181,slaver4:218
1
Drill log directory /var/log/drill does not exist or is not writable, defaulting to /usr/java/drill-0.8.
0/log
sqlline version 1.1.6
0: jdbc:drill:zk=master:2181,slaver1:2181,sla> use hbase;
+------------+------------+
|     ok     |  summary   |
+------------+------------+
| true       | Default schema changed to 'hbase' |
+------------+------------+
1 row selected (0.176 seconds)
0: jdbc:drill:zk=master:2181,slaver1:2181,sla>
```

图 9-15　切换 HBase

（4）如果要查询 HBase 中的全部内容，则会显示列族的全部信息，如图 9-16 所示。

图 9-16　显示列族的全部信息

（5）一般需要转换成中文，提高可读性，代码如下：

```
#select convert_from(row_key,'utf8') as myid,convert_from(sz_pucentp_address.info. ADDRESS,'utf8') as myaddress fromsz_pucentp_address limit 5;
```

查询 HBase 表名.列族.字段，结果如图 9-17 所示。

```
0: jdbc:drill:zk=master:2181,slaver1:2181,sla> select convert_from(row_key,'utf8') as myid,convert_from(
sz_pucentp_address.info.ADDRESS,'utf8') as myaddress from sz_pucentp_address limit 5;
+------------+-------------+
|    myid    | myaddress   |
+------------+-------------+
| 47ED35A958EDB428E050007F01003B84 | 华/盛/路/55号/东/ |
| 47ED35A958EEB428E050007F01003B84 | 工作站/片/区/ |
| 47ED35A958EFB428E050007F01003B84 | 南山区/学府路/61号/金宝/花园/a/b/c/栋/ |
| 47ED35A958F0B428E050007F01003B84 | 高尔夫/大道/a7/号/观/澜/高尔夫球场/写字楼/ |
| 47ED35A958F1B428E050007F01003B84 | 南山区/南新路/北头/新村/ |
+------------+-------------+
5 rows selected (1.645 seconds)
0: jdbc:drill:zk=master:2181,slaver1:2181,sla>
```

图 9-17　查询 HBase 表名.列族.字段

（6）退出 Drill，代码如下：

```
!quit
```

对比 Solr 索引数据的显示结果，如图 9-18 所示。

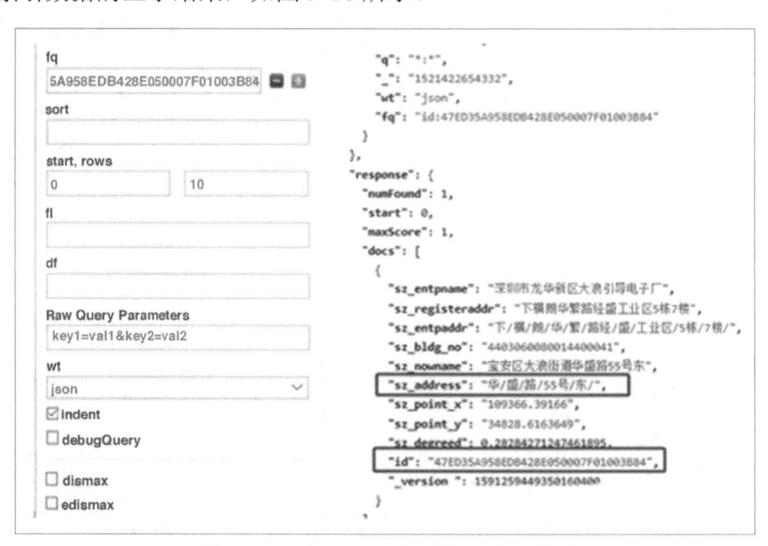

图 9-18　对比 Solr 索引数据的显示结果

④ 在 HBase 中，行键与数据列中的数据均以 byte[]形式存在，在使用 Drill 操作 HBase 中的

数据时，如果不进行数据转换，那么实际返回的是字节数组的地址，因此需要使用内置转换函数 CONVERT_FROM 将其转换为实际的值。示例代码如下：

```
SELECT CONVERT_FROM(row_key, 'UTF8') AS studentid,
        CONVERT_FROM(students.account.name, 'UTF8') AS name,
        CONVERT_FROM(students.address.state, 'UTF8') AS state,
        CONVERT_FROM(students.address.street, 'UTF8') AS street,
        CONVERT_FROM(students.address.zipcode, 'UTF8') AS zipcode
 FROM students;
```

习　　题

一、判断题（正确打√，错误打×）

1．Pig 更适合完成数据呈现阶段的工作，Hive 更适合完成数据准备阶段的工作。（　　）

2．Impala 使用 HDFS 和 HBase，并且利用了 Hive 元数据，但它绕开了使用 MapReduce 运行查询。（　　）

二、简答题

1．怎样高效地完成数据分析工作？

2．简述大数据查询的发展历程。

3．何为 Hive？简述其特点、作用。何为 HiveQL？简述其特点、作用。

4．Hive 架构中的主要组件有哪些？

5．Hive 如何存储数据？

6．Hive 如何安装及配置？

7．何为 Pig 及其架构？何为 Pig Latin？

8．简述 Pig 的操作命令分类及函数分类。

9．简述 Hive 与 Pig 的区别。

10．尝试实现 7.3.3 节中的 Pig Latin 实例。

11．何为 Impala 及其架构？

12．何为 Drill 及其查询架构？

13．尝试按照 7.4.2 节中的步骤安装、配置 Drill。

14．尝试实现【例 9-3】中的实例。

第 10 章　R 语言与可视化技术

本章主要介绍 R 语言概念、R 软件资源、函数、运算符、数据表和数据框、数据存/取及脚本语言等技术，并且会给出 R 语言绘图实例；还介绍了可视化技术及分类、入门级工具、互动图形用户界面控制、地图工具、可视化设计工具、专家级可视化分析工具，使用户熟悉运用 R 语言等工具和可视化技术解决开源可视化统计绘图问题。

10.1　开源可视化统计绘图工具——R 语言

10.1.1　R 语言概述

1．R 语言及其由来

针对传统分析软件扩展性差及 Hadoop 分析功能薄弱的特点，研究人员致力于对 R 和 Hadoop 进行集成。R 是开源的统计分析软件，通过将 R 和 Hadoop 进行深度集成，将计算聚焦数据，并且进行并行处理，使 Hadoop 获得强大的深度分析能力。Purdue 大学的 RHIPE 项目也致力于实现 R 和 Hadoop 的集成，为大数据分析提供开发环境的支持。Wegener 等人实现了 Weka（类似于 R 的开源的机器学习和数据挖掘工具）和 MapReduce 的集成。

R 语言是从 S 统计绘图语言演变而来的，可看作 S 统计绘图语言的“方言”。20 世纪 70 年代，S 语言诞生于贝尔实验室，由 Rick Becker、John Chamber、Allan Wilks 开发。基于 S 语言开发的商业软件 Splus，可以方便地编写函数、建立模型，具有良好的扩展性，在国外学术界应用很广。1995 年，新西兰 Auckland 大学统计系的 Robert Gentleman 和 Ross Ihaka 基于 S 语言的源码编写了一款能执行 S 语言的软件，并且将该软件的源码公开，这就是 R 软件，其命令统称为 R 语言。

2．R 语言的组成及特点

R 软件是开源的统计绘图软件，R 语言是一种脚本语言，有大量的程序包可以用。R 语言中的向量、列表、数组、函数等都是对象，可以方便地查询和引用，并且可以进行条件筛选。R 语言具有精确的绘图功能，生成的图可以以多种格式存储。在使用 R 语言编写函数时，无须声明变量类型，能利用循环语句、条件语句控制程序的流程。R 软件与其他统计分析软件的比较如表 10-1 所示。

表 10-1　R 软件与其他统计分析软件的比较

R	速度快，简单、易学，开源
SAS	速度快，有大量统计分析模块，但可扩展性不足，价格较高
SPSS	复杂的用户图形界面，简单、易学，但编程较困难
Splus	运行 S 语言，具有复杂的界面，与 R 语言完全兼容，价格较高

R 语言具有以下特点。

- 多领域的统计资源。目前 R 网站上大约有 2400 个程序包，涵盖了基础统计学、社会学、经济学、生态学、空间分析、系统发育分析、生物信息学等方面。
- 跨平台。R 语言可在多种操作系统中运行，如 Windows、MacOS、UNIX。

- 命令行驱动。R 语言可以对命令行命令进行即时编译，输入命令即可获得相应的结果。
- 丰富的资源。涵盖了多种行业数据分析中的大部分方法。
- 良好的扩展性。可以十分方便地编写函数和程序包，可以跨平台，可以进行复杂的数据分析操作，以及绘制精美的图形。
- 完备的帮助系统。每个函数都有统一格式的帮助说明和运行实例。
- GNU（基于 UNIX 开发设计，是与 UNIX 兼容的操作系统）软件。免费，软件本身及程序包的源码公开。

R 语言的缺点如下。

- 用户需要对命令很熟悉。与代码打交道，需要记住常用命令。
- 占用内存。所有数据处理工作都在内存中进行。
- 运行速度慢。即时编译，运行速度大约为 C 语言运行速度的 1/20。

与使用鼠标进行操作相比，使用 R 语言能够大幅提高效率。

10.1.2　R 软件资源

R 语言的官方网站可以下载相关资源。R 程序包是多个函数的集合，具有详细的说明和示例，Windows 操作系统中的 R 程序包是经过编译的 ZIP 包。每个程序包中都包含 R 语言的函数、数据、帮组文件、描述文件等。R 程序包是 R 功能的扩展，特定的分析功能需要用相应的程序包实现。例如，系统发育分析通常会使用 Ape 程序包，群落生态学通常会使用 vegan 程序包。R 语言的主要方法如表 10-2 所示。

表 10-2　R 语言的主要方法

ade4	利用欧几里得方法进行生态学数据分析	mvpart	多变量分解
adephylo	系统进行数据挖掘与比较的方法	nlme	线性及非线性混合效应模型
Ape	系统发育与进化分析	ouch	系统发育比较
apTreeshpe	进行树分析	pgirmess	生态学数据分析
Boot	Bootstrap 检验	phangorn	系统发育分析
cluster	聚类分析	picante	群落系统发育多样性分析
ecodist	生态学数据相异性分析	raster	栅格数据分析与处理
FD	功能多样化分析	seqinr	DNA 序列分析
geiger	物种形成速率与进化分析	sp	空间数据分析
Graphics	绘图	spatstat	空间点格局分析，模型拟合与检验
lattice	栅格图	Splancs	空间与时空点格局分析
maptools	空间对象的读取和处理	stats	R 统计学包
mefa	生态学和生物地理学多元数据处理	SDMTools	物种分布模型工具
mgcv	广义加性模型相关	vegan	植物与植物群落排序，生物多样性计算

CRAN 任务视图如表 10-3 所示。

表 10-3　CRAN 任务视图

贝　叶　斯	贝叶斯推理	基　因　学	统计基因学
化学物理	计量化学和计算物理	图	图显示、动态图、图设备可视化
临床试验	临床试验的设计、监控和分析	gR	R 中的图模型
集群	集群分析和有限混合模型	高性能计算	基于 R 的高性能合并行计算

续表

贝 叶 斯	贝叶斯推理	基 因 学	统计基因学
分布	概率分布	机器学习	机器学习和统计学习
经济学	计量经济学	医学影像	医学影像分析
环境计量学	生态和环境数据分析	多变量	多变量统计
试验设计	试验设计和试验分析	自然语言理解	自然语言理解
金融	实验金融	优化	优化和数学编程

R Commander 是 R 软件的图形界面之一，是由 John Fox 教授编写的，适用于不希望使用 R 语言编程的用户，随着用户的操作，其窗口还可以显示相应操作的 R 程序代码，对初学者可能会有帮助。

10.1.3 函数、运算符、数据表和数据框

1. R 语言的函数

1）函数。

R 语言是一种解释性语言，在输入命令后即可直接得到结果。R 语言的功能靠函数实现，函数格式如下：

```
函数（输入数据，参数=）
```

如果没有指定参数值，那么参数采用默认值。下面举例说明。

- 平均值：mean(x,trim=0,na.rm=FALSE,...)。
- 线性模型：lm(y～x,data=test)。

函数可以实现特定的功能，函数名后紧跟括号。下面举例说明。

- 求平均值：mean()。
- 求和：sum()。
- 绘图：plot()。
- 排序：sort()。

除基本运算外，R 语言的函数分为高级函数和低级函数两种，高级函数可以调用低级函数。高级函数通常称为泛型函数。例如，plot()就是泛型函数，它可以根据数据的类型调用低级函数。

函数查询方法是 help>htmlhelp>packages。

2）元素。

R 语言处理的所有数据、变量、函数和结果都以对象的形式保存。对象是由元素组成的。每个元素都有自己的数据类型。主要的数据类型如下。

- 数值型（Numeric）：如 100、0、-4.335。
- 字符型（Character）：如"china"。
- 逻辑型（Logical）：如 TRUE、FALSE。
- 因子型（Factor）：表示不同类别。在研究问题时需要做研究设计，此时 Factor 分为因子和因子水平两个概念。通常在研究设计阶段出现的一个因子就是一个变量，这个变量的取值就是因子水平。在计算阶段，会将研究设计阶段的因子设置为 R 语言中的因子类型的变量。
- 复数型（Complex）：如 2+3i。

3）对象的类型。

- 向量（Vector）：一系列元素的组合，如 c(1,2,3)、c ("a","a")。
- 因子（Factor）：因子是一个分类变量，如 c ("a","a","b")。
- 矩阵（Matrix）：二维数据表，是数组的一种特例。下面举例说明，代码如下：

```
X<-1:12;dim(x)<-c(3,4)
        [,1] [,2]  [,3] [,4]
   [1,]   1    4    7    10
   [2,]   2    5    8    11
   [3,]   3    6    9    12
```

- 数组（Array）：是 *k* 维数据表。如果 n=1，则为向量；如果 n=2，则为矩阵；如果 n≥3，则为高维数组。
- 数据框（Dataframe）：由一个或几个向量和因子构成，它们必须是等长的，但可以是不同的数据类型。
- 列表（List）：列表中可以包含任意类型的对象，可以包含向量、矩阵、高维数组，也可以包含列表。

2. 运算符

- 数据运算符：主要用于进行数学运算，在运算后会给出运算结果。数据运算符有+、-、*、/、^。
- 比较运算符：主要用于进行比较运算，在运算后会给出比较结果（TRUE 或 FALSE）。比较运算符有<、>、<=、>=、==、!=。
- 逻辑运算符：主要用于进行逻辑运算。逻辑运算符有与（&）、或（|）、非（!）。

3. 数据表和数据框

可以将数据表看作数据框，将数据表中的每一列都看作一个向量，向量的类型有多种，如字符型、因子型、数值型；将数据表中的每一行都看作一条记录。生成数据框的方法有两种，一种是从外部数据读取，另一种是将各类型因子组合成数据框。

10.1.4　数据存/取及脚本语言

1. 数据读取

最常用的数据读取方式是用 read.table()函数或 read.csv()函数读取外部 TXT 文件或 CSV 文件。

- TXT 文件之间使用指标符分隔。
- CSV 文件之间使用逗号分隔。

R 语言提供了直接读取 Excel、SAS、DBF、MATLAB、SPSS、SYSTAT、Minitab 文件的函数。

【例 10-1】现有 6 名患者的身高和体重，如表 10-4 所示，用 R 语言检验体重除以身高的平方是否等于 22.5。

表 10-4　6 名患者的身高和体重

	1	2	3	4	5	6
身高	1.75	1.80	1.65	1.90	1.74	1.91
体重	60	72	57	90	95	72

当数据量较小时，可以在控制台中直接输入数据读取命令，代码如下：

```
height<-c（1.75,1.80,1.65,1.90,1.74,1.91）
weight<-c(60,72,57,90,95,72)
sq.height<-height^2
ratio<-weight/sq.height
t.test(ratio,mu=22.5)
```

当数据量较大时，可以使用 read.table()函数从外部 TXT 文件中读取数据。

（1）将 Excel 中的数据另存为 TXT 文件或 CSV 文件。

（2）用 read.table()函数或 read.csv()函数将数据读入 R 工作空间，并且赋给一个对象。一般从 TXT 文件中读取数据，将每一行都作为一个观测值。每一行的变量都用制表符、空格或逗号分隔。

具体代码如下：

```
Read.table("位置",header=T)
Read.csv("位置",header=T)
#从外部读取数据
Data<-read.table("d:/t.test.data.txt",header=T)
Bmi<-data1$weight/data1$height^2
t.test(bmi,mu=22.5)   #t 检验
```

2. 脚本语言

脚本语言的语法和结构通常比较简单，不需要编译，通过解释器对脚本进行解释，可以得出结果，并且可以用简单的代码实现复杂的功能，但是速度较慢。常见的脚本语言有 Windows 批处理程序语言、PHP、Perl、Python、Ruby、JavaScript 等。R 语言自带的脚本编辑器有 EditPlus、TinnR、Ultraedit、Emacs、Notepad++与 NppToR 等。

10.1.5 绘图及实例

1. 绘图

使用 R 语言可以绘制点图、饼图、趋势图、正态分布图、拓扑图等。R 语言具备卓越的绘图功能，可以通过参数设置对图形进行精确控制，绘制的图形能满足出版印刷的要求，可以输出 JPG、TIFF、EPS、EMF、PDF、PNG 等格式的图片。通过与 GhostScript 软件结合，可以生成 600dpi、1200dpi 等各种分辨率和尺寸的图形。使用 R 语言绘制的图形示例如图 10-1 所示。

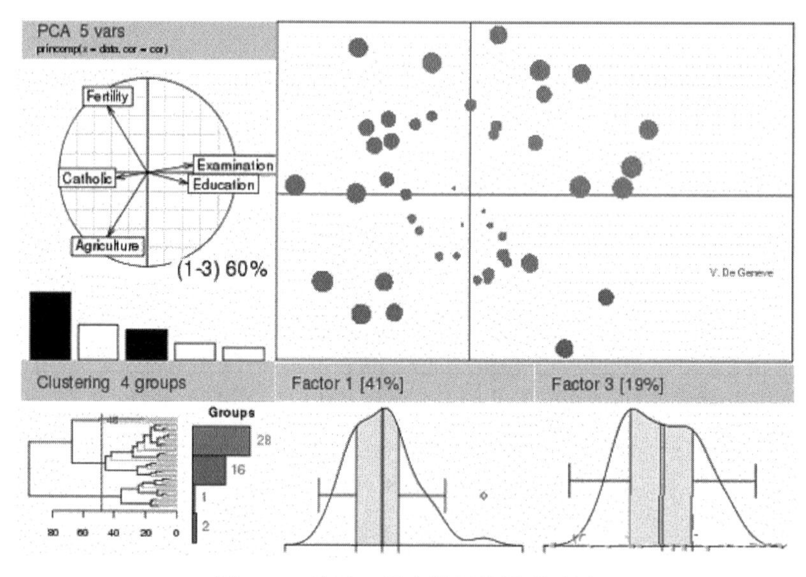

图 10-1　使用 R 语言绘制的图形示例

绘图操作是使用绘图函数结合相应的参数实现的。绘图函数包括高级绘图函数和低级绘图函数，分别如表 10-5 和表 10-6 所示。

表 10-5 高级绘图函数

函 数 名	功 能
Plot()	绘制散点图等多种图形，根据数据的类，调用相应的函数绘图
Hist()	频率直方图
Boxplot()	箱线图
Stripchart()	点图
Dotplot()	点图
Matplot()	数学图形
Piechart()	饼图
Barplot()	柱状图

表 10-6 低级绘图函数

函 数 名	功 能
Lines()	添加线
Points()	添加点
Curve()	添加曲线
Segments()	折线
Abline()	添加给定斜率的线

使用 R 语言可以灵活地编写程序，可以直接调用用户编写的程序。在编程时，无须声明变量的类型，这与 C、C++等语言不同。

2. 实例

下面介绍如何使用 R 语言绘制基本图形，如直方图、饼状图等。

可以直接使用 help()方法查找 R 语言的标准画图代码，实例数据基本都来自内置包中的数据。

1）直方图。

绘制直方图的标准代码如下：

```
hist(x, ...)
```

【例 10-2】使用 par()方法设置图形参数，使用 mfrow 变量将 4 幅图片放在一起，代码如下：

```
par (mfrow = c(2,2))                              #设置 4 幅图片一起显示
hist(mtcars$mpg)                                  #基本直方图

hist(mtcars$mpg,
     breaks = 12,                                 #指定组数
     col= "red",                                  #指定颜色
     xlab = "Miles per Gallon",
     main = "colored histogram with 12 bins")

hist(mtcars$mpg,
     freq = FALSE,                                #表示不按照频数绘图
     breaks = 12,
     col = "red",
     xlab = "Miles per Gallon",
     main = "Histogram,rug plot,density curve")
rug(jitter(mtcars$mpg))                           #添加轴须图
lines(density(mtcars$mpg),col= "blue",lwd=2)      #添加密度曲线
```

```
x <-mtcars$mpg
h <-hist(x,breaks = 12,
         col = "red",
         xlab = "Miles per Gallon",
         main = "Histogram with normal and box")
xfit <- seq(min(x),max(x),length=40)
yfit <-dnorm(xfit,mean = mean(x),sd=sd(x))
yfit <- yfit *diff(h$mids[1:2])*length(x)
lines(xfit,yfit,col="blue",lwd=2)                    #添加正态分布密度曲线
box()                                                #添加方框
```

运行结果如图 10-2 所示。

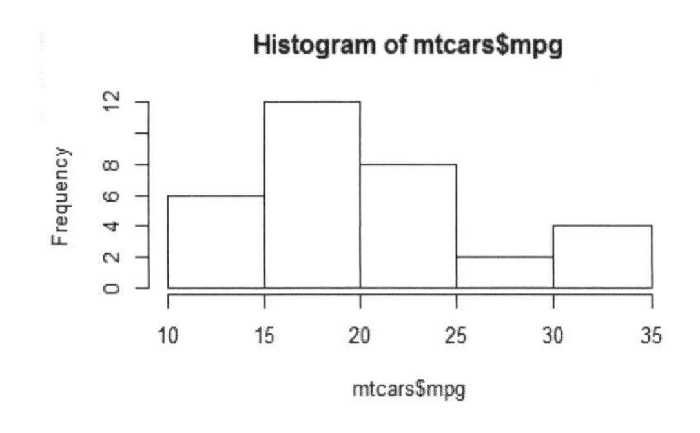

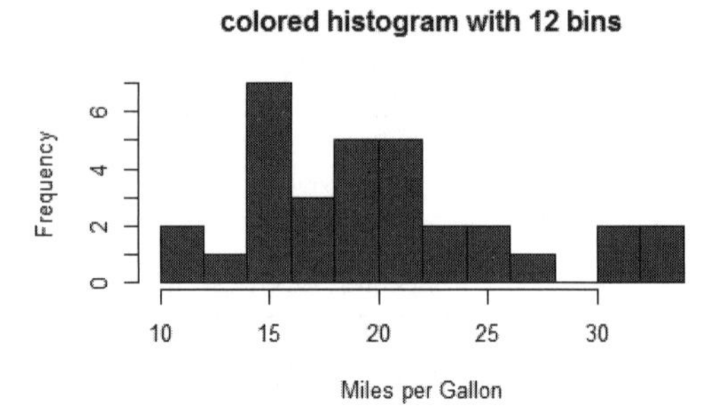

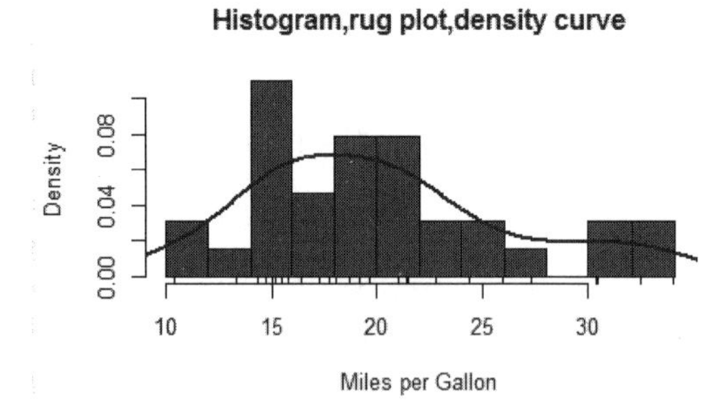

图 10-2　运行结果（直方图）

2）饼图。

绘制标准饼图的示例代码如下：

```
pie(x, labels = names(x), edges = 200, radius = 0.8,
    clockwise = FALSE, init.angle = if(clockwise) 90 else 0,
    density = NULL, angle = 45, col = NULL, border = NULL,
    lty = NULL, main = NULL, ...)
```

【例 10-3】绘制饼图的示例代码如下：

```
par(mfrow = c(2,2))
slices <- c(10,12,4,16,8)                                #数据
lbls <- c("US","UK","Australis","Germany","France")      #标签数据
pie(slices,lbls)                                         #标准饼图

pct <- round(slices/sum(slices)*100)                     #数据比例
lbls2 <- paste(lbls," ",pct,"%",sep = "")
pie(slices,labels = lbls2,col = rainbow(length(lbls2)),  #rainbow 是一个彩虹色调色板
```

```
    main = "Pie Chart with Percentages")

library(plotrix)
pie3D(slices,labels=lbls,explode=0.1,main="3D pie chart")      #三维饼图

mytable <- table (state.region)
lbls3 <- paste(names(mytable),"\n",mytable,sep = "")
pie(mytable,labels = lbls3, main = "pie    chart from a table \n (with sample sizes)")
```

运行结果如图 10-3 所示。

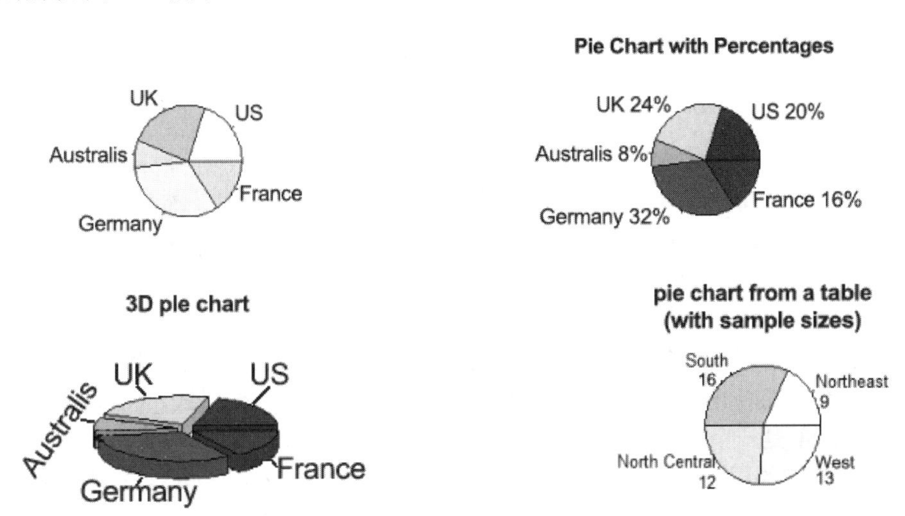

图 10-3 运行结果（饼图）

10.2 可视化技术

10.2.1 可视化技术及分类

种类繁多的信息源会产生大量的数据，远远超出了人脑分析这些数据的能力。由于缺乏大规模数据的有效分析手段，因此大约有 95%的计算被浪费，这严重阻碍了科学研究的进展。为此，美国计算机成像专业委员会提出了解决方法——可视化。可视化技术作为分析大规模数据的有效手段，率先被科学与工程计算领域采用，并且发展成当前热门的研究领域——科学可视化。利用可视化技术可以将数据转换成图形，给予人们意想不到的洞察力，在很多领域使科学家的研究方式发生了根本变化。

可视化技术的应用大至高速飞行模拟，小至分子结构的演示，无处不在。在互联网时代，将可视化技术与网络技术相结合，可以使远程可视化服务成为现实，可视区域网络因此应运而生。可视区域网络是 SGI 公司在 2002 年 3 月提出的理念，它的核心技术是可视化服务器硬件和软件。科学可视化的主要过程是建模和渲染，建模是将数据映射成物体的几何图元，渲染是将几何图元描绘成图形或图像。渲染是绘制真实感图形的主要技术。严格地说，渲染就是根据基于光学原理的光照模型计算物体可见面投影到观察者眼中的光亮度和色彩的组成，并且将其转换成适合图形显示设备的颜色值，从而确定投影画面中每个像素的颜色和光照效果，最终生成具有真实感的图形或图像。具有真实感的图形或图像是通过物体表面的颜色和明暗色调表现的，它和物体表面的材料性质、表面向视线方向辐射的光能有关，计算复杂，计算量很大。因此工业界投入了很多资

源，用于开发渲染技术。

可视化技术分为两类，一类是可视化报表，另一类是可视化分析。可视化报表用图和表描述业务绩效，通常使用度量和时间系列信息定义。可视化报表的主要类型是仪表盘或记分卡，用于给绩效一个可视化的快照。用户使用好的仪表盘和记分卡能深入一个或多个层次，从而获得关于度量对象的详细信息。在本质上，仪表盘是一个可视化的异常报告，用可视化方式强调绩效的异常。

如今，学习数据可视化技术的渠道有很多，Net Magazine 列举了 20 个数据可视化工具，无论是制作简单的图标，还是制作复杂的谱图或信息图，这些工具都能满足需求，而且这些工具大部分是免费的。

10.2.2 入门级工具

Excel 的图形化功能并不强大，但作为一个入门级工具，Excel 是快速分析数据的理想工具，也能创建供内部使用的数据。CSV 和 JSON 并不是真正的可视化工具，而是常见的数据格式。必须理解它们的结构，并且懂得如何从这些文件中导入或导出数据。大部分数据可视化工具都支持 CSV、JSON 中的至少一种格式。

Google Chart API 工具集主要用于提供动态图表工具，功能很丰富，能够在所有支持 SVG\Canvas 和 VML 的浏览器中使用，但是 Google Chart 图表是在客户端生成的，因此不支持 JavaScript 的设备无法使用，并且无法离线使用或将结果另存为其他格式。Google Chart 示例如图 10-4 所示。Flot 是一个优秀的线框图表库，是一个纯 JavaScript 绘画库，它可以基于 jQuery 开发图表，可以在客户端根据任何数据集快速生成图片，支持所有支持 Canvas 的浏览器。Raphael36 是创建图表和图形的 JavaScript 库，与其他库最大的不同是输出格式仅限 SVG 和 VML。Raphael 的动态图形库如图 10-5 所示。SVG 是矢量格式，在任何分辨率下的显示效果都很好。Data Driven Documents 是支持 SVG 渲染的另一种 JavaScript 库，能够提供除线性图和条形图外的复杂图表，如 Voronoi 图、树形图、圆形聚类和单词云等。D3 气泡图如图 10-6 所示。Visual.ly 是绘制信息图的首选工具，它提供了大量信息图模板。

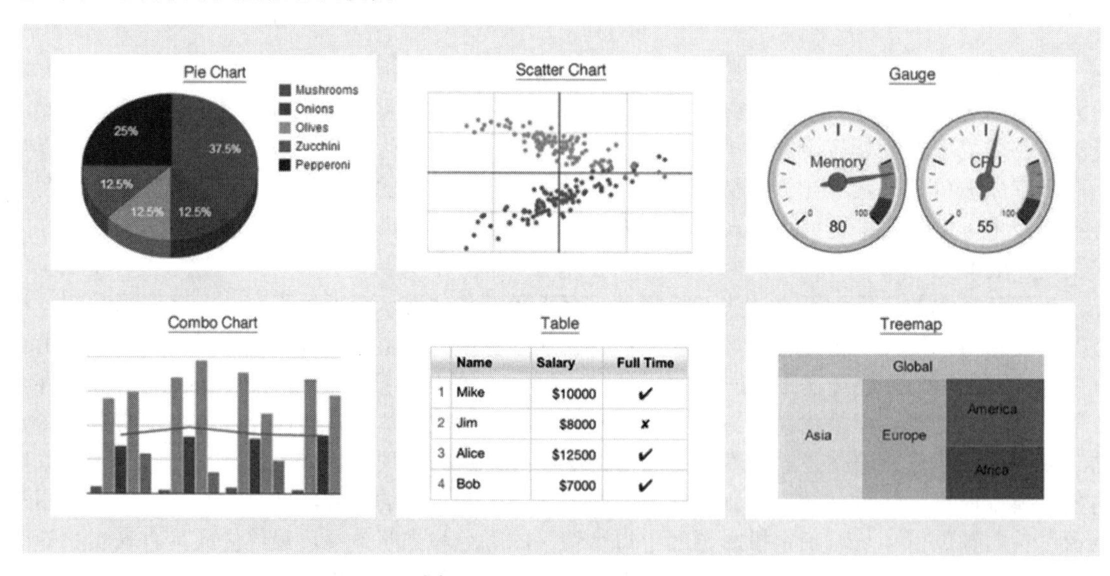

图 10-4 Google Chart 示例

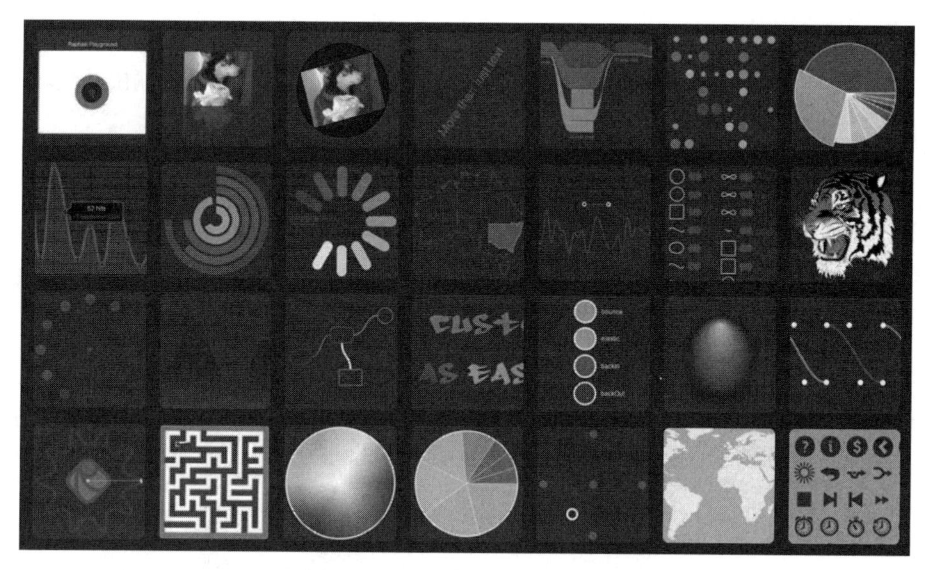

图 10-5　Raphael 的动态图形库

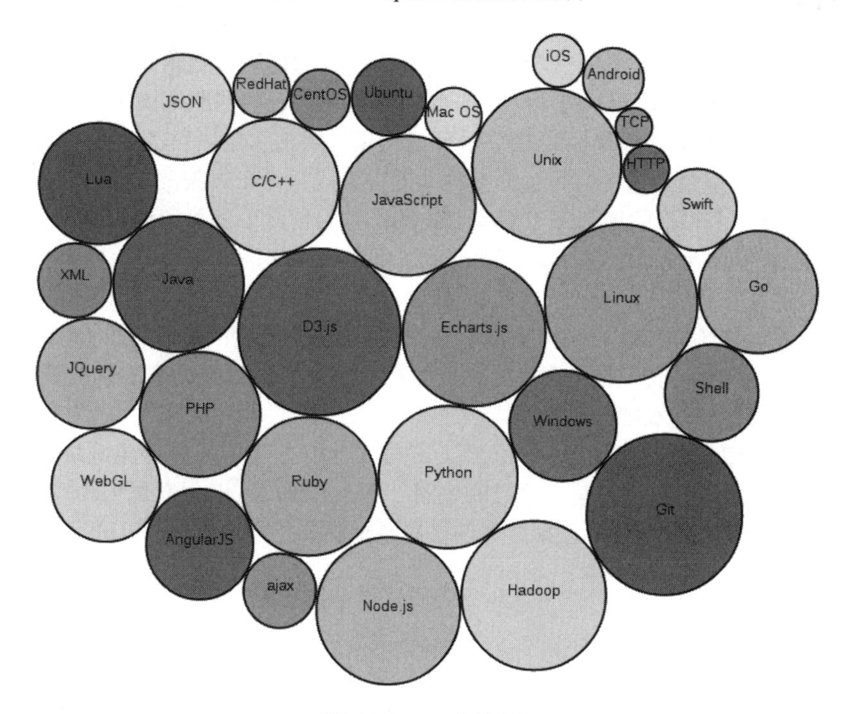

图 10-6　D3 气泡图

10.2.3　互动图形用户界面控制

随着数据可视化技术的发展，可视化的互动性进一步增强，按钮、下拉列表和滑块都进化成了更复杂的界面元素。例如，能够调整数据范围的互动图形元素，在推拉这些图形元素时，输入参数和输出结果会同步改变，在这种情况下，图形控制和内容已经合为一体了。

为了方便客户浏览数据，Crossfilter 能够创建出既是图表，又是互动图形用户界面的 JavaScript 小程序。例如，单击生成图表中的不同时间，关联的其他 3 个图表的数据也会随之改变。Crossfilter

的互动 GUI 如图 10-7 所示。JavaScript 库中的 Tangle 进一步模糊了图形控制与内容之间的界限，在 Tangle 生成的方程、数据表或一句话中，读者可以通过调整输入值获得不同的输出结果。

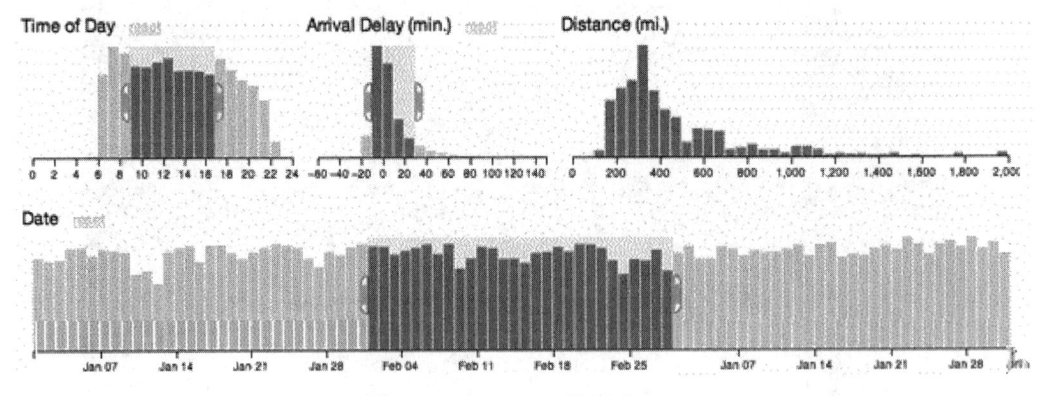

图 10-7　Crossfilter 的互动 GUI

10.2.4　地图工具

地图生成是 Web 上最困难的任务之一。Google Maps 的出现完全颠覆了过去人们对在线地图功能的认识，Google 发布的 Maps API 让所有开发者都能在自己的网站中植入地图功能。近年来，在线地图的市场成熟了很多，如果需要在数据可视化项目中植入定制化的地图方案，那么目前市场上已经有很多选择，但是知道在何时选择何种地图方案成了一个很关键的业务决策。

Modest Maps 是一个很小的地图库，只有 108KB，是目前最小的可用地图库。

Leaflet 是另一个小型化的地图框架，通过小型化和轻量化满足移动应用网页的需要，Leaflet 和 Modest Maps 都是开源项目，有强大的社区支持，是在网站中整合地图应用的理想选择。

Polymaps 也是一个地图库，它是一个基于 SVG 的图像和矢量平铺地图的 JavaScript 库，主要面向数据可视化用户。Polymaps 在地图风格化方面有独到之处，类似于 CSS 样式表的选择器。

OpenLayers 是可靠性最高的 Web 地图库之一。

Kartograph 的标记线是对地图绘制的创新，是非莫卡托投影（正轴等角圆柱投影）的地图。如果不需要调用全球数据，只需要某个区域的地图，那么 Kartograph 很有优势。

CartoDB 是地图可视化和分析工具，可以很轻易地将表格数据和地图关联起来，并且在地图上标记出来。

10.2.5　可视化设计工具

可视化设计通常采用桌面应用和编程环境。Processing 是一个专业的可视化设计工具，可以在大部分平台上运行，用于产生图像、动画和交互。Processing 可视化图如图 10-8 所示。Processing 是一种以数字艺术为背景的新兴计算机程序语言，作为 Java 语言的延伸，Processing 支持许多现有的 Java 语言构架，但在语法上简单很多，可以很方便地创作具有震撼视觉表现及互动的媒体作品。目前，有一个 Processing.js 项目，可以让网站在没有 Java Applets 的情况下更容易地使用 Processing。由于 Processing 端口支持 Objective-C，因此可以在 iOS 中使用 Processing。经过数年发展，Processing 社区目前已经有大量的可视化实例和代码。

NodeBox 是在 OS X 上创建二维图形的可视化设计工具，它是使用 Python 语言实现的，它的功能与 Processing 类似，但是没有互动功能。

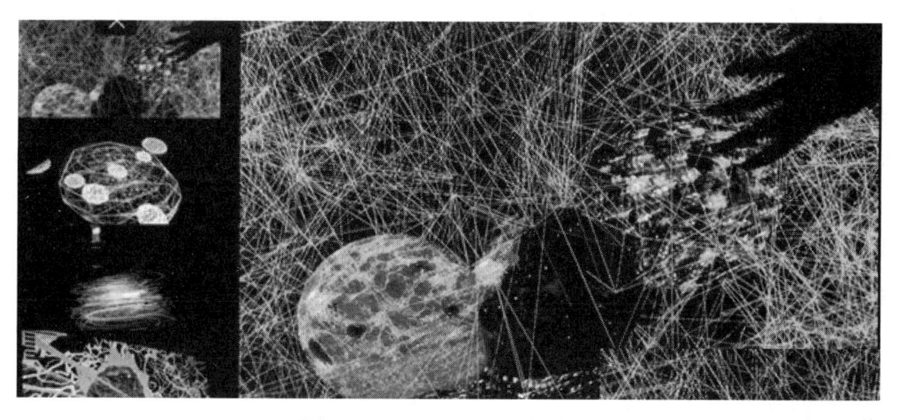

图 10-8　Processing 可视化图

10.2.6　专家级可视化分析工具

专业的数据分析师和数据科学家要精通专业的数据分析工具。IBM 的 SPSS 和 SAS 是数据可视化分析行业的商业化标准工具，大型企业组织和学术机构一般会使用这些工具。Net Magazine 的文章中也介绍了几个常用且开源的专家级可视化分析工具，这些工具都有强大的社区支持，性能很好，对插件的支持也不错。

作为分析大数据集的统计组件包，R 需要较长的学习实践，但是 R 拥有强大的社区和组件库，而且在不断成长。前面介绍过，R 是开源大数据平台上理想的数据分析和可视化工具。

Weka 是一个能根据各种特征进行分类分析和聚类分析的数据挖掘工具，它拥有强大的进行数据挖掘的机器学习算法集合，并且能生成可视化的简单图表。

Gephi 是社交图谱数据可视化分析工具，它能描绘出相对于网络中的其他节点，两个节点之间是如何关联的。它不仅能处理大规模数据集并生成漂亮的可视化图形，还能对数据进行清洗和分类。正在进行可视化分析的 Gephi 图形如图 10-9 所示，原彩色图中不同颜色的区域表示数据的聚类是相似的。

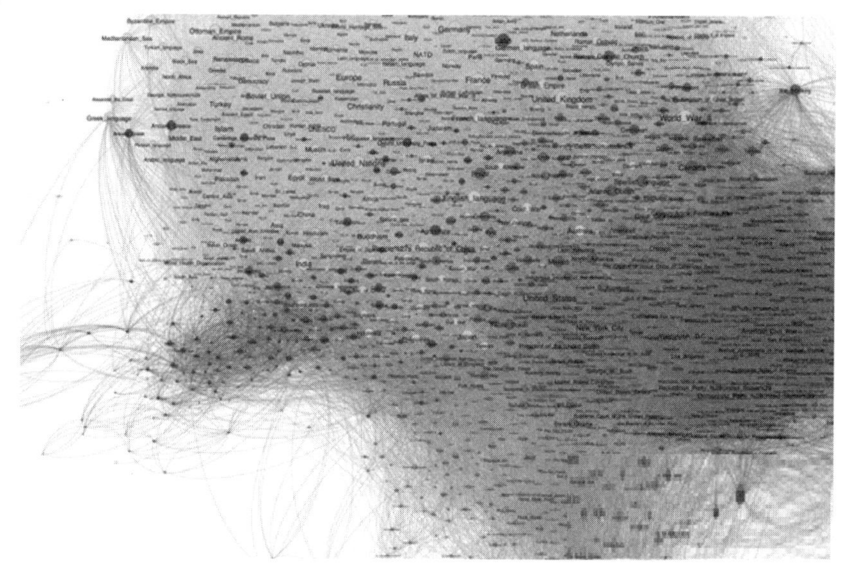

图 10-9　正在进行可视化分析的 Gephi 图形

习　　题

一、判断题（正确打√，错误打×）

1．使用 R 语言编写函数无须声明变量类型，能利用循环、条件语句控制程序的流程。（　　）

2．Excel 的图形化功能强大，是一个专家级工具。（　　）

二、简答题

1．简述 R 语言的概念与特征。

2．简述 R 语言与其他编程语言的区别。

3．何为常用的数据读取方式？

4．简述 R 软件资源。

5．何为可视化技术及分类？

6．何为入门级可视化技术工具？

7．简述互动图形用户界面控制。

8．简述地图工具。

9．简述可视化设计工具。

10．简述专家级可视化分析工具。

第五篇

大数据发展及应用篇

第 11 章　大数据应用——人工智能深度学习

本章主要介绍大数据发展及应用——人工智能深度学习的基本概念、深度学习环境的搭建、深度学习的典型案例及实践。

11.1　理解大数据深度学习

本节主要介绍机器学习的基本概念，包括监督学习、无监督学习、强化学习，还会介绍感知器模型，并且在此基础上进一步介绍神经网络。

11.1.1　机器学习、感知器与大数据深度学习

1．机器学习

机器学习（Machine Learning）是计算机科学和人工智能中的一个重要研究领域，涉及的学科包括概率论、统计学、线性代数、逼近论、凸分析、算法复杂度理论等。它是人工智能的核心，是计算机具有智能的根本途径，其应用遍及人工智能的各个领域，主要使用的方法是归纳、综合，而不是演绎方法。机器学习方法主要有 3 种类型：监督学习（Supervised Learning）、无监督学习（Unsupervised Learning）和强化学习（Reinforcement Learning）。

监督学习涉及一组标记数据。监督学习的两种主要类型是分类和回归。分类监督学习可以预测一个离散值，试图将输入变量与离散的类别对应起来。分类监督学习的一个简单例子是电子邮箱中的垃圾邮件过滤器，主要用于判断一封新邮件是否为垃圾邮件。垃圾邮件识别属于典型的二类别分类，然而类别不一定只有两类，如手写数字识别就属于典型的多类别分类。在回归问题中，会预测一个连续值，也就是说，试图将输入变量和输出结果用一个连续函数对应起来。例如，要预测学生线性代数期末考试的成绩，如果学习时间和最终考试成绩有关，则可以训练回归模型，根据学习时间预测学生的考试成绩。

在无监督学习中，数据是无标签的。由于大多数真实世界的数据都没有标签，因此无监督学习算法非常有用。无监督学习分为聚类和降维两类。聚类是指根据属性和行为对象进行分组。降维是指通过找到共同点减少数据集的变量。大部分大数据可视化使用降维识别趋势和规则。

强化学习是近年来机器学习领域热度非常高的方向之一，它在游戏方面有广泛的应用。强化学习模型由环境和智能体构成，它的目标是构建一个智能体，在与环境交互的过程中提高系统的性能。具体来说，智能体会根据环境状态做出决策，产生一个动作作用于环境，同时得到一个奖励，而环境因智能体的动作可能产生变化，从而形成一个交互过程。强化学习的典型例子是象棋对弈游戏，智能体可以根据棋盘上的当前局态（环境）决定落棋的位置，在游戏结束时，将对胜负的判断结果作为奖励信号。

2．感知器与大数据深度学习

深度学习是人工智能领域中的一种机器学习技术。近几年，深度学习无论是在学术界，还是在工业界，都得到了广泛的关注，都将其作为研究应用的焦点。深度学习技术的飞速发展离不开海量数据的积累、计算机计算能力的提升和模型算法的改进。深度学习在图像分类、语音识别和机器翻译领域取得了喜人的成果，在无人驾驶、人脸识别、自然语言处理、智能对话等领域也有

很好的应用。

深度学习的概念来源于人工神经网络的研究，含有多个隐藏层的多层感知器是一种深度学习结构。下面介绍感知器。

感知器是单个神经元模型，神经元模型是构成神经网络的基本单元。神经元的简单模型如图 11-1 所示。

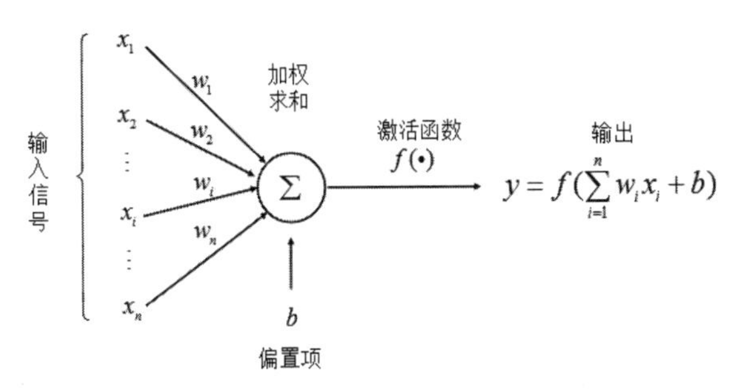

图 11-1　神经元的简单模型

在图 11-1 中，神经元接收到 n 个输入信号，这些输入信号通过带权连接进行加权求和，神经元接收到的总输入再加上偏置参数，最后使用激活函数处理产生神经元的输出结果，其数学公式如下：

$$y=f(\sum_{i=1}^{n}w_ix_i+b)$$

其中 $x_1, x_2, \cdots, x_n$ 为输入信号，$w_1, w_2, \cdots, w_n$ 为权重，b 为偏置，y 为神经元的输出结果，$f(x)$ 为激活函数。

常用的激活函数图像如图 11-2 所示。

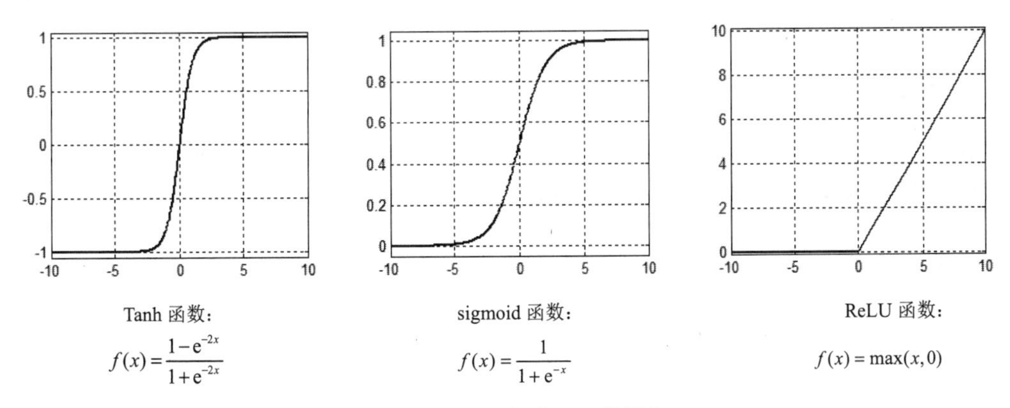

图 11-2　常用的激活函数图像

11.1.2　人工神经网络与深度学习

人工神经网络通常称为神经网络或多层感知器，通常用于解决分类问题和回归问题。神经元在被布置成神经网络时，一排或一列神经元称为一层，一个神经网络可以包含多个层。神经网络包括输入层、一个或多个隐藏层、输出层。多层神经网络结构如图 11-3 所示，该网络结构包含一个有 3 个节点的输入层、一个有 4 个节点的隐藏层和一个有 2 个节点的输出层。

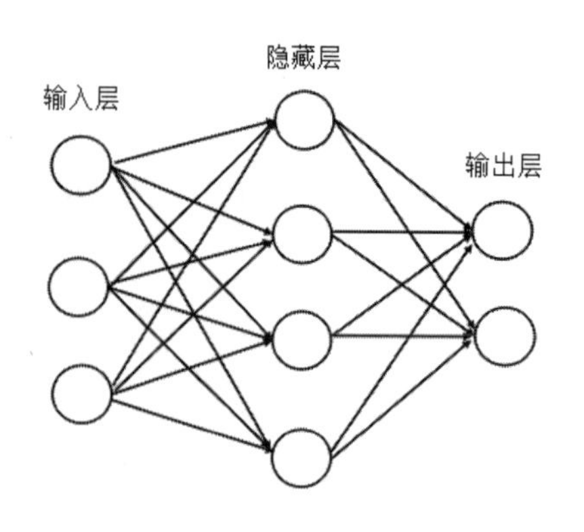

图 11-3 多层神经网络结构

输入层从数据集中获取输入数据，输入层的节点数需要与特征维度匹配，每个输入维度或列都具有一个神经元，输入层仅仅将输入数据传递给下一层。隐藏层中的节点数量是由设计者设定的，节点数量和隐藏层数量会影响整个模型的效果，但是如果节点数量和隐藏层数量过多，则会造成过拟合现象。深度学习是指神经网络中有很多隐藏层。输出层的节点数量必须与目标的维度一致。

在完成神经网络的激活函数、隐藏层数量及其节点数量等的配置后，需要使用数据训练神经网络。神经网络的训练包括正向传播和反向传播两个过程。正向传播过程是从输入层输入数据，经过隐藏层处理，最后从输出层输出预测结果的过程。神经网络模型的效果及优化的目标是使用损失函数定义的。常见的损失函数包括均方误差损失函数、交叉熵损失函数、对数似然损失函数等。误差后向传播过程是将误差信号（损失函数）从输出层反向传播至输入层的过程。反向传播过程主要使用误差后向传播算法和梯度下降算法对网络调整各层权重和相关参数。不断调整权重和相关参数的过程就是人工神经网络训练学习的过程。

11.2 深度学习的编程基础

本节介绍 Python 和 PyCharm 的安装过程，在此基础上进一步介绍 Python 和 NumPy 的基本操作，最后使用 scikit-learn 库进行机器学习实践。

11.2.1 环境配置

1. Python 的安装过程

Python 是一种跨平台、开源的计算机编程语言，是一个高层次的结合解释性、编译性、互动性和面向对象的脚本语言。其应用领域包括科学计算、数据分析、人工智能、网络爬虫等。下面介绍 Python 的安装过程。

（1）下载 Python。在 Python 官网中找到 Python 安装包，如图 11-4 所示，由于本次试验的操作系统是 64 位的 Windows 操作系统，因此单击 Windows x86-64 executable installer 超链接进行下载。

注意：如果操作系统是 32 位的，那么选择 32 位的安装包。

Files

Version	Operating System	Description	MD5 Sum	File Size	GPG
Gzipped source tarball	Source release		68111671e5b2db4aef7b9ab01bf0f9be	23017663	SIG
XZ compressed source tarball	Source release		d33e4aae66097051c2eca45ee3604803	17131432	SIG
macOS 64-bit/32-bit installer	Mac OS X	for Mac OS X 10.6 and later	6428b4fa7583daff1a442cba8cee08e6	34898416	SIG
macOS 64-bit installer	Mac OS X	for OS X 10.9 and later	5dd605c38217a45773bf5e4a936b241f	28082845	SIG
Windows help file	Windows		d63999573a2c06b2ac56cade6b4f7cd2	8131761	SIG
Windows x86-64 embeddable zip file	Windows	for AMD64/EM64T/x64	9b00c8cf6d9ec0b9abe83184a40729a2	7504391	SIG
Windows x86-64 executable installer	Windows	for AMD64/EM64T/x64	a702b4b0ad76debdb3043a583e563400	26680368	SIG
Windows x86-64 web-based installer	Windows	for AMD64/EM64T/x64	28cb1c608bbd73ae8e53a3bd351b4bd2	1362904	SIG
Windows x86 embeddable zip file	Windows		9fab3b81f8841879fda94133574139d8	6741626	SIG
Windows x86 executable installer	Windows		33cc602942a54446a3d6451476394789	25663848	SIG
Windows x86 web-based installer	Windows		1b670cfa5d317df82c30983ea371d87c	1324608	SIG

图 11-4　Python 安装包

（2）安装 Python。双击下载好的安装包 python-3.7.4-amd64.exe，打开 Python 安装界面，如图 11-5 所示。

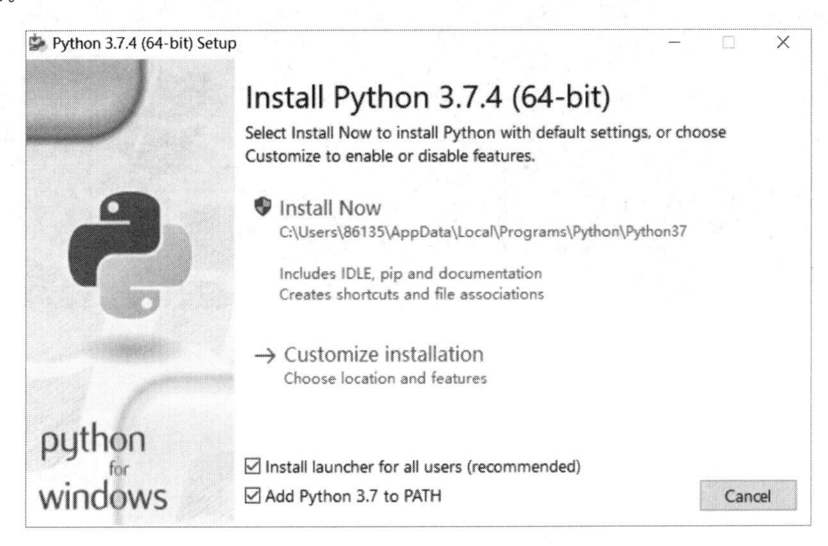

图 11-5　Python 安装界面

注意：将 Python 加入 Windows 操作系统的环境变量。

（3）安装 Python 包。

NumPy 是 Python 中的一个科学计算基础包，提供了强大的多维数组对象及数组快速操作的各种 API，包括实用的线性代数、伪随机数生成函数等。

SciPy 是 Python 中的一个高级科学计算包，它和 NumPy 之间的联系很密切。SciPy 中包含大量科学计算模块，如插值运算、优化算法、图像处理、数学统计等。

scikit-learn（简称 sklearn）是 Python 中的一个机器学习库，sklearn 可以实现数据预处理、分类、回归、降维、模型选择等常用的机器学习算法。

Matplotlib 是 Python 中的著名绘图库，为数据可视化提供了线图、散点图、直方图、柱状图等。

Jupyter Notebook 是可以在浏览器中运行代码的交互环境。

Keras 主要用于快速地开发深度学习模型，可以通过几行简单的代码定义和训练深度学习模型。

TensorFlow 是一个采用数据流图（Data Flow Graphs）的开源软件库，主要用于进行数值计算。图中的节点（Node）表示数学操作，图中的线（Edge）表示在节点之间相互联系的多维数据，即张量（Tensor）。

TensorFlow 最初由 Google Brain（隶属于 Google 机器智能研究机构）的研究员和工程师开发，主要用于进行机器学习和深度神经网络方面的研究，但它的系统通用性使其可以广泛应用于其他计算领域。

打开命令窗口，如图 11-6 所示，然后依次输入下列命令。

图 11-6　在命令窗口中安装 Python 包

```
pip3 install numpy
pip3 install pandas
pip3 install scikit-learn
pip3 install jupyter
pip3 install theano
pip3 install keras
pip3 install tensorflow
```

在 Python 包安装完成后，Keras 的默认后端是 TensorFlow。如果要设置后端为 Theano，那么打开 C:\Users\xxx（当前用户名）\.keras 文件夹，修改 keras.json 文件，将"backend": "tensorflow"修改为"backend": "theano"。

2. PyCharm 的安装过程

PyCharm 是由 JetBrains 打造的一款 Python IDE，可以帮助用户在使用 Python 进行应用开发时提高工作效率，如调试、语法高亮、项目管理、代码跳转、智能提示、版本控制等。下面介绍 PyCharm 的安装过程。

在 PyCharm 网站下载 pycharm-community-2019.2.exe，单击 pycharm-community-2019.2.exe，出现如图 11-7 所示的界面，单击 next 按钮，如图 11-8 所示，勾选所需复选框，单击 next 按钮。

图 11-7　PyCharm 安装界面（一）

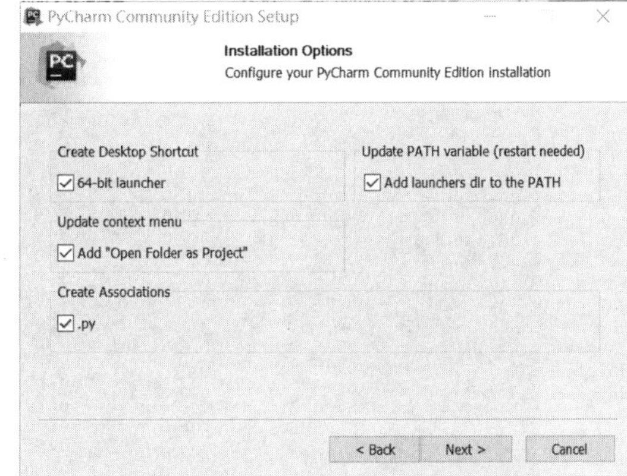

图 11-8　PyCharm 安装界面（二）

接下来出现如图 11-9 所示的界面，单击 Install 按钮，然后等待安装，直到安装完成。

在安装完成后，单击桌面上的 PyCharm 图标，在如图 11-10 所示的界面中单击 Create New Project 按钮。

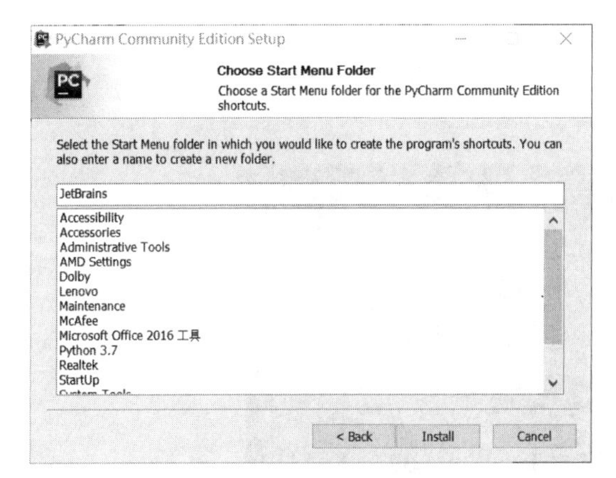

图 11-9　PyCharm 安装界面（三）

图 11-10　PyCharm 启动界面

进入如图 11-11 所示的界面，建立工程 test，Location 是存储工程的路径。

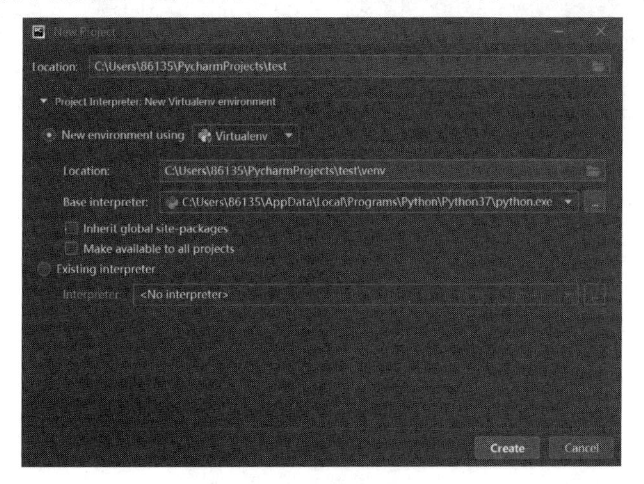

图 11-11　建立工程 test

在如图 11-12 所示的窗口中，右击 test 节点，在弹出的快捷菜单中选择 new→Python File 命令，创建 Python 文件，并且将其命名为“helloworld”。

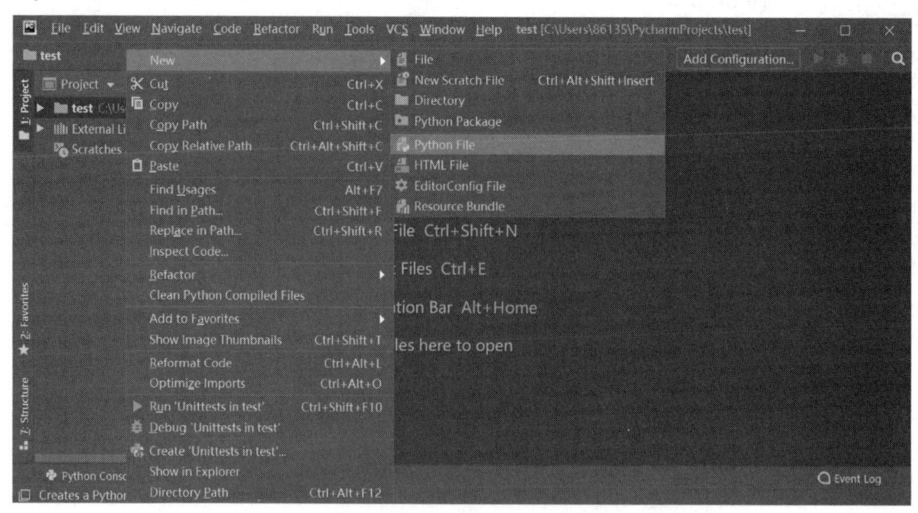

图 11-12　创建 Python 文件

在接下来出现的窗中输入“print("hello world")”，单击 run 按钮运行，运行结果如图 11-13 所示。

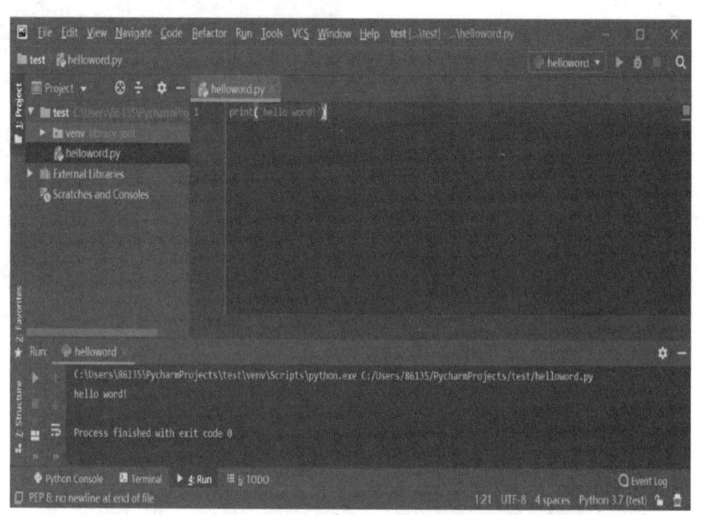

图 11-13　运行结果

注意：使用 print()函数可以将括号中的内容打印到屏幕中。

如果要添加新的模块，那么在菜单栏中选择 File→Setting 命令，打开 Settings 窗口，展开 Project:test 节点，然后选择 Project Interpreter 选项，如图 11-14 所示。

单击图 11-14 中右侧的“+”按钮，在打开的窗口中添加新的模块。例如，如果要添加 Keras 模块，那么在搜索框中输入“keras”，然后单击 Install Package 按钮，如图 11-15 所示。

图 11-14　Settings 窗口

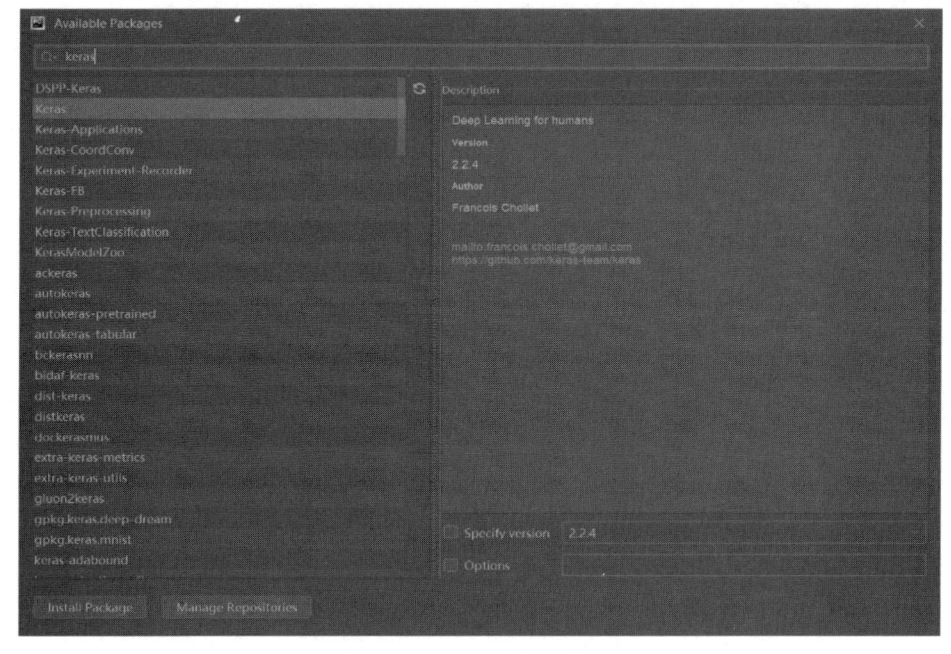

图 11-15　添加 Keras 模块

11.2.2　Python 入门

在 Python 安装完成后，在开始菜单中选择 IDLE(Python 3.7 64-bit)命令，如图 11-16 所示，即可打开 Python 3.7.6 Shell 窗口，如图 11-17 所示。Python 3.7.6 Shell 窗口中的“>>>”为提示符，在“>>>”后面输入代码，然后按回车键执行。Python 中的注释使用“#”符号进行标记，“#”符号后面的内容会被 Python 解释器忽略。

1．数值、字符和逻辑数据类型

这些变量的示例代码如下：

```
>>>x=5                #创建数值变量
>>>y='python'         #创建字符串
>>>flag=True          #创建逻辑变量
```

Python 3.7
IDLE (Python 3.7 64-bit)
Python 3.7 (64-bit)
Python 3.7 Manuals (64-bit)
Python 3.7 Module Docs (64-bit)

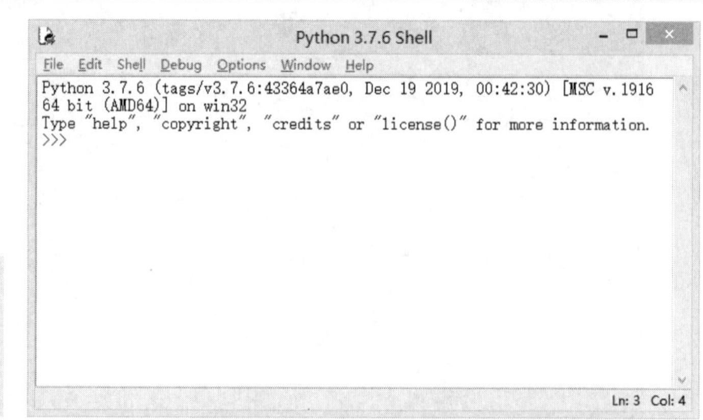

图 11-16　选择 IDLE(Python 3.7 64-bit)命令

图 11-17　Python 3.7.6 Shell 窗口

2．列表

列表由一系列按照特定顺序排列的元素组成，用方括号（[]）表示列表，并且用英文逗号分隔其中的元素。列表是可变的序列，可以对序列进行操作，如索引、分片、连接等。

```
>>>List_0=[1,2,3,'a','Python']          #创建列表
>>>List_0[0]                            #返回 1
1
>>>List_0[4]                            #返回 Python
Python
>>>List_0[1:4]                          #返回[2,3,'a']
[2,3,'a']
>>>len(List_0)                          #返回 4，即列表元素个数
4
>>>List_0.append(4)                     #在列表 list_0 末尾附加 4，此时 list_0=[1,2,3,'a','Python',4]
```

3．字典

在 Python 中，字典是无序的键/值对的集合体，每一个键/值对都是字典中的元素。键相当于索引，它对应的值就是数据。

```
>>>D1={'a':1, 'b':2, 'c':3,'d':4}       #创建字典
>>>D1['b']                              #返回键 b 对应的值 2
2
>>>D1['b']=0                            #修改键 b 对应的值 0
>>>D1['e']=5                            #增加一个新键/值对'd':5
>>>len(D1)                              #返回字典包含的键/值对数目 5
5
```

4．选择结构

选择结构的 if 语句可以根据条件执行相应的语句，可以分为单分支选择结构、双分支选择结构和多分支选择结构。

1）单分支选择结构的语法格式如下：

```
if 表达式:
    语句块
```

2）双分支选择结构的语法格式如下：

```
if 表达式:
    语句块
else:
    语句块
```

3）多分支选择结构的语法格式如下：

```
if 表达式:
    语句块
elif 表达式
    语句块
elif 表达式
    语句块
......
elif 表达式
    语句块
else:
    语句块
```

5．循环结构

Python 中的 for 语句和 while 语句主要用于实现循环结构。for 循环语句是一个通用的序列迭代器，可以遍历有序序列中的元素。while 循环语句可以通过判断是否满足循环条件，决定是否继续循环，它的特点是，先判断循环条件，当条件满足时，才执行循环。

1）for 语句的语法格式如下：

```
for 目标变量 in 序列对象:
    语句块
```

2）while 语句的语法格式如下：

```
while 表达式:
    语句块
```

6．函数

Python 使用关键字 def 定义函数，语法格式如下：

```
def   函数名([参数列表]):
      函数体
```

例如，定义一个 add()函数，并且打印计算结果，代码如下：

```
>>>def   add(x,y):
      z= x + y
      return z
>>>print(add(3,5))
8
```

11.2.3 NumPy

NumPy 是 Numerical Python 的缩写，是一个开源的 Python 科学计算库。使用 NumPy 可以自然地使用数组和矩阵。ndarray 是 NumPy 中的一个多维数组对象，它包含的元素必须是相同类型的。

ndarray 对象的常见属性如下。

- ndarray.ndim：数组的轴数。
- ndarray.shape：主要用于返回一个表示各维度大小的元组，元组的长度为数组的轴数ndim。
- ndarray.reshape：主要用于改变数组的形状。
- ndarray.size：数组中元素的个数。
- ndarray.dtype：数组中元素的数据类型。

1. 创建数组

```
>>>import numpy as np                    #导入 numpy 并将其命名为“np”
>>>a = np.array([1,2,3,4])               #创建一维数组
>>>a
array([1, 2, 3, 4])
>>>a.shape
(4,)
>>>b = np.array([[1,2,3],[4,5,6]])       #创建二维数组
>>>b
array([[1, 2, 3],
       [4, 5, 6]])
>>>b.shape
(2,3)
>>>c=b.reshape((3,2))                    #数组 c 的维度为(3,2)
>>>c
array([[1, 2],
       [3, 4],
       [5, 6]])
>>>c.reshape(-1)
array([1, 2, 3, 4, 5, 6])
>>> d=np.arange(12)
>>> d
array([ 0,  1,  2,  3,  4,  5,  6,  7,  8,  9, 10, 11])
>>>d1=d.reshape(2,2,3)
>>>d1
array([[[ 0,  1,  2],
        [ 3,  4,  5]],

       [[ 6,  7,  8],
        [ 9, 10, 11]]])
>>> d1.shape
(2, 2, 3)
```

2. 选择数组中的元素

1）选择一维数组中的元素，示例代码如下：

```
>>> m=np.arange(16)
>>> m
array([ 0,  1,  2,  3,  4,  5,  6,  7,  8,  9, 10, 11, 12, 13, 14, 15])
>>> m[0]
0
>>> m[5]
5
>>> m[0:3]
```

```
array([0, 1, 2])
>>> m[4:16]
array([ 4,  5,  6,  7,  8,  9, 10, 11, 12, 13, 14, 15])
```

2）选择多维数组中的元素，示例代码如下：

```
>>> n=m.reshape(4,4)
>>> n
array([[ 0,  1,  2,  3],
       [ 4,  5,  6,  7],
       [ 8,  9, 10, 11],
       [12, 13, 14, 15]])
>>> n[0,0]
0
>>> n[1,3]
7
>>> n[1,]
array([4, 5, 6, 7])
>>> n[1:3,0:2]
array([[4, 5],
       [8, 9]])
>>> d=m.reshape(2,2,4)
>>> d
array([[[ 0,  1,  2,  3],
        [ 4,  5,  6,  7]],
       [[ 8,  9, 10, 11],
        [12, 13, 14, 15]]])
```

3. 数组的组合

NumPy 数组的组合方式有水平组合、垂直组合、深度组合，使用 hstack()、vstack()、dstack()函数进行数组的组合。

1）使用 hstack()函数进行数组的水平组合，示例代码如下：

```
>>> a=np.arange(9).reshape(3,3)
>>> a
array([[0, 1, 2],
       [3, 4, 5],
       [6, 7, 8]])
>>> b=np.arange(3,9).reshape(3,2)
>>> b
array([[3, 4],
       [5, 6],
       [7, 8]])
>>> c=np.hstack((a,b))
>>> c
array([[0, 1, 2, 3, 4],
       [3, 4, 5, 5, 6],
       [6, 7, 8, 7, 8]])
```

2）使用 vstack()函数进行数组的垂直组合，示例代码如下：

```
>>> a=np.arange(4).reshape(2,2)
>>> a
array([[0, 1],
       [2, 3]])
```

```
>>> b=2*a
>>> b
array([[0, 2],
       [4, 6]])
>>>c= np.vstack((a,b))
>>>c
array([[0, 1],
       [2, 3],
       [0, 2],
       [4, 6]])
>>> c.shape
(3, 5)
```

3）使用 dstack()函数进行数组的深度组合，示例代码如下：

```
>>> d=np.dstack((a,b))
>>> d
array([[[0, 0],
        [1, 2]],
       [[2, 4],
        [3, 6]]])
>>> d.shape
(2, 2, 2)
>>> d[:,:,0]
array([[0, 1],
       [2, 3]])
```

11.2.4 机器学习实践

scikit-learn（简称 sklearn）是基于 Python 开发的开源机器学习工具，它建立在 NumPy、SciPy 和 Matplotlib 上。sklearn 的基本功能包括分类、回归、聚类、数据降维、模型选择和数据预处理，并且可以快速地创建模型及统一模型接口，使用起来非常方便。sklearn 库中常用的分类算法如表 11-1 所示。

表 11-1 sklearn 库中常用的分类算法

模 块 名 称	函 数 名 称	算 法 名 称
linear-model	LogisticRegression	逻辑回归
naive-bayes	GaussianNB	高斯贝叶斯（朴素贝叶斯）
tree	DecisionTreeClassifier	决策树分类器
ensemble	RandomForestClassifier	随机森林分类器
ensemble	GradientBoostingClassifier	梯度提升分类器
neighbors	KNeighborsClassifier	K 近邻分类器
svm	SVC	支持向量机

在 MNIST 数据集中，每张图片中都有手写的 0～9 中的单个数字，共有 60 000 个训练样本数据，10 000 个测试样本数据，MNIST 数据集中的每个样本数据都由数字图像（Images）和真实数字（Labels）组成。

1．下载 MNIST 数据集

（1）导入 Keras 模块，如图 11-18 所示。

```
In [1]: from keras.datasets import mnist
        Using TensorFlow backend.
```

图 11-18　导入 Keras 模块

因为采用的是默认配置环境，所以在导入 Keras 模块时，可以看到 Keras 自动将 TensorFlow 作为 Backend。

（2）读取 MNIST 数据集中的数据，如图 11-19 所示。

```
In [*]: (X_train_images,Y_train_labels),(X_test_images,Y_test_labels) = mnist.load_data()

        Downloading data from https://s3.amazonaws.com/img-datasets/mnist.npz
         1695744/11490434 [==>.........................] - ETA: 3:20
```

图 11-19　读取 MNIST 数据集中的数据

当执行 mnist.load_data()函数时，程序会在默认目录下检查 mnist.npz 文件是否存在，如果不存在，则下载。图 11-19 展示的是第一次下载文件的显示界面。

（3）查看数据，如图 11-20 所示。

```
In [3]: print('训练数据X_train_images的形状：',X_train_images.shape)
        print('测试数据X_test_images的形状：',X_test_images.shape)

        训练数据X_train_images的形状： (60000, 28, 28)
        测试数据X_test_images的形状： (10000, 28, 28)

In [4]: print('训练数据X_train_labels的形状：',Y_train_labels.shape)
        print('测试数据X_test_labels的形状：',Y_test_labels.shape)

        训练数据X_train_labels的形状： (60000,)
        测试数据X_test_labels的形状： (10000,)
```

图 11-20　查看数据

训练样本数据有 60 000 个，测试样本数据有 10 000 个，MNIST 数据集中的每个样本数据都由数字图像和真实数字组成，并且每个数字图像的大小都为 28×28。查看训练集中的前 4 个数字图像和相应的真实数字，如图 11-21 所示。

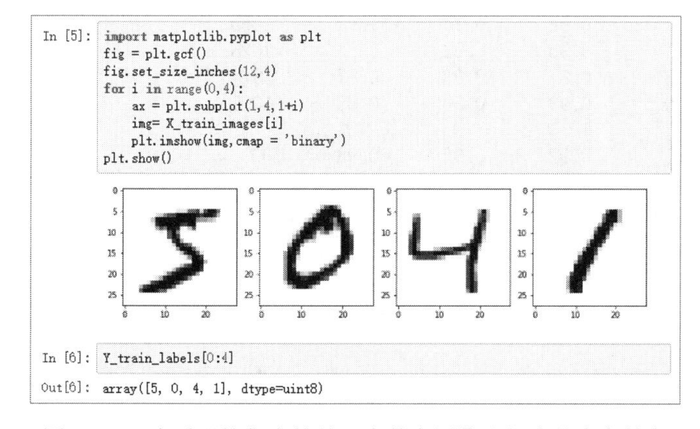

图 11-21　查看训练集中的前 4 个数字图像和相应的真实数字

2. 建立逻辑回归分类（Logistic Regression Classifier）模型

（1）读取数据并对其进行预处理，如图 11-22 所示。

```
In [7]: from keras.datasets import mnist
        (X_train_images,Y_train_labels),(X_test_images,Y_test_labels) = mnist.load_data()
        X_train_imgs = X_train_images.reshape(60000,784)/255.0
        X_test_imgs = X_test_images.reshape(10000,784)/255.0
```

图 11-22　读取数据并对其进行预处理（一）

（2）建立、训练和预测模型，如图 11-23 所示。

```
In [8]: #逻辑回归分类器(Logistic Regression Classifier)
        from sklearn.metrics import accuracy_score,classification_report
        from sklearn.linear_model import LogisticRegression
        import pandas as pd
        model = LogisticRegression()    #建立模型
        model.fit(X_train_imgs,Y_train_labels)    #训练模型
        predict = model.predict(X_test_imgs)      #模型预测
```

图 11-23　建立、训练和预测模型（一）

（3）评估模型，如图 11-24 和图 11-25 所示。

```
In [9]: accuracy = accuracy_score(predict,Y_test_labels)
        print("准确率: %.4lf" % accuracy)
        report = classification_report(Y_test_labels, predict)
        print("Classification report for classifier %s:\n%s\n" % (model,report))

        准确率: 0.9201
        Classification report for classifier LogisticRegression(C=1.0, class_weight=None, dual=
        False, fit_intercept=True,
                  intercept_scaling=1, max_iter=100, multi_class='ovr', n_jobs=1,
                  penalty='l2', random_state=None, solver='liblinear', tol=0.0001,
                  verbose=0, warm_start=False):
                     precision    recall  f1-score   support

                  0       0.95      0.98      0.96       980
                  1       0.96      0.98      0.97      1135
                  2       0.94      0.89      0.91      1032
                  3       0.89      0.91      0.90      1010
                  4       0.92      0.93      0.93       982
                  5       0.89      0.86      0.88       892
                  6       0.94      0.95      0.94       958
                  7       0.93      0.92      0.93      1028
                  8       0.87      0.88      0.87       974
                  9       0.90      0.89      0.89      1009

        avg / total       0.92      0.92      0.92     10000
```

图 11-24　评估模型（一）

```
In [10]: confusion_matrix = pd.crosstab(predict,Y_test_labels,rownames=['predict'],\
                                        colnames=['label'])
         print('混淆矩阵:\n',confusion_matrix)

         混淆矩阵:
          label      0     1    2    3    4    5    6    7    8    9
         predict
         0         960     0    8    4    1   10    9    2   10    8
         1           0  1112    8    0    2    2    3    7   14    8
         2           1     3  920   17    5    0    7   22    5    2
         3           2     1   20  919    3   42    2    5   21   13
         4           0     0    9    2  914   10    6    8   14   31
         5           5     1    5   22    0  769   20    1   27   14
         6           6     5   10    4   10   17  907    1    7    0
         7           3     1   11   12    2    7    1  950   11   24
         8           1    12   37   21    7   28    3    5  853   12
         9           2     0    4    9   38    7    0   27   12  897
```

图 11-25　评估模型（二）

3．建立决策树分类（Decision Tree Classifier）模型

（1）读取数据并对数据进行预处理，如图 11-26 所示。

```
In [13]: from keras.datasets import mnist
         (X_train_images,Y_train_labels),(X_test_images,Y_test_labels) = mnist.load_data()
         X_train_imgs = X_train_images.reshape(60000,784)/255.0
         X_test_imgs = X_test_images.reshape(10000,784)/255.0
```

图 11-26　读取数据并对数据进行预处理（二）

（2）建立、训练和预测模型，如图 11-27 所示。

```
In [14]: from sklearn.metrics import accuracy_score,classification_report
         from sklearn.tree import DecisionTreeClassifier
         import pandas as pd
         model = DecisionTreeClassifier()    #建立模型
         model.fit(X_train_imgs,Y_train_labels)    #训练模型
         predict = model.predict(X_test_imgs)      #模型预测
```

图 11-27　建立、训练和预测模型（二）

（3）评估模型，如图 11-28 和图 11-29 所示。

```
In [15]: accuracy = accuracy_score(predict,Y_test_labels)
         print("准确率: %.4lf" % accuracy)
         report = classification_report(Y_test_labels, predict)
         print("Classification report for classifier %s:\n%s\n" % (model,report))

         准确率: 0.8774
         Classification report for classifier DecisionTreeClassifier(class_weight=None, criterio
         n='gini', max_depth=None,
                     max_features=None, max_leaf_nodes=None,
                     min_impurity_decrease=0.0, min_impurity_split=None,
                     min_samples_leaf=1, min_samples_split=2,
                     min_weight_fraction_leaf=0.0, presort=False, random_state=None,
                     splitter='best'):
                      precision    recall  f1-score   support

                   0       0.92      0.93      0.92       980
                   1       0.95      0.96      0.95      1135
                   2       0.88      0.85      0.87      1032
                   3       0.82      0.85      0.84      1010
                   4       0.87      0.88      0.87       982
                   5       0.83      0.83      0.83       892
                   6       0.90      0.89      0.89       958
                   7       0.92      0.90      0.91      1028
                   8       0.82      0.81      0.81       974
                   9       0.86      0.86      0.86      1009

         avg / total       0.88      0.88      0.88     10000
```

图 11-28　评估模型（三）

```
In [16]: confusion_matrix = pd.crosstab(predict,Y_test_labels,rownames=['predict'],\
                                        colnames=['label'])
         print('混淆矩阵:\n',confusion_matrix)

         混淆矩阵:
          label      0     1    2    3    4    5    6    7    8    9
         predict
         0         912     1   13    7    5   14   17    2    7   14
         1           0  1087   10    7    5   12    5   12    5    5
         2           9     7  880   29    8    2    7   21   27    5
         3           6     8   37  861    4   47    7   21   41   19
         4           3     4   14    7  860    9   23    7   25   35
         5          14     3   12   46   12  741   17    4   29   11
         6          10     6    9    6   18   20  852    2   20    8
         7           5     4   21    6   10    6    0  928   12   18
         8          13    10   26   21   25   27   23    6  785   26
         9           8     5   10   20   35   14    7   25   23  868
```

图 11-29 评估模型（四）

4. 随机森林分类器（Random Forest Classifier）

随机森林分类器如图 11-30 和图 11-31 所示。

```
In [18]: from keras.datasets import mnist
         (X_train_images,Y_train_labels),(X_test_images,Y_test_labels) = mnist.load_data()
         X_train_imgs = X_train_images.reshape(60000,784)/255.0
         X_test_imgs = X_test_images.reshape(10000,784)/255.0

         from sklearn.metrics import accuracy_score,classification_report
         from sklearn.ensemble import RandomForestClassifier
         import pandas as pd
         model = RandomForestClassifier()   #建立模型
         model.fit(X_train_imgs,Y_train_labels)    #训练模型
         predict = model.predict(X_test_imgs)      #模型预测
         accuracy = accuracy_score(predict,Y_test_labels)
         print("准确率: %.4lf" % accuracy)
         report = classification_report(Y_test_labels, predict)
         print("Classification report for classifier %s:\n%s\n" % (model,report))
         confusion_matrix = pd.crosstab(predict,Y_test_labels,rownames=['predict'],\
                                        colnames=['label'])
         print('混淆矩阵:\n',confusion_matrix)
```

图 11-30 随机森林分类器（一）

```
准确率: 0.9515
Classification report for classifier RandomForestClassifier(bootstrap=True, class_weigh
t=None, criterion='gini',
            max_depth=None, max_features='auto', max_leaf_nodes=None,
            min_impurity_decrease=0.0, min_impurity_split=None,
            min_samples_leaf=1, min_samples_split=2,
            min_weight_fraction_leaf=0.0, n_estimators=10, n_jobs=1,
            oob_score=False, random_state=None, verbose=0,
            warm_start=False):
             precision    recall  f1-score   support

          0       0.95      0.99      0.97       980
          1       0.97      0.99      0.98      1135
          2       0.93      0.95      0.94      1032
          3       0.93      0.95      0.94      1010
          4       0.95      0.96      0.96       982
          5       0.95      0.94      0.94       892
          6       0.97      0.96      0.97       958
          7       0.96      0.94      0.95      1028
          8       0.95      0.91      0.93       974
          9       0.96      0.92      0.94      1009

avg / total       0.95      0.95      0.95     10000
```

图 11-31 随机森林分类器（二）

5. 支持向量机分类器（Support Vector Machine Classifier）

支持向量机分类器如图 11-32 和图 11-33 所示。

```
In [19]: from keras.datasets import mnist
         (X_train_images,Y_train_labels),(X_test_images,Y_test_labels) = mnist.load_data()
         X_train_imgs = X_train_images.reshape(60000,784)/255.0
         X_test_imgs = X_test_images.reshape(10000,784)/255.0

         from sklearn.metrics import accuracy_score,classification_report
         from sklearn.svm import SVC
         import pandas as pd
         model = SVC()    #建立模型
         model.fit(X_train_imgs,Y_train_labels)     #训练模型
         predict = model.predict(X_test_imgs)       #模型预测
         accuracy = accuracy_score(predict,Y_test_labels)
         print("准确率: %.4lf" % accuracy)
         report = classification_report(Y_test_labels, predict)
         print("Classification report for classifier %s:\n%s\n" % (model,report))
         confusion_matrix = pd.crosstab(predict,Y_test_labels,rownames=['predict'],\
                                        colnames=['label'])
         print('混淆矩阵:\n',confusion_matrix)
```

图 11-32　支持向量机分类器（一）

```
准确率: 0.9446
Classification report for classifier SVC(C=1.0, cache_size=200, class_weight=None, coef
0=0.0,
  decision_function_shape='ovr', degree=3, gamma='auto', kernel='rbf',
  max_iter=-1, probability=False, random_state=None, shrinking=True,
  tol=0.001, verbose=False):
             precision    recall  f1-score   support

          0       0.96      0.99      0.97       980
          1       0.97      0.99      0.98      1135
          2       0.94      0.93      0.93      1032
          3       0.93      0.94      0.94      1010
          4       0.93      0.96      0.94       982
          5       0.93      0.91      0.92       892
          6       0.95      0.97      0.96       958
          7       0.96      0.93      0.94      1028
          8       0.94      0.92      0.93       974
          9       0.94      0.92      0.93      1009

avg / total       0.94      0.94      0.94     10000
```

图 11-33　支持向量机分类器（二）

6．多层感知器（Multi-Layer Perceptron）

创建一个简单的全连接神经网络，包括输入层、一个隐藏层和一个输出层，如图 11-34 所示。由于输入图像是 28×28 的，拉直后为 784 的向量，因此输入层含有 784 个神经元。隐藏层含有 512 个神经元（它可以为任何数量的神经元），激活函数使用的是 ReLU。由于有 10 个类别，因此输出层必须含有 10 个神经元，使用 softmax 作为激活函数。

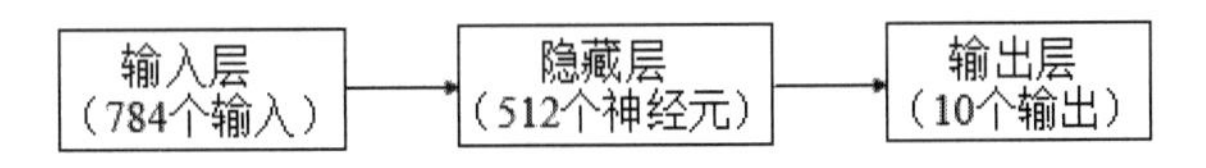

图 11-34　多层感知器网络拓扑结构

（1）导入数据并对其进行标准化处理，如图 11-35 所示。

```
In [20]: from keras.datasets import mnist
         (X_train_images,Y_train_labels),(X_test_images,Y_test_labels) = mnist.load_data()
         X_train_imgs = X_train_images.reshape(60000,784)/255.0
         X_test_imgs = X_test_images.reshape(10000,784)/255.0
```

图 11-35 导入数据并对其进行标准化处理

（2）进行 One-Hot Encoding 转换，如图 11-36 所示。

```
In [21]: from keras.utils import np_utils
         Y_train_labels_OneHot = np_utils.to_categorical(Y_train_labels )
         Y_test_labels_OneHot = np_utils.to_categorical(Y_test_labels )
```

图 11-36 进行 One-Hot Encoding 转换

（3）创建模型。

第一步：导入模块并创建 Sequential 模型，如图 11-37 所示。

```
In [22]: from keras.models import Sequential
         from keras.layers import Dense
         model_MLP = Sequential()
```

图 11-37 导入模块并创建 Sequential 模型

第二步：建立输入层和隐藏层，如图 11-38 所示。使用 add()方法将全连接 Dense 层加入多层感知器网络，输入层中含有 784 个神经元，隐藏层中含有 512 个神经元。

```
In [23]: model_MLP.add(Dense(units = 512,
                             input_dim = 784 ,
                             kernel_initializer = 'normal',
                             activation = 'relu'))
```

图 11-38 建立输入层和隐藏层

第三步：建立输出层，如图 11-39 所示。使用 add()方法将全连接 Dense 层加入多层感知器网络，输出层中含有 10 个神经元，分别对应数字 0～9。

```
In [24]: model_MLP.add(Dense(units = 10,
                             kernel_initializer = 'normal',
                             activation = 'softmax'))
```

图 11-39 建立输出层

（4）编译模型，如图 11-40 所示。将损失函数（loss）设置为选择交叉熵（cross_entropy），将优化器设置为 adam，将评估模型的方式设置为准确率。

```
In [25]: model_MLP.compile(loss = 'categorical_crossentropy',
                           optimizer = 'adam',
                           metrics = ['accuracy'])
```

图 11-40 编译模型

（5）训练模型，如图 11-41 所示。将 80%的数据作为训练数据，将 20%的数据作为验证数据。执行 6 个训练周期，每批次有 120 个图像数据。

```
In [26]: train_history = model_MLP.fit(x = X_train_imgs,
                                       y = Y_train_labels_OneHot,
                                       validation_split = 0.2,
                                       epochs = 6, batch_size = 120, verbose = 1)

Train on 48000 samples, validate on 12000 samples
Epoch 1/6
48000/48000 [==============================] - 16s 329us/step - loss: 0.3048 - acc: 0.9
142 - val_loss: 0.1540 - val_acc: 0.9557
Epoch 2/6
48000/48000 [==============================] - 16s 329us/step - loss: 0.1217 - acc: 0.9
645 - val_loss: 0.1112 - val_acc: 0.9669
Epoch 3/6
48000/48000 [==============================] - 15s 321us/step - loss: 0.0788 - acc: 0.9
772 - val_loss: 0.0892 - val_acc: 0.9722
Epoch 4/6
48000/48000 [==============================] - 15s 314us/step - loss: 0.0544 - acc: 0.9
847 - val_loss: 0.0817 - val_acc: 0.9751
Epoch 5/6
48000/48000 [==============================] - 15s 318us/step - loss: 0.0398 - acc: 0.9
893 - val_loss: 0.0852 - val_acc: 0.9747
Epoch 6/6
48000/48000 [==============================] - 16s 332us/step - loss: 0.0298 - acc: 0.9
919 - val_loss: 0.0764 - val_acc: 0.9763
```

图 11-41　训练模型

（6）预测模型，如图 11-42 所示。

```
In [27]: predict = model_MLP.predict_classes(X_test_imgs)
```

图 11-42　预测模型

（7）评估模型，代码如图 11-43 所示，输出结果如图 11-44 和图 11-45 所示。

```
In [28]: import pandas as pd
         from sklearn.metrics import accuracy_score,classification_report
         accuracy = accuracy_score(predict,Y_test_labels)
         print("准确率: %.4lf" % accuracy)
         report = classification_report(Y_test_labels, predict)
         print("Classification report for classifier %s:\n%s\n" % (model_MLP,report))
         confusion_matrix = pd.crosstab(predict,Y_test_labels,rownames=['predict'],
                                        colnames=['label'])
         print('混淆矩阵:\n',confusion_matrix)
```

图 11-43　模型评估代码

```
准确率: 0.9809
Classification report for classifier <keras.engine.sequential.Sequential object at 0x00
0000B565551908>:
             precision    recall  f1-score   support

          0       0.98      0.98      0.98       980
          1       0.99      0.99      0.99      1135
          2       0.98      0.98      0.98      1032
          3       0.98      0.98      0.98      1010
          4       0.99      0.98      0.98       982
          5       0.98      0.97      0.98       892
          6       0.98      0.99      0.98       958
          7       0.98      0.98      0.98      1028
          8       0.96      0.98      0.97       974
          9       0.98      0.97      0.97      1009

avg / total       0.98      0.98      0.98     10000
```

图 11-44　模型评估输出结果（一）

混淆矩阵：

label	0	1	2	3	4	5	6	7	8	9
predict										
0	965	0	1	1	2	2	4	2	1	2
1	0	1128	1	0	0	0	2	7	0	5
2	2	3	1010	0	2	0	1	7	2	0
3	1	0	2	994	1	5	1	1	4	4
4	0	0	1	0	959	1	2	0	1	7
5	1	1	0	2	0	868	3	0	4	3
6	4	2	3	0	4	4	944	0	1	1
7	1	0	4	3	2	1	0	1004	2	5
8	5	1	9	5	1	9	1	4	958	3
9	1	0	1	5	11	2	0	3	1	979

图 11-45　模型评估输出结果（二）

11.3　大数据深度学习实践

11.3.1　卷积神经网络

卷积神经网络（Convolutional Neural Networks，CNN）是一种包含卷积计算的前馈神经网络，它的诞生是因为受到视觉认知机制的启发，目前在图像识别、物体识别、自动驾驶、工业检查等方面都有广泛应用。CNN 与传统的图像算法相比，避免了对图像进行大量的人工特征提取的预处理过程，也就是说，CNN 可以从图像的原始像素值出发，经过极少的预处理过程，就能识别出图像在视觉上的规律。

卷积神经网络一般包括卷积层（Convolutional Layer）、池化层（Pooling Layer）和全连接层（Full Connected Layer）。池化层一般在卷积层之后，池化层与卷积层交替出现，最后是全连接层。激活函数在 CNN 中也适用，既可以采用 sigmoid 激活函数，又可以采用 ReLU 激活函数。在深度学习领域，ReLU 激活函数普遍比 sigmoid 激活函数的效果好。

- 卷积层：通过引入局部连接，减少不必要的权值连接。通过权值共享策略减少参数的数据量，可以避免过拟合现象的发生，其中权值共享是指相邻神经元的活性相似，从而共享相同的权值参数。卷积层还可以实现对高维输入数据的降维，并且可以自动提取原始数据的特征。
- 池化层：又称为子采样层或下采样层。常用的池化方式有最大池化和平均池化。通过对输入数据的各个维度进行空间采样，可以避免过拟合现象的发生，增强网络的泛化处理能力，并且对输入数据具有局部线性变换的不变性。
- 全连接层：等价于多层感知机 MLP。在经过卷积层和池化层的反复处理后，输入图像数据的维度已经下降至能够采用前馈神经网络进行处理了。此外，使用经过反复提炼的特征作为全连接层的输入，比直接使用原始图像作为输入的效果更佳。

11.3.2　深度学习在图像中的应用

Keras 可以非常方便地创建卷积神经网络，下面将 TensorFlow 作为后端，使用 MNIST 数据集创建卷积神经网络。这里主要介绍在 Keras 中实现卷积神经网络的一个深度学习实例。CNN 网络拓扑结构如图 11-46 所示。

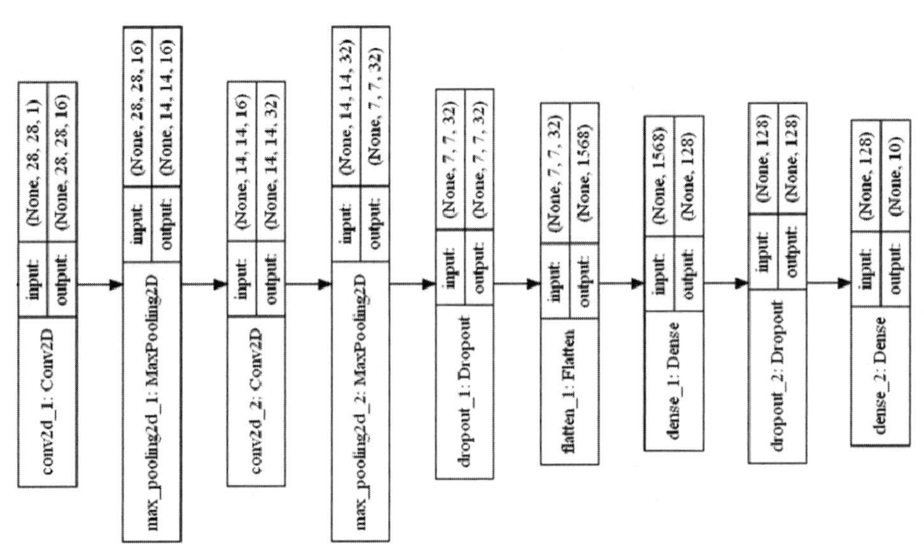

图 11-46　CNN 网络拓扑结构

1. 数据预处理

（1）导入数据并对其进行标准化处理，如图 11-47 所示。

```
In [1]: from keras.datasets import mnist
        (X_train_images, Y_train_labels), (X_test_images, Y_test_labels) = mnist.load_data()
        X_train_imgs = X_train_images.reshape(60000, 28, 28, 1)/255.0
        X_test_imgs = X_test_images.reshape(10000, 28, 28, 1)/255.0

        Using TensorFlow backend.
```

图 11-47　导入数据并对其进行标准化处理

（2）进行 One-Hot Encoding 转换，如图 11-48 所示。

```
In [2]: from keras.utils import np_utils
        Y_train_labels_OneHot = np_utils.to_categorical(Y_train_labels )
        Y_test_labels_OneHot = np_utils.to_categorical(Y_test_labels )
```

图 11-48　进行 One-Hot Encoding 转换

2. 建立 CNN 模型

（1）建立 Sequential 模型，如图 11-49 所示。

```
In [3]: from keras.models import Sequential
        from keras.layers import Dense, Dropout, Flatten, Conv2D, MaxPooling2D
        model_CNN = Sequential()
```

图 11-49　建立 Sequential 模型

（2）建立卷积层 1 和池化层 1。

建立一个 Conv2D 卷积层，如图 11-50 所示。该层输入数据的 input_shape 为 28×28×1，使用 5×5 的感受野，输出具有 16 个特征图，并且使用 ReLU 激活函数。由于卷积运算不会改变图像大小，因此输出的图像大小不变，仍然为 28×28。

```
In [4]: model_CNN.add(Conv2D(filters=16,
                             kernel_size = (5,5),
                             padding = 'same',
                             input_shape = (28,28,1),
                             activation = 'relu'))
```

图 11-50　建立一个 Conv2D 卷积层（一）

建立一个采用最大值 MaxPooling2D 的池化层，如图 11-51 所示。设置 pool_size 的值为(2,2)，执行第一次缩减采样，表示图像在纵向和横向的维度均变成原来的一半，即图像大小变为14×14。

```
In [5]: model_CNN.add(MaxPooling2D(pool_size = (2,2)))
```

图 11-51　建立一个采用最大值 MaxPooling2D 的池化层（一）

（3）建立卷积层 2 和池化层 2。

建立一个 Conv2D 卷积层，如图 11-52 所示。该层使用 5×5 的感受野，输出具有 32 个特征图，并且使用 ReLU 激活函数。由于卷积运算不会改变图像大小，因此输出的图像大小不变，仍然为 14×14。

```
In [6]: model_CNN.add(Conv2D(filters=32,
                             kernel_size = (5,5),
                             padding = 'same',
                             activation = 'relu'))
```

图 11-52　建立一个 Conv2D 卷积层（二）

建立一个采用最大值 MaxPooling2D 的池化层，如图 11-53 所示。设置 pool_size 的值为(2,2)，执行第二次缩减采样，表示图像在纵向和横向的维度均变成原来的一半，即图像大小变为7×7。

```
In [7]: model_CNN.add(MaxPooling2D(pool_size = (2,2)))
```

图 11-53　建立一个采用最大值 MaxPooling2D 的池化层（二）

（4）加入 Dropout，如图 11-54 所示。Dropout(0.25)的功能是在每次迭代训练时，随机排除该层中 25%的神经元，从而避免过拟合现象的发生。

```
In [8]: model_CNN.add(Dropout(0.25))
```

图 11-54　加入 Dropout（一）

（5）建立平坦（Flatten）层，如图 11-55 所示。平坦层主要用于将多维数据转化为向量数据，使输出便于全连接层进行处理。

```
In [9]: model_CNN.add(Flatten())
```

图 11-55　建立平坦层

（6）建立全连接层，如图 11-56 所示。加入 Dropout，如图 11-57 所示。

```
In [10]: model_CNN.add(Dense(128,activation = 'relu'))
```

图 11-56　建立全连接层

```
In [11]: model_CNN.add(Dropout(0.25))
```

图 11-57　加入 Dropout（二）

（7）输出层，如图 11-58 所示。

```
In [12]: model_CNN.add(Dense(10,activation = 'softmax'))
```

图 11-58　输出层

3. 查看模型摘要

查看模型摘要的命令如图 11-59 所示，查看模型摘要的输出结果如图 11-60 所示。

```
In [13]: model_CNN.summary()
```

图 11-59　查看模型摘要的命令

```
Layer (type)                 Output Shape              Param #
=================================================================
conv2d_1 (Conv2D)            (None, 28, 28, 16)        416
_________________________________________________________________
max_pooling2d_1 (MaxPooling2 (None, 14, 14, 16)        0
_________________________________________________________________
conv2d_2 (Conv2D)            (None, 14, 14, 32)        12832
_________________________________________________________________
max_pooling2d_2 (MaxPooling2 (None, 7, 7, 32)          0
_________________________________________________________________
dropout_1 (Dropout)          (None, 7, 7, 32)          0
_________________________________________________________________
flatten_1 (Flatten)          (None, 1568)              0
_________________________________________________________________
dense_1 (Dense)              (None, 128)               200832
_________________________________________________________________
dropout_2 (Dropout)          (None, 128)               0
_________________________________________________________________
dense_2 (Dense)              (None, 10)                1290
=================================================================
Total params: 215,370
Trainable params: 215,370
Non-trainable params: 0
_________________________________________________________________
```

图 11-60　查看模型摘要的输出结果

4. 编译模型和训练模型

（1）编译模型，如图 11-61 所实话。将损失函数（loss）设置为交叉熵（cross_entropy），将优化器设置为 adam，将评估模型的方式设置为准确率。

```
In [14]: model_CNN.compile(loss = 'categorical_crossentropy',
                           optimizer = 'adam',
                           metrics = ['accuracy'])
```

图 11-61　编译模型

（2）训练模型，如图 11-62 所示。将 80%的数据作为训练数据，将 20%的数据作为验证数据。执行 6 个训练周期，每批次有 120 个图像数据。

```
In [15]: train_history = model_CNN.fit(x = X_train_imgs,
                                       y = Y_train_labels_OneHot,
                                       validation_split = 0.2,
                                       epochs = 6, batch_size = 120, verbose = 1)

         Train on 48000 samples, validate on 12000 samples
         Epoch 1/6
         48000/48000 [==============================] - 143s 3ms/step - loss: 0.2915 - acc: 0.90
         89 - val_loss: 0.0837 - val_acc: 0.9742
         Epoch 2/6
         48000/48000 [==============================] - 143s 3ms/step - loss: 0.0875 - acc: 0.97
         34 - val_loss: 0.0493 - val_acc: 0.9855
         Epoch 3/6
         48000/48000 [==============================] - 145s 3ms/step - loss: 0.0643 - acc: 0.98
         02 - val_loss: 0.0487 - val_acc: 0.9855
         Epoch 4/6
         48000/48000 [==============================] - 147s 3ms/step - loss: 0.0519 - acc: 0.98
         44 - val_loss: 0.0451 - val_acc: 0.9865
         Epoch 5/6
         48000/48000 [==============================] - 147s 3ms/step - loss: 0.0413 - acc: 0.98
         67 - val_loss: 0.0370 - val_acc: 0.9895
         Epoch 6/6
         48000/48000 [==============================] - 151s 3ms/step - loss: 0.0378 - acc: 0.98
         80 - val_loss: 0.0360 - val_acc: 0.9893
```

图 11-62 训练模型

5. 模型预测和评估

（1）预测模型，如图 11-63 所示。

```
In [16]: predict = model_CNN.predict_classes(X_test_imgs)
```

图 11-63 预测模型

（2）评估模型，代码如图 11-64 所示，输出结果如图 11-65 和图 11-66 所示。

```
In [18]: import pandas as pd
         from sklearn.metrics import accuracy_score,classification_report
         accuracy = accuracy_score(predict,Y_test_labels)
         print("准确率: %.4lf" % accuracy)
         report = classification_report(Y_test_labels, predict)
         print("Classification report for classifier %s:\n%s\n" % (model_CNN,report))
         confusion_matrix = pd.crosstab(predict,Y_test_labels,rownames=['predict'],
                                        colnames=['label'])
         print('混淆矩阵:\n',confusion_matrix)
```

图 11-64 模型评估代码

```
准确率: 0.9917
Classification report for classifier <keras.engine.sequential.Sequential object at 0x00
000048108312B0>:
             precision    recall  f1-score   support

          0       0.99      1.00      0.99       980
          1       0.99      1.00      0.99      1135
          2       0.99      0.99      0.99      1032
          3       0.99      0.99      0.99      1010
          4       0.99      0.99      0.99       982
          5       0.99      0.99      0.99       892
          6       1.00      0.99      1.00       958
          7       0.98      0.99      0.99      1028
          8       0.99      0.99      0.99       974
          9       1.00      0.97      0.99      1009

avg / total       0.99      0.99      0.99     10000
```

图 11-65 模型评估输出结果（一）

混淆矩阵:

label predict	0	1	2	3	4	5	6	7	8	9
0	977	0	1	0	0	1	3	1	1	3
1	0	1132	1	0	1	0	2	1	0	4
2	0	1	1024	1	0	0	0	4	1	0
3	0	0	0	1002	0	4	0	0	2	0
4	0	0	0	0	977	0	1	0	2	8
5	0	1	0	5	0	885	0	0	1	4
6	1	0	1	0	0	1	952	0	0	0
7	1	1	4	0	0	1	0	1021	3	6
8	1	0	1	2	1	0	0	1	964	1
9	0	0	0	0	3	0	0	0	0	983

图 11-66　模型评估输出结果（二）

习　　题

一、单项选择题

1．Tanh 激活函数的表达式为（　　）。

A．$f(x)=\dfrac{1-e^{-2x}}{1+e^{-2x}}$　　B．$f(x)=\dfrac{1}{1+e^{-2x}}$

C．$f(x)=\max(x,0)$　　D．$f(x)=\begin{cases} x, x>0 \\ a(1-e^{x}), x\leqslant 0 \end{cases}$

2．对于感知器模型，如果三维向量[0.2，0.8，−0.2]为感知机的输入，三维向量[0.2，0.4，0.1]为输入分量连接到感知机的权重，偏置为 2，$f(x)=\max(x,0)$ 为激活函数，那么感知机的输出为（　　）。

A．0　　B．2.34　　C．2.36　　D．2.38

二、填空题

1．机器学习方法主要有 3 种类型：（　　　　）、（　　　　）和（　　　　）。

2．神经网络的训练包括（　　　　）和（　　　　）两个过程。

3．常见的损失函数包括（　　　　）、（　　　　）、（　　　　）等。

三、简答题

1．什么是监督学习？

2．机器学习算法中常见的分类算法有哪些？

3．卷积神经网络的池化方式有哪些？

4．简述建立卷积神经网络的主要步骤。

附录A 《大数据原理与技术》教学大纲

一、总学时、适用专业、适用教材

总学时：64学时。

适用专业：本科四年制或高职三年制大数据、云计算、计算机科学与技术、计算机应用、网络、物联网、通信类专业等。

适用教材：刘甫迎，刘焱．大数据原理与技术[M]．北京：电子工业出版社，2022年。

二、课程性质、目标，重点、难点

《大数据原理与技术》是大数据、云计算、计算机等专业的基础课，目标是使学生掌握大数据的基本原理、存储、计算、处理及分析的相关知识，主要培养学生的大数据应用开发能力，课程重点是大数据的 Hadoop 解决方案、大数据的 Spark 计算、开源流计算 Flink、整合及集群管理（Sqoop、ZooKeeper 等）、R 语言与可视化技术，课程难点是人工神经网络与深度学习技术。

三、课程的教学内容及学时分配

教学内容	学时分配		
	理论教学	实验教学	小计
大数据概述、大数据的 Hadoop 解决方案、大数据热点与发展趋势	4	2	6
HDFS 的设计思路及架构、HDFS Shell 的基本操作、HDFS 命令行操作	4	2	6
NoSQL、HBase 的设计思路及架构、HBase 的操作与数据管理	4	2	6
MapReduce 架构与源码分析、任务异常处理与失败处理	4	2	6
在 HBase 上运行 MapReduce、MapReduce 开发实例、数据挖掘应用	2	2	4
Spark 的基础概念、Spark 的运行模式、Spark 的应用程序、Spark SQL	4	4	8
流计算概述、流计算处理流程、开源流计算框架 Flink	4	2	6
大数据的图计算概述、Spark GraphX、Pregel 图计算技术	2	—	2
Hadoop 的数据整合、Hadoop 的集群管理与维护	2	2	4
大数据对传统数据分析的挑战、查询（SQL on Hadoop）、Hive 和 Pig、Impala 和 Drill	4	2	6
开源可视化统计绘图工具：R 语言、可视化技术	2	2	4
理解大数据深度学习、深度学习的编程基础、大数据深度学习实践	4	2	6
合计	40	24	64

四、教学大纲说明

1．本课程的先行课程是《Linux 网络操作系统》《Python 程序设计基础》《云计算技术与应用》，后续课程是《人工智能深度学习》。

2．注意将理论与实践相结合。

3．根据需要，可以压缩为48学时（理论教学30学时，实验教学18学时）。

附录 B　实验指导书

完成本实验指导书介绍的 12 个实验（也可通过实现本教材每章的案例），为培养学生大数据平台部署和管理、大数据相关编程等实践能力奠定基础。

如果做实验六和实验七，那么可以不做实验四和实验五，反之亦然。实验十一和实验十二为选做实验。

大部分实验为 2 学时，可以用课外的操作弥补实验课课时的不足。

B.1　实验一：Hadoop 平台安装环境配置（Ambari）

本实验参考学时为 2 学时。

一、实验目的

为使用 Ambari 进行 Hadoop 平台管理安装进行前期准备。

二、实验内容

对选定的 Ambari 服务器端主机进行配置，为 Ambari 服务器端主机安装配套软件。

三、实验设备

使用虚拟机或云端租用的 Linux 操作系统。

四、实验原理

现阶段安装 Hadoop 平台的主要方法有两种，一种是基于 Apache 开源的 Hadoop 生态系统，该方式需要用户进行繁杂的系统配置，长期运行不太稳定，并且其他大数据工具安装集成效率较低，主要作为教学使用；另一种是使用类似于 Ambari 的搭建工具，该方法无须用户太高的配置，长期运行较为稳定，并且其他大数据工具安装集成效率高，主要在实际生产中使用。

本实验介绍使用基于 Ambari 搭建工具的 Hadoop 生态系统。

五、实验步骤

1．前期准备

在使用 Ambari 时，需要选择以下 64 位操作系统（推荐使用 CentOS 与 Ubuntu），并且包含 Firefox 18 或 Google Chrome 26 及更高版本的浏览器。

- CentOS v7.0、7.1、7.2。
- CentOS v6.1、6.2、6.3、6.4、6.5、6.6、6.7、6.8。
- Ubuntu Trusty v14.04。
- Ubuntu Precise v12.04。

在相应的操作系统中需要包含以下软件。

- yum and rpm（RHEL/CentOS）。
- apt（Ubuntu）。
- scp、curl、unzip、tar、wget。
- OpenSSL（v1.01、build 16 及更高版本）。
- Python。
  - ➢ For CentOS 6: Python 2.6.x。
  - ➢ For CentOS 7、Ubuntu 12、Ubuntu 14: Python 2.7.x。
- Java。
  - ➢ Oracle JDK 1.8 64-bit （minimum JDK 1.8.0_77）（default）。
- SQL SERVER（MySQL 5.6）

确保 file descriptor 的数量大于 10 000，并且在安装前确定集群信息（NameNode Data、DataNode Data、Secondary NameNode Data、Oozie Data、YARN Data、ZooKeeper Data、Various Log、Pid、DB 等）的存储位置，不建议使用/tmp 文件夹作为储存位置。将集群中各个节点的 IP 地址及主机名写入各个节点的 host 文件（位于/etc 文件夹中），确保可以使用节点名称访问，为后续安装做准备。

2. 环境安装

1）配置无密钥 SSH 连接。

（1）在 Ambari 主机上使用以下命令生成 SSH 密钥，如图 B-1 所示。密钥分为两类，一类是公开的，称为公钥；另一类是加密的，称为私钥。

```
#ssh-keygen -t rsa -P '' -f ～/.ssh/id_rsa
```

```
[root@bigdata1 ~]# ssh-keygen -t rsa -P '' -f ~/.ssh/id_rsa
Generating public/private rsa key pair.
Your identification has been saved in /root/.ssh/id_rsa.
Your public key has been saved in /root/.ssh/id_rsa.pub.
The key fingerprint is:
SHA256:8D6zx3fcnMUhyKn0pXs9wXhYfoedPn6JWpLD7yYJpsE root@bigdata1
The key's randomart image is:
+---[RSA 2048]----+
|                 |
|                 |
|       .   . o   |
|        o . + o o |
|       . S o o B+o|
|        E +.o.o.**|
|         B..=oo=oB|
|        . +o+*+oB+|
|         .. o*+..+|
+----[SHA256]-----+
```

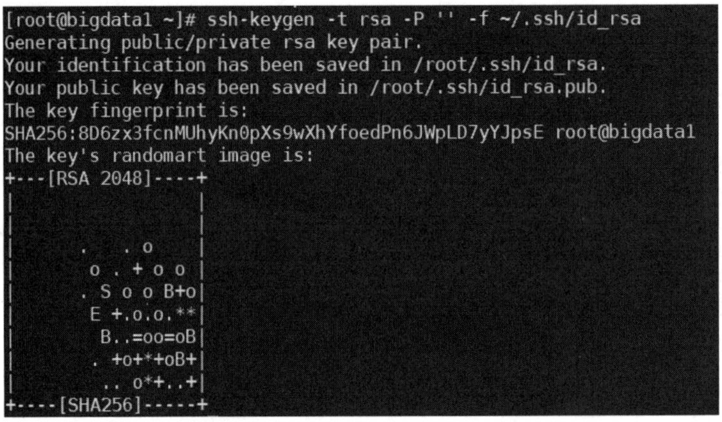

图 B-1　生产 SSH 密钥

参数说明如下。

- -t：加密算法类型，这里使用 rsa 算法。
- -P：指定私钥的密码，如果不需要，则可以不指定。
- -f：后台执行 ssh 指令。

（2）使用 ssh-copy-id 命令将公钥复制到各个节点。

```
#ssh-copy-id root@<remote.target.host>
```

<remote.target.host>为集群中的节点名称，使用命令“#ssh root@<remote.target.host>”检验连接效果。

注意：尽量使用 root 用户进行操作，否则需要使用能执行 sudo 命令的用户。

2）启动 NTP 服务。

（1）在所有集群上启动 NTP 服务，在集群中的每个节点上运行以下代码。

```
yum install -y ntp
```

（2）使用以下代码检测 NTP 服务是否自动启动。

```
chkconfig --list ntpd 或 systemctl is-enabled ntpd
```

（3）如果 NTP 服务没有自动启动，则运行以下代码。

```
chkconfig ntpd on 或 systemctl enable ntpd
```

（4）如果需要启动 NTP 服务，则运行以下代码。

```
service ntpd start 或 systemctl start ntpd
```

3）设置主机名。

（1）运行以下代码，编辑/etc/host 文件。

```
vi /etc/host
```

（2）使用以下格式向集群中加入所有主机对应的 IP 地址及主机名。

```
<IP 地址> <主机名>
```

注意：在向集群中加入所有主机对应的 IP 地址及主机名时，不用加“<”及“>”符号。

（3）使用 hostname -f 命令检验主机名。

4）设置接口。

在对 Ambari 集群进行配置时，系统需要占用一些端口进行通信，为了保证端口不被占用，可以运行以下命令，暂时禁用 iptables。

```
chkconfig iptables off
/etc/init.d/iptables stop
```

或者：

```
systemctl disable firewalld
service firewalld stop
```

在完成对 Ambari 集群的配置后，用户可以重启 iptables，如果无法配置 Ambari，则关闭 iptables，注意系统所需端口不被占用。Ambari 常用的端口列表如表 B-1 所示。

表 B-1　Ambari 常用的端口列表

服　务	默认端口	协　议	描　述
Ambari Server	8080	HTTP	Interface to Ambari Web and Ambari REST API
Ambari Server	8440	HTTPS	Handshake Port for Ambari Agents to Ambari Server
Ambari Server	8441	HTTPS	Registration and Heartbeat Port for Ambari Agents to Ambari Server
Ambari Agent	8670	TCP	Ping port used for alerts to check the health of the Ambari Agent

3. 配置 Ambari 版本库

1）下载 Ambari 版本库。

在进行 Ambari 集群配置时，为了提高安装效率，在内网安装时，用户通常需要将 Ambari 所需版本库提前下载到本地，并且通过 Ambari 版本库配置文件（Ambari Repository Configuration File）进行配置。

（1）根据使用的操作系统，下载所需的 Ambari 版本库。

（2）在配置好 Ambari 版本库后，根据使用的操作系统，下载并配置 HDP Stack 相应软件的版本库。

2）建立本地版本库。

（1）前期准备工作。

- 选择一台集群中的服务器作为版本库镜像机。
- 镜像机需要和集群中所有节点建立网络连接，并且安装 yum（CentOS）、apt-get (Ubuntu)，运行以下命令，安装 yum 的相关应用。

```
yum install yum-utils createrepo。
```

（2）建立 HTTP 服务器。

- 确保镜像服务器安装了 HTTP 服务。
- 激活 HTTP 服务。
- 保证镜像服务器中的防火墙设置满足集群中的其他节点对镜像服务器的 HTTP 访问权限。
- 运行以下命令，在镜像服务器中建立互联网访问文件夹。

```
mkdir -p /var/www/html/。
```

（3）将前面下载的 Ambari 版本库解压缩到互联网文件夹中，将 HDP Stack 版本库解压缩到互联网文件夹（/hdp 文件夹）中，并且确认可以访问 Ambari 的相关访问链接，如表 B-2 所示。

表 B-2　Ambari 的相关访问链接

版本库名称	基 本 链 接
Ambari Base URL	http://<web.server>/Ambari-2.4.2.0/<OS>
HDP Base URL	http://<web.server>/hdp/HDP/<OS>/2.x/updates/<latest.version>
HDP-UTILS Base URL	http://<web.server>/hdp/HDP-UTILS-<version>/repos/<OS>

注：<web.server>代表镜像机访问地址，<OS>代表相应操作系统名称。

3）配置 Ambari 版本库配置文件（Ambari Repository Configuration File）。

（1）下载 ambari.repo 文件。

（2）将 ambari.repo 文件中的 baseurl 改成第 3 步中相应的 Ambari Base URL。

（3）将 ambari.repo 文件复制到镜像服务器中的相应位置。

- 如果使用 CentOS，那么位置如下：

```
/etc/yum.repos.d/ambari.repo
```

- 如果使用 Ubuntu 操作系统，那么位置如下：

```
/etc/apt/sources.list.d/ambari.list
```

- 在/etc/yum/pluginconf.d/priorities.conf 文件中加入以下代码。

```
[main]
enabled=1
gpgcheck=0
```

4．安装配置 Ambari 服务器端

（1）以管理员身份登录选中的服务器（root）。

（2）本实验建立的是本地文件版本库，直接执行以下代码可配置相应的安装文件。

```
CentOS: yum repolist
Ubuntu: apt-cache showpkg ambari-server
        apt-cache showpkg ambari-agent
        apt-cache showpkg ambari-metrics-assembly
```

在运行上述代码后，会出现 Ambari 相关的版本及状态。

（3）运行以下代码安装 Ambari。

```
CentOS: yum install ambari-server
Ubuntu: apt-get install ambari-server
```

（4）为了避免在配置集群时发生错误，在安装完成后，需要保证集群服务器中包含 PostgreSQL 数据库或其他数据库，以及相关依赖包。在安装成功后，会打开如图 B-2 所示的界面。

```
Installing : postgresql-libs-8.4.20-3.el6_6.x86_64          1/4
Installing : postgresql-8.4.20-3.el6_6.x86_64               2/4
Installing : postgresql-server-8.4.20-3.el6_6.x86_64        3/4
Installing : ambari-server-2.4.2.0-1470.x86_64                4/4
Verifying  : ambari-server-2.4.2.0-1470.x86_64                1/4
Verifying  : postgresql-8.4.20-3.el6_6.x86_64               2/4
Verifying  : postgresql-server-8.4.20-3.el6_6.x86_64        3/4
Verifying  : postgresql-libs-8.4.20-3.el6_6.x86_64          4/4

Installed:
  ambari-server.x86_64 0:2.4.2.0-1470

Dependency Installed:
 postgresql.x86_64 0:8.4.20-3.el6_6
 postgresql-libs.x86_64 0:8.4.20-3.el6_6
 postgresql-server.x86_64 0:8.4.20-3.el6_6
```

图 B-2 Ambari 安装成功后打开的界面

（5）在安装完成后，需要对 Ambari 服务器进行配置，行以如下代码。

```
ambari-server setup
```

- 如果未禁用 SELinux，那么用户会收到警告信息，接受并继续即可。
- 默认 Ambari 是在管理员用户下运行的。
- 如果未禁用 iptables，那么用户会收到警告信息，接受并继续即可。
- 选择一个 JDK 版本下载，并且在集群中的各个节点安装，然后设置好 Java 路径。
- 在出现“Enter advanced database configuration”时，选择 n 进入配套数据库，如果使用默认的 PostgreSQL 数据库，那么在 PostgreSQL 数据库中，其默认名称是 ambari，默认的用户名和密码分别是 ambari 和 bigdata；如果使用其他数据库，那么用户需要自行修改数据库名、用户名及密码，并且输入相应的命令。

（6）在配置完成后，可以使用以下命令启动 Ambari 服务。

```
ambari-server start
```

运行结果如图 B-3 所示。

```
[root@hadoop ~]# ambari-server start
Using python  /usr/bin/python
Starting ambari-server
Ambari Server running with administrator privileges.
Organizing resource files at /var/lib/ambari-server/resources...
Ambari database consistency check started...
Server PID at: /var/run/ambari-server/ambari-server.pid
Server out at: /var/log/ambari-server/ambari-server.out
Server log at: /var/log/ambari-server/ambari-server.log
Waiting for server start..........................................................
Server started listening on 8080

DB configs consistency check: no errors and warnings were found.
Ambari Server 'start' completed successfully.
```

图 B-3 启动 Ambari 服务

使用以下代码检查 Ambari 服务状态。

```
ambari-server status
```

运行结果如图 B-4 所示。

```
[root@master conf]# ambari-server status
Using python  /usr/bin/python
Ambari-server status
Ambari Server running
Found Ambari Server PID: 324755 at: /var/run/ambari-server/ambari-server.pid
[root@master conf]#
```

图 B-4 检查 Ambari 服务状态

使用以下代码停止 Ambari 服务。

```
ambari-server stop
```

注意：在进行安装 Ambari 的准备工作时，尽量确保 Ambari 的操作系统或环境的完整性，否则会出现各种错误。

六、实验报告要求

略。

B.2 实验二：Hadoop 集群配置及 HDFS 的使用

本实验参考学时为 2 学时。

一、实验目的

学习运用 Ambari 配置 Hadoop 集群，以及学习使用 HDFS。

二、实验内容

安装并配置 Ambari 集群，使用 HDFS。

三、实验设备

使用虚拟机或云端租用的 Linux 操作系统。

四、实验原理

在使用 Ambari 对 Hadoop 集群进行配置时，用户可以根据 Ambari 支持的集群版本选择集群需要的 HDP 版本，并且提供相应的安装组件进行选择安装。为使后续实验顺利进行，在本次实验中，用户在选择相应的安装服务时，可以选择 MapReduce、Zookeeper、Sqoop、HBase、Spark、Hive、Pig 等。

HDFS 是 Hadoop 集群的文件管理基础，在用户配置 Hadoop 集群时，HDFS 已经作为基础组件完成了安装，用户无须进行多余安装操作。在使用 HDFS 时，用户需要手动使用 HDFS 专用的 Linux 命令将需要 Hadoop 集群处理的文件传输到 HDFS 中，因此用户需要对 Linux 命令比较熟悉，并且具有 Linux 操作系统使用经验。HDFS 命令分为两类，一类是基本操作命令，在使用时以 hdfs dfs 开头；另一类是管理命令，在使用时以 hdfs dfsadmin 开头。

注意：大部分 HDFS 命令的使用方法与 Linux 命令的使用方法类似。在使用 HDFS 命令时，需要保证 hadoop/bin 文件夹在系统的 profile 文件路径下，否则无法使用。

五、实验步骤

1. 安装配置 Ambari 集群

（1）在集群的主机网页端登录 Ambari 服务器，访问地址默认为 http://<your.ambari.server>:8080，使用默认用户名（admin）及密码（admin）访问。

注意：在打开浏览器时，需要使用 root 权限打开。

（2）在 Ambari 安装向导界面打开集群安装选项，如图 B-5 所示。

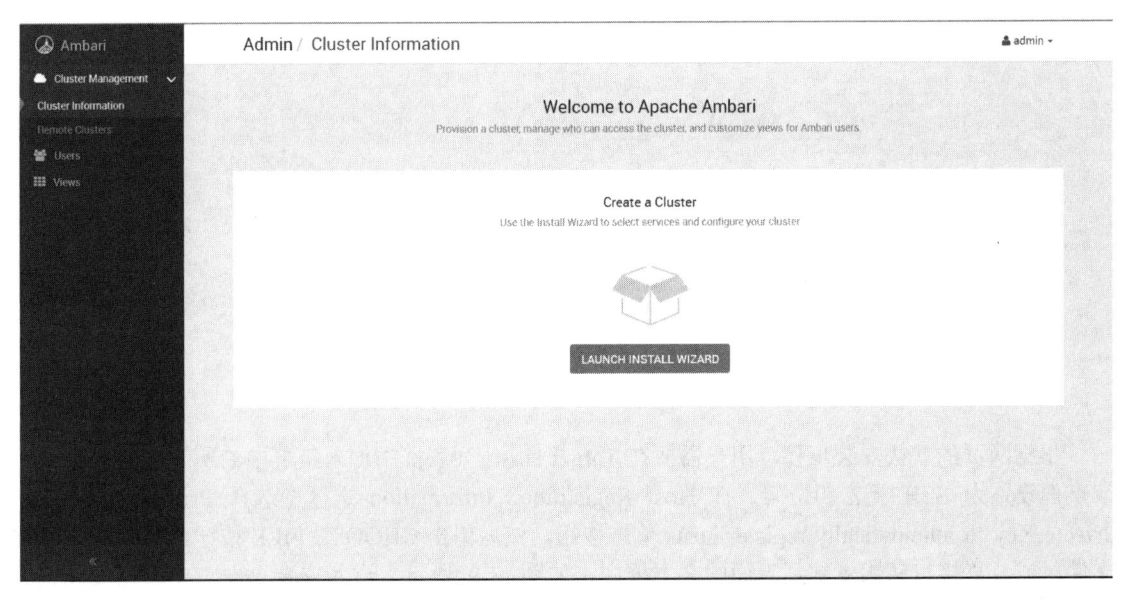

图 B-5　Ambari 安装向导界面

（3）为 Ambari 集群命名，并且设置为所有节点安装的 Ambari HDP 版本，如图 B-6 所示。

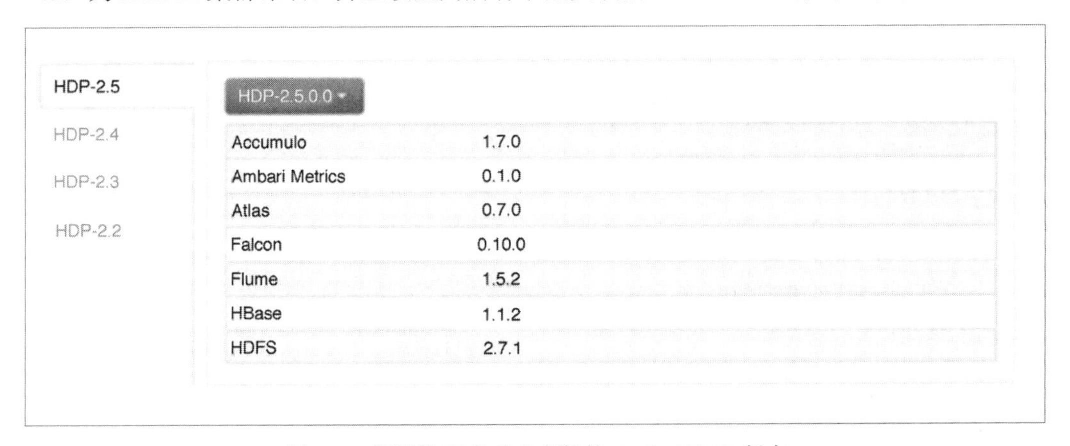

图 B-6　设置为所有节点安装的 Ambari HDP 版本

可以在图 B-6 中的下拉列表中选择所需的 Ambari HDP 版本，如图 B-7 所示。

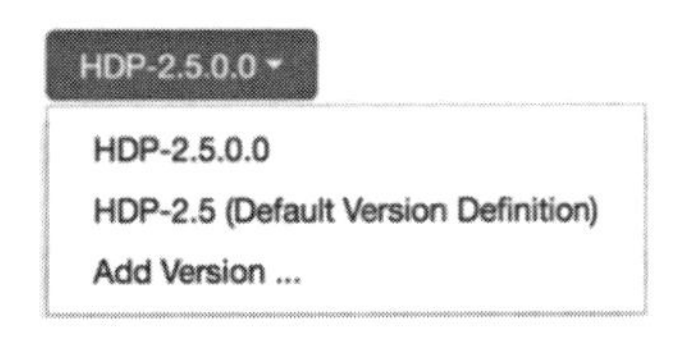

图 B-7　选择所需的 Ambari HDP 版本

如果无较快的互联网连接及代理，则推荐使用 Ambari 的本地版本库，如图 B-8 所示。

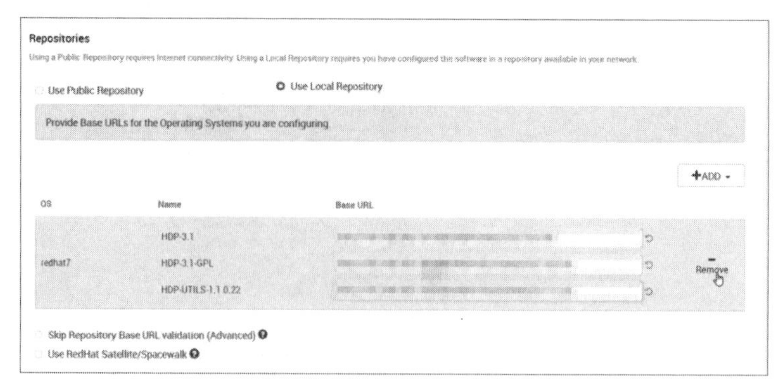

图 B-8　Ambari 的本地版本库

根据网页的默认安装步骤，用户需要在 Target Hosts 列表框中加入集群中的所有节点，将所有节点都设置为 SSH 无密钥访问，在 Host Registration Information 选区中选择 Provide your SSH Private Key to automatically register hosts 单选按钮，然后单击 CHOOSE FILE 按钮，找到所需私钥文件，或者直接将私钥复制到下面的文本框中，如图 B-9 所示。进入安装页面，在节点安装完成后，单击“下一步”按钮，进入安装界面。

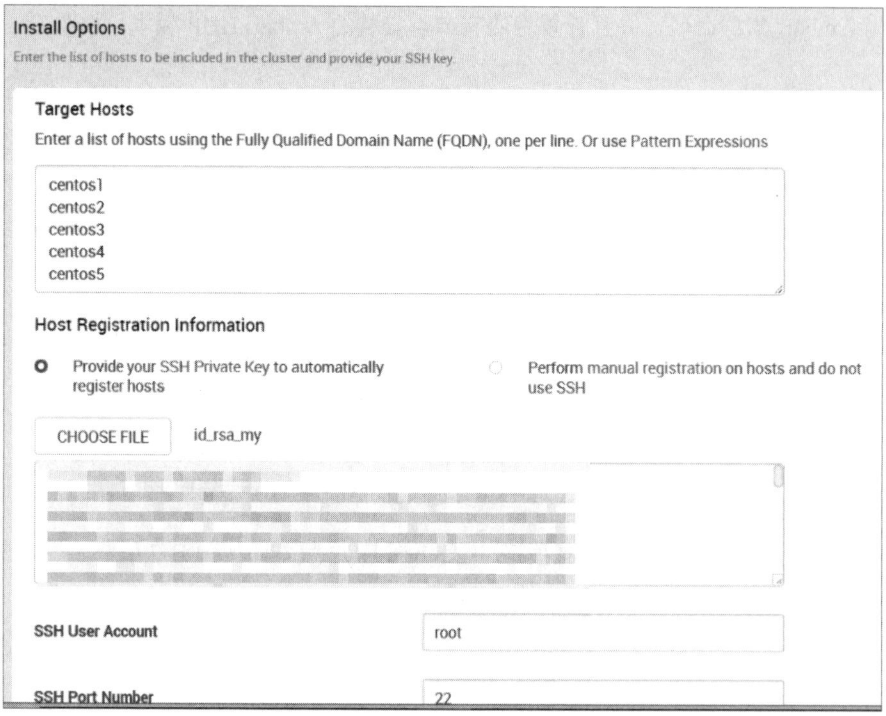

Install Options
Enter the list of hosts to be included in the cluster and provide your SSH key.
Target Hosts
Enter a list of hosts using the Fully Qualified Domain Name (FQDN), one per line. Or use Pattern Expressions
centos1
centos2
centos3
centos4
centos5
Host Registration Information
Provide your SSH Private Key to automatically register hosts
Perform manual registration on hosts and do not use SSH
CHOOSE FILE　id_rsa_my
SSH User Account　root
SSH Port Number　22

图 B-9　Ambari 节点管理

用户可在该阶段选择所需服务组件进行安装，如图 B-10 所示，可以选择 MapReduce、ZooKeeper、Sqoop、HBase、Spark、Hive、Pig 等，方便后续使用。

Choose which services you want to install on your cluster.

Service all | none	Version	Description
☑ HDFS	2.2.0.2.0.6.0	Apache Hadoop Distributed File System
☑ YARN + MapReduce2	2.2.0.2.0.6.0	Apache Hadoop NextGen MapReduce (YARN)
☑ Nagios	3.5.0	Nagios Monitoring and Alerting system
☑ Ganglia	3.5.0	Ganglia Metrics Collection system
☑ Hive + HCat	0.12.0.2.0.6.1	Data warehouse system for ad-hoc queries & analysis of large datasets and table & storage management service
☑ HBase	0.96.1.2.0.6.1	Non-relational distributed database and centralized service for configuration management & synchronization
☑ Pig	0.12.0.2.0.6.1	Scripting platform for analyzing large datasets
☑ Sqoop	1.4.4.2.0.6.1	Tool for transferring bulk data between Apache Hadoop and structured data stores such as relational databases
☐ Oozie	4.0.0.2.0.6.0	System for workflow coordination and execution of Apache Hadoop jobs. This also includes the installation of the optional Oozie Web Console which relies on and will install the ExtJS Library.
☑ ZooKeeper	3.4.5.2.0.6.0	Centralized service which provides highly reliable distributed coordination

图 B-10 选择安装 Ambari 服务组件

用户需要根据需求配置 Ambari 的主节点和子节点，分别如图 B-11 和图 B-12 所示。

Assign Masters

Assign master components to hosts you want to run them on.

SNameNode: centos2 (1.8 GB, 1 cores)

NameNode: centos1 (1.8 GB, 1 cores)

Timeline Service V1.5: centos2 (1.8 GB, 1 cores)

ResourceManager: centos1 (1.8 GB, 1 cores)

Timeline Service V2.0 Reader: centos1 (1.8 GB, 1 cores)

YARN Registry DNS: centos1 (1.8 GB, 1 cores)

History Server: centos2 (1.8 GB, 1 cores)

centos1 (1.8 GB, 1 cores)
NameNode ResourceManager Timeline Service V2.0 Reader YARN Registry DNS HBase Master Infra Solr Instance Grafana Activity Analyzer Activity Explorer HST Server

centos2 (1.8 GB, 1 cores)
SNameNode Timeline Service V1.5 History Server HBase Master

图 B-11 配制 Ambari 的主节点

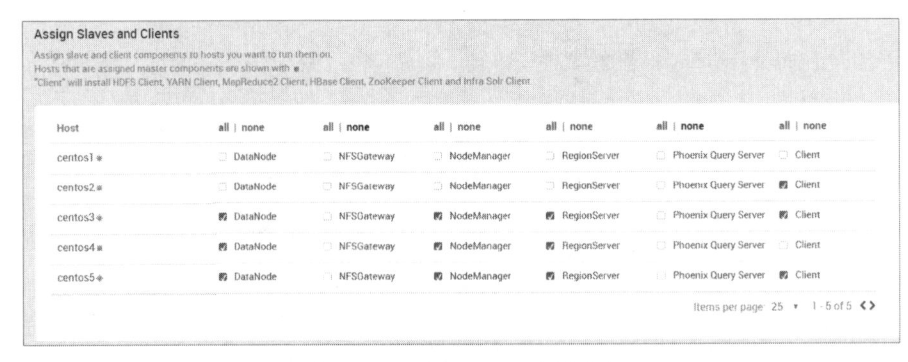

图 B-12　配制 Ambari 的子节点

用户需要依次配置各个服务需要的目录，如图 B-13 所示，之后进入部署界面。

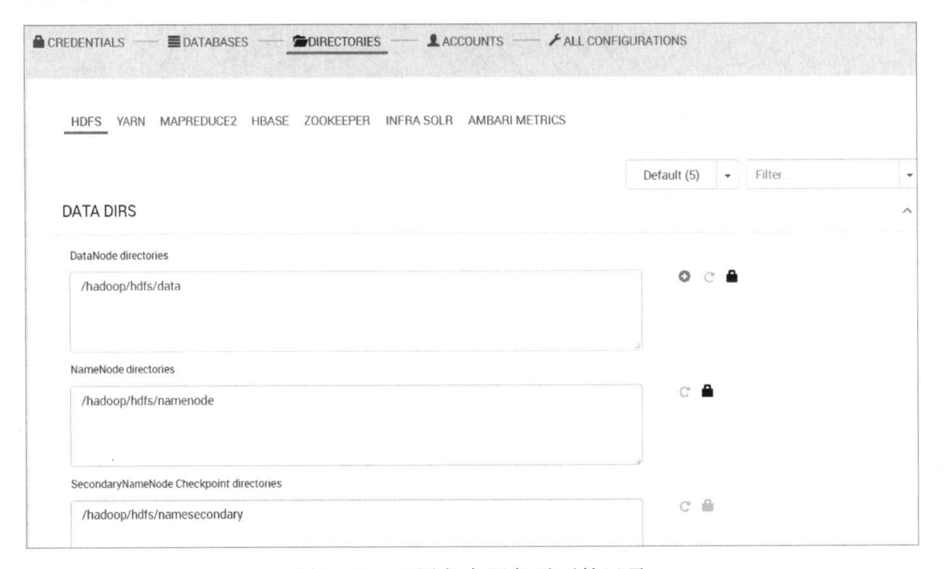

图 B-13　配置各个服务需要的目录

- Ambari 会根据用户选择的版本自动进行安装，安装完成后的界面如图 B-14 所示。

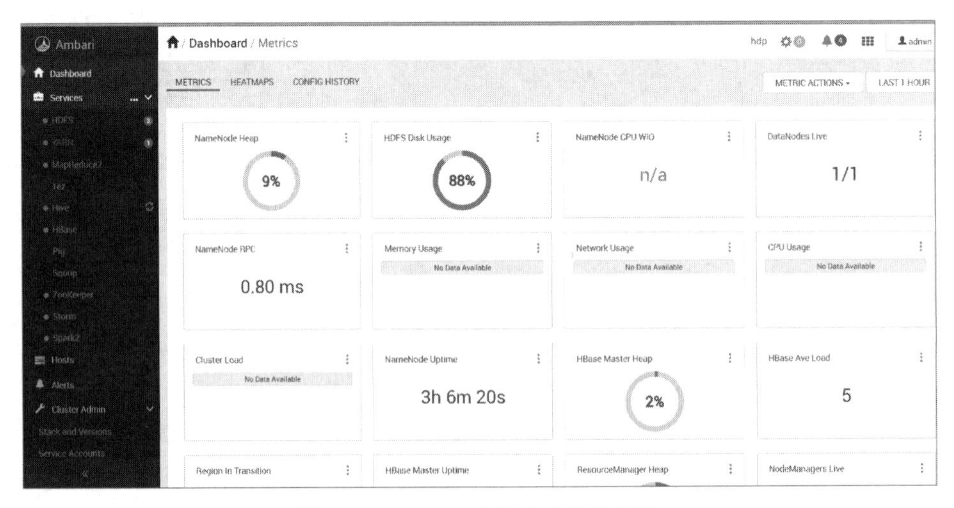

图 B-14　Ambari 安装完成后的界面

2．HDFS 的使用

（1）在使用 HDFS 时，用户需要在集群主节点（Master 节点）上，使用 HDFS 操作命令将需要集群操作的文件上传到主节点上，代码如下：

```
hdfs dfs -mkdir -p /test/input
```

（2）在运行上述代码后，在 input 文件中添加随机文本，如图 B-15 所示。

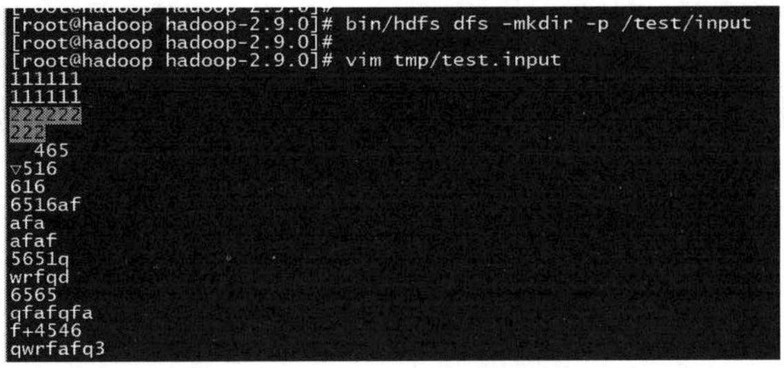

```
[root@hadoop hadoop-2.9.0]# bin/hdfs dfs -mkdir -p /test/input
[root@hadoop hadoop-2.9.0]#
[root@hadoop hadoop-2.9.0]# vim tmp/test.input
111111
111111
222222
222
  465
516
616
6516af
afa
afaf
5651q
wrfqd
6565
qfafqfa
f+4546
qwrfafq3
```

图 B-15　HDFS 创建输入项

（3）使用以下命令，将刚创建的 input 文件从 tmp 文件夹中移动到 test/input 文件夹中，如图 B-16 所示。

```
hdfs dfs -put tmp/test.input /test/input
```

```
[root@hadoop hadoop-2.9.0]# bin/hdfs dfs -put tmp/test.input /test/input
[root@hadoop hadoop-2.9.0]#
[root@hadoop hadoop-2.9.0]# hadoop fs -ls -R /
drwxr-xr-x   - root supergroup          0 2020-05-17 15:25 /test
drwxr-xr-x   - root supergroup          0 2020-05-17 15:28 /test/input
-rw-r--r--   1 root supergroup         97 2020-05-17 15:28 /test/input/test.input
```

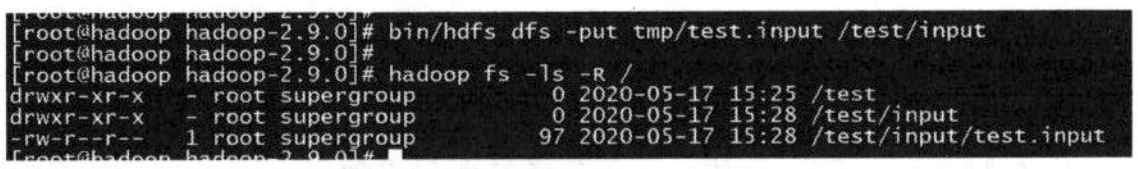

图 B-16　HDFS 导入文件

（4）将需要上传的文件传输到 HDFS 中。

```
hdfs dfs -getmerge /data /home/result.txt
```

（5）检查 result.txt 文件是否上传至 home 文件夹中，并且将 HDFS/data 文件夹中的文本文件与 home 文件夹中的 result.txt 文件融合，生成文本文件的总集。用户也可以使用 hdfs dfs -ls 命令检查 HDFS 文件及文件夹情况。

注意：在 HDFS 中，/data 与 data 目录所在位置并不相同，注意“/”符号的使用，否则会出现文件丢失的情况。鼓励用户尝试使用本实验报告总结的常见命令。

六、实验报告

略。

B.3　实验三：HBase 的安装与实例运行

本实验参考学时为 2 学时。

一、实验目的

学习使用 HBase。

二、实验内容

安装 HBase，启动 HBase，创建 HBase 实例，使用 HBase。

三、实验设备

使用虚拟机或云端租用的 Linux 操作系统。

本实验需用户完成前置实验一和实验二，即使未完成前置实验，也可以不借助 Ambari 系统集群部署 HBase，用户可单独在 Hadoop、Zookeeper 集群上安装 HBase。

四、实验原理

HBase 是建立在 Hadoop HDFS 上的基于内存的分布式非关系型数据库，类似于 Google 的 BigTable，可以提供海量结构化数据的快速访问，并且具有一定的容错能力。本实验主要介绍 HBase 的基本操作。

五、实验步骤

1. 安装 HBase（完成实验一、实验二的学生可以跳过此步骤）

（1）下载 HBase 安装包。

下载 HBase 安装包，下载以.tar.gz 结尾的文件，本实验以 1.1.2 为例，如图 B-17 所示。

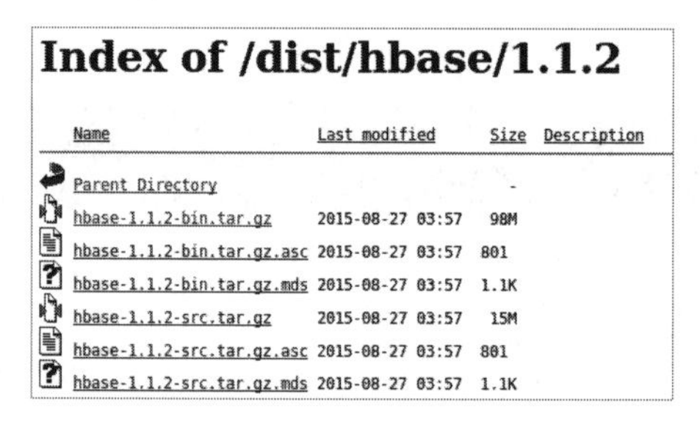

Index of /dist/hbase/1.1.2

Name	Last modified	Size	Description
Parent Directory		-	
hbase-1.1.2-bin.tar.gz	2015-08-27 03:57	98M	
hbase-1.1.2-bin.tar.gz.asc	2015-08-27 03:57	801	
hbase-1.1.2-bin.tar.gz.mds	2015-08-27 03:57	1.1K	
hbase-1.1.2-src.tar.gz	2015-08-27 03:57	15M	
hbase-1.1.2-src.tar.gz.asc	2015-08-27 03:57	801	
hbase-1.1.2-src.tar.gz.mds	2015-08-27 03:57	1.1K	

图 B-17　下载 HBase 安装包

（2）安装 Hbase（伪分布式）。

使用以下命令，将 HBase 安装包解压缩到 local 文件夹中，如图 B-18 所示。

```
sudo tar -zxf <HBase 安装包下载位置>/hbase-1.1.2-bin.tar.gz -c /usr/local
```

```
hadoop@ubuntu:~$ sudo tar -zxf ~/Downloads/hbase-1.1.2-bin.tar.gz -C/usr/local
[sudo] password for hadoop:
hadoop@ubuntu:~$ cd /usr
hadoop@ubuntu:/usr$ cd local
hadoop@ubuntu:/usr/local$ ls
bin  etc  games  hadoop  hbase-1.1.2  include  lib  man  sbin  share  src
```

图 B-18　解压缩 HBase 安装包

使用以下命令，将 HBase 文件夹重命名为“hbase”，从而方便后续操作，如图 B-19 所示。

```
sudo mv /usr/local/hbase-1.1.2 /usr/local/hbase
```

```
hadoop@ubuntu:~$ sudo mv /usr/local/hbase-1.1.2 /usr/local/hbase
hadoop@ubuntu:~$ cd /usr/local
hadoop@ubuntu:/usr/local$ ls
bin  etc  games  hadoop  hbase  include  lib  man  sbin  share  src
```

图 B-19　重命名 HBase 文件夹

注意：该步骤默认用户已安装 Hadoop 与 Java 运行环境。

（3）设置 HBase 的 PATH 路径。

使用以下命令编辑~/.bashrc 文件，将/usr/local/hbase/bin 文件夹放到 PATH 路径下，如图 B-20 所示。

```
vi ~/.bashrc
```

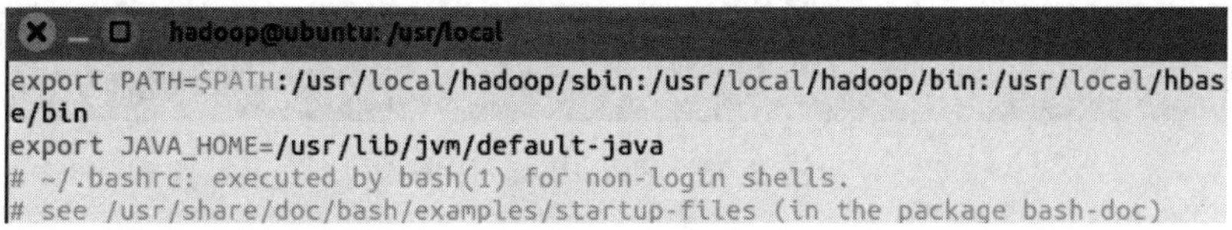

```
export PATH=$PATH:/usr/local/hadoop/sbin:/usr/local/hadoop/bin:/usr/local/hbase/bin
export JAVA_HOME=/usr/lib/jvm/default-java
# ~/.bashrc: executed by bash(1) for non-login shells.
# see /usr/share/doc/bash/examples/startup-files (in the package bash-doc)
```

图 B-20 将/usr/local/hbase/bin 文件夹放到 PATH 路径下

使用以下命令应用路径变化。

```
source ~/.bashrc
```

（4）配置 HBase 环境变量

使用以下命令配置 HBase。

```
vi /usr/local/hbase/conf/hbase-env.sh
```

配置 JAVA_HOME、HBASE_CLASSPATH、HBASE_MANAGES_ZK。将 HBASE_CLASSPATH 设置为本机 Hadoop 安装目录下的 conf 目录，如图 B-21 所示。

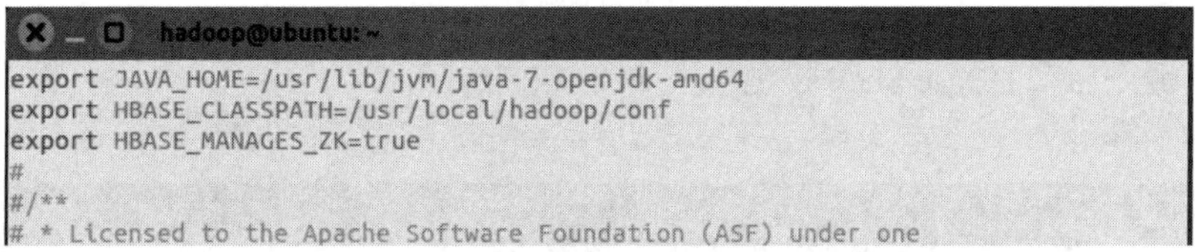

```
export JAVA_HOME=/usr/lib/jvm/java-7-openjdk-amd64
export HBASE_CLASSPATH=/usr/local/hadoop/conf
export HBASE_MANAGES_ZK=true
#
#/**
# * Licensed to the Apache Software Foundation (ASF) under one
```

图 B-21 配置 hbase-env.sh 文件

使用以下命令配置 hbase-site.xml 文件。

```
vi /usr/local/hbase/conf/hbase-site.xml
```

修改 hbase.rootdir 的 HDFS 存储路径，并且将 hbase.cluter.distributed 属性值设置为 true，如图 B-22 所示。

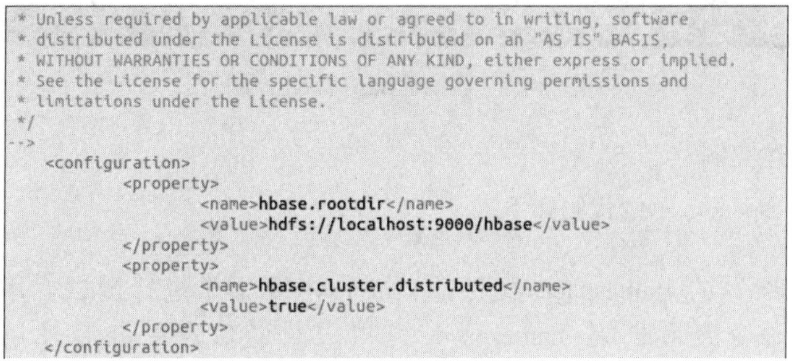

```
 * Unless required by applicable law or agreed to in writing, software
 * distributed under the License is distributed on an "AS IS" BASIS,
 * WITHOUT WARRANTIES OR CONDITIONS OF ANY KIND, either express or implied.
 * See the License for the specific language governing permissions and
 * limitations under the License.
 */
-->
<configuration>
        <property>
                <name>hbase.rootdir</name>
                <value>hdfs://localhost:9000/hbase</value>
        </property>
        <property>
                <name>hbase.cluster.distributed</name>
                <value>true</value>
        </property>
</configuration>
```

图 B-22 配置 hbase-site.xml 文件

2. 启动 HBase

在集群主节点上使用以下命令，保证 Hadoop 中的 NameNode 和 DataNode 处于运行状态。

```
start-hbase.sh
```

启动 HBase 服务，如图 B-23 所示。

```
hadoop@ubuntu:/usr/local/hadoop$ cd ~
hadoop@ubuntu:~$ cd /usr/local/hbase
hadoop@ubuntu:/usr/local/hbase$ bin/start-hbase.sh
localhost: starting zookeeper, logging to /usr/local/hbase/bin/../logs/hbase-hadoop-zookeeper-ubuntu.out
starting master, logging to /usr/local/hbase/bin/../logs/hbase-hadoop-master-ubuntu.out
starting regionserver, logging to /usr/local/hbase/bin/../logs/hbase-hadoop-1-regionserver-ubuntu.out
```

图 B-23　启动 HBase 服务

使用 jps 命令查看 HBase 进程，应至少包含进程 HQuorumPeer、Jps、HMaster、DataNode、NameNode、HRegionServer，如图 B-24 所示。

```
hadoop@ubuntu:/usr/local/hbase$ jps
5265 HMaster
3989 SecondaryNameNode
3746 DataNode
5984 Jps
5191 HQuorumPeer
5357 HRegionServer
3618 NameNode
```

图 B-24　HBase 进程

使用以下命令启动 HBase Shell 控制台，如图 B-25 所示。

```
hbase shell
```

```
hadoop@ubuntu:/usr/local/hbase$ bin/hbase shell
SLF4J: Class path contains multiple SLF4J bindings.
SLF4J: Found binding in [jar:file:/usr/local/hbase/lib/slf4j-log4j12-1.7.5.jar!/org/slf4j/impl/StaticLoggerBinder.class]
SLF4J: Found binding in [jar:file:/usr/local/hadoop/share/hadoop/common/lib/slf4j-log4j12-1.7.25.jar!/org/slf4j/impl/StaticLoggerBinder.class]
SLF4J: See http://www.slf4j.org/codes.html#multiple_bindings for an explanation.
SLF4J: Actual binding is of type [org.slf4j.impl.Log4jLoggerFactory]
HBase Shell; enter 'help<RETURN>' for list of supported commands.
Type "exit<RETURN>" to leave the HBase Shell
Version 1.1.2, rcc2b70cf03e3378800661ec5cab11eb43fafe0fc, Wed Aug 26 20:11:27 PDT 2020

hbase(main):001:0>
```

图 B-25　启动 HBase Shell 控制台

3. HBase 创建实例

（1）创建 namespace，示例代码如下：

```
create_namespace 'test'
```

创建名为“test”的 namespace 文件，该文件主要用于进行测试。用户可以使用 help 'create_namespace' 命令查看创建 namespace 的相关帮助信息，并且使用 list_namespace、describe_namespace 和 drop_namespace 命令对相应 namespace 进行列出、查看描述和删除操作。

（2）创建表。在创建表时，用户可以指定将表创建在某个 namespace 下或将表放在默认位置，在 namespace test 下创建 user 表，示例代码如下：

```
create 'test:user', {NAME => 'info', VERSIONS => 3}
```

运行结果如图 B-26 所示。

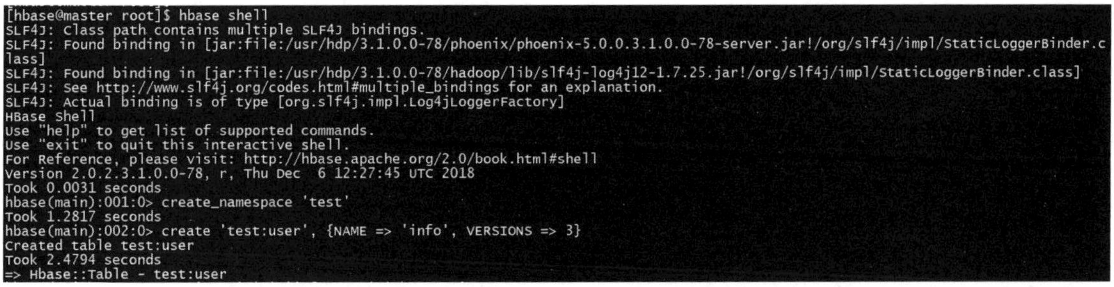

```
[hbase@master root]$ hbase shell
SLF4J: Class path contains multiple SLF4J bindings.
SLF4J: Found binding in [jar:file:/usr/hdp/3.1.0.0-78/phoenix/phoenix-5.0.0.3.1.0.0-78-server.jar!/org/slf4j/impl/StaticLoggerBinder.c
lass]
SLF4J: Found binding in [jar:file:/usr/hdp/3.1.0.0-78/hadoop/lib/slf4j-log4j12-1.7.25.jar!/org/slf4j/impl/StaticLoggerBinder.class]
SLF4J: See http://www.slf4j.org/codes.html#multiple_bindings for an explanation.
SLF4J: Actual binding is of type [org.slf4j.impl.Log4jLoggerFactory]
HBase Shell
Use "help" to get list of supported commands.
Use "exit" to quit this interactive shell.
For Reference, please visit: http://hbase.apache.org/2.0/book.html#shell
Version 2.0.2.3.1.0.0-78, r, Thu Dec  6 12:27:45 UTC 2018
Took 0.0031 seconds
hbase(main):001:0> create_namespace 'test'
Took 1.2817 seconds
hbase(main):002:0> create 'test:user', {NAME => 'info', VERSIONS => 3}
Created table test:user
Took 2.4794 seconds
=> Hbase::Table - test:user
```

图 B-26　在 namespace test 下创建 user 表

其中：

- test:user 表示在 namespace test 下创建表 user。
- 使用一个大括号表示创建一个列族。
- NAME => 'info'表示将该列族命名为“info”，VERSIONS =>3 表示同时能够存储 3 个版本。
- 可以直接使用 create 'user', 'info'直接创建表。
- 可以使用 describe、delete、disable、enable、drop、scan、scan range 加上表名对表执行查看描述、删除、禁用、启用、删除、扫描、范围查询操作，注意表名用英文单引号引起来。

（3）向表中加入数据，可以直接使用 put 命令添加数据，在 user 中添加一名姓名为张三的 20 岁男性，代码如下：

```
put 'test:user','1','info:name','zhangsan'
put 'test:user','1','info:age','20'
put 'test:user','1','info:sex','male'
```

运行结果如图 B-27 所示。

```
hbase(main):006:0> put 'test:user','1','info:name','zhangsan'
Took 0.2478 seconds
hbase(main):007:0> put 'test:user','1','info:age','20'
Took 0.0492 seconds
hbase(main):008:0> put 'test:user','1','info:sex','male'
Took 0.0279 seconds
```

图 B-27　HBase 添加数据

其中：

- “user”是表名，如果上一步添加了 namespace，那么此处应使用'test:user'，后续对表的操作参照此步。
- “1”代表 RowKey，即该行的唯一标识。
- 列族 info 中包含名字、年龄和性别信息。

（4）查询表单中的内容，可以使用多种方法。

- 查询 user 表中 RowKey 为 1、列族为'info'的用户信息，代码如下：

```
get 'test:user','1','info:name'
```

- 查询 user 表中 RowKey 为 1、列族为'info'、列名为 name 的用户信息，代码如下：

```
'get 'test:user','1','info:name'
```

- 扫描 user 表，代码如下，运行结果如图 B-28 所示。

```
scan 'test:user''
```

- 范围查询 user 表中的 name 列和 age 列，代码如下，运行结果如图 B-29 所示。

```
scan 'test:user',{COLUMNS => ['info:name','info:age']}
```

```
hbase(main):012:0> get 'test:user','1','info:name'
COLUMN                            CELL
 info:name                        timestamp=1599109075290, value=zhangsan
1 row(s)
Took 0.1015 seconds
hbase(main):013:0> scan 'test:user'
ROW                               COLUMN+CELL
 1                                column=info:age, timestamp=1599109093528, value=20
 1                                column=info:name, timestamp=1599109075290, value=zhangsan
 1                                column=info:sex, timestamp=1599109107701, value=male
1 row(s)
Took 0.0174 seconds
```

图 B-28　扫描 user 表

```
hbase(main):016:0> scan 'test:user',{COLUMNS => ['info:name','info:age']}
ROW                               COLUMN+CELL
 1                                column=info:age, timestamp=1599109093528, value=20
 1                                column=info:name, timestamp=1599109075290, value=zhangsan
1 row(s)
Took 0.0681 seconds
```

图 B-29　范围查询 user 表中的 name 列和 age 列

提示：在 HBase Shell 中，可以使用 help 命令获取信息，并且使用 exit 命令退出。

4．将数据导入 HBase

在完成基本的建表查询操作后，可以将数据（如航班数据）导入 HBase 并创建数据表，并且使用创建的数据表作为 MapReduce 作业的输入数据源。

- 使用以下命令，Sqoop 即可将航班数据导入 HBase，运行结果如图 B-30 所示。

```
create 'air','info'
sqoop import --connect jdbc:mysql://master.hadoop:3306/userdb --username root --password hadoop --table user_information --hbase-table air --column-family info --hbase-create-table --hbase-row-key launch-code -m 1
```

```
                HDFS: Number of large read operations=0
                HDFS: Number of write operations=0
        Job Counters
                Launched map tasks=1
                Other local map tasks=1
                Total time spent by all maps in occupied slots (ms)=23968
                Total time spent by all reduces in occupied slots (ms)=0
                Total time spent by all map tasks (ms)=11984
                Total vcore-milliseconds taken by all map tasks=11984
                Total megabyte-milliseconds taken by all map tasks=24543232
        Map-Reduce Framework
                Map input records=99
                Map output records=99
                Input split bytes=85
                Spilled Records=0
                Failed Shuffles=0
                Merged Map outputs=0
                GC time elapsed (ms)=421
                CPU time spent (ms)=4740
                Physical memory (bytes) snapshot=291639296
                Virtual memory (bytes) snapshot=3316240384
                Total committed heap usage (bytes)=167247872
                Peak Map Physical memory (bytes)=291639296
                Peak Map Virtual memory (bytes)=3316240384
        File Input Format Counters
                Bytes Read=0
        File Output Format Counters
                Bytes Written=0
20/09/06 22:13:17 INFO mapreduce.ImportJobBase: Transferred 0 bytes in 1,246.5872 seconds (0 bytes/sec)
20/09/06 22:13:17 INFO mapreduce.ImportJobBase: Retrieved 99 records.
```

图 B-30　将航班数据导入 HBase 的运行结果

导入的航班数据如图 B-31 所示。

```
hbase(main):008:0> scan 'air'
ROW                     COLUMN+CELL
 DEN                    column=info:admission-time, timestamp=1599401292526, value=2
 DEN                    column=info:arrive-code, timestamp=1599401292526, value=PDX
 DEN                    column=info:cancel, timestamp=1599401292526, value=0
 DEN                    column=info:out-time, timestamp=1599401292526, value=43
 OAK                    column=info:admission-time, timestamp=1599401292526, value=5
 OAK                    column=info:arrive-code, timestamp=1599401292526, value=ORD
 OAK                    column=info:cancel, timestamp=1599401292526, value=0
 OAK                    column=info:out-time, timestamp=1599401292526, value=14
 OKC                    column=info:admission-time, timestamp=1599401292526, value=12
 OKC                    column=info:arrive-code, timestamp=1599401292526, value=DEN
 OKC                    column=info:cancel, timestamp=1599401292526, value=0
 OKC                    column=info:out-time, timestamp=1599401292526, value=12
 ORD                    column=info:admission-time, timestamp=1599401292526, value=2
 ORD                    column=info:arrive-code, timestamp=1599401292526, value=PBI
 ORD                    column=info:cancel, timestamp=1599401292526, value=0
```

图 B-31　导入的航班数据

六、实验报告

略。

B.4　实验四：MapReduce 计算

本实验的参考学时为 2 学时。

一、实验目的

学习使用 MapReduce 进行计算。

二、实验内容

使用 MapReduce 进行简单的文件字数统计。

三、实验设备

使用虚拟机或云端租用的 Linux 操作系统。

本实验需要用户完成实验一和实验二，如果未完成前置实验，那么可以不借助 Ambari 系统集群部署 Hadoop。用户在单独部署 Hadoop 时，需要在安装了 Java 的环境中进行。

四、实验原理

本实验将依托已搭建的 Hadoop 生态系统集群，使用 MapReduce 进行简单的文件字数统计，用户可自由指定文本进行统计，本次使用 Java MapReduce 程序实例。

五、实验步骤

1．配置 Java MapReduce 编译环境

在使用 Linux 自带的文字编辑器（如 vi）编写程序前，需要将所有 MapReduce 需要的 JAR 包路径汇总，在编译 Java 程序时需要使用。具体路径由配置 Ambari 时的 HDP 路径下的 hadoop-mapreduce 文件夹中相应的 JAR 包确定。

2．编译 Java MapReduce 程序并打包

（1）导入所需的类并建立一个 WordCount 类，然后建立一个 static TokenizerMapper 子类、一个 static IntSumReducer 子类与一个主函数。需要注意的是，以上子类都包含在 WordCount 类中。

（2）使用 javac 命令编译 WordCount 类，然后使用 jar 命令将 WordCount 程序转换为 JAR 包。用户也可以使用 Eclipse 进行上述操作，只需将所有 JAR 包导入 Eclipse。

3．将目标文件导入 HDFS 中

在 HDFS 中，使用以下命令建立输入及输出文件夹。

```
hdfs dfs -mkdir -p /miss/input
```

使用以下命令，将目标文件复制到相应的文件夹中。

```
hdfs dfs -put /home/hdfs/plant.txt /miss/input
```

4．运行 MapReduce 程序并得到结果

使用以下命令运行 WordCount 程序，如图 B-32 所示。

```
hdfs hadoop jar /usr/hdp/3.1.0.0-78/hadoop-mapreduce hadoop-mapreduce-examples-3.1.1.3.1.0.0-78.jar wordcount /miss/input/plant.txt /miss/output
```

```
20/09/06 22:38:48 INFO mapreduce.Job:  map 100% reduce 100%
20/09/06 22:41:23 INFO mapreduce.Job: Job job_1599313779898_0006 failed with state FAILED due to: Task failed task_1599313779898_0006_m_000000
Job failed as tasks failed. failedMaps:1 failedReduces:0 killedMaps:0 killedReduces: 0

20/09/06 22:41:23 INFO mapreduce.Job: Counters: 13
        Job Counters
                Failed map tasks=4
                Killed reduce tasks=1
                Launched map tasks=4
                Other local map tasks=3
                Data-local map tasks=1
                Total time spent by all maps in occupied slots (ms)=41396
                Total time spent by all reduces in occupied slots (ms)=0
                Total time spent by all map tasks (ms)=20698
                Total vcore-milliseconds taken by all map tasks=20698
                Total megabyte-milliseconds taken by all map tasks=42389504
        Map-Reduce Framework
                CPU time spent (ms)=0
                Physical memory (bytes) snapshot=0
                Virtual memory (bytes) snapshot=0
```

图 B-32　运行 WordCount 程序

在 WordCount 程序运行成功后，使用以下命令查看运行结果，如图 B-33 所示。

```
hdfs dfs -cat /miss/output/part-r-00000
```

```
[root@hadoop FindMissingPokerCardsJavaMapreduce]# hadoop fs -ls -R /
drwxr-xr-x   - root supergroup          0 2020-05-18 20:40 /miss
drwxr-xr-x   - root supergroup          0 2020-05-18 20:24 /miss/input
-rw-r--r--   1 root supergroup        468 2020-05-18 20:24 /miss/input/52cards_nomiss.txt
drwxr-xr-x   - root supergroup          0 2020-05-18 20:40 /miss/output
-rw-r--r--   1 root supergroup          0 2020-05-18 20:40 /miss/output/_SUCCESS
-rw-r--r--   1 root supergroup         97 2020-05-18 20:40 /miss/output/part-r-00000
```

图 B-33　WordCount 程序的运行结果

注意：WordCount.jar 是用户在第 3 步中自己建立的 JAR 文件，在它后面的“WordCount”必须与程序中的类名完全相同，否则会报错。在程序运行完一次后，如果需要再次运行该程序，则需要将该程序上一次运行输出位置的运行结果清除或更改输出位置。

六、实验报告

略。

B.5　实验五：基于 MapReduce 的大数据挖掘实例

本实验参考学时为 2 学时。

一、实验目的

学习使用 MapReduce 进行数据挖掘。

二、实验内容

使用 MapReduce 实现简单的数据挖掘算法——矩阵乘法。

三、实验设备

使用虚拟机或云端租用的 Linux 操作系统，以及安装好的 Hadoop。

四、实验原理

矩阵乘法是数据挖掘系列算法中的一个基本运算，在图论运算、图像处理、路径优化等很多领域都会用到矩阵乘法，用于解决不同的问题。

两个矩阵 A、B 可以相乘，需要满足矩阵 A 的列数与矩阵 B 的行数相等的条件。假设矩阵 C 是矩阵 A（$m \times p$）与矩阵 B（$p \times n$）相乘后获得的矩阵，即 $C=A \times B$，那么 C 的行数为 m，列数为 n。根据矩阵乘法公式，矩阵 C 中的每个元素都可以通过下面的公式计算获得。

$$c_{ij}=\sum^{p}_{k=1}a_{ik}\times b_{kj}=a_{i1}\times b_{1j}+a_{i2}\times b_{2j}+\ldots+a_{ip}\times b_{pj}$$

五、实验步骤

根据矩阵乘法公式，可以设计出最朴素的矩阵乘法串行算法，如【例 4-9】中的代码所示。

使用 MapReduce，分别编程实现 4.5 节中的【例 4-9】、【例 4-10】和【例 4-11】。

六、实验报告

略

B.6 实验六：认识 Spark

本实验参考学时为 2 学时。

一、实验目的

通过使用多种语言编写 Spark 程序，逐步熟悉使用 Spark 的方法。

二、实验内容

配置 Spark 运行环境，执行 Spark 示例程序，使用 Spark Shell 执行 WordCount 程序，使用 Java 执行 SimpleApp 程序。

三、实验设备

使用虚拟机或云端租用的 Linux 操作系统。本实验需要用户完成实验一和实验二，即使未完成前置实验，也可以不借助 Ambari 系统集群部署 Spark。用户在单独部署 Spark 时，需要在拥有 Java、Zookeeper、Hadoop、Scala、Python 的环境中进行。

四、实验原理

Spark 是类似于 Hadoop MapReduce 的通用并行框架，在使用时一般需要基于 Hadoop 生态系统，由于主要在内存中进行数据处理，因此在运行相同任务时，Spark 的运行速度远高于 Hadoop 的运行速度。此外，Spark 支持 Scala、Java 和 Python 等多种语言，并且编程难度较低，因此被广泛应用于各个领域，用于进行数据分析。

五、实验步骤

1．配置 Spark 运行环境

在 Spark 安装路径下的 spark-env.sh 中确认 Hadoop、Java 相应路径已经设置好，并且确保 Zookeeper、HDFS 处于运行状态。在 Spark 路径下的 sbin 文件夹中运行 start-all.sh 命令。使用 Jps 命令检测主节点及子节点的运行情况，运行进程如图 B-34 所示。

```
2746 NameNode
3359 Master
3252 DFSZKFailoverController
3550 Worker
2573 QuorumPeerMain
2861 DataNode
3583 Jps
3060 JournalNode
```

图 B-34　Spark 的运行进程

2．执行 Spark 示例程序

在主节点上使用以下命令。

```
spark-submit --class org.apache.spark.examples.SparkPi \
--master spark://master.hadoop:7077 --executor-memory 512m --total-executor-cores 1 \
/usr/hdp/3.1.0.0-78/spark2/examples/jars/spark-examples_2.11-2.3.2.3.1.0.0-78.jar \
10
```

Spark 程序输出 π，如图 B-35 所示。

```
20/09/07 16:30:01 INFO SparkContext: Successfully stopped SparkContext
20/09/07 16:30:02 INFO ShutdownHookManager: Shutdown hook called
20/09/07 16:30:02 INFO ShutdownHookManager: Deleting directory /tmp/spark-e223e37b-5b8f-4130-b8fe-83d94d001ba0
20/09/07 16:30:02 INFO ShutdownHookManager: Deleting directory /tmp/spark-4d3be37a-9eaf-4544-b720-a1f907cef870
[spark@master root]$
[spark@master root]$
[spark@master root]$ spark-submit --class org.apache.spark.examples.SparkPi --master spark://master.hadoop:7077 --executor-memory 512m
 --total-executor-cores 1 /usr/hdp/3.1.0.0-78/spark2/examples/jars/spark-examples_2.11-2.3.2.3.1.0.0-78.jar 10
```

图 B-35　Spark 运行实例

3．使用 Spark Shell 执行 WordCount 程序

（1）在主节点上使用以下命令。

```
spark-shell --master spark://master.hadoop:7077 --executor-memory 512m --total-executor-cores 1
```

该命令在主机的地址上启动了一个 Spark Shell，如图 B-36 所示。

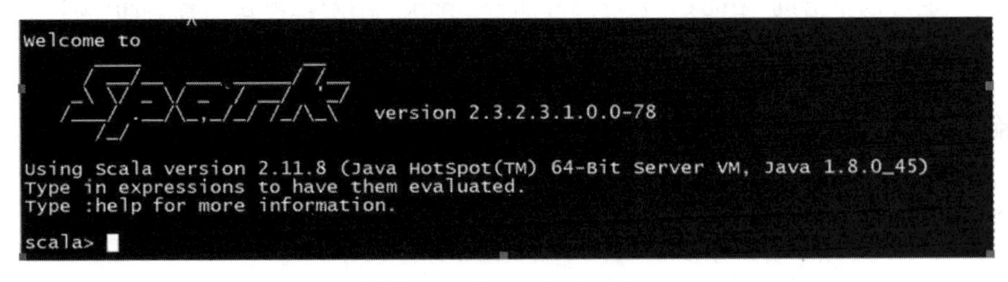

图 B-36　Spark Shell 实例

（2）在 HDFS 中创建一个可供执行数字操作的 TXT 文件，将该文件命名为“test”并放置在 HDFS 的/spark 文件夹中，用户可随意在 text.txt 文件中输入字符。

（3）在 Spark Shell 中执行以下命令。

```
sc.textFile("//airtaxi/input/weather.txt").flatMap(_.split(" ")).map((_,1)).reduceByKey(_+_).saveAsTextFile("/airtaxi/out")
```

其中：

- sc 是 SparkContext 对象，该对象是提交 Spark 程序的入口。
- textFile("/spark/ test.txt")是从 HDFS 中读取数据。
- flatMap(_.split(" "))先进行 map 操作，将字符串按空格分开。
- map((_,1))将单词和 1 构成元组。
- reduceByKey(_+_)按照 key 进行 reduce 操作，并且将 value 累加。
- saveAsTextFile("/spark/out")将结果写入 HDFS。

在代码执行完成后，用户可以通过 HDFS 相关命令看到形成元组的结果。

4. 使用 Java 执行 SimpleApp 程序

提示：代码仅供参考。

在使用 Java 时，由于依赖 Spark Java API，因此需要使用 Maven 对整体项目进行打包。具体过程如下。

（1）在根目录下，建立一个文件路径～/sparkapp/src/main/java，打开 java 文件夹，建立一个 Java 程序 simpleapp.java，代码如下：

```
import org.apache.spark.api.java.*;
import org.apache.spark.api.java.function.Function;
public class SimpleApp {
public static void main(String[] args) {
//此处需确保与用户 Spark 安装位置的 README.md 文件一致，否则找不到文件
String logFile = "file:///usr/local/spark/README.md";
JavaSparkContext sc = new JavaSparkContext("local", "Simple App",
"file:///usr/local/spark/",new String[] {"target/simple-project-1.0.jar"});
JavaRDD<String> logData = sc.textFile(logFile).cache();
long num = logData.filter(new Function<String, Boolean>(){
public Boolean call(String s) {
return s.contains ("a");}}).count();
System.out.printIn ("Lines with a:"+ num);}}
```

（2）在 sparkapp 文件夹中创建 pom.xml 文件。pom.xml 文件中的代码如下。

```
<project>
    <name>Simple Project</name>
    <packaging>jar</packaging>
    <version>l.0</version>
    <dependencies>
    <dependency> <!–Spark dependency –>
    <groupId>org.apache.spark<groupId>
    <artifactId>spark-core_2.11</artifactId>
    <version>2.1.0</version>
    </dependency>
    </dependencies>
</project>
```

使用 Maven 安装路径下的 bin 文件夹中的 mvn package 命令将步骤（1）中的 Java 文件打包。

（3）将生成的 JAR 包通过 spark-submit 提交到 Spark 上运行，代码如下：

```
<spark 路径>/bin/spark-submit –class "SimpleApp"  ～/sparkapp/target/simple-project-1.0.jar
```

上述代码的运行结果如下：

```
Lines with a: 62
```

六、实验报告

略。

B.7 实验七：Spark 编程

本实验参考学时为 2 学时。

一、实验目的

学习配置并使用 Scala 语言进行 Spark 编程。

在实验六中，使用 Java 进行 Spark 编程，程序有些复杂。所以在本实验中，介绍如何配置 Scala，以及使用 Scala 进行 Spark 编程。

二、实验内容

配置 Scala，即安装 Scala IDE，使用 IDE 创建 Scala 工程；使用 Scala 进行 Spark 编程，将程序打包成 JAR 包传输到 Spark 集群上运行。

三、实验设备

使用虚拟机或云端租用的 Linux 操作系统、Windows 操作系统。本实验默认拥有正常运行的 Spark 集群，所涉及的环境配置单纯针对配置 Scala 编程所需的环境。

四、实验原理

Spark 是使用 Scala 实现的，它将 Scala 作为应用程序框架。与 Hadoop 不同，Spark 和 Scala 能够紧密集成，并且 Scala 可以像操作本地集合对象一样轻松地操作分布式数据集。

Scala 是一门多范式、可伸缩的编程语言，并且集成面向对象编程语言和函数式编程语言的特性。

五、实验步骤

1. 安装 Scala IDE

在安装 Scala IDE 时，需要确保本机拥有 JDK。Scala 官方网站推荐使用 Eclipse 作为 IDE，本实验使用的是 Eclipse 4.7。

使用 Eclipse 自带的更新功能安装 Scala 运行环境。

2. 使用 IDE 创建 Scala 工程

（1）在 Eclipse 中创建一个名称为“spark-exercise”的 Scala 项目，如图 B-37 所示。

（2）在项目目录下创建一个 lib 文件夹，将 Spark 安装包中的 spark-assembly JAR 包复制到 lib 目录下，并且将该 JAR 包添加到该项目的 classpath 下，如图 B-38 所示。

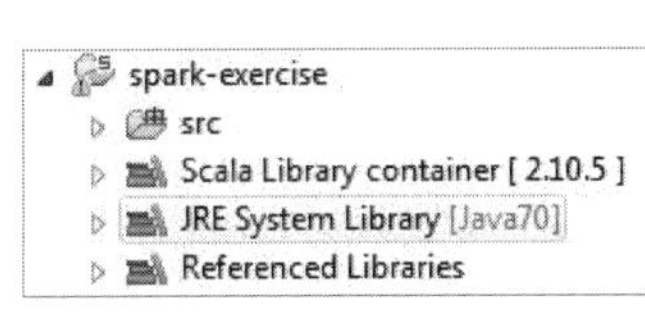

图 B-37　创建 Scala 项目

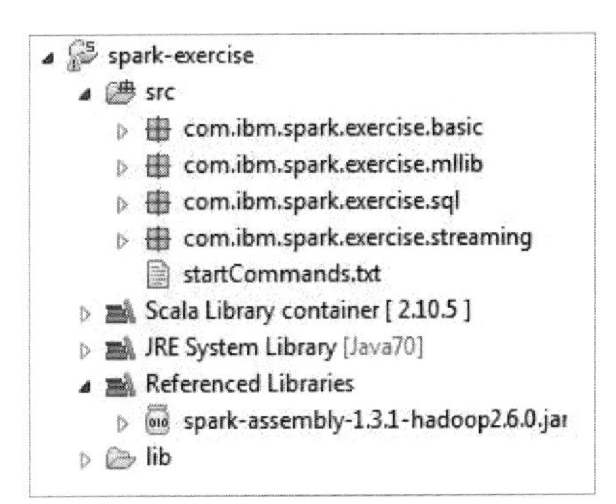

图 B-38　添加 Scala 项目环境

3．使用 Scala 进行 Spark 编程

在本实验中，我们依然使用 WordCount 实验程序，程序代码如下：

```
import org.apache.spark.SparkConf
import org.apache.spark.SparkContext
import org.apache.spark.SparkContext._
object SparkWordCount {
def FILE_NAME:String = "word_count_results_";
def main(args:Array[String]) {
if (args.length < 1) {
println("Usage:SparkWordCount FileName");
System.exit(1); }
val task = new SparkConf().setAppName("Spark Word Count Program");
val sc = new SparkContext(task);
val textFile = sc.textFile(args(0));
val wordCounts=textFile.flatMap(line => line.split(" ")).map(word => (word, 1)).reduceByKey((a, b) => a + b)
//使用注释的代码进行 Debug
//println("Word Count program running results:");
//wordCounts.collect().foreach(e => {
//val (k,v) = e
//println(k+"="+v)
//});
wordCounts.saveAsTextFile(FILE_NAME+System.currentTimeMillis());
println("Word Count program running results are successfully saved."); }}
```

在上述程序代码中，我们需要先定义一个 Spark 任务类，即 task 变量，接着定义一个 SparkContext 对象，即 sc 变量，作为 task 的数据入口，然后定义一个 textFile 变量，用于存储传入程序的字符串，后续操作可参考实验六中的 Spark Shell 程序。

在完成编程后，使用 Eclipse 将本程序打包成 JAR 包，将其命名为“sparkexercise”，并且将其放到 Spark 集群上运行。

4．将程序打包成 JAR 包并传输到 Spark 集群上运行

将程序打包成 JAR 包并传输到 Spark 集群上运行，代码如下：

```
./spark-submit \
--class SparkWordCount \
--master spark://<Spark 主节点地址>:7077 \
```

```
--num-executors <Spark 节点数量> \
--driver-memory 6g --executor-memory 2g \
--executor-cores 2 \
<存储上一步 JAR 包的路径>/sparkexercise.jar \
hdfs://<HDFS 中存储处理数据的路径>/*.txt
```

一个完整的 Spark 小程序运行完成。

六、实验报告

略。

B.8 实验八：初步体验大数据流计算框架 Flink

本实验参考学时为 2 学时。

一、实验目的

初步体验大数据流计算框架 Flink 的使用方法。

二、实验内容

使用大数据流计算框架 Flink，包括 Flink 的下载、部署模式、配置环境、启动 Flink、使用 WebUI 查看、运行 Flink 程序实例。

三、实验设备

使用虚拟机或云端租用的 Linux 操作系统。

四、实验原理

Flink 是目前开源社区中唯一一套集高吞吐、低延迟、高性能三者于一身的分布式流计算框架。Flink 创造性地统一了流处理和批处理。当作为流处理看待时，输入数据流是无界的。可以将批处理看作一种特殊的流处理，只是它的输入数据流是有界的。Flink 程序由 Stream 和 Transformation 这两个基本构建块组成，其中 Stream 是一个中间结果数据，Transformation 是一个操作，它可以对一个或多个输入 Stream 进行计算，输出一个或多个结果 Stream。

五、实验步骤

1. Flink 的下载

在 Flink 官方网站下周 Flink 安装包，选择对应 Hadoop 的 Flink 版本下载，如图 B-39 所示。

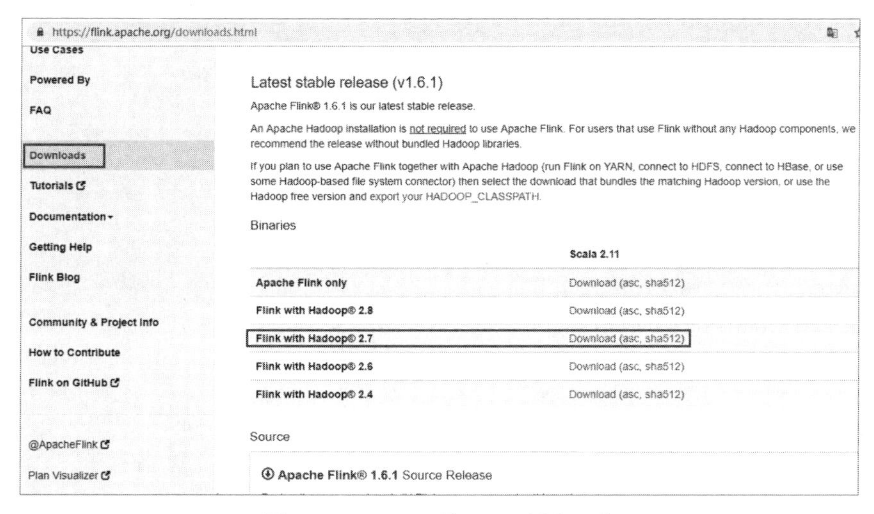

图 B-39 Hadoop 的 Flink 版本下载

```
[admin@node21 software]$ wget http://mirrors.tuna.tsinghua.edu.cn/apache/flink/flink-1.6.1/flink-1.6.1-bin-hadoop27-scala_2.11.tgz
[admin@node21 software]$ ll
-rw-rw-r-- 1 admin admin 301867081 Sep 15 15:47 flink-1.6.1-bin-hadoop27-scala_2.11.tgz
```

2. 部署模式

Flink 有 3 种部署模式，分别是 Local、Standalone Cluster 和 YARN Cluster，下面介绍 Local 模式和 Standalone Cluster 模式。

1）Local 模式。

对 Local 模式来说，JobManager 和 TaskManager 会共用一个 JVM 完成 Workload。如果要验证一个简单的应用，那么采用 Local 模式更方便。在实际应用中，通常使用 Standalone Cluster 或 YARN Cluster 模式，而 Local 模式通常用于解压缩、启动安装包（./bin/start-local.sh），这里不再演示。

2）Standalone Cluster 模式。

（1）软件要求。

- Java 1.8.x 或更高版本。
- sshd（必须运行 sshd 才能使用管理远程组件的 Flink 脚本）。

集群部署规划如表 B-3 所示。

表 B-3 集群部署规划

节 点 名 称	master	worker	zookeeper
node21	master	—	zookeeper
node22	master	worker	zookeeper
node23	—	worker	zookeeper

（2）解压缩，代码如下：

```
[admin@node21 software]$ tar zxvf flink-1.6.1-bin-hadoop27-scala_2.11.tgz -C /opt/module/
[admin@node21 software]$ cd /opt/module/
[admin@node21 module]$ ll
drwxr-xr-x 8 admin admin 125 Sep 15 04:47 flink-1.6.1
```

（3）修改配置文件，代码如下：

```
[admin@node21 conf]$ ls
flink-conf.yaml  log4j-console.properties   log4j-yarn-session.properties   logback.xml    masters   sql-client-defaults.yaml
log4j-cli.properties log4j.properties logback-console.xml logback-yarn.xml    slaves zoo.cfg

修改 flink/conf/masters，slaves，flink-conf.yaml

[admin@node21 conf]$ sudo vi masters
node21:8081
[admin@node21 conf]$ sudo vi slaves
node22
node23
[admin@node21 conf]$ sudo vi flink-conf.yaml
taskmanager.numberOfTaskSlots：2
jobmanager.rpc.address: node21
```

可选配置有每个 JobManager（jobmanager.heap.mb）的可用内存量、每个 TaskManager（taskmanager.heap.mb）的可用内存量、每台机器的可用 CPU 数量（taskmanager.numberOfTaskSlots）、集群中的 CPU 总数（parallelism.default）和临时目录（taskmanager.tmp.dirs）。

（4）复制安装包到各节点，代码如下：

```
[admin@node21 module]$ scp -r flink-1.6.1/ admin@node22:`pwd`
[admin@node21 module]$ scp -r flink-1.6.1/ admin@node23:`pwd`
```

（5）配置环境变量。配置所有节点 Flink 的环境变量，代码如下：

```
[admin@node21 flink-1.6.1]$ sudo vi /etc/profile
export FLINK_HOME=/opt/module/flink-1.6.1
export PATH=$PATH:$FLINK_HOME/bin
[admin@node21 flink-1.6.1]$ source /etc/profile
```

（6）启动 Flink，代码如下：

```
[admin@node21 flink-1.6.1]$ ./bin/start-cluster.sh
Starting cluster.
Starting standalonesession daemon on host node21.
Starting taskexecutor daemon on host node22.
Starting taskexecutor daemon on host node23.
```

使用 jps 命令查看进程，如图 B-40 所示。

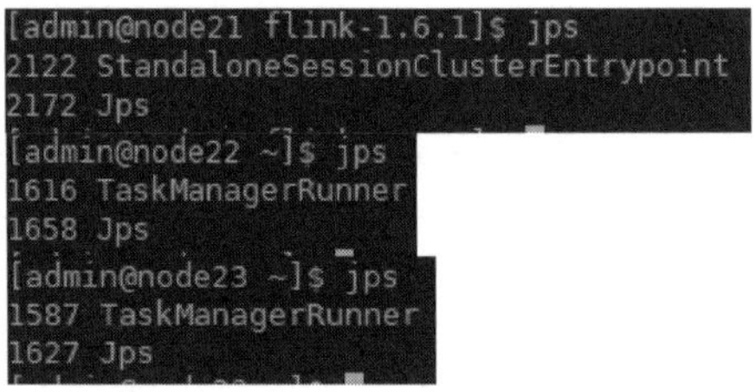

```
[admin@node21 flink-1.6.1]$ jps
2122 StandaloneSessionClusterEntrypoint
2172 Jps
[admin@node22 ~]$ jps
1616 TaskManagerRunner
1658 Jps
[admin@node23 ~]$ jps
1587 TaskManagerRunner
1627 Jps
```

图 B-40　使用 jps 命令查看进程

（7）使用 Web UI 查看结果，代码如下，如图 B-41 所示。

```
http://node21:8081
```

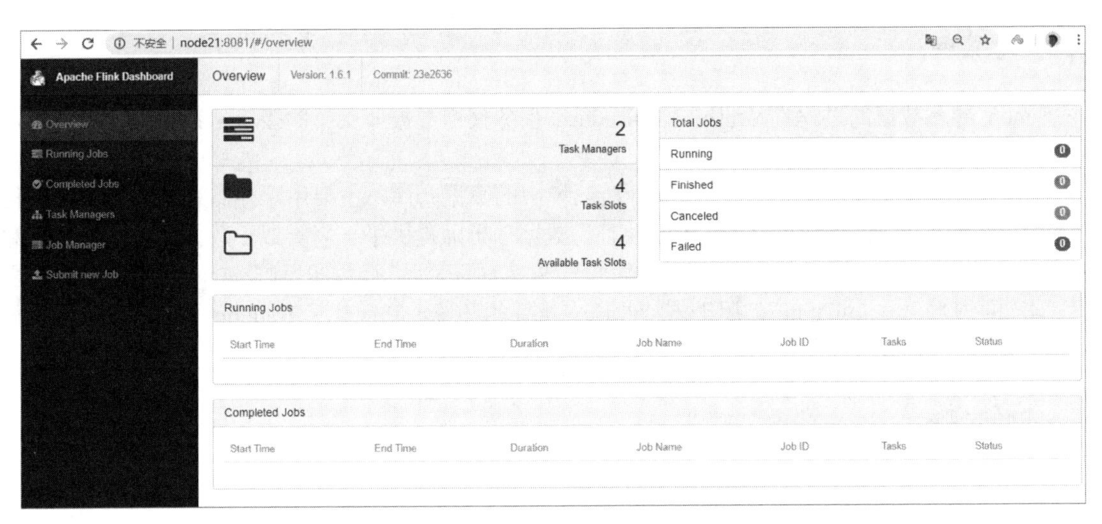

图 B-41　使用 Web UI 查看结果

3．运行 Flink 程序实例

使用 Flink，分别编程实现 6.3.3 节中的【例 6-1】、【例 6-2】、【例 6-3】、【例 6-4】和【例 6-5】。

六、实验报告

略。

B.9　实验九：数据库整合工具 Sqoop 与查询分析（Hive、Pig）

本实验参考学时为 2 学时。

一、实验目的

学习使用数据库整合工具 Sqoop 导入数据，使用 Hive、Pig 进行查询分析。

二、实验内容

Sqoop 运行环境及外部数据库连接配置，从外部数据库 MySQL 导入 HDFS，使用 Hive 进行数据库操作，安装 Hive，配置 Hive 运行环境，Hive 数据查询实例，安装 Pig，运行 Pig 实例。

三、实验设备

使用虚拟机或云端租用的 Linux 操作系统。

本实验需要用户完成实验一和实验二，即使未完成前置实验，也可以不借助 Ambari 系统集群部署 Sqoop 和 Hive，用户在单独部署 Sqoop 和 Hive 时，需要在拥有 Java 和 Hadoop 的环境中进行。

四、实验原理

Sqoop 导入数据的过程就是通过 MapReduce 任务使用数据库支持的接口从数据库读取记录，并且将记录写入 HDFS 的过程。

Hive 在 Hadoop 中相当于传统数据分析环境中的数据仓库，主要用于存储和处理海量结构化数据。Hive 将大数据存储于 HDFS 中，并且为数据分析师提供了一套类似于数据库的数据存储和访问机制，同时允许数据分析师使用语法类似于 SQL 的语言进行数据操作。Pig 提供了一种可表示数据流的脚本语言 Pig Latin，用于支持此语言执行的环境，它简化了 Hadoop 常见的数据分析任务，可以方便地加载数据、表达数据、转换数据及存储最终结果。

五、实验步骤

1. Sqoop 运行环境及外部数据库连接配置

在 Sqoop 安装路径下的 sqoop-env.sh 文件中确认 Hadoop 相应路径已经设置好，并且将 Sqoop 安装路径下的 bin 文件夹加入系统 path。在完成上述操作后，可以使用 sqoop-version 命令进行验证。

2. 从外部数据库 MySQL 导入 HDFS

（1）可以使用 Sqoop 检查外部数据库的情况，检查 Sqoop 是否配置成功，本实验默认要连接的数据库安装在本地，代码如下：

```
sqoop list-tables \
--connect jdbc:mysql://localhost:3306/mysql \
--username root \
--password hadoop
```

运行结果如图 B-42 所示。

```
[sqoop@master root]$ sqoop list-tables --connect jdbc:mysql://localhost:3306/mysql --username root --password hadoop
find: failed to restore initial working directory: Permission denied
SLF4J: Class path contains multiple SLF4J bindings.
SLF4J: Found binding in [jar:file:/usr/hdp/3.1.0.0-78/hadoop/lib/slf4j-log4j12-1.7.25.jar!/org/slf4j/impl/StaticLoggerBinder.class]
SLF4J: Found binding in [jar:file:/usr/hdp/3.1.0.0-78/phoenix/phoenix-5.0.0.3.1.0.0-78-server.jar!/org/slf4j/impl/StaticLoggerBinder.c
lass]
SLF4J: Found binding in [jar:file:/usr/hdp/3.1.0.0-78/hive/lib/log4j-slf4j-impl-2.10.0.jar!/org/slf4j/impl/StaticLoggerBinder.class]
SLF4J: See http://www.slf4j.org/codes.html#multiple_bindings for an explanation.
SLF4J: Actual binding is of type [org.slf4j.impl.Log4jLoggerFactory]
20/09/05 15:23:37 INFO sqoop.Sqoop: Running Sqoop version: 1.4.7.3.1.0.0-78
20/09/05 15:23:37 WARN tool.BaseSqoopTool: Setting your password on the command-line is insecure. Consider using -P instead.
20/09/05 15:23:37 INFO manager.MySQLManager: Preparing to use a MySQL streaming resultset.
columns_priv
db
event
func
general_log
help_category
help_keyword
help_relation
help_topic
host
ndb_binlog_index
plugin
proc
procs_priv
proxies_priv
servers
slow_log
tables_priv
```

图 B-42　MySQL 数据库查询结果

其中 connect 及其后的代码表示连接的地址及数据类型，username 与 password 表示 MySQL 使用的用户名和密码。

（2）将外部数据表导入 HDFS，默认外部数据库名称为“userdb”，所要导入的表名称为“user_infomation”，并且将导入的数据表存储于 HDFS 中的/TEST 文件夹中，代码如下：

```
sqoop import --connect jdbc:mysql://master.hadoop:3306/userdb --username root --password hadoop --table user_infomation --m 1
```

在导入数据后，可以使用以下命令验证导入结果（以航班数据为例），如图 B-43 所示。

```
hadoop fs -cat /TEST/part-m-*
```

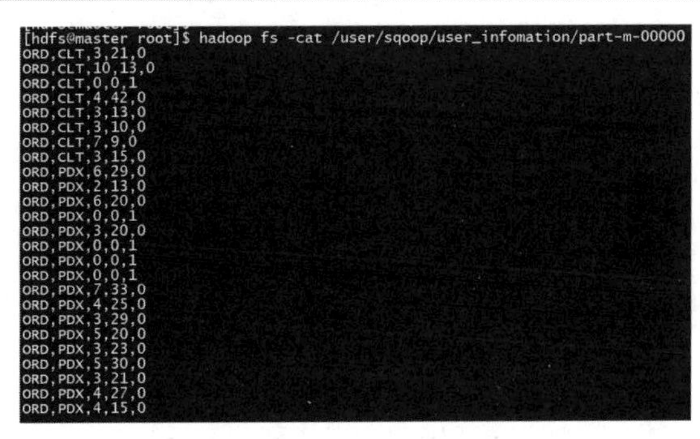

图 B-43　航班数据导入结果

3．安装 Hive（完成实验一、实验二的同学可以跳过此步骤）

（1）下载 Hive 安装包。

下载 Hive 安装包，可以选择最新、最稳定的版本，本实验以 Hive2.3.7 为例。

（2）安装 Hive（伪分布式）。

使用以下命令将 Hive 包解压缩到 local 文件夹中。

```
sudo tar -zxf <Hive 安装文件下载位置>/apache-hive-2.3.7-bin.tar.gz -c /usr/local
```

使用以下命令将 Hive 文件夹重命名为“hive”，以便后续操作。

```
sudo mv /usr/local/ apache-hive-2.3.7 /usr/local/hive
```

注意：该步骤默认用户已安装 Hadoop 与 Java 运行环境。

（3）配置 Hive 环境变量。

使用以下命令编辑～/.bashrc 文件。

```
vi ～/.bashrc
```

将/usr/local/hbase/bin 文件夹放到 PATH 路径下，如图 B-44 所示。

```
export HIVE_HOME=/usr/local/hive
export CLASSPATH=.:${HIVE_HOME}/lib:$CLASSPATH
export PATH=${HIVE_HOME}/bin:${HIVE_HOME}/conf:$PATH
```

图 B-44　将 HBase 添加到 PATH 路径

使用以下命令使环境变量生效。

```
source ～/.bashrc
```

（4）配置 Hive。

使用以下命令配置 hive-site.xml 文件，如图 B-45 所示。

```
vi /usr/local/hive/conf/hive-site.xml
```

```
<property>
  <name>javax.jdo.option.ConnectionURL</name>
  <value>jdbc:derby:;databaseName=/var/lib/hive/metastore/metastore_db;create=true</value>
  <description>JDBC connect string for a JDBC metastore</description>
</property>

<property>
  <name>javax.jdo.option.ConnectionDriverName</name>
  <value>org.apache.derby.jdbc.EmbeddedDriver</value>
  <description>Driver class name for a JDBC metastore</description>
</property>

<property>
  <name>hive.hwi.war.file</name>
  <value>/usr/lib/hive/lib/hive-hwi-3.1.0.3.1.0.0-78.war</value>
  <description>This is the WAR file with the jsp content for Hive Web Interface</description>
</property>

</configuration>
```

图 B-45　配置 hbase-site.xml 文件

4．安装 pig（完成实验一、实验二的同学可以跳过此步骤）

（1）下载相应版本的 Pig 文件，使用以下命令将 pig 文件解压缩到相应位置。

```
tar -zvxf pig-0.16.0-tar.gz
```

（2）使用以下命令设置环境变量。

```
vim /etc/profile
export PIG_HOME=/lighttrace/pig-0.13.0
export PATH=$PATH:$PIG_HOME/bin:$PIG_HOME/conf
export PIG_CLASSPATH=$HADOOP_HOME/etc/hadoop
```

（3）使用 pig -x local 命令在本地运行 Pig，如图 B-46 所示。

```
[root@hadoop-namenodenew pig]# pig -x local
grunt>
```

图 B-46　在本地运行 Pig

5．Hive 运行环境配置

在 Hive 安装路径下的 hive-env.sh 文件中确认 Hadoop 的相应路径已经设置好，并且确保 Hadoop 集群处于运行状态。在 HDFS 中创建 Hive 仓库使用的文件夹（hadoop fs -mkdir），同时给予同组权限。将 Hive 安装路径下的 bin 文件夹加入系统 path。在完成上述操作后，即可使用 hive 命令启动 Hive 数据库。

6．Hive 数据查询实例

（1）统计一年中出现最高气温的日期。首先导入分析所用的数据，如表 B-4 所示，其中 2014010216 表示 2014 年 1 月 2 日的最高气温为 16 度。

表 B-4　天气数据表

2014010216	2001010212	2008010216	2010010216
2014010410	2001010411	2008010414	2010010410
2012010609	2013010619	2007010619	2015010649
2012010812	2013010812	2007010812	2015010812
2012011023	2013011023	2007011023	2015011023

可以使用 Sqoop 进行数据导入操作，也可以使用以下命令进行数据导入操作，如图 B-47 所示。

```
load data inpath '<数据路径>/weather.txt' into table weathers;
```

```
0: jdbc:hive2://master.hadoop:2181/default> load data inpath '/airtaxi/input/weather.txt' into table weathers;
INFO  : Compiling command(queryId=hive_20200907113916_57b4b389-746b-441d-81c3-aff177a16bf3): load data inpath '/airtaxi/input/weather.
txt' into table weathers
INFO  : Semantic Analysis Completed (retrial = false)
INFO  : Returning Hive schema: Schema(fieldSchemas:null, properties:null)
INFO  : Completed compiling command(queryId=hive_20200907113916_57b4b389-746b-441d-81c3-aff177a16bf3); Time taken: 0.266 seconds
INFO  : Executing command(queryId=hive_20200907113916_57b4b389-746b-441d-81c3-aff177a16bf3): load data inpath '/airtaxi/input/weather.
txt' into table weathers
INFO  : Starting task [Stage-0:MOVE] in serial mode
INFO  : Loading data to table default.weathers from hdfs://master.hadoop:8020/airtaxi/input/weather.txt
INFO  : Starting task [Stage-1:STATS] in serial mode
INFO  : Completed executing command(queryId=hive_20200907113916_57b4b389-746b-441d-81c3-aff177a16bf3); Time taken: 2.246 seconds
INFO  : OK
No rows affected (4.89 seconds)
```

图 B-47　导入天气数据

注意：在使用上述命令导入数据时，需要先在 Hive 中创建数据表，代码如下，运行结果如图 B-48 所示。

```
create table weathers (info string) stored as textfile
```

```
0: jdbc:hive2://master.hadoop:2181/default> create table weathers (info string) stored as textfile;
INFO  : Compiling command(queryId=hive_20200907113844_9d41cd21-bbf6-4d36-9db2-aac5f4a12c0b): create table weathers (info string) store
d as textfile
INFO  : Semantic Analysis Completed (retrial = false)
INFO  : Returning Hive schema: Schema(fieldSchemas:null, properties:null)
INFO  : Completed compiling command(queryId=hive_20200907113844_9d41cd21-bbf6-4d36-9db2-aac5f4a12c0b); Time taken: 0.048 seconds
INFO  : Executing command(queryId=hive_20200907113844_9d41cd21-bbf6-4d36-9db2-aac5f4a12c0b): create table weathers (info string) store
d as textfile
INFO  : Starting task [Stage-0:DDL] in serial mode
INFO  : Completed executing command(queryId=hive_20200907113844_9d41cd21-bbf6-4d36-9db2-aac5f4a12c0b); Time taken: 5.114 seconds
INFO  : OK
No rows affected (16.978 seconds)
```

图 B-48　在 Hive 中导入天气数据

（2）在导入数据后，可以直接使用 select * from weathers 命令进行查询，也可以在 Hive 控制台中使用 hive -f 命令执行 SQL 文件中的命令，还可以使用 hive -e 命令加上 SQL 语句进行操作，如图 B-49 所示。HiveQL 常用的命令与 SQL 语句类似。

```
0: jdbc:hive2://master.hadoop:2181/default> select * from weathers;
INFO  : Compiling command(queryId=hive_20200907114127_32c0a2cf-f994-4c68-bdaf-6d4713eae403): select * from weathers
INFO  : Semantic Analysis Completed (retrial = false)
INFO  : Returning Hive schema: Schema(fieldSchemas:[FieldSchema(name:weathers.info, type:string, comment:null)], properties:null)
INFO  : Completed compiling command(queryId=hive_20200907114127_32c0a2cf-f994-4c68-bdaf-6d4713eae403); Time taken: 0.286 seconds
INFO  : Executing command(queryId=hive_20200907114127_32c0a2cf-f994-4c68-bdaf-6d4713eae403): select * from weathers
INFO  : Completed executing command(queryId=hive_20200907114127_32c0a2cf-f994-4c68-bdaf-6d4713eae403); Time taken: 0.989 seconds
INFO  : OK
+----------------+
| weathers.info  |
+----------------+
| 2014010216     |
| 2014010410     |
| 2012010609     |
| 2012010812     |
| 2012011023     |
| 2001010212     |
| 2001010411     |
| 2013010619     |
| 2013010812     |
| 2013011023     |
| 2008010216     |
| 2008010414     |
| 2007010619     |
| 2007010812     |
| 2007011023     |
| 2010010216     |
| 2010010410     |
| 2015010649     |
| 2015010812     |
| 2015011023     |
+----------------+
20 rows selected (2.943 seconds)
```

图 B-49　读取天气数据

（3）为了统计一年中出现最高气温的日期，可以采取切分数据建立临时表的方式得出结果，读者自行使用 SQL 语句完成该操作。

7. Pig 实例运行

下面运行一个简单的 Pig 实例，将 linux 系统目录下的/etc/passwd 文件中的第一列数据提取出来并输出，使用 MapReduce 的文件系统存储 passwd 文件，在 Pig 上读取 passwd 文件中的数据并将其存储于数组变量 A 中，然后循环将数组变量 A 中每个元素的第一个字符存储于变量 B 中，最后输出变量 B，将其作为运行结果。

```
hadoop fs -put /etc/passwd /user/root/passwd
[root@hadoop-namenodenew]# pig
grunt> A = load 'passwd' using PigStorage(':');
grunt> B = foreach A generate $0 as id;
grunt> dump B;
```

运行上述命令，运行结果如图 B-50 所示。

```
(root)
(bin)
(daemon)
(adm)
(lp)
(sync)
(shutdown)
(halt)
(mail)
(uucp)
(operator)
(games)
(gopher)
(ftp)
(nobody)
(dbus)
(vcsa)
(rpc)
(abrt)
(rpcuser)
(nfsnobody)
(haldaemon)
(ntp)
(saslauth)
(postfix)
```

图 B-50　passwd 文件中的第一列数据

六、实验报告

略。

B.10　实验十：R 语言与可视化技术

本实验参考学时为 2 学时。

一、实验目的

学习使用 R 语言，熟悉可视化工具。

二、实验内容

下载并启动 R 语言编译器，使用 R 语言绘制散点图、airquality 数据集的柱状图，以及打印摆渡入场时间表。

三、实验设备

使用虚拟机或云端租用的 Linux 操作系统。

四、实验原理

R 是开源的统计绘图软件，也是一种脚本语言，有大量的程序包可以用。R 中的向量、列表、数组、函数等都是对象，可以方便地查询和引用，并且可以进行条件筛选。R 具有精确的绘图功能，生成的图可以存储为多种格式。使用 R 编写程序无须声明变量类型，可以使用循环语句、条件语句控制程序的流程。

五、实验步骤

进行数据可视化之 R 语言实践。

（1）下载 R 客户端。

（2）启动 R 语言编译器，如图 B-51 所示。

```
R version 4.0.2 (2020-06-22) -- "Taking Off Again"
Copyright (C) 2020 The R Foundation for Statistical Computing
Platform: x86_64-w64-mingw32/x64 (64-bit)

R是自由软件，不带任何担保。
在某些条件下你可以将其自由散布。
用'license()'或'licence()'来看散布的详细条件。

R是个合作计划，有许多人为之做出了贡献.
用'contributors()'来看合作者的详细情况
用'citation()'会告诉你如何在出版物中正确地引用R或R程序包。

用'demo()'来看一些示范程序，用'help()'来阅读在线帮助文件，或
用'help.start()'通过HTML浏览器来看帮助文件。
用'q()'退出R.

> |
```

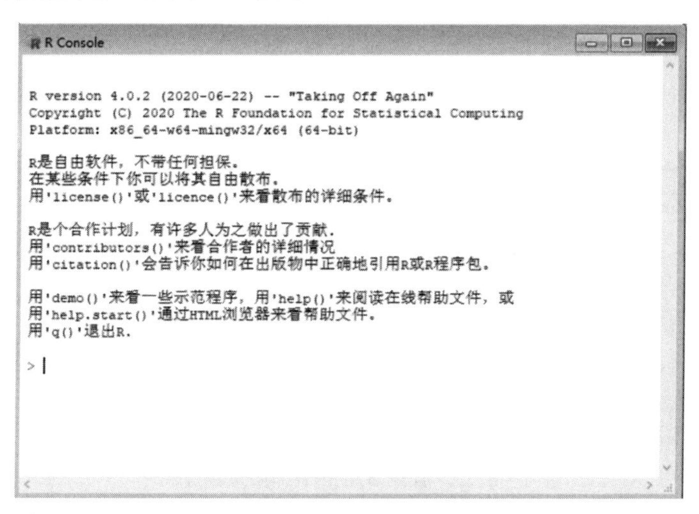

图 B-51　R 语言编译器

（3）实例：加载内置数据集 airquality，并且使用 R 语言绘制相应数据的散点图，代码如下：

```
data(airquality)#加载 airquality 数据集
head(airquality)#显示数据示例
summary(airquality)#显示数据统计项
plot(airquality$Ozone)
plot(airquality$Ozone,airquality$Wind)
```

运行上述代码，如图 B-52 所示。

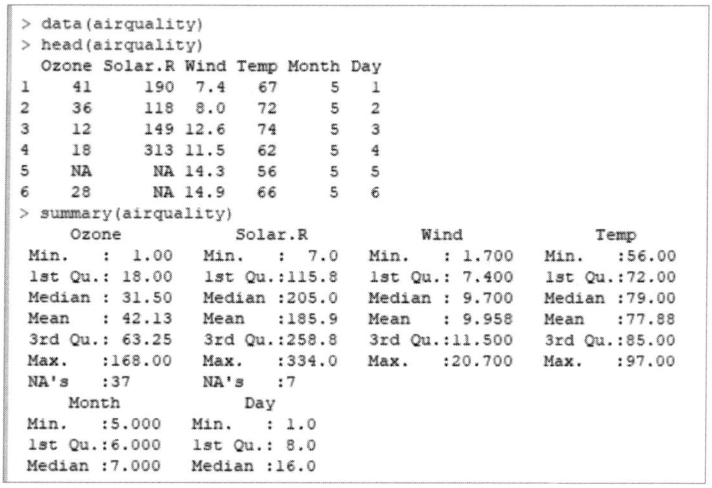

```
> data(airquality)
> head(airquality)
  Ozone Solar.R Wind Temp Month Day
1    41     190  7.4   67     5   1
2    36     118  8.0   72     5   2
3    12     149 12.6   74     5   3
4    18     313 11.5   62     5   4
5    NA      NA 14.3   56     5   5
6    28      NA 14.9   66     5   6
> summary(airquality)
     Ozone           Solar.R           Wind             Temp
 Min.   :  1.00   Min.   :  7.0   Min.   : 1.700   Min.   :56.00
 1st Qu.: 18.00   1st Qu.:115.8   1st Qu.: 7.400   1st Qu.:72.00
 Median : 31.50   Median :205.0   Median : 9.700   Median :79.00
 Mean   : 42.13   Mean   :185.9   Mean   : 9.958   Mean   :77.88
 3rd Qu.: 63.25   3rd Qu.:258.8   3rd Qu.:11.500   3rd Qu.:85.00
 Max.   :168.00   Max.   :334.0   Max.   :20.700   Max.   :97.00
 NA's   :37       NA's   :7
     Month            Day
 Min.   :5.000   Min.   : 1.0
 1st Qu.:6.000   1st Qu.: 8.0
 Median :7.000   Median :16.0
```

图 B-52　R 语言命令运行情况

上述代码的运行结果如图 B-53 所示。

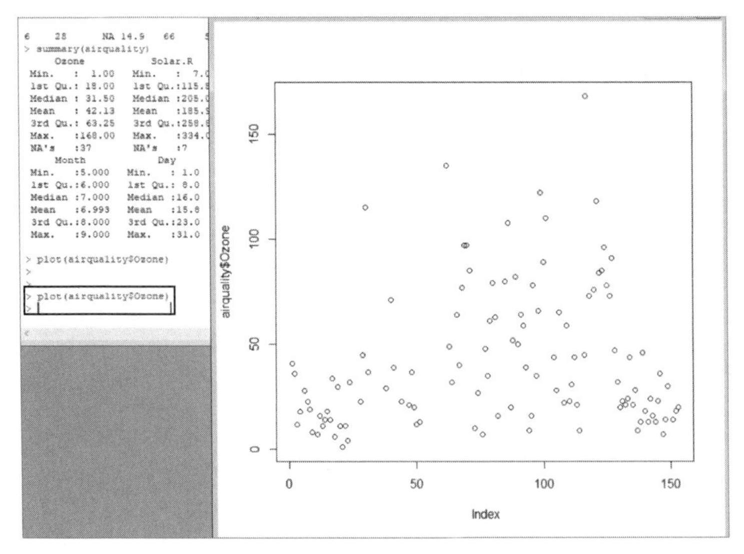

图 B-53　使用 R 语言绘制的散点图

（4）实例：绘制 airquality 数据集的柱状图，代码如下：

```
barplot(table(airquality$Month),col=rainbow(dim(table(airquality$Month))))
barplot(table(airquality$Month),col=rainbow(dim(table(airquality$Month))),horiz=T)
```

上述代码的运行结果如图 B-54 所示。

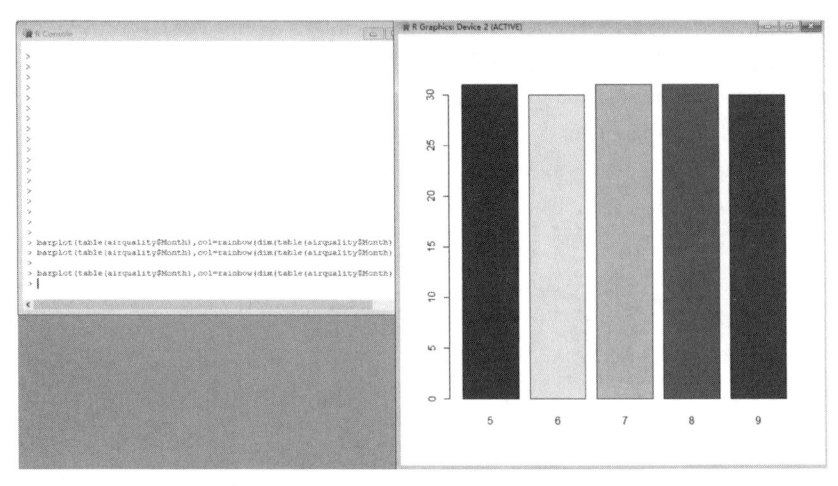

图 B-54　使用 R 语言绘制的柱状图

六、实验报告

略。

B.11　实验十一：认识深度学习（PyCharm、Python、NumPy、Keras）

本实验参考学时为 2 学时。

一、实验目的

- 掌握 Jupyter Notebook 的基本操作方法。
- 熟练掌握选择结构和循环结构。
- 熟练掌握 NumPy 数组运算和常用的统计函数，掌握使用 NumPy 读/写文件的方法。
- 掌握使用 Keras 构建神经网络模型的方法。

二、实验内容

- Python 中的选择结构和循环结构。
- NumPy 数组的相关运算和常用的统计函数，使用 NumPy 读/写文件的方法。
- 使用 Keras 构建神经网络模型。

三、实验原理

1. 双分支选择结构的语法格式如下：

```
if 表达式:
    语句块
else:
    语句块
```

2. for 语句的语法格式如下：

```
for 目标变量 in 序列对象:
    语句块
```

3. NumPy 数组的相关运算和常用的统计函数，使用 NumPy 读/写文件的方法

4. 通过 Keras 搭建深度学习模型步骤

（1）定义模型。

（2）编译模型。

（3）训练模型。

（4）模型评估。

四、实验步骤

1. 启动 Jupyter Notebook

（1）在 Windows 操作系统中的命令行或在 Linux 操作系统的终端输入“jupyter notebook”，就会在当前目录下启动 Jupyter Notebook，然后浏览器会自动启动 Jupyter Notebook，默认的服务器运行地址为 http://localhost:8888。需要注意的是，在 Jupyter Notebook 中进行操作时，终端不要关闭，因为一旦关闭终端，就会断开与本地服务器的连接，导致无法在 Jupyter Notebook 中进行其他操作。如果浏览器没有启动 Jupyter Notebook，则可以在浏览器中输入 http://localhost:8888，如图 B-55 所示。

图 B-55 Jupyter Notebook 启动界面

（2）单击 New 按钮，然后单击 Python 3 按钮，创建新的 Notebook，如图 B-56 所示。

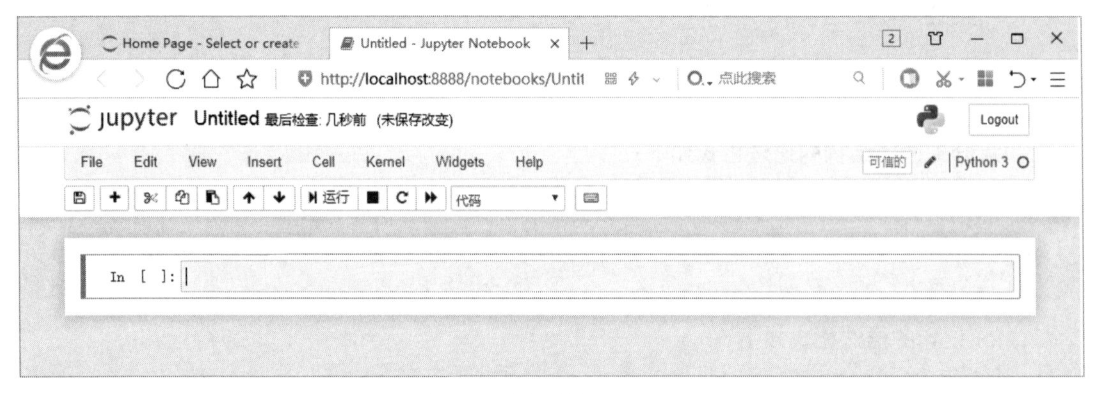

图 B-56 创建新的 Notebook

2. 双分支选择结构

在命令行中输入双分支选择结构代码，然后单击“运行”按钮，或者按 Shift + Enter 快捷键，运行结果如图 B-57 所示。

图 B-57 在命令行中运行双分支选择结构代码示例

3. for 语句

使用 for 语句计算 1+2+…+10 的和，如图 B-58 所示。

```
In [2]: n = 11
        s = 0
        for i in range(n):
            s = s + i
        print('1+2+3+...+10 = ',s)

        1+2+3+...+10 =  55
```

图 B-58　for 语句的应用

4．NumPy 的相关操作

（1）创建数组，如图 B-59 所示。

```
In [3]: import  numpy  as np
        A = np.array([1,2,3,4,5,6])
        print('A的shape为：',A.shape)
        B = A.reshape(2,3)
        print('B的shape为：',B.shape)
        C = B*3
        print('数组C为：\n',C)
        print('数组B+C的和：\n',B+C)

        A的shape为： (6,)
        B的shape为： (2, 3)
        数组C为：
         [[ 3  6  9]
         [12 15 18]]
        数组B+C的和：
         [[ 4  8 12]
         [16 20 24]]
```

图 B-59　创建数组

（2）常用的统计函数如图 B-60 所示。

```
In [4]: print('数组C的所有元素和：',np.sum(C))
        print('数组C的纵轴元素和：',np.sum(C,axis = 0))
        print('数组C的横轴元素和：',np.sum(C,axis = 1))

        print('数组C的所有元素均值：',np.mean(C))
        print('数组C的纵轴元素均值：',np.mean(C,axis = 0))
        print('数组C的横轴元素均值：',np.mean(C,axis = 1))

        print('数组C的所有元素标准差：',np.std(C))
        print('数组C的纵轴元素标准差：',np.std(C,axis = 0))
        print('数组C的横轴元素标准差：',np.std(C,axis = 1))

        print('数组C的最大值：',np.max(C))
        print('数组C的最小值：',np.min(C))

        数组C的所有元素和： 63
        数组C的纵轴元素和： [15 21 27]
        数组C的横轴元素和： [18 45]
        数组C的所有元素均值： 10.5
        数组C的纵轴元素均值： [ 7.5 10.5 13.5]
        数组C的横轴元素均值： [ 6. 15.]
        数组C的所有元素标准差： 5.123475382979799
        数组C的纵轴元素标准差： [4.5 4.5 4.5]
        数组C的横轴元素标准差： [2.44948974 2.44948974]
        数组C的最大值： 18
        数组C的最小值： 3
```

图 B-60　常用的统计函数

（3）读/写文件，如图 B-61 所示。

```
In [5]: np.save('test.npy',C)  #保存数组C
        D = np.load('test.npy')  #读取数组
        print('读取的数据：\n',D)

        读取的数据：
         [[ 3  6  9]
         [12 15 18]]
```

图 B-61　读/写文件

5．使用 Keras 构建神经网络模型

使用波士顿房价数据集，搭建回归问题神经网络模型。

（1）加载数据并对其进行预处理，如图 B-62 所示。

```
In [6]: from keras.datasets import boston_housing
        (train_x, train_y), (test_x, test_y) = boston_housing.load_data()
        mean = train_x.mean(axis = 0)
        std = train_x.std(axis = 0)
        train_x = (train_x - mean)/std
        test_x = (test_x - mean)/std

        Using TensorFlow backend.
```

图 B-62　加载数据并对其进行预处理

（2）建立、编译和训练模型，如图 B-63 所示。

```
In [7]: from keras.models  import Sequential
        from keras.layers  import Dense
        model = Sequential()
        model.add(Dense(128,
                        input_dim = 13,
                       activation = 'relu'))
        model.add(Dense(64,
                       activation = 'relu'))
        model.add(Dense(1))

        model.compile(optimizer = 'rmsprop', loss = 'mse', metrics = ['mae'])
        model.fit(train_x, train_y, epochs = 100, batch_size = 1, verbose =1)
```

图 B-63　建立、编译和训练模型

（3）评估模型，如图 B-64 所示。

```
Epoch 1/100
404/404 [==============================] - 1s 3ms/step - loss: 103.6794 - mae: 7.1689
Epoch 2/100
404/404 [==============================] - 1s 2ms/step - loss: 22.6944 - mae: 3.1896
Epoch 3/100
404/404 [==============================] - 1s 2ms/step - loss: 16.0647 - mae: 2.6784
Epoch 4/100
404/404 [==============================] - 1s 2ms/step - loss: 14.1478 - mae: 2.5278
Epoch 5/100
404/404 [==============================] - 1s 2ms/step - loss: 11.9497 - mae: 2.4267
```

```
In [8]: val_loss, val_mae = model.evaluate(test_x, test_y)
        print(val_loss, val_mae)

        102/102 [==============================] - 0s 765us/step
        17.280801062490426 2.94661283493042
```

图 B-64　评估模型

五、实验报告

略。

B.12　实验十二：深度学习实例

本实验参考学时为 1 学时。

一、实验目的

- 掌握卷积神经网络的基本原理。

- 掌握卷积神经网络的结构，包括输入层、卷积层、池化层、激活函数、平坦层、输出层等，掌握构建卷积神经网络的操作方法。
- 掌握提升准确率的数据预处理技术。
- 利用 CNN 实现数据集 CIFAR 的分类识别。

二、实验内容

- 读取 CIFAR 数据。
- 构建卷积神经网络模型，并且对其进行训练和预测。
- 评估卷积神经网络模型。

三、实验原理

CIFAR 数据集由 60 000 张 10 个类别的 RGB 彩色图像构成，尺寸为 32×32，其中 50 000 张图片用于进行训练，10 000 张图片用于进行测试。构建卷积神经网络模型的网络结构，并且对其进行训练、预测和评估。

卷积神经网络模型的拓扑结构如图 B-65 所示。

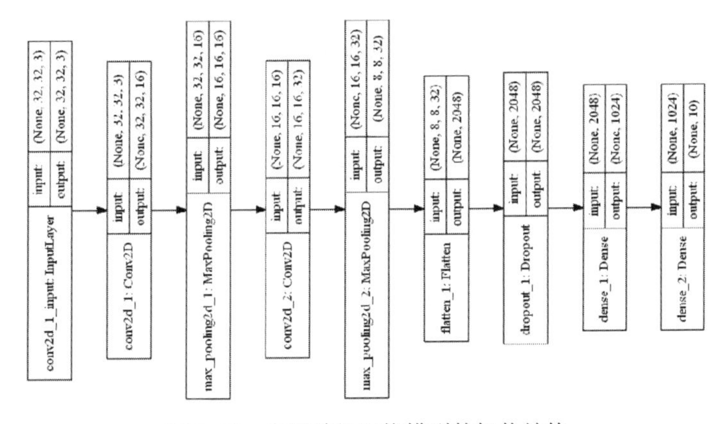

图 B-65　卷积神经网络模型的拓扑结构

四、实验步骤

1．导入数据并标准化处理

导入数据并对其进行标准化处理，如图 B-66 所示。

```
In  [11]: from keras.datasets  import cifar10
          import numpy as np
          (X_train_images,Y_train_labels),(X_test_images,Y_test_labels) = cifar10.load_data()
          print('训练数据X_train_images的形状：',X_train_images.shape)
          print('测试数据X_test_images的形状：',X_test_images.shape)
          print('训练数据X_train_labels的形状：',Y_train_labels.shape)
          print('测试数据X_test_labels的形状：',Y_test_labels.shape)

          训练数据X_train_images的形状： (50000, 32, 32, 3)
          测试数据X_test_images的形状： (10000, 32, 32, 3)
          训练数据X_train_labels的形状： (50000, 1)
          测试数据X_test_labels的形状： (10000, 1)
```

图 B-66　导入数据并对其进行标准化处理

2. 查看部分图片

查看部分图片，如图 B-67 所示。

```
In [12]: import matplotlib.pyplot as plt
         fig = plt.gcf()
         for i in range(0,4):
             ax = plt.subplot(1,4,1+i)
             img= X_train_images[i]
             plt.imshow(img)
         plt.show()
```

图 B-67 查看部分图片

3. 数据预处理

对数据进行预处理，如图 B-68 所示。

```
In [13]: X_train_imgs = X_train_images/255.0
         X_test_imgs = X_test_images/255.0
         from keras.utils import np_utils
         Y_train_labels_OneHot = np_utils.to_categorical(Y_train_labels )
         Y_test_labels_OneHot = np_utils.to_categorical(Y_test_labels )
```

图 B-68 对数据进行预处理

4. 建立与训练模型

建立模型，如图 B-69 所示；训练模型，如图 B-70 所示。

```
In [14]: from keras.models import Sequential
         from keras.layers import Dense,Dropout,Flatten,Conv2D,MaxPooling2D
         model_CNN = Sequential()
         model_CNN.add(Conv2D(filters=16,
                              kernel_size = (5,5),
                              padding = 'same',
                              input_shape = (32,32,3),
                              activation = 'relu'))
         model_CNN.add(MaxPooling2D(pool_size = (2,2)))
         model_CNN.add(Conv2D(filters=32,
                              kernel_size = (5,5),
                              padding = 'same',
                              activation = 'relu'))
         model_CNN.add(MaxPooling2D(pool_size = (2,2)))
         model_CNN.add(Flatten())
         model_CNN.add(Dropout(0.3))
         model_CNN.add(Dense(1024,activation = 'relu'))
         model_CNN.add(Dropout(0.25))
         model_CNN.add(Dense(10,activation = 'softmax'))
         model_CNN.compile(loss = 'categorical_crossentropy',
                           optimizer = 'adam',
                           metrics = ['accuracy'])
```

图 B-69 建立模型

```
In [15]: train_history = model_CNN.fit(x = X_train_imgs,
                                      y = Y_train_labels_OneHot,
                                      validation_split = 0.2,
                                      epochs = 20, batch_size = 120, verbose = 1)

         Train on 40000 samples, validate on 10000 samples
         Epoch 1/20
         40000/40000 [==============================] - 240s 6ms/step - loss: 1.6316 - accuracy: 0.4140 - val_loss: 1.3689 - val_accuracy: 0.5172
         Epoch 2/20
         40000/40000 [==============================] - 241s 6ms/step - loss: 1.2661 - accuracy: 0.5494 - val_loss: 1.2186 - val_accuracy: 0.5614
         Epoch 3/20
         40000/40000 [==============================] - 235s 6ms/step - loss: 1.1128 - accuracy: 0.6038 - val_loss: 1.0604 - val_accuracy: 0.6274
```

图 B-70 训练模型

5. 预测与评估模型

预测与评估模型，如图 B-71 所示。

```
In [16]: predict = model_CNN.predict_classes(X_test_imgs)
         import pandas as pd
         from sklearn.metrics import accuracy_score,classification_report
         accuracy = accuracy_score(predict,Y_test_labels)
         print("准确率: %.4lf" % accuracy)
         report = classification_report(Y_test_labels, predict)
         print("Classification report for classifier %s:\n%s\n" % (model_CNN,report))
         confusion_matrix = pd.crosstab(predict,Y_test_labels.reshape(-1),rownames=['predict'],
                                        colnames=['label'])
         print('混淆矩阵:\n',confusion_matrix)

准确率: 0.7182
Classification report for classifier <keras.engine.sequential.Sequential object at 0x0000006580A96188>:
              precision    recall  f1-score   support

           0       0.77      0.78      0.78      1000
           1       0.82      0.85      0.83      1000
           2       0.66      0.58      0.62      1000
           3       0.51      0.53      0.52      1000
           4       0.66      0.68      0.67      1000
           5       0.58      0.63      0.60      1000
           6       0.76      0.79      0.77      1000
           7       0.78      0.76      0.77      1000
           8       0.87      0.81      0.84      1000
           9       0.80      0.78      0.79      1000

    accuracy                           0.72     10000
   macro avg       0.72      0.72      0.72     10000
weighted avg       0.72      0.72      0.72     10000


混淆矩阵:
 label      0    1    2    3    4    5    6    7    8    9
predict
0        782   12   57   18   17   11    7   14   67   30
1         21  847    4   13    6    4    7    4   42   89
2         57    8  584   48   70   28   42   25   14   12
3         20    7   75  527   58  188   69   37   19   28
4         17    5  101   66  675   54   35   54   12    5
5         12    6   65  198   47  626   35   77   11   10
6         12    5   61   71   50   34  791    9    3    7
7          9    2   27   31   69   46    4  761    3   18
8         44   18   13    8    5    0    6    4  809   21
9         26   90   13   20    3    9    4   15   20  780
```

图 B-71 预测与评估模型

五、实验报告

略。

附录 C　模拟考试

C.1　模拟考试试卷（一）

计算机工程学院
《大数据原理与技术》课程考试卷（A 卷）

____系______专业_____班 学号_________姓名_________

题　号	一	二	三	四	五	六	总　分
得　分							

一、单项选择题（每题 2 分，共 20 分）

1．大数据的 5V 特点没有（　　）。

A．volume　　B．velocity　　C．variety　　D．victory

2．HBase 来源于哪篇博文？（　　）

A．The Google File System　　B．MapReduce
C．BigTable　　D．Chubby

3．关于 MapReduce 与 HBase 的关系，哪个描述是正确的？（　　）

A．两者不可或缺，MapReduce 是 HBase 可以正常运行的保证
B．两者不是强关联关系，没有 MapReduce，HBase 可以正常运行
C．MapReduce 可以直接访问 HBase
D．它们之间没有任何关系

4．关于 Hadoop 的说法，错误的是（　　）。

A．高成本　　B．高可靠性　　C．高扩展性　　D．高效性

5．Hadoop 的底层结构是（　　）。

A．HDFS　　B．MDFS　　C．KSMS　　D．HDMS

6．Zookeeper 的类别是（　　）。

A．集群式系统的可靠协调系统　　B．分布式系统的可靠调节系统
C．单独系统的可靠调节系统　　D．任何系统的可靠调节系统

7．MapReduce 提供了以下主要功能，但（　　）不是。

A．数据划分和计算任务调度　　B．数据/代码互定位
C．系统优化　　D．网络加速

8．NoSQL 的三大基石不包括（　　）。

A．CAP　　B．BASE　　C．最终一致性　　D．五分钟法则

9．Python 的特点很多，但（　　）不是。

A．困难　　B．解释性　　C．速度快　　D．简单

10．以下3部分是Hadoop1.0生态系统的，但（　　）不是。

A．Hive　　B．MapReduce　　C．YARN　　D．Oozie

二、填空题（每空1分，共20分）

1．Hadoop是一个能够对大量数据进行（　　）的软件框架。Hadoop以一种可靠、高效、（　　）的方式进行数据处理。

2．大数据与云计算的关系就像一枚硬币的正反面一样密不可分。大数据必然无法用单台计算机进行处理，必须采用分布式架构。它的特色在于对海量数据进行分布式数据挖掘。但它必须依托云计算的（　　）、分布式数据库和（　　）、虚拟化技术。

3．大数据包括（　　）、（　　）和（　　）数据。

4．最小的基本单位是bit，按顺序给出所有单位：bit、Byte、KB、MB、GB、（　　）、PB、（　　）、ZB、YB、BB、NB、DB。

5．Storm集群由一个（　　）和多个（　　）组成。

6．MapReduce集群中使用大量的（　　）服务器，因此，节点硬件失效和软件出错是常态。

7．为了实现面向大数据集批处理的高吞吐量的并行处理，MapReduce可以利用集群中的大量数据存储节点同时访问数据，以此利用分布集群中大量节点上的磁盘集合提供高带宽的数据（　　）和（　　）。

8．ZooKeeper代码版本提供了分布式独享锁、选举、队列的接口，代码在$zookeeper_home\src\recipes，其中分布锁和队列有（　　）和（　　）两个版本。

9．Google GAE的Python编程主要注意两点，分别是（　　）和（　　）。

10．ZooKeeper的目标是封装复杂、易出错的关键服务，将简单、易用的（　　）和性能高效、功能稳定的（　　）提供给用户。

三、判断题（正确打√，错误打×；每题2分，共20分）

1．ZooKeeper，顾名思义为“动物园管理员”，就是管理大象（Hadoop）、蜜蜂（Hive）和小猪（Pig）等组件的管理员。（　　）

2．Hadoop是一个能够对大量数据进行分布式处理的软件框架，能以一种可靠、高效、可伸缩的方式进行数据处理。（　　）

3．使用R编写程序，无须声明变量类型，能利用循环语句、条件语句控制程序的流程。（　　）

4．大数据包括结构化、半结构化和非结构化数据，结构化数据越来越成为数据的主要部分。（　　）

5．MapReduce是一种编程模型，主要用于进行大规模数据集（大于1TB）的并行运算。Map（映射）和Reduce（归约）是其主要思想。（　　）

6．根据技术思想，Hadoop应归属为微软派。（　　）

7．NumPy系统是Python的一种非开源的数值计算扩展。（　　）

8．大规模数据处理的特点决定了大量的数据记录难以全部存储于内存中，通常只能存储于外存中。由于磁盘的顺序访问要远比随机访问快得多，因此MapReduce主要用于进行面向顺序式大规模数据的磁盘访问处理。（　　）

9．Python是一种跨平台的计算机程序设计语言，是一种面向对象的动态类型语言。（　　）

10．一个 HDFS 基本集群包括两部分，即一个 DataNode 与若干 NameNode 节点，其作用是将管理与工作进行分离。（　　）

四、简答题（每题 8 分，共 40 分）

1．大数据的 5V 特点有哪些？

2．简述 Hadoop 的核心架构。

3．何为开源流计算 Flink？Flink 的具体优势是什么？

4．简述建立卷积神经网络的主要步骤。

5．简述 MapReduce 的主要技术特征。

C.2　模拟考试试卷（二）

计算机工程学院

《大数据原理与技术》课程考试卷（B 卷）

____系_______专业______班 学号__________姓名__________

题　号	一	二	三	四	五	六	总　分
得　分							

一、单项选择题（每题 2 分，共 20 分）

1．MapReduce 在设计上具有以下主要的技术特征，但（　　）不是。

A．向“外”横向扩展，而非向“上”纵向扩展

B．失效被认为是非常态

C．把处理向数据迁移

D．顺序处理数据、避免随机访问数据

2．根据不同的业务需求创建数据模型，抽取有意义的向量，决定选取哪种方法的数据分析角色人员是（　　）。

A．数据管理人员　　B．数据分析师　　C．研究科学人员　　D．软件开发工程师

3．（　　）反映数据的精细化程度，越细化的数据价值越高。

A．规格　　B．活性　　C．关联度　　D．颗粒度

4．最简单的 MapReduce 应用程序至少包含 3 部分，其中（　　）不是至少应有的部分。

A．Map 函数　　B．Reduce 函数　　C．mian 函数　　D．step 函数

5．NameNode 是一个集群的（　　）。

A．次处理器　　B．次服务器　　C．主处理器　　D．主服务器

6．MongoDB 的主要特征不包括（　　）。

A．面向集合存储，易存储对象类型的数据　　B．模式自由

C．高性能　　D．功能丰富

7．NoSQL 并没有一个明确的范围和定义，但是它们都普遍存在（　　）的共同特征。

A．易扩展、大数据量，高性能、高可用

B．大数据量、高可用、灵活的数据模型

C．灵活的数据模型、大数据量，高性能、高可用

D．高可用、灵活的数据模型、高性能

8．NoSQL 框架体系分为四层，但不包括下面的（　　）层。

A．Data Persistence　　B．DataNode

C．Data Logical Model　　D．Interface

9．Block 是 HDFS 的基本存储单元，默认大小是（　　）。

A．64MB　　B．64KB　　C．32MB　　D．32KB

10．大数据的五大特点中，不包括下面的（　　）。

A．大量　　B．多面　　C．高速　　D．真实性

二、填空题（每空 1 分，共 20 分）

1．在 ZooKeeper 代码版本中，分布锁和队列有（　　）和（　　）两个版本，选举只有（　　）版本。

2．2015 年 10 月，阿里云云盾防御 DDoS 记录达（　　）Gbps。

3．采用 Block 对文件进行存储，大大提高了文件的（　　）。

4．ACID 是关系型数据库事务的 4 个基本特性，即（　　）、（　　）、（　　）和（　　）。

5．大数据的计算模式包括（　　）计算、（　　）计算、（　　）计算、（　　）计算等。

6．一个分布式系统不能同时满足（　　）、（　　）和（　　）。

7．HBase 内置有（　　），也可以使用外部（　　）。

8．与其说 R 是一种（　　），不如说 R 是一种（　　）。

三、判断题（正确打√，错误打×；每题 2 分，共 20 分）

1．开源是指基础设备公开，并且免费。（　　）

2．数据流可被视为一个随时间延续而无限增长的动态数据集合。（　　）

3．Impala 可以使用 HDFS、HBase 和 Hive 元数据。但是，它绕开了使用 MapReduce 运行查询。（　　）

4．Hadoop ZooKeeper 对应 Google Chubby。（　　）

5．对大数据而言，最基本、最重要的要求是减少错误、保证质量。因此，大数据收集的信息量要尽量精确。（　　）

6．Spark 对应于 Hadoop 中的计算模块 MR，但是速度和效率比 MR 要慢得多。（　　）

7．Hadoop 适合处理在线的实时大数据。（　　）

8．阿里云在合规方面的积累已经得到多方监管和审计机构的认可。（　　）

9、NumPy 系统是 Python 的一种开源的数值计算扩展。（　　）

10．Sqoop 是一个用于将 Hadoop 和关系型数据库中的数据相互转移的工具，可以将一个关系型数据库（如 MySQL、Oracle、PostgreSQL）中的数据导入 Hadoop 的 HDFS，也可以将 HDFS 中的数据导入关系型数据库。（　　）

四、简答题（每题 8 分，共 40 分）

1．卷积神经网络的池化有哪些？

2．什么是大数据？给出简单的定义。

3．简述 Hive 与 Pig 的区别。

4．何为 Pregel 图计算？简述 Pregel 图计算模型。

5．简述 R 语言与其他语言的区别。

参 考 文 献

[1] 刘甫迎，杨明广．云计算原理与技术[M]．北京：北京理工大学出版社，2021.11.

[2] 林子雨．大数据技术原理与应用[M]．北京：人民邮电出版社，2017.

[3] 林子雨，赖永炫，陶继平．Spark 编程基础[M]．北京：人民邮电出版社，2018.

[4] 刘军．Hadoop 大数据处理[M]．北京：人民邮电出版社．2013.

[5] 王晓华．MapReduce 2.0 源码分析与编程实践[M]．北京：人民邮电出版社．2014.

[6] 陈仲铭，彭凌西．深度学习原理与实践[M]．北京：人民邮电出版社，2018.

[7] 董付国．Python 数据分析、挖掘与可视化[M]．北京：人民邮电出版社，2020.

[8] 林大贵．TensorFlow+Keras 深度学习人工智能实践应用[M]．北京：清华大学出版社，2018.

[9] 美团算法团队．美团机器学习实践[M]．北京：人民邮电出版社，2018.

[10]张良均，王璐，谭立云，苏剑林．Python 数据分析与挖掘实战[M]．北京：机械工业出版社，2015.

[11]张重生．深度学习：原理与应用实践[M]．北京：电子工业出版社，2016.

[12]雷明．机器学习——原理、算法与应用[M]．北京：清华大学出版社，2019.

[13]郑泽宇，顾思宇．TensorFlow 实战 Google 深度学习框架[M]．北京：电子工业出版社，2017.

[14]弗朗索瓦·肖莱．Python 深度学习[M]．张亮，译．北京：人民邮电出版社，2018.

[15]魏贞原．深度学习：基于 Keras 的 Python 实战[M]．北京：电子工业出版社，2018.

[16]张利兵．Flink 原理、实战与性能优化．北京：机械工业出版社，2019.